高等职业教育土木建筑类专业新形态教材

高层建筑施工

（第3版）

主　编　方洪涛　蒋春平

副主编　刘思远　裴丽娜　杨玉清　于佛财

参　编　朱凡季　张前发

北京理工大学出版社

BEIJING INSTITUTE OF TECHNOLOGY PRESS

内 容 提 要

本书依据最新高层建筑施工相关规范和标准编写而成，全书除绪论外共分为八章，主要内容包括：高层建筑深基坑工程施工、桩基施工、大体积混凝土基础结构施工、高层建筑脚手架与垂直运输设备、现浇混凝土结构高层建筑施工、装配式混凝土结构高层建筑施工、钢结构高层建筑施工和高层建筑防水工程施工等。

本书可作为高职高专院校建筑工程技术等相关专业的教材，也可作为高层建筑工程施工技术及管理人员的参考用书。

图书在版编目（CIP）数据

高层建筑施工 / 方洪涛，蒋春平主编.—3版.—北京：北京理工大学出版社，2023.2重印
ISBN 978-7-5682-6632-1

Ⅰ.①高… Ⅱ.①方… ②蒋… Ⅲ.①高层建筑—工程施工 Ⅳ.①TU974

中国版本图书馆CIP数据核字（2019）第008848号

出版发行 /	北京理工大学出版社有限责任公司	
社　　址 /	北京市海淀区中关村南大街5号	
邮　　编 /	100081	
电　　话 /	（010）68914775（总编室）	
	（010）82562903（教材售后服务热线）	
	（010）68944723（其他图书服务热线）	
网　　址 /	http://www.bitpress.com.cn	
经　　销 /	全国各地新华书店	
印　　刷 /	北京紫瑞利印刷有限公司	
开　　本 /	787毫米×1092毫米　1/16	
印　　张 /	19	责任编辑 / 钟　博
字　　数 /	449千字	文案编辑 / 钟　博
版　　次 /	2023年2月第3版第4次印刷	责任校对 / 周瑞红
定　　价 /	49.00元	责任印制 / 边心超

随着建筑科学技术不断进步，建筑领域出现了很多新结构、新材料和新工艺，它们为现代高层建筑的发展创造了新的条件。随着高层建筑的迅猛发展，我国建筑行业对专业从业人员的要求也越来越高。

本书按照高职高专院校人才培养目标以及专业教学改革的需要，结合高层建筑施工相关规程、规范和标准，系统地对高层建筑施工关键工序的施工方案以及主要工种的施工工艺、技术和方法进行了详细阐述。

本书第1、2版自出版发行以来，经相关院校教学使用，得到了广大师生的认可和喜爱，编者倍感荣幸。随着时间的推移，一些相关标准规范已经行了修订，书中部分内容已经陈旧过时，对此，我们组织有关专家学者结合近年来高职高专教育教学改革动态，依据最新标准规范和规程对本书进行了修订。本次修订主要进行了以下工作：

（1）根据高层建筑施工最新标准规范对教材内容进行了适当的修改，强化了教材的实用性和可操作性，使修订后的教材能更好地满足高职高专院校教学工作的需要。

（2）为了突出实用性，对一些具有较高价值，但在第1、2版中未给予详细介绍的内容进行了补充。

（3）对各章节的"能力目标""知识目标""本章小结"进行了修订，在修订中对各章节知识体系进行了深入的思考，并联系实际进行知识点的总结与概括，以便学生学习与思考。对各章节的"思考与练习"也进行了适当补充，有利于学生课后复习。

本书由辽源职业技术学院方洪涛、常德职业技术学院蒋春平担任主编，江西交通职业技术学院刘思远、裴丽娜、内蒙古建筑职业技术学院杨玉清、云南经贸外事职业学院于佛财担任副主编，云南经贸外事职业学院朱凡季、张前发参与编写。具体编写分工为：方洪涛编写绪论、第一章，蒋春平编写第七章，刘思远编写第二章，裴丽娜编写第八章，杨玉清编写第四章，于佛财编写第五章，朱凡季编写第三章，张前发编写第六章。

本书在修订过程中，参阅了国内同行的多部著作，部分高职高专院校的老师提出了很多宝贵的意见供我们参考，在此表示衷心的感谢！

本书虽经反复讨论修改，但限于编者的学识及专业水平和实践经验，仍难免有疏漏和不妥之处，恳请广大读者指正。

编　者

第2版前言

随着社会的进步，城市工业和商业的迅速发展促进了高层建筑的快速发展。同时，建筑领域的新结构、新材料、新工艺的出现也为高层建筑的发展提供了条件。高层建筑不仅解决了日益增多的人口和有限的用地之间的矛盾，还丰富了城市的面貌，成为城市实力的象征和现代化的标志。

高层建筑施工是高职高专院校土建类相关专业的一门主要专业课程，也是一门实践性很强的课程。本教材第1版自出版发行以来，深受广大师生的认可和喜爱，已先后加印多次。

近年来由于国民经济的快速发展，高层建筑施工工艺理论和技术发展很快，大量新技术、新材料、新结构在高层建筑中不断涌现，与高层建筑相关的规程、规范不断修订完善，为了使本教材更贴近时代，进一步体现高职高专教育的特点，及时反映我国高层建筑施工成熟且先进的施工技术和有关计算理论，我们结合最新颁布实施的有关规范和规程，参照近年来高层建筑施工新技术、新工艺的发展情况，对本教材进行了修订，在内容上进行了较大幅度的修改与充实，进一步强化了教材的实用性和可操作性，以便更好地满足高职高专院校教学工作的需要。

本次修订主要进行了以下工作：

（1）新增了高层建筑施工测量的内容。

（2）根据施工塔式起重机和建筑施工升降机安装、使用、拆卸安全技术规程的相关内容对高层建筑施工用起重运输机械的相关内容进行了修订。

（3）考虑到脚手架在高层建筑施工中的重要性，依照最新颁布的脚手架安全技术规范对相关内容进行了完善，将第1版中有关脚手架的内容单列成一章进行阐述，并加入了高处作业安全防护方面的内容。

（4）依据最新高层建筑施工技术规程、规范，如《混凝土结构设计规范》（GB 50010—2010）、《建筑结构荷载规范》（GB 50009—2012）、《高层建筑混凝土结构技术规程》（JGJ 3—2010）等，对书中相关内容进行了更新，并补充了一些范例，以保证教材内容的先进性、准确性与指导性。

（5）完善了相关细节，增补了与高层建筑施工实际密切相关的知识点，摒弃落后陈旧的资料信息，增强了教材的实用性和易读性，方便学生理解和掌握。

本教材由方洪涛、蒋春平、杨雪担任主编，刘思远、裴丽娜、崔在峰、王永利担任副主编。

本教材在修订过程中，参阅了国内同行的多部著作，部分高职高专院校教师提出了很多宝贵意见供我们参考，在此表示衷心的感谢！对于参与本教材第1版编写，但未参加本次修订的教师、专家和学者，本版教材的所有编写人员向你们表示敬意，感谢你们对高职高专教育教学改革做出的不懈努力，希望你们对本教材保持持续关注并多提宝贵意见。

限于编者的学识及专业水平和实践经验，修订后的教材仍难免有疏漏或不妥之处，敬请广大读者指正。

编　者

第 1 版前言

随着我国科学技术水平的提高和经济实力的增强，以及城市工业、商业的迅速发展和国际交往的日趋频繁，工程建设行业得到了蓬勃发展，我国高层建筑施工的理论和技术也取得了重大突破。关于高层建筑，世界各国都没有固定的划分标准。我国《民用建筑设计通则》（GB 50352—2005）中规定：住宅建筑七层至九层为中高层住宅，十层及十层以上为高层住宅；除住宅建筑之外的民用建筑，高度大于24 m者为高层建筑（不包括建筑高度大于24 m的单层公共建筑），民用建筑高度大于100 m者为超高层建筑。与普通建筑相比，高层建筑工程规模大，工序多，各专业组织配合复杂，在施工中正确选定施工方法、合理安排施工工序，对加快整个工程的施工速度、节省投资、保证工程质量，具有极其重要的意义。

我国从20世纪80年代开始通过大量的工程实践，使高层建筑施工技术得到迅速发展，并达到世界先进水平。如在基础工程方面，混凝土方桩、预应力混凝土管桩、钢桩等预制打入桩皆有应用，有的桩长已达到70 m以上。在结构方面，已形成组合模板、大模板、爬升模板和滑升模板的成套工艺，使钢结构超高层建筑施工技术有了长足进步。在钢筋技术方面，推广了钢筋对焊、电渣压力焊、气压焊以及机械连接。同时，预拌混凝土和泵送技术的推广，大大提高了大体积混凝土浇筑速度。在超高层钢结构施工方面，厚钢板焊接技术、高强度螺栓和安装工艺都日益完善，国产H型钢钢结构也已成功用于高层建筑。

我们结合高层建筑施工实践，根据高职高院校土建专业教学要求，组织编写了本教材。本书系统介绍了高层建筑工程的施工技术和施工工艺方法，全书共分为六章，内容包括高层建筑施工机具、基础工程施工、高层钢筋混凝土结构施工、钢结构高层建筑施工、高层建筑防水工程施工、高层建筑安全专项施工方案设计等。

本书按照"必需、够用"的基本要求，本着"讲清概念、强化应用"的原则进行编写。为更加适合教学使用，章前设置"学习重点"与"培养目标"，对本章内容进行重点提示和教学引导；章后设置"本章小结"和"思考与练习"，从更深层次给学生以思考、复习的切入点，由此构建了"引导—学习—总结—练习"的教学模式。

本书由肖玲、蒋春平担任主编，刘思远、裴丽娜、崔在峰、党伟担任副主编。本书可作为高职高专院校土木工程相关专业的教材，也可作为建筑施工企业工程技术人员学习、培训的参考用书。本书在编写过程中，参阅了国内同行的相关书籍和资料，并得到部分高校教师的大力支持，在此一并表示衷心的感谢。

限于编者水平，书中疏漏或不妥之处在所难免，敬请广大读者的指正。

编　者

Contents
目　录

1

绪 论

为解决人口密集和城市建设用地有限的矛盾，高层建筑出现了。国际交往的日益频繁和世界各国旅游事业的发展，更促进了高层建筑的蓬勃发展。同时，随着建筑科学技术的不断进步，建筑领域出现了很多新结构、新材料和新工艺，它们又为现代高层建筑的发展创造了新的条件。

从 20 世纪 80 年代开始，高层建筑在我国开始迅猛发展，北京、上海、广州、深圳等大城市都建造了一大批高层建筑，仅上海市目前已建成的高层建筑就有 4 500 幢以上，这在世界大城市中是少有的。由于经济的迅速发展，如今，我国的高层建筑已由大、中城市发展到小城市，在一些经济发达地区的县级城市内也出现了很多高层建筑。

多少层或多么高的建筑物算是高层建筑呢？不同的国家和地区有不同的理解，而且从不同的角度，也会得出不同的结论。1972 年召开的国际高层建筑会议确定了高层建筑的分类及特征，见表 0-1。

表 0-1 高层建筑的分类及特征

类　　　别	特　　　征
第一类高层建筑	9～16 层（最高到 50 m）
第二类高层建筑	17～25 层（最高到 75 m）
第三类高层建筑	26～40 层（最高到 100 m）
超高层建筑	40 层以上（高度在 100 m 以上）

我国《民用建筑设计通则》(GB 50352—2005)规定，一层至三层住宅建筑为低层住宅，四层至六层住宅建筑为多层住宅，七层至九层住宅建筑为中高层住宅，十层及十层以上住宅建筑为高层住宅；除住宅建筑之外的民用建筑高度不大于 24 m 者为单层和多层建筑，大于 24 m 者为高层建筑（不包括建筑高度大于 24 m 的单层公共建筑）；建筑高度大于 100 m 的民用建筑为超高层建筑。

一、高层建筑发展概况

1. 古代高层建筑

高层建筑在古代就有，我国古代建造的很多高塔就属于高层建筑。如 523 年建于河南省登封市的嵩岳寺塔，共 10 层，高达 40 m，为砖砌单筒体结构。704 年改建的西安大雁塔，共 7 层，高达 64 m。1055 年建于河北定州的料敌塔，共 11 层，高达 82 m，为砖砌双筒体结构，更为罕见。此外，还有建于 1056 年、共 9 层、高达 67 m 的山西应县木塔等。这些高塔皆为砖砌或木制的筒体结构，外形为封闭的八边形或十二边形。这种形状有利于抗风和抗地震，也有较大的刚度，在结构体系上是很合理的。

同时，我国古代也出现了高层框架结构。如 984 年建于天津市蓟州区的独乐寺观音阁即高 22.5 m 的木框架结构，高 40 m 的河北承德普宁寺的大乘阁等也为木框架结构。

我国这些现存的古代高层建筑，经受了几百年甚至上千年的风雨侵蚀和地震等的考验，至今仍基本完好，这充分显示了我国劳动人民的聪明智慧，也表明了我国古代对高层建筑已有较高的设计和施工水平。

在国外，古代也建有高层建筑。古罗马帝国的一些城市曾用砖石承重结构建造 10 层左右的建筑。1100—1109 年，意大利的博洛尼亚城曾建造 41 座砖石承重结构的塔楼，其中有的塔楼高达 98 m。19 世纪前后，西欧一些城市还用砖石承重结构建造了 10 层左右的高层建筑。

古代高层建筑，由于受当时技术经济条件的限制，不论是承重的砖墙或筒体结构，壁都很厚，使用空间小，并且建筑物越高，这个问题就越突出。如 1891 年在美国芝加哥建造的蒙纳德诺克大厦，为 16 层的砖墙结构，其底部的砖墙厚度竟达 1.8 m。这种小空间的高层建筑不能适应人们生活和生产活动的需要。因此，采用高强和轻质材料，发展各种大空间的抗风、抗震结构体系，就成为高层建筑结构发展的必然趋势。

2. 近代与现代国外高层建筑的发展

近代高层建筑是从 19 世纪以后逐渐发展起来的，这与采用钢铁结构作为承重结构有关。建于 1801 年的英国曼彻斯特棉纺厂，高 7 层，率先采用了铸铁框架作为建筑物内部的承重骨架。1843 年美国长岛的黑港灯塔也采用了熟铁框架结构。这就为将钢铁材料用于承重结构开辟了一条途径。1883 年美国芝加哥的 11 层保险公司大楼，率先采用了由铸铁柱和钢梁组成的金属框架来承受全部荷重，外墙只是自承重，这是近代高层建筑结构的萌芽。

1889 年，美国芝加哥的一幢 9 层大楼率先采用钢框架结构；1903 年，法国巴黎的 Franlin 公寓采用了钢筋混凝土结构。与此同时，美国辛辛那提城一幢 16 层的大楼也采用了钢筋混凝土框架结构，开始了将钢、钢筋混凝土框架用于高层建筑的时代。此后，从 19 世纪 80 年代末至 20 世纪初，一些国家又兴建了一批高层建筑，使高层建筑的发展实现了新的飞跃，不但建筑物的高度跃至 50 层，而且在结构中采用了剪力墙和钢支撑，使建筑物的使用空间显著扩大。

19 世纪末至 20 世纪初是近代高层建筑发展的初始阶段，这一时期的高层建筑结构虽然有了很大的进步，但因受到建筑材料和设计理论等的限制，一般结构的自重较大，而且结构形式也较单调，多为框架结构。

近代高层建筑的迅速发展，是从 20 世纪 50 年代开始的。轻质高强材料的发展、新的设计理论和电子计算机的应用，以及新的施工机械和施工技术的出现，都为大规模地、较经济地修建高层建筑提供了可能。与此同时，城市人口密度的猛增、越来越昂贵的地价，使建筑物向高空发展成为客观需要，因此很多国家都大规模地建造高层建筑。到目前为止，在很多国家的城市中，高层建筑几乎占整个城市建筑面积的 30%～40%。

目前，美国的高层建筑数量较多，160 m 以上的就有很多幢。如 1973 年建成的 110 层、高达 443 m 的西尔斯大厦(美国芝加哥)，1972 年建于纽约的 110 层、高达 412 m 的世界贸易中心双塔大厦(已毁)，1931 年建于纽约的 102 层、高达 381 m 的帝国大厦等，都是闻名于世的高层建筑。其他如英国、法国、日本、加拿大、澳大利亚、新加坡、俄罗斯、波兰、南非等国家也都修建了许多高层建筑。

3. 国内近、现代高层建筑的发展

我国的高层建筑的建造始于 20 世纪初。我国于 1906 年建造了上海和平饭店南楼，于 1922 年建造了天津海河饭店（12 层），于 1929 年建造了上海和平饭店北楼（11 层）和锦江饭店北楼（14 层），于 1934 年建造了上海国际饭店（24 层）和上海大厦（20 层）以及广州爱群大厦（15 层）。

20 世纪 50 年代，我国在北京、广州、沈阳、兰州等地建造了一批高层建筑。20 世纪 60 年代，我国在广州建造了 27 层、高达 87.6 m 的广州宾馆。20 世纪 70 年代，北京、上海、天津、广州、南京、武汉、青岛、长沙等地兴建了一定数量的高层建筑，其中广州于 1977 年建成的 33 层、高达 115 m 的白云宾馆，是当时除港澳地区外国内最高的建筑。进入 20 世纪 80 年代，我国的高层建筑蓬勃发展，各大、中城市和一批县级城市都兴建了大量高层建筑。金茂大厦、中天广场、地王大厦等高度在 100 m 以上的超高层建筑也得到了兴建。

二、高层建筑的结构类型与结构体系

(一)高层建筑的结构类型

1. 钢筋混凝土结构

钢筋混凝土结构具有造价较低、取材丰富、可浇筑各种复杂断面形状、强度高、刚度大、耐火性和延性良好、结构布置灵活方便、可组成多种结构体系等优点，因此，在高层建筑中得到广泛应用。当前，在我国的高层建筑中，钢筋混凝土结构占主导地位。

2. 钢结构

钢结构具有强度高、构件断面小、自重轻、延性及抗震性能好等优点。钢构件易于工厂加工，施工方便，能缩短现场施工工期。近年来，随着高层建筑建造高度的增加，以及我国钢产量的大幅增长，采用钢结构的高层建筑也不断增多。

3. 钢-钢筋混凝土组合结构

钢-钢筋混凝土组合结构是钢和钢筋混凝土相结合的组合结构和混合结构。这种结构可以使两种材料取长补短，取得经济合理、技术性能优良的效果。

(二)高层建筑的结构体系

高层建筑所采用的结构材料、结构类型和施工方法与多层建筑有很多共同之处，但高层建筑不仅要承受较大的垂直荷载，还要承受较大的水平荷载，而且高度越高，相应的荷载越大，因此，高层建筑所采用的结构材料、结构类型和施工方法又有一些特别之处。

1. 框架结构

如图 0-1(a)所示，框架结构由梁、柱构件通过节点连接构成，是我国较早采用的一种梁、板、柱结构体系。框架结构的优点是建筑平面布置灵活，可形成较大的空间，有利于布置餐厅、会议厅、休息厅等，因此，其在公共建筑中的应用较多。其建筑高度一般不宜超过 60 m。框架结构由于侧向刚度差，故在高烈度地震区不宜采用。

2. 剪力墙结构

剪力墙结构是利用建筑物的内外墙作为承重骨架的结构体系，如图 0-1(b)所示。与一般房屋的墙体受力不同，这类墙体除了承受竖向压力外，还要承受由水平荷载所引起的弯矩。由于其承受水平荷载的能力较框架结构强、刚度大、水平位移小，现已成为高层住宅

建筑的主体,建筑高度可达 150 m。但承重墙过多,限制了建筑平面布置的灵活性。

3. 框架-剪力墙结构

在框架结构平面中的适当部位设置钢筋混凝土剪力墙,也可以利用楼梯间、电梯间墙体作为剪力墙,使其形成框架-剪力墙结构,如图 0-1(c)所示。框架-剪力墙既有框架平面布置灵活的优点,又能较好地承受水平荷载,并且抗震性能良好,是目前高层建筑中经常采用的一种结构体系,适用于 15~30 层的高层建筑,一般不超过 120 m。

4. 筒体结构

筒体结构由框架结构和剪力墙结构发展而成,是由若干片纵横交错的框架或剪力墙与楼板连接围成的空间体系。筒体体系在抵抗水平力方面具有良好的刚度,且建筑平面布置灵活,能满足建筑上需要较大开间和空间的要求。

根据筒体平面布置、组成数量的不同,筒体结构又可分为框架-筒体、筒中筒、组合筒三种体系,分别如图 0-1(d)、(e)、(f)所示。

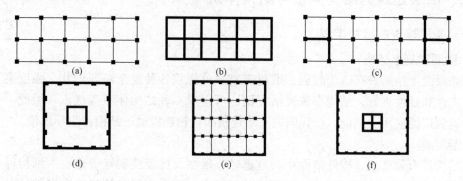

图 0-1 高层建筑的结构体系
(a)框架;(b)剪力墙;(c)框架-剪力墙;(d)框架-筒体;(e)筒中筒;(f)组合筒

5. 其他竖向结构

(1)悬挂结构。悬挂结构是由一个或几个筒体,在其顶部(或顶部及中部)设置桁架,并由从桁架上引出的若干吊杆与下面各层的楼面结构相连而成。悬挂结构也可由一个巨大的刚架或在拱的顶部悬挂的吊杆与下面各层的楼面相连而成。

(2)巨型结构。巨型结构是由若干个筒体或巨柱、巨梁组成巨型框架,承受建筑物的垂直荷载和水平荷载。在每道巨梁之间再设置多个楼层,每道巨梁一般占一个楼层并支承巨梁间的各楼层荷载。

(3)蒙皮结构。蒙皮结构是将航空和造船工业的技术引入建筑领域,以外框架的柱、梁作为纵、横肋,蒙上一层薄金属板,形成共同工作体系。

此外,由于建筑功能和建筑艺术的需要,出现了一些大门洞、大跨度的特殊建筑。

(三)房屋适用高度

(1)根据《高层建筑混凝土结构技术规程》(JGJ 3—2010)的规定,钢筋混凝土高层建筑结构的最大适用高度应区分为 A 级和 B 级。A 级高度钢筋混凝土乙类和丙类高层建筑的最大适用高度应符合表 0-2 的规定,B 级高度钢筋混凝土乙类和丙类高层建筑的最大适用高度应符合表 0-3 的规定。

表 0-2　A 级高度钢筋混凝土高层建筑的最大适用高度　　　　　　　　m

结构体系		非抗震设计	抗震设防烈度				
			6 度	7 度	8 度		9 度
					0.20g	0.30g	
框架		70	60	50	40	35	
框架-剪力墙		150	130	120	100	80	50
剪力墙	全部落地剪力墙	150	140	120	100	80	60
	部分框支剪力墙	130	120	100	80	50	不应采用
筒体	框架-核心筒	160	150	130	100	90	70
	筒中筒	200	180	150	120	100	80
板柱-剪力墙		110	80	70	55	40	不应采用

注：1. 表中框架不含异形柱框架。

　　2. 部分框支剪力墙结构指地面以上有部分框支剪力墙的剪力墙结构。

　　3. 对于甲类建筑，6 度、7 度、8 度时宜按本地区抗震设防烈度提高 1 度后符合本表的要求，9 度时应专门研究。

　　4. 框架结构、板柱-剪力墙结构以及 9 度抗震设防的表列其他结构，当房屋高度超过本表数值时，结构设计应有可靠依据，并采取有效的加强措施。

表 0-3　B 级高度钢筋混凝土高层建筑的最大适用高度　　　　　　　　m

结构体系		非抗震设计	抗震设防烈度			
			6 度	7 度	8 度	
					0.20g	0.30g
框架-剪力墙		170	160	140	120	100
剪力墙	全部落地剪力墙	180	170	150	130	110
	部分框支剪力墙	150	140	120	100	80
筒体	框架-核心筒	220	210	180	140	120
	筒中筒	300	280	230	170	150

注：1. 部分框支剪力墙结构指地面以上有部分框支剪力墙的剪力墙结构。

　　2. 对于甲类建筑，6 度、7 度时宜按本地区抗震设防烈度提高 1 度后符合本表的要求，8 度时应专门研究。

　　3. 当房屋高度超过本表数值时，结构设计应有可靠依据，并采取有效的加强措施。

平面和竖向均不规则的高层建筑结构，其最大适用高度宜适当降低。

（2）根据《高层民用建筑钢结构技术规程》（JGJ 99—2015）的规定，非抗震设计和抗震设防烈度为 6～9 度的乙类和丙类高层民用建筑钢结构适用的最大高度应符合表 0-4 的规定。

表 0-4　高层民用建筑钢结构适用的最大高度　　　　　　　　m

结构体系	6 度、7 度 (0.10g)	7 度	8 度		9 度 (0.40g)	非抗震设计
			(0.20g)	(0.30g)		
框架	110	90	90	70	50	110
框架-中心支撑	220	200	180	150	120	240

结构体系	6度、7度 (0.10g)	7度	8度		9度 (0.40g)	非抗震 设计
			(0.20g)	(0.30g)		
框架-偏心支撑 框架-屈曲约束支撑 框架-延性长墙板	240	220	200	180	160	260
筒体(框筒、筒中筒、桁架筒、 束筒)矩形框架	300	280	260	240	180	360

注: 1. 房屋高度指室外地面到主要屋面板板顶的高度(不包括局部凸出屋顶部分)。
 2. 超过表内高度的房屋,应进行专门研究和论证,采取有效的加强措施。
 3. 表内筒体不包括混凝土筒。
 4. 框架柱包括钢柱和钢管混凝土柱。
 5. 对于甲类建筑,6度、7度、8度时宜按本地区抗震设防烈度提高1度后符合本表要求,9度时应专门研究。

三、高层建筑施工技术的发展

随着高层建筑的不断增加,施工技术得到了很大的发展,并在实践中应用、总结、再应用,形成了较为先进的施工技术体系。

1. 高层建筑基础施工技术

从20世纪90年代以后,高层建筑越建越高,基础也就越做越深,这样就促进了基础施工技术的发展。

在基础工程方面主要有基础结构、深基坑支护、大体积混凝土浇筑、深层降水等施工。

高层建筑多采用桩基础、筏形基础、箱形基础、桩基与箱形基础或桩基与筏板基础的复合基础这几种结构形式。

在桩基础方面,混凝土方桩、预应力混凝土管桩、钢管桩等预制打入桩皆有应用,有的桩长已超过70 m。近年来混凝土灌注桩有很大发展,在钻孔机械、桩端压力注浆、成孔扩孔、动力试验、扩大桩径等方面都有很大提高,大直径钻孔灌注桩的应用越来越多,并在软土、淤泥质土地区也有成功应用。

筏形基础、箱形基础、桩基与箱形基础或桩基与筏板基础的复合基础,能形成空间大的底盘,使地下空间得到很好的利用,结构刚度好,在20世纪90年代以后有大量应用。

近年来,由于深基坑的增多,支护技术发展很快,多采用钢板桩、混凝土灌注桩、地下连续墙、深层搅拌水泥土桩、土钉等进行支护;施工工艺有很大改进,支撑方式有传统的内部钢管(或型钢)支撑,也有在坑外用土锚拉固的方式;内部支撑形式也有多种,有十字交叉支撑、环状(拱状)支撑和混凝土支撑,也有采用"中心岛"式开挖的斜撑;土锚的钻孔、灌浆、预应力张拉工艺也有很大提高。

大体积混凝土裂缝控制的计算理论日益完善,为减少或避免产生温度裂缝,各地都采用了一些有效措施。商品混凝土和泵送技术的推广,所以,即使万余立方米以上的大体积混凝土浇筑也无困难，在测温技术和信息化施工方面也积累了很多经验。

在深基坑施工降低地下水水位方面，现已能利用轻型井点、喷射井点、真空泵、深井泵和电渗井点技术进行深层降水，而且在预防由降水引起附近地面沉降方面也有一些有效措施。

2. 高层建筑结构施工技术

在结构工程方面，已形成组合模板、大模板、爬升模板和滑升模板的成套工艺，钢结构超高层建筑的施工技术也有了长足的进步。在组合模板方面，除55系列钢模板外，推广了肋高70 mm、75 mm的中型组合钢模板；55、63、70、75、78、90系列的钢框竹(木)胶合板模板，板块尺寸更大，使用更方便；研究推广了早拆体系，以减少模板配置数量。大模板工艺在剪力墙结构和筒体结构中已得到广泛应用，形成了"全现浇""内浇外挂""内浇外砌"的成套工艺，且已向大开间建筑方向发展。楼板除各种预制、现浇板外，还应用了各种配筋的薄板叠合楼板。爬升模板首先在上海得到应用，工艺已成熟，不仅可用于浇筑外墙，也可内、外墙皆用爬升模板浇筑。在提升设备方面已有手动、液压和电动提升设备，有带爬架的，也有无爬架的，与升降脚手架结合应用，优点更为显著。滑模工艺不仅可施工高耸结构、剪力墙或筒体结构的高层建筑，还可施工一些特种结构(如沉井等)，还在支承杆的稳定以及施工期间墙体的强度和稳定计算方面有很大改进。此外，一些特种模板也有发展，如上海金茂大厦施工用的"分体组合自动调平整体提升式钢平台模板系统"和"新型附着升降脚手架和大模板一体化系统"等。

在钢筋技术方面，推广了钢筋对焊、电渣压力焊、气压焊以及机械连接(套筒挤压、锥螺纹和直螺纹套筒连接)，并且在植筋方面也有很大发展。

在混凝土技术方面，除大力发展预拌混凝土外，近年来还推广了预拌砂浆；在高性能混凝土和特种混凝土(纤维混凝土、聚合物混凝土、防辐射混凝土、水下不分散混凝土等)方面也有提高。

在脚手架方面，针对高层建筑施工的需要研制了自升降的附着式升降脚手架，已推广使用，效果良好。

在超高层钢结构施工方面，无论是厚钢板焊接技术，还是高强度螺栓和安装工艺都日益完善，国产的H型钢钢结构已成功地用于高层住宅。

此外，砌筑技术、防水技术和高级装饰装修方面也都有长足进步。随着我国高层和超高层建筑的进一步发展，传统技术会进一步提高，一些新结构、新技术、新材料也将不断出现。

3. 高层建筑施工管理

高层建筑由于层数多、工程量大、技术复杂、工期长、涉及许多单位和专业，故必须在施工全过程实施科学的组织管理，特别要解决好以下问题：

(1)施工现场管理体制；

(2)施工与设计的结合；

(3)施工组织设计的编制；

(4)施工准备工作；

(5)施工技术管理；

(6)质量、安全和消防管理。

第一章 高层建筑深基坑工程施工

能力目标

（1）能进行深基坑工程地下水水位的控制及基坑涌水量的计算。

（2）能进行基坑支护结构类型的分类与计算分析，具备地下连续墙、土层锚杆、土钉支护施工的能力。

（3）能进行深基坑土方开挖。

知识目标

（1）了解基坑工程设计的一般规定与要求；熟悉基坑支护结构的作用及设计原则、基坑支护结构的安全等级。

（2）了解地下水的基本特性；熟悉基坑涌水量的计算；掌握降低地下水水位的方法。

（3）熟悉基坑支护结构的类型与计算分析；掌握地下连续墙施工方法、土钉支护施工方法、土层锚杆施工方法。

（4）了解基坑土方开挖施工的地质勘察和环境调查；熟悉基坑土方开挖施工准备、深基坑土方开挖方案；掌握机械开挖土方的方法。

第一节 深基坑工程概述

随着我国经济建设和城市建设的发展，地下工程越来越多，应用范围日益扩大，我国许多地区都建设了一大批规模大、深度大、地质和周边环境复杂多样的基坑工程。通过不断地实践，工程技术人员已经积累了非常丰富的经验，可以熟练地掌握各种高难度基坑工程的施工技术，为更多、更复杂的地下建筑工程施工打下了坚实的基础。

基坑工程是为挖除建(构)筑物地下结构处的土方，保证主体地下结构的安全施工及保护基坑周边环境而采取的围护、支撑、降水、加固、挖土与回填等工程措施的总称，其包括勘察、设计、施工、检测与监测。

基坑工程是一门综合性很强的学科,涉及的学科较多,如工程地质学、土力学、基础工程学、结构力学、材料力学、工程结构、工程施工等,它所包含的内容基本涵盖了勘测、基坑支护结构的设计和施工、地下水控制、基坑土方的开挖、土体加固、工程监测和周围环境的保护等多个领域。

同时,基坑工程还具有较强的实践性,在设计和施工过程中必须考虑复杂多样的周边环境,各地区土层的变化,工程量大、工序多等不确定因素,因此,基坑工程是一项施工风险大、施工技术复杂、难度大的工程。基坑工程的施工也是工程建设过程中极其重要的阶段。

一、基坑工程设计的一般规定与要求

基坑工程按边坡情况可分为无支护开挖(放坡)和有支护开挖(在支护体系保护下开挖)两种形式。场地开阔、周围环境允许及在技术经济上合理时,宜优先采用放坡开挖或局部放坡开挖;在建筑物稠密地区、不具备放坡开挖条件,或者在技术经济上不合理时,应采用支护结构的垂直开挖施工。

基坑工程应根据现场实际工程地质、水文地质、场地和周边环境情况,以及施工条件进行设计和组织施工。

基坑工程设计时应考虑的荷载主要有:土压力、水压力;地面超载;施工荷载;邻近建筑物的荷载;当围护结构作为主要结构的一部分时,还应考虑人防和地震荷载等;其他不利于基坑稳定的荷载等。

基坑工程设计应包括支护体系选型、围护结构的强度设计、变形计算、坑内外土体稳定性计算、渗流稳定性计算、降水要求、挖土要求、监测内容等。在施工中,要确定挖土方法、挖土及支撑的施工工艺流程。

基坑支护结构设计应采用以分项系数表示的承载能力极限状态进行计算。这种极限状态对应于支护结构达到最大承载能力或土体失稳、过大变形导致的支护结构、内支撑或锚固系统、基坑周边环境破坏。对于安全等级为一级及对支护结构变形有限定的二级建筑基坑侧壁,还应对基坑周边环境及支护结构变形进行验算。

二、基坑支护结构的作用及设计原则

基坑支护是指为了保护地下结构施工和基坑周边环境安全,对基坑侧壁及周边环境采用的支挡、加固与保护措施。它是工程体系中的重要组成部分,其研究内容也是岩土工程的主要技术问题,即支护结构物与岩、土体相互作用共同承担上部、周围荷载及其自身重量的变形与稳定问题。

深基坑支护工程已成为当前工程建设的热点。目前深基坑支护工程建筑的发展趋势是高层化,基坑向更深层发展。在基坑开挖面积增大,宽度超过百米,长度达到上千米时,对整体的稳定性要求更高;在软弱地层中的深基坑开挖易产生较大的位移和沉降,对周围环境可造成较大的影响;深基坑的施工、运行周期越长,对临时性基坑支护的牢固性要求越高;深基坑支护系统不再只是临时性结构,而是参与到加固与改善建筑物的基础和地基作用当中来。

在此种情况下,深基坑支护结构的作用主要体现在以下三个方面:

（1）挡土作用，保证基坑周围未开挖土体的稳定，使基坑内有一个开阔、安全的空间。

（2）控制土体变形作用，保证与基坑相邻的周围建筑物和地下管线在基坑内结构的施工期间不因土体向坑内的位移而受到损害。

（3）截水作用，保证基坑内场地达到无水施工作业条件，不影响周围水位变动。

基坑支护工程设计的总体原则为：严格贯彻执行国家的技术经济政策，做到技术先进、经济合理、安全适用、确保质量。除应满足工程设计要求外，还应做到因地制宜、就地取材、保护环境和节约资源。

基坑支护工程的设计要满足安全性、经济性及适用性三方面的要求。安全性包含两个方面：一是支护结构自身强度满足要求，结构内力必须在材料强度允许范围内；二是支护结构与被支护体之间的作用是稳定的，要求支护结构具有足够的承载力，不能产生过量的变形。经济性及适用性要求是指在设计中通过应用先进的技术和手段，充分把握支护结构特征，通过多方案比较，在施工中采用适当的工艺、工序，使设计更经济合理，既满足规范要求，又不过量配置材料，也不影响支护结构的使用功能，寻求最佳设计方案，使支护结构的成本降到最低。

三、基坑支护结构的安全等级

基坑支护设计时，应综合考虑基坑周边环境和地质条件的复杂程度、基坑深度等因素，按表 1-1 采用基坑支护结构的安全等级。对同一基坑的不同部位，可采用不同的安全等级。

表 1-1　基坑支护结构的安全等级

安全等级	破坏后果
一级	支护结构失效、土体过大变形对基坑周边环境或主体结构施工安全的影响很严重
二级	支护结构失效、土体过大变形对基坑周边环境或主体结构施工安全的影响严重
三级	支护结构失效、土体过大变形对基坑周边环境或主体结构施工安全的影响不严重

第二节　深基坑工程的地下水控制

在基坑工程开挖施工过程中，地下水要满足支护结构和挖土的要求，并且不因地下水水位的变化，给基坑周围的环境和设施带来危害。

一、地下水的基本特性

高层建筑一般都有地下室，基础埋置较深，面积较大，因此，基坑开挖和基础施工经常会遇到地表和地下水大量侵入的情况，造成地基浸泡，使地基承载力降低；或出现管涌、流砂、坑底隆起、坑外地层过度变形等现象，导致破坏边坡稳定，影响邻近建（构）筑物使用安全和工程的顺利进行。因此，为了进行降低地下水水位的计算和保证土方工程施工顺利进行，需要对地下水流的基本性质有所了解。

1. 动水压力和流砂

地下水分为潜水和层间水两种。潜水是指从地表算起，第一层不透水层以上的含水层中所含的水，这种水无压力，属于重力水；层间水是指夹于两个不透水层之间的含水层所含的水。如果水未充满此含水层，且没有压力，称为无压层间水；如果水充满此含水层，水则带有压力，称为承压层间水(图 1-1)。

从水的流动方向取一柱状土体 A_1A_2 作为脱离体(图 1-2)，其横截面面积为 F，Z_1、Z_2 为 A_1、A_2 在基准面以上的高程。

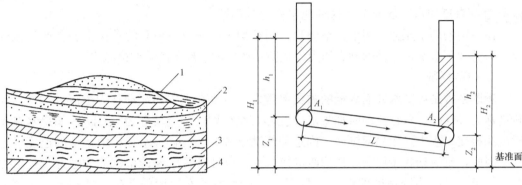

图 1-1　地下水　　　　　　　　图 1-2　动水压力

1—潜水；2—无压层间水；3—承压层间水；4—不透水层

由于 $h_1 > h_2$，存在压力差，水从 A_1 流向 A_2。作用于脱离体 A_1A_2 上的力有：

$\gamma_w \cdot h_1 \cdot F$——$A_1$ 处的总水压力，其方向与水流方向一致；

$\gamma_w \cdot h_2 \cdot F$——$A_2$ 处的总水压力，其方向与水流方向相反；

$n \cdot \gamma_w \cdot L \cdot F \cdot \cos\alpha$——水柱质量在水流方向的分力($n$ 为土的孔隙率)，α 为脱离体与基准面之间的夹角；

$(1-n) \cdot \gamma_w \cdot L \cdot F \cdot \cos\alpha$——土骨架重力在水流方向的分力；

$L \cdot F \cdot T$——土骨架对水流的阻力(T 为单位阻力)。

由静力平衡条件得

$$\gamma_w h_1 F - \gamma_w h_2 F + n\gamma_w LF\cos\alpha + (1-n)\gamma_w LF\cos\alpha - LFT = 0$$

即

$$\gamma_w h_1 - \gamma_w h_2 + n\gamma_w L\cos\alpha + (1-n)\gamma_w L\cos\alpha - LT = 0$$

由图 1-2 知：$\cos\alpha = \dfrac{Z_1 - Z_2}{L}$

代入上式得：$\gamma_w[(h_1+Z_1)-(h_2+Z_2)] - LT = 0$

$$\gamma_w(H_1 - H_2) = LT$$

$$T = \gamma_w \frac{H_1 - H_2}{L}$$

式中，$\dfrac{H_1 - H_2}{L}$ 为水头差与渗透路程式长度之比，称为水力坡度，以 I 表示。因而上式可写成

$$T = \gamma_w I$$

设水在土中渗流时，对单位土体的压力为 G_D，由作用力等于反作用力，但方向相反的

原理可知：

$$G_D = -T = -\gamma_w I$$

称 G_D 为动水压力，其单位为 kN/m^3。动水压力 G_D 与水力坡度成正比，即水位差 (H_1-H_2) 越大，G_D 也越大；而渗透路线 L 越长，则 G_D 越小。动水压力的作用方向与水流方向相同。当水流在水位差作用下对土颗粒产生向上的压力时，动水压力不但使土颗粒受到水的浮力，而且使土颗粒受到向上的压力，当动水压力等于或大于土的浸水重度 γ_w'，即 $G_D \geqslant \gamma_w'$ 时，则土颗粒失去自重，处于悬浮状态，土的抗剪强度等于零，此时土颗粒能随着渗流的水一起流动，这种现象称为"流砂"。

在一定的动水压力作用下，细颗粒、颗粒均匀、松散而饱和的砂性土容易产生流砂现象。降低地下水水位、消除动力压力，是防止产生流砂现象的重要措施之一。

2. 渗透系数

渗透系数是计算水井涌水量的重要参数之一。 水在土中的流动称为渗流。水点运动的轨迹称为"流线"。水在流动时如果流线互不相交，则这种流动称为"层流"；如果水在流动时流线相交，水中发生局部旋涡，则这种流动就称为"紊流"。水在土中运动的速度一般不大，因此，其流动属于层流。从达西定律 $(v=KI)$ 可以看出渗透系数的物理意义：水力坡度 I 等于 1 时的渗透速度即渗透系数 K。渗透系数具有速度的单位，常用 m/d、m/s 等表示。

土的渗透性取决于土的形成条件、颗粒级配、胶体颗粒含量和土的结构等因素。 一般常用稳定流的裘布依公式计算渗透系数。土的渗透性在水平和垂直方向不同，故有 K_h 和 K_z 分。

渗透系数 K 的取值是否正确，将影响井点系统涌水量计算结果的准确性，最好用扬水试验确定。

3. 等压流线与流网

水在土中渗流，地下水水头值相等的点连成的面，称为"等水头面"，它在平面上或剖面上表现为"等水头线"，等水头线即等压流线。由等压流线和流线所组成的网称为"流网"。流网有一个特性，即流线与等压流线正交。

二、基坑涌水量计算

根据水井理论，水井分为潜水(无压)完整井、潜水(无压)非完整井、承压水完整井、承压水非完整井和承压水-潜水非完整井。这几种井的涌水量计算公式不同。

1. 均质含水层潜水(无压)完整井基坑涌水量计算

根据基坑是否邻近水源，分别按如下方法计算：

(1)基坑远离地面水源[图 1-3(a)]。其计算公式为

$$Q = 1.366k \frac{(2H-S)S}{\lg\left(1+\dfrac{R}{r_0}\right)}$$

式中 Q——基坑涌水量；

　　　k——土壤的渗透系数；

　　　H——潜水含水层厚度；

　　　S——基坑水位降深；

R——降水影响半径，宜通过试验或根据当地经验确定，当基坑安全等级为二、三级时，对潜水含水层按下式计算：

$$R = 2S\sqrt{kH}$$

对承压含水层按下式计算：

$$R = 10S\sqrt{k}$$

式中　k——土的渗透系数；

　　　r_0——基坑等效半径，当基坑为圆形时，基坑等效半径取圆半径，当基坑为非圆形时，对矩形基坑的等效半径按下式计算：

$$r_0 = 0.29(a+b)$$

式中　a，b——基坑的长、短边。

对不规则形状的基坑，其等效半径按下式计算：

$$r_0 = \sqrt{\frac{A}{\pi}}$$

式中　A——基坑面积。

(2)基坑近河岸[图 1-3(b)]。其计算公式为

$$Q = 1.366k \frac{(2H-S)S}{\lg \frac{2b}{r_0}} \qquad (b<0.5R)$$

(3)基坑位于两地表水体之间[图 1-3(c)]或位于补给区与排泄区之间。其计算公式为

$$Q = 1.366k \frac{(2H-S)S}{\lg\left[\frac{2(b_1+b_2)}{\pi r_0} \cos \frac{\pi}{2} \frac{(b_1-b_2)}{(b_1+b_2)}\right]}$$

(4)基坑靠近隔水边界。其计算公式为

$$Q = 1.366k \frac{(2H-S)S}{2\lg(R+r_0)-\lg r_0(2b+r_0)}$$

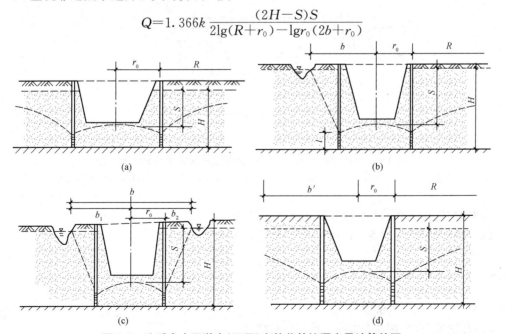

(a)　　　　　　　　　　　　　　　(b)

(c)　　　　　　　　　　　　　　　(d)

图 1-3　均质含水层潜水(无压)完整井基坑涌水量计算简图

(a)基坑远离地面水源；(b)基坑近河岸；(c)基坑位于两地表水体之间；(d)基坑靠近隔水边界

2. 均质含水层潜水(无压)非完整井基坑涌水量计算

(1)基坑远离地面水源[图 1-4(a)]。其计算公式为

$$Q=1.366k\frac{H^2-h_m^2}{\lg\left(1+\dfrac{R}{r_0}\right)+\dfrac{h_m-l}{l}\lg\left(1+0.2\dfrac{h_m}{r_0}\right)}\qquad\left(h_m=\frac{H+h}{2}\right)$$

(2)基坑近河岸，含水层厚度不大[图 1-4(b)]。其计算公式为

$$Q=1.366kS\left[\frac{l+S}{\lg\dfrac{2b}{r_0}}+\frac{l}{\lg\dfrac{0.66l}{r_0}+0.25\dfrac{l}{M}\lg\dfrac{b^2}{M^2-0.14l^2}}\right]\qquad\left(b>\frac{M}{2}\right)$$

式中　M——由含水层底板到滤头有效工作部分中点的长度。

(3)基坑近河岸，含水层厚度很大[图 1-4(c)]。其计算公式为

$$Q=1.366kS\left[\frac{l+S}{\lg\dfrac{2b}{r_0}}+\frac{l}{\lg\dfrac{0.66l}{r_0}-0.22\text{arsh}\dfrac{0.44l}{b}}\right]\qquad(b>l)$$

$$Q=1.366kS\left[\frac{l+S}{\lg\dfrac{2b}{r_0}}+\frac{l}{\lg\dfrac{0.66l}{r_0}-0.11\dfrac{l}{b}}\right]\qquad(b<l)$$

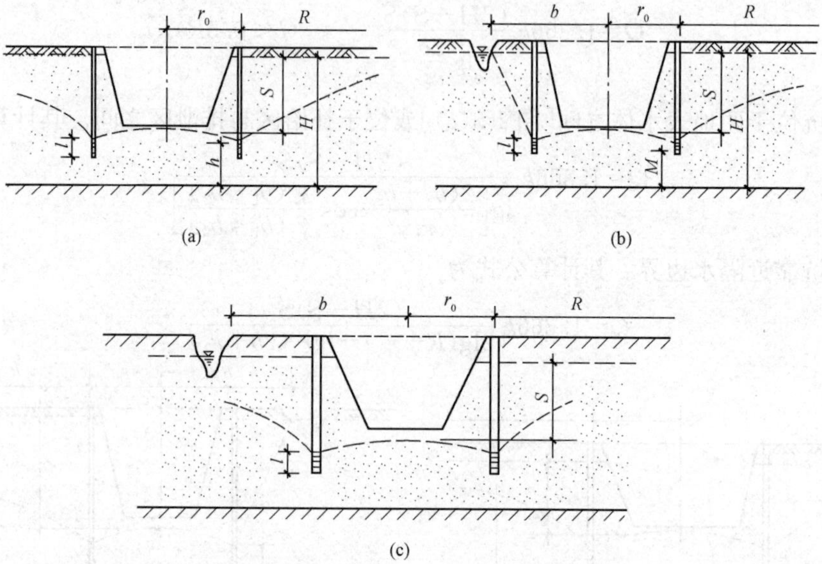

图 1-4　均质含水层潜水(无压)非完整井基坑涌水量计算简图

(a)基坑远离地面水源；(b)基坑近河岸，含水层厚度不大；(c)基坑近河岸，含水层厚度很大

3. 均质含水层承压水完整井基坑涌水量计算

(1)基坑远离地面水源[图 1-5(a)]。其计算公式为

$$Q=2.73k\frac{MS}{\lg\left(1+\dfrac{R}{r_0}\right)}$$

式中　M——承压含水层厚度。

(2)基坑近河岸[图 1-5(b)]。其计算公式为

$$Q = 2.73k \frac{MS}{\lg\left(\dfrac{2b}{r_0}\right)} \qquad (b < 0.5r_0)$$

（3）基坑位于两地表水体之间［图1-5（c）］或位于补给区与排泄区之间。其计算公式为

$$Q = 2.73k \frac{(2H-S)S}{\lg\left[\dfrac{2(b_1+b_2)}{\pi r_0}\cos\dfrac{\pi(b_1+b_2)}{2(b_1+b_2)}\right]}$$

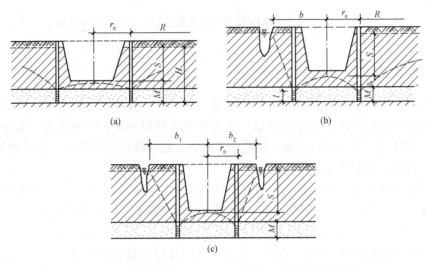

(a) (b)

(c)

图1-5　均质含水层承压水完整井基坑涌水量计算简图

(a)基坑远离地面水源；(b)基坑近河岸；(c)基坑位于两地表水体之间

4. 均质含水层承压水非完整井基坑涌水量计算

均质含水层承压水非完整井基坑涌水量（图1-6）的计算公式为

$$Q = 2.73k \frac{MS}{\lg\left(1+\dfrac{R}{r_0}\right)+\dfrac{M-l}{l}\lg\left(1+0.2\dfrac{M}{r_0}\right)}$$

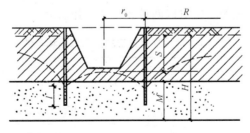

图1-6　均质含水层承压水非完整井基坑涌水量计算简图

5. 均质含水层承压水-潜水非完整井基坑涌水量计算

均质含水层承压水-潜水非完整井基坑涌水量计算（图1-7）的计算公式为

$$Q = 1.366k \frac{(2H-M)M-h^2}{\lg\left(1+\dfrac{R}{r_0}\right)}$$

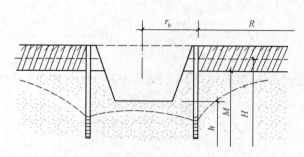

图 1-7　均质含水层承压水-潜水非完整井基坑涌水量计算简图

三、降低地下水水位的方法

基坑工程控制地下水水位的方法有降低地下水水位、隔离地下水两种。降低地下水水位的方法有集水沟明排水及降水井降水。降水井包括轻型井点、喷射井点、电渗井点、管井井点、深井井点、砂(砾)渗井等。隔离地下水的方法包括地下连续墙、连续排列的排桩、隔水帷幕、坑底水平封底隔水等。

对于弱透水地层中的较浅基坑，当基坑环境简单、含水层较薄时，可考虑采用集水沟明排水；在其他情况下宜采用降水井降水，隔水措施或隔水、降水综合措施。

基坑工程中降水方案的选择与设计应满足下列要求：

(1)基坑开挖及地下结构施工期间，地下水水位保持在基底以下 0.5～1.5 m；

(2)深部承压水不引起坑底隆起；

(3)降水期间邻近建筑物及地下管线、道路能正常使用；

(4)基坑边坡稳定。

(一)常用降水方法的适用范围和条件

深基坑大面积降水方法的类型较多，常用降水方法的适用范围和条件见表 1-2。可根据基坑的规模、深度，场地及周边工程、水文、地质条件，需降水深度，周围环境状况，支护结构种类，工期要求以及技术经济效益等进行全面的考虑、分析，经比较后合理选用降水井类型，可以选用其中一种，也可以两种相结合使用。

表 1-2　常用降水方法的适用范围和条件

适用条件方法	适用土层类别，水文、地质特征	渗透系数 /(m·d^{-1})	降低水位深度 /m
集水沟明排水	填土、粉土、砂土、黏性土；上层滞水、水量不大的潜水	7～20	<5
轻型井点	填土、粉土、砂土、粉质黏土、黏性土；上层滞水、水量不大的潜水	0.1～50	3～6
二级轻型井点	填土、粉土、砂土、粉质黏土、黏性土；上层滞水、水量不大的潜水	0.1～50	6～12
喷射井点	填土、粉土、砂土、粉质黏土、黏性土、淤泥质粉质黏土；上层滞水、水量不大的潜水	0.1～20	8～20

适用条件方法	适用土层类别，水文、地质特征	渗透系数/(m·d⁻¹)	降低水位深度/m
电渗井点	淤泥质粉质黏土、淤泥质黏土；上层滞水、水量不大的潜水	<0.1	根据选定的井点确定
管井井点	粉土、砂土、碎石土、可溶岩、破碎带；含水丰富的潜水、承压水、裂隙水	20～200	3～5
深井井点	砂土、砂砾石、粉质黏土、砂质粉土；水量不大的潜水，深部有承压水	10～250	>10
砂(砾)渗井	含薄层粉砂的粉质黏土、黏质粉土、砂质粉土、粉土、粉细砂；水量不大的潜水，深部有导水层	>0.1	根据下伏导水层的性质及埋深确定
回灌井点	填土、粉土、砂土、碎石土	0.1～200	不限

注：深井井点中的无砂混凝土管井点适用于土层渗透系数为 10～250 m/d，降水深度为 5～10 m 的条件。

一般来讲，当土质情况良好，土的降水深度不大时，可采用单层轻型井点；当降水深度超过 6 m，且土层垂直渗透系数较小时，宜用二级轻型井点或多层轻型井点，或在坑中另布井点，以分别降低上层、下层土的水位。当土的渗透系数小于 0.1 时，可在一侧增加钢筋电极，改用电渗井点降水；当土质较差，降水深度较大，多层轻型井点设备增多，土方量增大，经济上不合算时，采用喷射井点降水较为适宜；如果降水深度不大，土的渗透系数大，涌水量大，降水时间长，可选用管井井点降水；如果降水深度很大，涌水量大，土层复杂多变，降水时间很长，宜选用深井井点或简易的钢筋笼深井井点降水，既有效又经济。当各种井点降水方法影响邻近建筑物产生不均匀沉降和使用安全时，应采用回灌井点或在基坑有建筑物的一侧采用旋喷桩加固土壤和防渗的方法对侧壁和坑底进行加固处理。

（二）常用降水方法及使用特点

1. 集水井降水

集水井降水是在开挖基坑时沿坑底周围开挖排水沟，再于坑底设集水井，使基坑内的水经排水沟流向集水井，然后用水泵抽出坑外， 如图 1-8 所示。但是，在深基坑中，采用该方法容易引起流砂、管涌和边坡失稳等问题。

为了防止基底土的细颗粒随水流失，使土结构受到破坏，排水沟及集水井应设置在基础范围之外，距基础边线距离不小于 0.4 m，地下水走向的上

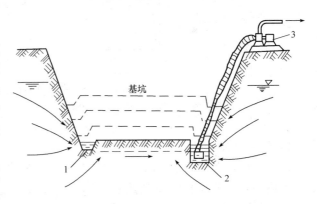

图 1-8　集水井降水

1—排水沟；2—集水井；3—水泵

游。应根据基坑涌水量大小、基坑平面形状及尺寸，以及水泵的抽水能力，确定集水井的数量和间距。一般每隔 30～40 m 设置一个。集水井的直径或宽度一般为 0.6～0.8 m。集水井的深度随挖土加深而加深，要始终低于挖土面 0.8～1.0 m。井壁用竹、木等材料加固。排水沟深度为 0.3～0.4 m，底宽不应小于 0.2～0.3 m，边坡坡度为 1:1～1:1.5，沟底设有 1‰～2‰的纵坡。

当挖至设计标高后，集水井底应低于坑底 1～2 m，并铺设 0.3 m 碎石滤水层，以免在抽水时将泥砂抽出，并防止坑底土被搅动。集水井降水常用的水泵主要有离心泵、潜水泵和泥浆泵。确定水泵类型时，一般取水泵的排水量为基坑涌水量的 1.5～2.0 倍。当基坑涌水量 $Q<20$ m³/h 时，可用隔膜式泵或潜水电泵；当 $Q=20～60$ m³/h 时，可用隔膜式/离心式水泵或潜水电泵；当 $Q>60$ m³/h 时，多用离心式水泵。

2. 井点降水

井点降水就是在基坑开挖前，预先在基坑四周埋设一定数量的滤水管（井），在基坑开挖前和开挖过程中，利用真空原理，不断抽出地下水，使地下水水位降低到坑底以下，从而从根本上解决地下水涌入坑内的问题，如图 1-9 所示。井点可分为以下几种：

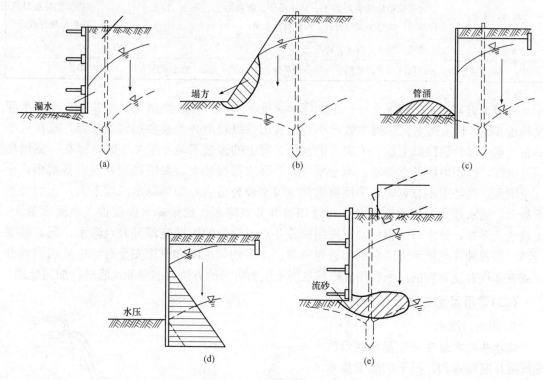

图 1-9 井点降水的作用

(a)防止涌水；(b)使边坡稳定；(c)防止土的上冒；(d)减小横向荷载；(e)防止流砂

(1)轻型井点。利用轻型井点降低地下水水位，是沿基坑周围以一定的间距埋入井管（下端为滤管），在地面上用水平铺设的集水总管将各井管连接起来，再于一定位置设置真空泵和离心泵，开动真空泵和离心泵后，地下水在真空吸力的作用下，经滤管进入井管，然后经集水总管排出，这样就降低了地下水水位。

1)轻型井点设备。轻型井点设备由井点管、弯联管、集水总管、滤管和抽水设备组成。

2)轻型井点的布置。轻型井点的布置应根据基坑的形状与大小、地质和水文情况、工程性质、降水深度等确定。

①平面布置。当基坑(槽)宽度小于 6 m 且降水深度不超过 6 m 时，可采用单排井点，布置在地下水上游一侧，两端延伸长度以不小于槽宽为宜，如图 1-10(a)所示。当基坑(槽)宽度

大于6 m或土质不良、渗透系数较大时，宜采用双排井点，布置在基坑(槽)的两侧。当基坑面积较大时宜采用环形井点，如图1-11(a)所示。考虑运输设备入道，一般在地下水下游方向布置成不封闭形式。井点管距离基坑壁一般可取0.7~1.0 m，以防局部发生漏气。井点管间距为0.8 m、1.2 m、1.6 m，由计算或经验确定。井点管在总管四角部分应适当加密。

②高程布置。轻型井点的降水深度，从理论上讲可达10.3 m，但由于管路系统的水头损失，其实际的降水深度一般不宜超过6 m。井点管的埋置深度 H 可按下式计算，如图1-11(b)所示。

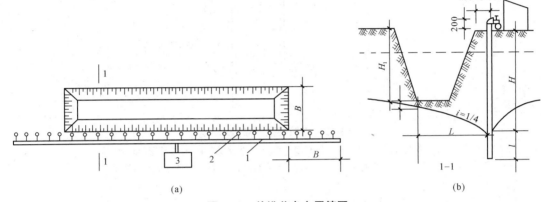

图1-10 单排井点布置简图

(a)平面布置；(b)高程布置

1—总管；2—井点管；3—抽水设备

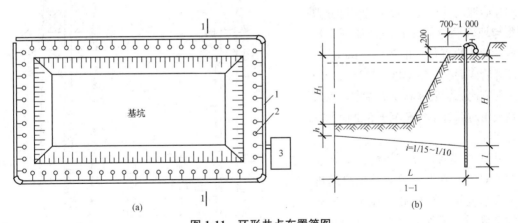

图1-11 环形井点布置简图

(a)平面布置；(b)高程布置

1—总管；2—井点管；3—抽水设备

$$H \geqslant H_1 + h + iL$$

式中　H_1——井点管埋设面至基坑底面的距离(m)；

　　　H——降低后的地下水位至基坑中心底面的距离，一般为0.5~1.0 m，人工开挖取下限，机械开挖取上限；

　　　i——降水曲线坡度(对环状或双排井点取1/15~1/10，对单排井点取1/4)；

　　　L——井点管中心至基坑中心的短边距离(m)。

当 H 值小于降水深度 6 m 时，可用一级井点；当 H 值稍大于 6 m 且地下水水位离地面较深时，可采用降低总管埋设面的方法，仍可采用一级井点；当一级井点达不到降水深度要求时，可采用二级井点或喷射井点，如图 1-12 所示。

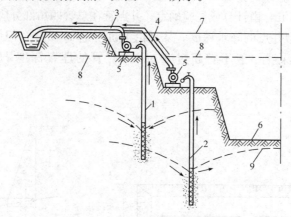

图 1-12　二级轻型井点降水示意

1—第一级轻型井点；2—第二级轻型井点；3—集水总管；4—连接管；5—水泵；
6—基坑；7—原地面线；8—原地下水水位线；9—降低后的地下水水位线

3）井点管的埋设。井点管的埋设一般采用水冲法进行，借助高压水冲刷土体，用冲管扰动土体助冲，将土层冲成圆孔后埋设井点管。整个过程可分为冲孔与埋管两个施工过程，如图 1-13 所示。冲孔的直径一般为 300 mm，以保证井管四周有一定厚度的砂滤层；冲孔深度宜比滤管底深 0.5 m 左右，以防冲管拔出时部分土颗粒沉于底部而触及滤管底部。

井孔冲成后，立即拔出冲管，插入井点管，并在井点管与孔壁之间迅速填灌砂滤层，以防孔壁塌土。砂滤层的填灌质量是保证轻型井点顺利抽水的关键。一般宜选用干净粗砂，填灌要均匀，并填至滤管顶上 1～1.5 m，以保证水流畅通。井点填砂后，需用黏土封口，以防漏气。

井点管埋设完毕后，需进行试抽，以检查有无漏气、淤塞现象，出水是否正常。如有异常情况，检修好后方可使用。

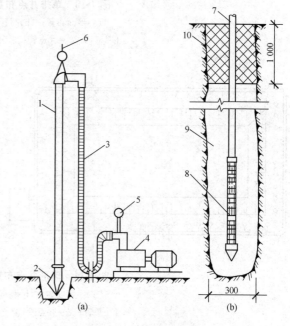

图 1-13　井点管的埋设

（a）冲孔；（b）埋管

1—冲管；2—冲嘴；3—胶皮管；4—高压水泵；
5—压力表；6—起重机吊钩；7—井点管；
8—滤管；9—填砂；10—黏土封口

(2)喷射井点。当基坑开挖较深或降水深度大于 6 m 时，必须使用多级轻型井点才可收到预期效果，但需要增大基坑土方开挖量，延长工期并增加设备数量，因此不够经济。此时宜采用喷射井点降水，它在渗透系数为 3～50 m/d 的砂土中应用最为有效，在渗透系数为 0.1～2 m/d 的亚砂土、粉砂、淤泥质土中效果也较显著，其降水深度可达 8～20 m。喷射井点有喷水井点和喷气井点之分，其工作原理相同，只是工作流体不同，前者以压力水作为工作流体，后者以压缩空气作为工作流体。

1)喷射井点设备。喷射井点根据其工作时使用液体或气体的不同，分为喷水井点和喷气井点两种。其设备主要由喷射井管、高压水泵(或空气压缩机)和管路系统组成。

2)喷射井点的布置与使用。喷射井点的管路布置、井管埋设方法及要求与轻型井点相同。喷射井管间距一般为 2～3 m，冲孔直径为 400～600 mm，深度应比滤管深 1 m 以上。采用喷射井点时，当基坑宽度小于 10 m 时可单排布置；大于 10 m 则双排布置。当基坑面积较大时，宜环形布置。井点间距一般为 2～3 m。埋设时冲孔直径为 400～600 mm，深度应高于滤管底 1 m 以上。使用时，为防止喷射器损坏，需先对喷射井管逐根进行冲洗，开泵时压力要小一些(小于 0.3 MPa)，以后再逐渐开足，如发现井管周围有翻砂、冒水现象，应立即关闭井管并进行检修。工作水应保持清洁，试抽 2 d 后应更换清水，此后视水质污浊程度定期更换清水，以减轻工作水对喷射嘴及水泵叶轮等的磨损。

喷射井点用作深层降水，其一层井点可把地下水位降低 8～20 m，甚至 20 m 以下，其工作原理如图 1-14 和图 1-15 所示。

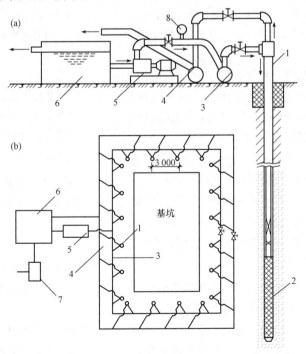

图 1-14　喷射井点布置图
(a)井点布置剖面图；(b)井点布置平面图

1—喷射井管；2—滤管；3—供水总管；4—排水总管；5—高压离心水泵；6—水池；7—排水泵；8—压力表

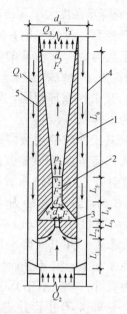

图 1-15　喷射井点扬水装置

1—扩散室；2—混合室；3—喷嘴；4—喷射井点外管；5—喷射井点内管；L_1—喷射井点内管底端两侧进水孔高度；

L_2—喷嘴颈缩部分长度；L_3—喷嘴圆柱部分长度；L_4—喷嘴口至混合室的距离；L_5—混合室长度；

L_6—扩散室长度；d_1—喷嘴直径；d_2—混合室直径；d_3—喷射井点内管直径；d_4—喷射井点外管直径；

Q_1—工作水流量；Q_2—单井排水量（吸入水流量）；Q_3—工作水加吸入水的流量（$Q_3 = Q_1 + Q_2$）；

p_2—混合室末端扬升压力（MPa）；F_1—喷嘴断面面积；F_2—混合室断面面积；F_3—喷射井点内管断面面积；

v_1—工作水从喷嘴喷出时的流速；v_2—工作水与吸入水在混合室的流速；v_3—工作水与吸入水在排出时的流速

（3）电渗井点。电渗井点是在降水井点管的内侧打入金属棒（钢筋、钢管等），连以导线，以井点管为阴极，以金属棒为阳极，通入直流电后，土颗粒自阴极向阳极移动（称为电泳现象），使土体固结；地下水自阳极向阴极移动（称为电渗现象），使软土地基易于排水，如图 1-16 所示。它用于渗透系数小于 0.1 m/d 的土层。

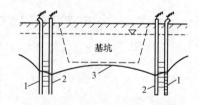

图 1-16　电渗井点工作原理图

1—井点管；2—金属棒；3—地下水降落曲线

电渗井点是以轻型井点管或喷射井点管作阴极，以 Φ20～Φ25 的钢筋或直径为 50～75 mm 的钢管为阳极，埋设在井点管内侧，与阴极并列或交错排列。

两者的距离，当用轻型井点时为 0.8～1.0 m；当用喷射井点时为 1.2～1.5 m。阳极入土深度应比井点管深 500 mm，露出地面 200～400 mm。阴、阳极数量相等，分别用电线联成通路，接到直流发电机或直流电焊机的相应电极上。

电渗井点降水的工作电压不宜大于 60 V。土中通电的电流密度宜为 0.5～1.0 A/m²，为避免大部分电流从土的表面通过，降低电渗效果，通电前应清除阴、阳极之间地面上的导电物，使地面保持干燥，如涂一层沥青则绝缘效果更好。通电时，为避免电解作用产生的气体积聚在电极附近，使土体电阻增大，加大电能消耗，宜采用间隔通电法，即每通电 24 h，停电 2～3 h。在降水过程中，应量测和记录电压、电流密度、耗电量及水位变化。

(4)管井井点。 管井井点就是沿开挖的基坑，每隔一定距离(20～50 m)设置一个管井，每个管井单独用一台水泵(潜水泵、离心泵)进行抽水，降低地下水水位。用此法可降低地下水水位5～10 m，此法适用于渗透系数较大(土的渗透系数$K=20～200$ m/d)、地下水量较大的土层。

1)管井井点系统的主要设备。主要设备由滤水井管、吸水管和抽水机械等组成，如图1-17所示。

2)管井布置。沿基坑外圈四周呈环形或沿基坑(槽)两侧或单侧呈直线布置。井中心距基坑(槽)边缘的距离，根据所用钻机的钻孔方法而定，当用冲击式钻机并用泥浆护壁时为0.5～1.5 m；当用套管法时不小于3 m。管井的埋置深度和间距根据所需降水面积和深度以及含水层的渗透系数与因素而定，埋置深度为5～10 m，间距为10～50 m，降水深度为3～5 m。

(5)深井井点。 深井井点降水是在深基坑的周围埋置深于基底的井管，通过设置在井管内的潜水泵将地下水抽出。该方法具有排水量大、降水深、井距大、对平面布置干扰小、不受土层限制等特点。

1)深井井点构造。其由深井井管和潜水泵等组成，如图1-18所示。

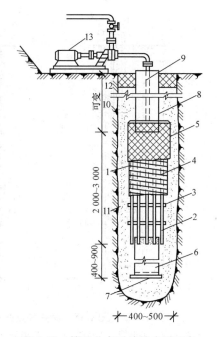

图1-17 管井井点系统的主要设备
1—滤水井管；2—$\phi 14$ 钢筋焊接骨架；
3—6×30 铁环@250；4—10号钢丝垫筋@25
焊于管架上；5—孔眼为1～2 mm钢丝网点
焊于垫筋上；6—沉砂管；7—木塞；
8—$\phi 150$～$\phi 250$钢管；9—吸水管；10—钻孔；
11—填充砂砾；12—黏土；13—水泵

2)深井井长布置。深井井点一般沿工程基坑(槽)周围距边坡上缘0.5～1.5 m呈环形布置；当基坑宽度较小时，也可只在一侧呈直线布置；当为面积不大的独立的深基坑时，可采取点式布置。井点宜深入透水层6～9 m，通常还应比所需降水的深度深6～8 m，间距一般相当于埋置深度，为10～30 m。

3)深井施工。成孔方法可采用冲击钻孔、回转钻孔、潜水钻或水冲成孔。孔径应比井管直径大300 mm，成孔后立即安装井管。井管安放前应清孔，井管应垂直，过滤部分放在含水层范围内。井管与土壁间填充粒径大于滤网孔径的砂滤料。井口下1 m左右应用黏土封口。

在深井内安放水泵前应清洗滤井，冲洗沉渣。安放潜水泵时，电缆等应绝缘可靠，并设保护开关控制。抽水系统安装后应进行试抽。

4)真空深井井点布置。真空深井泵是近年来在上海等地区应用较多的一种深层降水设备(图1-19)。每一个深井泵由井管和滤管组成，单独配备一台电动机和一台真空泵，开动后达到一定的真空度，则可达到深层降水的目的，其在渗透系数较小的淤泥质黏土中也能降水。

这种真空深井泵的吸水口的真空度可达0.05～0.095 MPa；最大吸水作用半径在15 m左右；降水深度可达－18～－8 m(井管长度可变)；钻孔直径为$\phi 850$～$\phi 1 000$；电动机功率为7.5 kW；最大出水量为30 L/min。

安装这种真空深井泵时，钻孔设备应用清水作水源冲钻孔，钻孔深度比埋管深度大1 m。成孔后应在2 h内及时清孔和沉管，清孔的标准是使泥浆达到1:1.1～1:1.15。

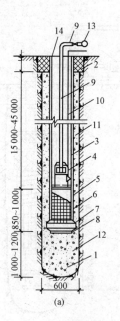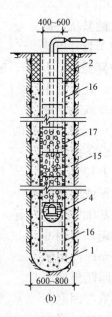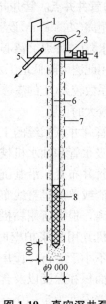

图 1-18　深井井点构造

(a)钢管深井井点；(b)无砂混凝土管深井井点

1—井孔；2—井口(黏土封口)；3—ϕ300～ϕ375 井管；4—潜水电泵；
5—过滤段(内填碎石)；6—滤网；7—导向段；8—开孔底板(下铺滤网)；
9—ϕ50 出水管；10—电缆；11—小砾石或中粗砂；12、15—中粗砂；
13—ϕ50～ϕ75 出水总管；14—20 mm 厚钢板井盖；
16—沉砂管；17—滤水管

图 1-19　真空深井泵

1—电气控制箱；2—溢水箱；
3—真空泵；4—电动机；5—出水管；
6—井管；7—砂；8—滤管

沉管时应使溢水箱的溢出口高于基坑排水沟系统入水口 200 mm 以上，以便排水。滤水介质用中粗砂与 ϕ10～ϕ15 的细石，先灌入 2 m 高(一般孔深 1 m 用量 1 t)的细石，然后灌入粗砂。灌入粗砂后立即安装真空泵和电动机，随即通电预抽水，直至抽出清水为止。这种深井泵应由专用电箱供电。

深井泵由于井管较长，挖土至一定深度后，自由端较长，井管应用附近的支护结构支撑或立柱等连接，予以固定。在挖土过程中，要注意保护深井泵，避免挖土机撞击。

这种真空深井泵在软土中，每台泵的降水服务范围约为 200 m²。

(三)井点降水注意事项

为了减少井点降水对邻近建筑物及管线等的影响和危害，主要可采取以下几项措施：

(1)采用密封形式的挡土墙或采取其他密封措施。如用地下连续墙、灌注桩、旋喷桩、水泥搅拌桩以及用压密注浆形成一定厚度的防水墙等。将井点排水管设置在坑内，井管深度不得超过挡土止水墙的深度，仅将坑内水位降低，而坑外的水位则尽量维持原来水位。

(2)适当调整井点管的埋置深度。在一般情况下，井点管埋置深度应该使坑中的降水曲面在坑底下 0.5～1.0 m，但在没有密封挡土墙的情况下，井点降水不仅会使坑内水位下降，也会使坑外水位下降。如果在降水影响区范围内有建筑物、构筑物、管线需保护，可以在确保基坑不发生涌砂和地下水不从坑壁渗入的条件下，适当地提高井点管的设计标高。另外，井点降水区域还随着降水时间的延长向外、向下扩张，当处在两排井点的坑中时，降水曲面的形成较快，坑外降水曲面扩张较慢。因此，当井点设置较深时，随着降水时间的延长，可适当地控制抽水流量或抽吸真空达到设计要求值；当水位观察井的水位达到设计的控制值时，调整设备使抽水量和抽吸真空度降低，以达到控制坑外降水曲面的目的。这需要通过设置水位观察井来观察水位变化情况，控制水流量和真空度。

（3）采用井点降水与回灌相结合的技术。其基本原理与方法是在降水井管与需要保护的建筑和管线之间设置回灌井点、回灌砂井或回灌砂沟，持续不断地用水回灌，形成一道水带，以减小降水曲面向外扩张的程度，保持邻近建筑物、管线等基础下地基土中的原地下水水位，防止土层因失水而沉降。降水与回灌水位曲线应视场地环境条件而定，降水曲线是漏斗形，而回灌曲线是倒漏斗形，降水与回灌水位曲线应有重叠，为了防止降水和回灌两井相通，还应保持一定的距离，一般不宜小于 6 m，否则基坑内水位无法下降，从而失去降水的作用。回灌井点的深度一般应控制在长期降水曲线以下 1 m 为宜，并应设置在渗透性较好的土层中，如果用回灌砂沟，则沟底应设置在渗透性较好的土层内。在降水井点与回灌井点之间应设置水位观察点，或两井内、外都应设置水位观察点，以便能根据水位变化情况，控制好运用、调节水量，以达到既长期保持水幕的作用，又防止回灌水外溢造成危害的目的。

（4）采用注浆固土技术防止水土流失。为了减小坑内井点降水时降水曲面向外扩张的程度，防止邻近建筑物基础下地基土因地下水水位下降，造成水土流失而沉降，在井点降水前，需要在控制沉降的建筑物基础的周边，布置注浆孔（每隔 2～3 m 设一个），控制注浆压力，以挤密土层中的孔隙为度，达到降低土的渗透性能，不产生流失的目的，保证基坑邻近建筑物、管线的安全，不产生沉降和裂缝。

第三节　深基坑工程的支护结构

一、基坑支护结构的类型与计算分析

（一）支护结构的分类与类型

1. 支护结构的分类

支护结构的体系很多，工程上常用的典型的支护体系按其工作机理和围护墙的形式分为图 1-20 所示的几种类型。

基坑支护施工方案

2. 支护结构的类型

（1）悬臂式支护结构。悬臂式支护结构示意如图 1-21 所示，悬臂式支护结构常采用钢筋混凝土排桩墙、木板桩、钢板桩、钢筋混凝土板桩、地下连续墙等形式。悬臂式支护结构依靠足够的入土深度和支护墙体的抗弯能力来维护整体稳定和结构的安全，它对开挖深度很敏感，容易产生较大的变形，而对周围环境产生不利影响，因而适用于土质较好、开挖深度较小的基坑工程。

（2）水泥搅拌桩重力式支护结构。水泥搅拌桩重力式支护结构示意如图 1-22 所示。水泥搅拌桩在进行平面布置时常采用格构式重力式挡墙（图 1-23）。水泥土与其包围的天然土形成重力式挡墙支挡周围土体，保证基坑边坡稳定。水泥搅拌桩重力式支护结构常应用于软黏土地区开挖深度 6 m 左右的基坑工程。水泥土由于抗拉强度低，因此适用于较浅的基坑工程，其变形也较大。其优点是挖土方便、成本低。

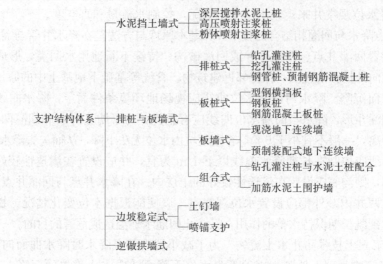

图 1-20　支护结构体系的分类

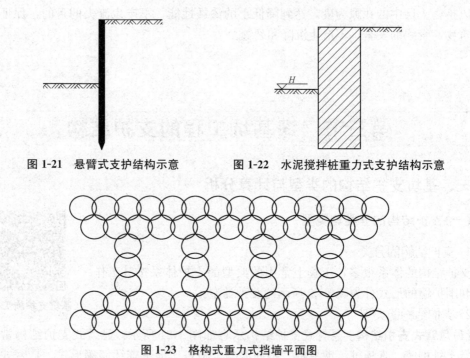

图 1-21　悬臂式支护结构示意　　　　图 1-22　水泥搅拌桩重力式支护结构示意

图 1-23　格构式重力式挡墙平面图

(3)内支撑式支护结构。 内支撑式支护结构由支护墙体和内支撑体系两部分组成。支护墙体可采用钢筋混凝土排桩墙、地下连续墙或钢板桩等形式。内支撑体系可采用水平支撑和斜支撑。根据不同开挖深度可采用单层支撑、双层支撑和多层支撑，分别如图 1-24(a)、(b)、(d)所示。当基坑面积较大而基坑开挖深度又不太大时，可采用单层斜支撑形式，如图 1-24(c)所示。内支撑式支护结构适用范围广，可适用于各种基坑和基坑深度。

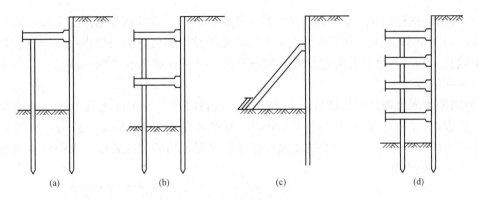

图 1-24　内支撑式支护结构示意

(a)单层支撑；(b)双层支撑；(c)单层斜支撑；(d)多层支撑

(4)拉锚式支护结构。拉锚式支护结构由支护墙体和锚固体系两部分组成。支护墙体同内支撑式支护结构。锚固体系可分为土层锚杆和拉锚式。土层锚杆式体系需要地基土才能提供较大的锚固力，因此，其较适用于砂土地基或黏土地基。由于软黏土地基不能提供锚杆较大的锚固力，所以很少使用。

(5)土钉墙支护结构。土钉一般通过钻孔、插筋和注浆来设置，传统上称为砂浆锚杆，也可采用打入或射入的方式设置土钉。施工时边开挖基坑，边在土坡中设置土钉，在坡面上铺

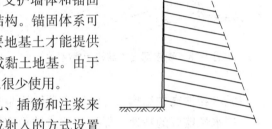

图 1-25　土钉墙支护结构示意

设钢筋网，并通过喷射混凝土形成混凝土面板，形成土钉墙支护结构，如图 1-25 所示。土钉墙支护结构适用于地下水水位以上或人工降水后的黏性土、粉土、杂填土及非松散砂土、卵石土等，不适用于淤泥质土及未经降水处理地下水水位以下的土层地基中的基坑支护。

(6)门架式支护结构。门架式支护结构如图 1-26 所示。目前，在工程中常用钢筋混凝土灌注桩、冠梁及连系梁形成门架式支护结构体系。其支护深度比悬臂式支护结构大，适用于基坑开挖深度已超过悬臂式支护结构的合理支护深度的基坑工程。其合理支护深度可通过计算确定。

(7)拱式组合型支护结构。图 1-27 所示为钢筋混凝土灌注桩与深层水泥搅拌桩拱组合形成的支护结构示意。水泥土抗拉强度小，抗压强度大，形成的水泥土拱可有效利用材料性能。拱脚采用钢筋混凝土桩，承受水泥土传来的土压力，通过内支撑平衡土压力。合理采用拱式组合型支护结构可取得较好的经济效益。

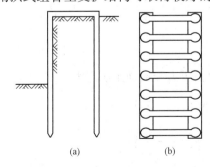

图 1-26　门架式支护结构示意

(a)剖面图；(b)平面图

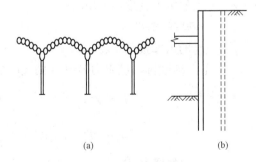

图 1-27　拱式组合型支护结构示意

(a)平面图；(b)剖面图

(8)喷锚网支护结构。 喷锚网支护结构由锚杆(锚索)，钢筋网喷射混凝土面层与边坡土体组成，如图1-28所示。其结构形式与土钉墙支护结构类似，受力机理类同土层锚杆，常用于土坡稳定加固，也有人将它归属于放坡开挖。分析计算主要考虑土坡稳定，不适用于含淤泥土和流砂的土层。

(9)加筋水泥土挡墙支护结构。 由于水泥土抗拉强度低，水泥土重力式挡墙支护深度小，为克服这一缺点，在水泥土中插入型钢，形成加筋水泥土挡墙支护结构，如图1-29所示。在重力式支护结构中，为了提高深层搅拌桩水泥土墙的抗拉强度，人们常在水泥土挡墙中插入毛竹或钢筋。

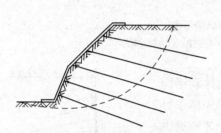

图1-28　喷锚网支护结构示意

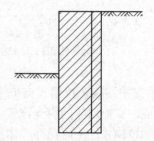

图1-29　加筋水泥土挡墙支护结构示意

(10)冻结法支护结构。 冻结法支护结构是通过冻结基坑四周土体，利用冻结土抗剪强度高、挡水性能好的特性，保持基坑边坡稳定。冻结法支护结构对地基土适用范围广，但应考虑其冻融过程对周围的影响、电源以及工程费用等问题。

(二)非重力式支护结构计算分析

1. 支护结构承受的荷载

支护结构承受的荷载一般包括土压力、水压力和墙后地面荷载引起的附加荷载。

(1)土压力。 要精确地确定支护结构所承受的土压力是有一定困难的。这是因为土的性质比较复杂，而且土压力的计算还与支护结构的刚度和施工方法等有关。目前对土压力的计算，仍然是简化后按库仑公式或朗肯公式进行，即假定土为砂砾，黏聚力 $c=0$，此时：

主动土压力 $\qquad p_{a}=\gamma H\tan^{2}\left(45°-\dfrac{\varphi}{2}\right)$

被动土压力 $\qquad p_{p}=\gamma H\tan^{2}\left(45°+\dfrac{\varphi}{2}\right)$

式中　γ——土的重力密度(kN/m^3)；

$\qquad H$——基坑的深度(m)；

$\qquad \varphi$——土的内摩擦角(°)。

如果土不是纯砂砾，黏聚力 $c\neq0$，则此时的主动土压力和被动土压力为

$$p_{a}=\gamma H\tan^{2}\left(45°-\frac{\varphi}{2}\right)-2c\tan\left(45°-\frac{\varphi}{2}\right)$$

$$p_{p}=\gamma H\tan^{2}\left(45°+\frac{\varphi}{2}\right)+2c\tan\left(45°+\frac{\varphi}{2}\right)$$

式中　c——土的黏聚力(Pa)；

其余符号意义同前。

对于支点（或拉锚）为两个或多于两个的多支点（拉锚）挡土结构，由于其施工条件和引起的变形不完全符合库仑土压力产生的条件，所以，其土压力不同于库仑理论的土压力。

实际上，侧向土压力的分布是一个较复杂的问题，它与支护结构的刚度、变形、支撑的加设及顶紧力大小、土质、附近的环境条件等都有关系。

(2)水压力。 作用于支护结构的水压力，一般按静水压力考虑，水的重力密度 $\gamma_w = 10 \text{ kN/m}^3$，有稳态渗流时则按图1-30(a)所示的三角形分布计算。在有残余水压力时，按图1-30(b)所示的梯形分布计算。

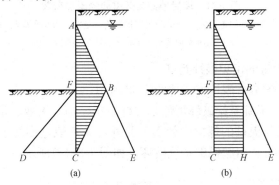

图1-30　水压力分布图
（a）三角形分布；（b）梯形分布

至于水压力与土压力是分算还是合算，目前两种情况均有采用。一般情况下，由于在黏性土中的水主要是结晶水和结合水，宜合算；在砂性土中，土颗粒之间的空隙中充满的是自由水，其运动受重力作用，能起静水压力作用，宜分算。合算时，地下水水位以下土的重力密度采用饱和重力密度；分算时，地下水水位以下土的重力密度采用浮重力密度，另外单独计算静水压力，按三角形分布考虑。

(3)墙后地面荷载引起的附加荷载。 墙后地面荷载引起的附加荷载有以下三种情况：

1)墙后有均布荷载 q。如墙后堆有土方、材料等，如图1-31(a)所示，地面均布荷载 q 对支护结构引起的附加荷载按下式计算：

$$e_2 = q\tan^2\left(45° - \frac{\varphi}{2}\right)$$

2)距离支护结构一定距离有均布荷载 q。如图1-31(b)所示，距离支护结构 l_1 处有均布荷载 q，此时压应力传到支护结构上有一空白距离 h_1，在 h_1 之下产生了均布的附加应力。相关计算公式为

$$h_1 = l_1\tan\left(45° + \frac{\varphi}{2}\right)$$

$$e_2 = q\tan\left(45° - \frac{\varphi}{2}\right)$$

3)距离支护结构一定距离有集中荷载 p。如图1-31(c)所示，如布置有塔式起重机、混凝土泵车等，由 p 引起的附加荷载分布在支护结构的一定范围 h_2 上。其计算比较烦琐，有时可近似地折成平面均布荷载。

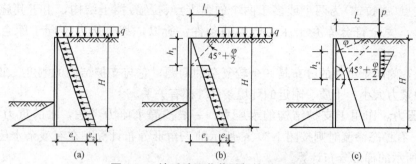

图 1-31　墙后地面荷载引起的附加荷载

(a)墙后有均布荷载 q；(b)距离支护结构一定距离有均布荷载 q；

(c)距离支护结构一定距离有集中荷载 p

2. 单锚（支撑）式板桩的常见破坏方式

单锚（支撑）式板桩的常见破坏方式如图 1-32 所示。

（1）锚碇系统破坏。锚碇系统破坏可能是拉杆断裂、锚碇失效、横梁破坏，也可能是拉杆端部配件和连接横梁与板桩的螺栓失效等。此外，无意地过多增加附加荷载，锚下面存在水平的软黏土层也有可能引起锚碇系统破坏，如图 1-32(a)所示。

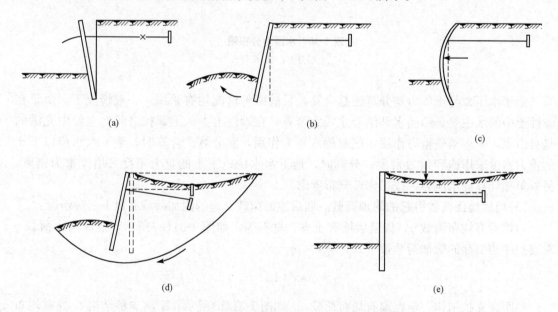

图 1-32　单锚（支撑）式板桩的常见破坏方式

(a)锚碇系统破坏；(b)板桩底部向外移动；(c)板桩弯曲破坏；

(d)整体圆弧滑动破坏；(e)墙后沉降

（2）板桩底部向外移动。板桩的入土深度不够，或挖土超深、水流的冲刷等原因都可能产生这种破坏，如图 1-32(b)所示。

（3）板桩弯曲破坏。对土压力的估算不准确、所用的填土材料不适当、墙后无意地增加了大量附加荷载、挖土超深和水流的冲刷降低了挖土线等都可能产生这种破坏，如图 1-32(c)所示。

(4) 整体圆弧滑动破坏。 软黏土发生圆弧滑动可能引起整个板桩墙的破坏，如图 1-32(d)所示。

(5)墙后沉降。 桩后填土本身发生固结，或原有的软黏土层在新加的填土质量作用下产生沉降，都会引起桩后填土产生过多沉降。这种沉降可能会把拉杆往下拉，从而在拉杆内产生过大的应力而使拉杆断裂或失效，从而引起板桩墙发生破坏，如图 1-32(e)所示。

3. 验算的相关内容

(1)支护结构的强度计算。计算的方法有很多，如等值梁法、弹性曲线法、竖向弹性地基梁法、有限元法。对刚度较小的钢板桩、钢筋混凝土板桩常用弹性曲线法或竖向弹性地基梁法；对刚度较大的灌注桩、地下连续墙，常用竖向弹性地基梁法等。

(2)支护结构的稳定验算。

1)整体滑动失稳验算。单锚式支护结构，如有足够强度的拉锚，且锚碇在滑动土体以外，可以认为不会发生整体滑动失稳。多层支撑(拉锚)式支护结构，如支撑不发生压曲，或拉锚长度在滑动面之外，一般也不会产生整体滑动失稳，但为慎重起见，仍需对墙底下土层的圆弧滑动进行验算。对于悬臂式支护结构，按边坡稳定进行整体滑动失稳验算。

2)坑底隆起验算。开挖较深的软黏土基坑时，如果桩背后的土层质量超过基坑底面以下地基的承载力，地基中的平衡状态受到破坏，就会出现坑底隆起现象。坑底隆起程度与支护结构挡墙的入土深度有关。入土深度减小虽可降低造价，但过小的入土深度会造成基底土体不稳定，存在产生坑底隆起的危险。为此，对于较深的基坑，须验算坑底抗隆起的能力。

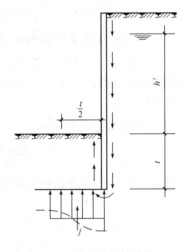

3)管涌验算。基坑开挖后，地下水形成水头差 h'，使地下水由高处向低处渗流。因此，坑底下的土浸在水中时，其有效质量为浮重力密度 γ'。

基坑管涌的计算如图 1-33 所示。当地下水的向上渗流力(动水压力)$j \geqslant \gamma'$ 时，土粒则处于浮动状态，于坑底产生管涌现象。要避免管涌现象的产生，则要求：

$$\gamma' \geqslant Kj$$

图 1-33　基坑管涌的计算

式中　K——抗管涌安全系数，取值范围为 $1.5 \sim 2.0$。

试验证明，管涌首先发生在离坑壁大约等于挡墙入土深度一半的范围内。为简化计算，近似地按紧贴挡墙的最短路线来计算最大渗流力：

$$j = i\gamma_w = \frac{h'}{h' + 2t}\gamma_w$$

式中　i——水头梯度；

　　　t——挡墙的入土深度；

　　　h'——地下水水位至坑底的距离；

　　　γ_w——地下水的重力密度。

不发生管涌的条件应为

$$\gamma' \geqslant K\frac{h'}{h' + 2t}\gamma_w$$

或

$$t \geqslant \frac{Kh'\gamma_w - \gamma'h'}{2\gamma'}$$

即挡墙入土深度如满足上述条件，则不会发生管涌。

如坑底以上的土层为松散填土层、多裂隙土层等透水性好的土层，则地下水流经此层的水头损失很小，可略去不计，此时不发生管涌的条件为

$$t \geqslant \frac{Kh'\gamma_w}{2\gamma'}$$

或

$$\frac{2\gamma't}{h'\gamma_w} \leqslant K$$

在确定挡墙入土深度时，也应符合上述条件。

（3）基坑周围土体变形的计算。在大、中城市的建筑物密集地区开挖深基坑，周围土体变形是不容忽视的问题。如周围土体变形（沉降）过大，必然引起附近的地下管线、道路和建筑物产生过大的或不均匀的沉降，从而带来危害，这在我国及其他国家已屡有发生。

基坑周围土体变形与支护结构横向变形、施工降低水位都有关。

(三)重力式支护结构计算分析

重力式支护结构主要是深层搅拌水泥土桩挡墙和旋喷桩帷幕墙，可按重力式挡土墙的设计方法进行计算（图1-34）。

（1）滑动稳定性验算。

$$K_h = \frac{W\mu + E_p}{E_a}$$

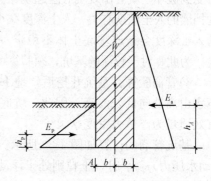

式中 K_h——抗滑动稳定安全系数，$K_h \geqslant 1.2$，当基坑边长小于 20 m 时，可取 $K_h \geqslant 1.0$；

     W——墙体自重（kN/m）；

     μ——基底墙体与土的摩擦系数；

     E_p——被动土压力合力（kN/m）；

图 1-34　重力式支护结构计算简图

     E_a——主动土压力合力（kN/m）。

（2）倾覆稳定性验算。

$$K_q = \frac{Wb + E_p h_p}{E_a h_A}$$

式中 K_q——抗倾覆稳定安全系数，$K_q \geqslant 1.3$，当基坑边长小于 20 m 时，可取 $K_q \geqslant 1.0$；

     b，h_p，h_A——W，E_p，E_a 对墙趾 A 点的力臂（m）；

其他符号意义同前。

（3）墙身应力验算。

$$\sigma = \frac{W}{2b} < \frac{q_u}{2k}$$

$$\tau = \frac{E_a - W_1\mu}{2b} < \frac{\sigma\tan\varphi + c}{k}$$

式中　σ, τ——所验算截面处的法向应力、剪应力（N/mm^2）；

　　　　W_1——验算截面以上部分的墙重（N）；

　　　　q_u, φ, c——水泥土的抗压强度（N/mm^2）、内摩擦角（°）、黏聚力（N/mm^2）。

（4）土体整体滑动验算。水泥土桩挡墙由于水泥掺入量较少（通常为土重的 12%～14%），需把它看作是提高了强度的一部分土体，进行土体整体滑动验算，如图 1-35 所示。

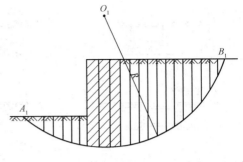

图 1-35　土体整体滑动验算

二、地下连续墙施工

地下连续墙施工规程

地下连续墙施工，即在工程开挖土方之前，用特制的挖槽机械在泥浆（又称触变泥浆、安定液、稳定液等）护壁的情况下每次开挖一定长度（一个单元槽段）的沟槽，待开挖至设计深度并清除沉淀下来的泥渣后，将在地面上加工好的钢筋骨架（一般称为钢筋笼）用起重机械吊放入充满泥浆的沟槽内，用导管向沟槽内浇筑混凝土，待混凝土浇至设计标高后，一个单元槽段即施工完毕。各个单元槽段之间由特制的接头连接，形成连续的地下钢筋混凝土墙。地下连续墙施工在我国各地高层建筑基础施工中得到了广泛应用，主要适用于地下水位高的软土地区，也适用于基坑深度大且与邻近的建（构）筑物、道路和地下管线相距很近的情况。

（一）修筑导墙

导墙是地下连续墙挖槽之前修筑的临时结构，起挡土墙作用，防止地表土体不稳定而坍塌；起基准作用，明确挖槽位置与单元槽段的划分；对重物起支撑作用，用于支撑挖槽机、混凝土导管、钢筋笼等施工设备所产生的荷载；防止泥浆漏失，保持泥浆稳定；防止雨水等地面水流入槽内；对相邻结构物起补强作用。因此，修筑导墙对挖槽起重要作用。

导墙一般为现浇的钢筋混凝土结构，但也有钢制的或预制钢筋混凝土的装配式结构，可多次重复使用。不论采用哪种结构，都应具有必要的强度、刚度和精度，且一定要满足挖槽机械的施工要求。图 1-36（a）所示为最简单的导墙断面形状，适用于地表层土较好、具有足够地基强度、作用在导墙上的荷载较小的情况；图 1-36（b）导墙形式适用于表层地基土差，特别是坍塌性大的砂土或回填杂土，需将导墙筑成 L 形或上、下两端都向外伸的匚形；图 1-36（c）导墙形式适用于导墙上荷载大的情况；图 1-36（f）导墙形式适用于有相邻建筑物的情况。

1. 确定导墙形式

导墙形式可参照图 1-36 确定。在确定导墙形式时，应考虑下列因素：

（1）表层土的特性。表层土体是否密实和松散，是否回填土，土体的物理力学性能如何，有无地下埋设物等。

（2）荷载情况。钢筋的质量，挖槽机的质量与组装方法，挖槽与浇筑混凝土时附近存在的静载与动载情况。

（3）地下水的状况。地下水水位的高低及其水位变化情况。

（4）地下连续墙施工时对邻近建（构）筑物可能产生的影响。

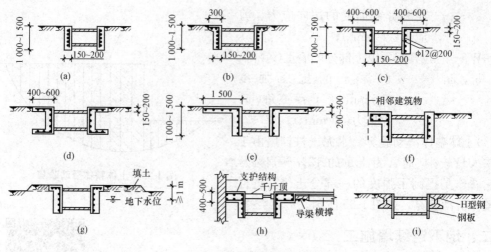

图 1-36 导墙的形式

(5)当施工作业面在地面以下时(如在路面以下施工),对先施工的临时支护结构的影响。

2. 确定导墙施工程序

导墙施工程序为:**平整场地→测量定位→挖槽→绑钢筋→支模板(按设计图,外侧可利用土模,内侧用模板)→浇筑混凝土→拆模并设置横撑→回填外侧空隙并碾压。**

导墙施工时应注意以下事项:

(1)导墙施工精度直接关系到地下连续墙的精度,要特别注意导墙内侧净空尺寸,垂直精度、水平精度和平面位置等。导墙水平钢筋需连接起来,使导墙成为一个整体,要防止因强度不足或施工不良而发生事故。

(2)导墙的厚度宜为 150~200 mm,墙趾不宜小于 0.20 m,深度多为 1.0~2.0 m。导墙的配筋多为 φ12@200。导墙施工接头位置应与地下连续施工接头位置错开。

(3)导墙面应高出地面约 200 mm,防止地面水流入槽内污染泥浆,如图 1-37 所示。导墙的内墙面应平行于地下连续墙轴线,对轴线距离的最大允许偏差为 ±10 mm;内、外导墙面的净距应为地下连续墙名义厚度加 40 mm,允许误差为 ±5 mm,墙面应垂直;导墙顶面应水平,全长范围内的高差应小于 ±10 mm,局部高差应小于 5 mm。导墙的基底应和土面密贴,以防泥浆渗入导墙后面。

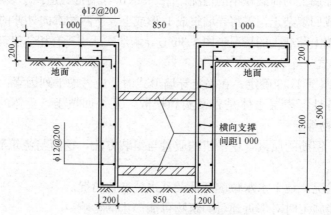

图 1-37 导墙截面尺寸及配筋

(4)现浇钢筋混凝土导墙拆模后，应沿纵向每隔 1 m 左右加设上、下两道木支撑，将两片导墙支撑起来，在导墙的混凝土达到设计强度之前，禁止任何重型机械和运输设备在旁边行驶，以防导墙受压变形。

(二)做泥浆护壁

地下连续墙的深槽是在泥浆护壁下进行挖掘的。泥浆具有一定的相对密度，可以防止槽壁倒坍和剥落，并防止地下水渗入；泥浆还具有一定的黏度，它能将钻头式挖槽机挖下来的土渣悬浮起来，既便于土渣随同泥浆一同排出槽外，又可避免土渣沉积在工作面上影响挖槽机的挖槽效率；在挖槽过程中，泥浆既可降低钻具的温度，又可起润滑作用而减轻钻具的磨损，有利于延长钻具的使用寿命和提高深槽挖掘的效率。所以，泥浆的费用占工程费用的一定比例，泥浆材料的选用既要考虑护壁效果，又要考虑经济性，应尽可能地利用当地材料。

泥浆通常使用膨润土，还添加掺和物和水，其控制指标应符合下列要求：

(1)泥浆相对密度。新制备的泥浆相对密度应小于 1.05，成槽后相对密度上升，但此时槽内泥浆相对密度不大于 1.15，槽底泥浆相对密度不大于 1.20。

(2)泥浆黏度。黏度是液体内部阻止相对流动的一种特性，一般用漏斗法测量，其方法是将泥浆经过过滤网注入容积为 700 mL 的漏斗内，然后使其从漏斗口流出，泥浆漏满 500 mL 量杯所需的时间(s)即泥浆黏度指标。

(3)泥浆失水量和泥皮厚度。泥浆在槽壁受压力差作用，部分水会渗入土层，其水量称为失水量。可用失水量仪测定，其单位为 mL/30 min。在泥浆失水时，于槽壁上形成一层固体颗粒的胶结物(称为泥皮)。泥浆失水量为 20~30 mL/30 min，泥皮薄(1~3 mm)而致密，有利于槽壁稳定，泥皮也可利用失水量仪测定。

(4)泥浆 pH 值。泥浆宜呈弱碱性，当 pH 值为 7 时，泥浆为中性；当 pH 值小于 7 时，泥浆为酸性；当 pH 值大于 7 时，泥浆为碱性。当 pH 值大于 11 时，泥浆会产生分层现象，失去护壁作用。

(5)泥浆的稳定性和胶体率。泥浆的稳定性用稳定计测定，即将泥浆注满量筒，静置 24 h，分别量测上、下部泥浆的相对密度，以其相对密度差值来衡量稳定性。

胶体率测定：将 100 mL 泥浆注入 100 mL 量筒中，用玻璃片盖上，静置 24 h，然后观察上部澄清液的体积，如澄清液为 5 mL，则该泥浆的胶体率为 95%。

归纳上述情况，泥浆性质的控制指标见表 1-3。

表 1-3　不同土层护壁泥浆性质的控制指标

土层 \ 性质 指标	黏度 /s	相对密度	含砂率 /%	失水率 /%	胶体率 /%	稳定性	泥皮厚度 /mm	静切力 /kPa	pH 值
黏土层	18~20	1.15~1.25	<4	<30	>96	<0.003	<4	3~10	>7
砂砾石层	20~25	1.20~1.25	<4	<30	>96	<0.003	<3	4~12	7~9
漂卵石层	25~30	1.10~1.20	<4	<30	>96	<0.004	<4	6~12	7~9
碾压土层	20~22	1.15~1.20	<6	<30	>96	<0.003	<4	—	7~8
漏失土层	25~40	1.10~1.25	<15	<30	>97	—	—	—	—

(三)挖槽

挖槽是地下连续墙施工中的关键工序。挖槽所用时间占地下连续墙工期的1/2，故提高挖槽的效率是缩短工期的关键。同时槽壁形状基本上决定了墙体外形，所以，挖槽的精度又是保证地下连续墙质量的关键之一。

地下连续墙挖槽的主要工作为：划分单元槽段、选择与正确使用挖槽机械、制定防止槽壁坍塌的措施和特殊情况的处理措施等。

1. 划分单元槽段

地下连续墙施工时，预先沿墙体长度方向把地下墙划分为许多某种长度的施工单元，这种施工单元称为单元槽段。划分单元槽段就是将各种单元槽段的形状和长度注明在墙体平面图上，它是地下连续墙施工组织设计中的一个重要内容。

单元槽段的长度不得小于一个挖槽段（挖土机械的挖土工作装置的一次挖土长度）。从理论上讲，单元槽段越长越好，这样可以减少槽段的接头数量，增加地下连续墙的整体性和提高防水性能及施工效率。但是单元槽段长度受许多因素限制，在确定单元槽段长度时除考虑设计要求和结构特点外，还应考虑下述各因素：地质条件、地面荷载、起重机的起重能力、单位时间内混凝土的供应能力、工地上具备的泥浆池的容积。

此外，划分单元槽段时还应考虑单元槽段之间的接头位置，一般情况下接头避免设在转角及地下连续墙与内部结构的连接处，以保证地下连续墙有较好的整体性。单元槽段的划分与接头形式有关。单元槽段的长度多取 5～8 m，但也可取 10 m 甚至更长。

2. 选择与正确使用挖槽机械

地下连续墙施工所用的挖槽机械，是指在地面上操作，穿过水泥浆向地下深处开挖一条预定断面深槽(孔)的工程施工机械。

由于地质条件十分复杂，地下连续墙的深度、宽度和技术要求也不同，需根据不同的地质条件和工程要求，选用合适的挖槽机械。目前，国内外在地下连续墙施工中常用的挖槽机械，按其工作机理分为挖斗式、冲击式和回转钻头式三大类，每一类又可划分为多种，如图 1-38 所示。

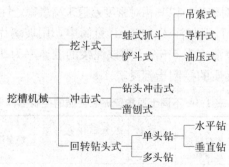

图 1-38　挖槽机械的分类

我国在地下连续墙施工中，目前应用较多的是吊索式蛙式抓斗挖槽机、导杆式蛙斗挖槽机、多头钻挖槽机和冲击式挖槽机，尤以前三种应用最多。

吊索式蛙式抓斗挖槽机的施工过程如图 1-39(a)所示。施工时以导墙为基准。挖地下墙的第一单元槽段，首先挖掉Ⓐ和Ⓑ两个部分，然后挖去中间Ⓒ部分，于是一个单元槽段的挖掘完成。以后的挖槽段工作如图 1-39(b)所示，先挖掉Ⓓ部分，再挖Ⓔ部分，从而完成又一个单元槽段的挖掘。这种挖槽法适合单元槽段长度为 2～7 m 的基槽。

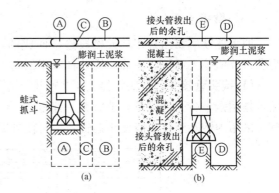

图 1-39　吊索式蛙式抓斗挖槽机施工过程

槽段挖至设计标高后，用钻机的钻头或超声波方法测量槽段断面，如误差超过规定的精度，则需修槽，修槽可用冲击钻或锁口管并联冲击。对于槽段接头处也需清理，可用刷子清刷或用压缩空气压吹，然后进行清底(有的在吊放钢筋笼后，浇筑混凝土前再进行一次清底)。

(四)清底

沉渣在槽底很难被浇灌的混凝土置换出地面，其留在槽底会使地下墙承受力降低，造成墙体沉降；沉渣过多会影响钢筋笼插入位置；沉渣混入混凝土后，会降低混凝土强度，严重影响质量；沉渣集中到单元槽的接头处会严重影响防渗性能；沉渣会降低混凝土的流动性、降低混凝土浇筑速度，有时还会造成钢筋笼上浮。因此，在挖槽结束后，应将沉淀在槽底的颗粒、在挖槽过程中被排出而残留在槽内的土渣，以及吊放钢筋笼时从槽壁上刮落的泥皮清除干净。

清底方法一般有沉淀法和置换法两种。沉淀法是在土渣基本都沉到槽底之后再进行清底；置换法是在挖槽结束之后，对槽底进行认真清理，然后在土渣还没沉淀之前就用新泥浆把槽内的泥浆置换出来，使槽内泥浆的相对密度保持在 1.15 以下。目前我国多用后者，但是无论用哪种方法，都需要做从槽底清除沉淀土渣的工作。

清除槽底沉渣的方法有：砂石吸力泵排泥法、压缩空气升液排泥法、潜水泥浆泵排泥法、水枪冲射排泥法、抓斗直接排泥法。常用的是前三种清渣方法(图 1-40)。

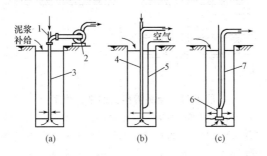

图 1-40　清渣方法
(a)砂石吸力泵排泥法；(b)压缩空气升液排泥法；(c)潜水泥浆泵排泥法
1—接合器；2—砂石吸力泵；3—导管；4—导管或排泥管；
5—压缩空气管；6—潜水泥浆泵；7—软管

需要说明的是，运用不同的方法清底的时间各不相同。置换法应在挖槽之后立即进行；对于以泥浆反循环进行挖槽的施工，可在挖槽后紧接着进行清底工作。沉淀法一般在插入钢筋笼之前进行清底，如插入钢筋笼的时间较长，也可在浇筑混凝土之前进行清底。

(五)做接头

地下连续墙是由许多单元槽段连接而成的,因此,槽段间的接头必须满足受力和防渗要求,并使施工简便。下面介绍几种常用的施工接头方法。

(1)接头管接头。接头管接头是当前地下连续墙施工应用最多的一种施工接头方法,其优点是用钢量少、造价低,能满足一般抗渗要求。接头管多用钢管,每节长度为 15 m 左右,采用内钢水连接,既便于运输,又可使外壁平整光滑,易于拔管,如图 1-41 所示。

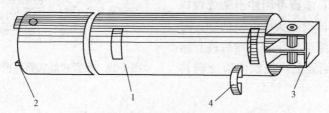

图 1-41　钢管式接头管

1—管体;2—下内销;3—上外销;4—月牙垫块

施工时,待一个单元槽段土方挖好后,于槽段端部用吊车放入接头管,然后吊放钢筋笼并浇筑混凝土,浇筑的混凝土强度达到 0.05～0.20 MPa 时(混凝土浇筑后 3～5 h,视气温而定),先将接头管旋转,然后拔出,拔速应与混凝土浇筑速度、混凝土强度增长速度相适应,一般为 2～4 m/h,应在混凝土浇筑结束后 8 h 内将接头管全部拔出,具体施工程序如图 1-42 所示。

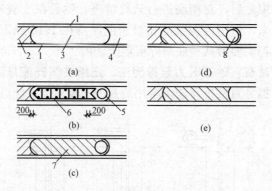

图 1-42　接头管接头的施工程序

(a)开挖槽段;(b)吊放接头管和钢筋笼;(c)浇筑混凝土;(d)拔出接头管;(e)形成接头

1—导墙;2—已浇筑混凝土的单元槽段;3—开挖的槽段;4—未开挖的槽段;5—接头管;

6—钢筋笼;7—正浇筑混凝土的单元槽段;8—接头管拔出后的孔

(2)接头箱接头。接头箱接头能够加强接头处的抗剪能力,并提高抗渗性能,也称为刚性接头。接头箱一端是敞口的,以便放置钢筋笼时水平钢筋可插入接头箱内,而钢筋笼端部焊有一块竖向放置的封口钢板,用以封住接头箱。拔出接头箱后进行下一槽段的施工,此时,两相邻槽段水平钢筋交错搭接,形成刚性接头,如图 1-43 所示。

另一种接头箱是采用滑板式,其为 U 形接头管。在相邻槽段间插入接头钢板,并与其垂直焊一封口钢板,用以封密滑板式接头箱的敞口。接头钢板上开有大量方孔,以增

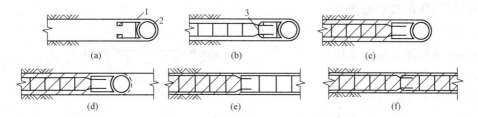

图1-43 接头箱接头的施工过程

(a)插入接头箱；(b)吊放钢筋笼；(c)浇筑混凝土；(d)吊出接头管；

(e)吊放后一槽段的钢筋笼；(f)浇筑后一槽段的混凝土，形成整体接头

1—接头箱；2—接头管；3—焊在钢筋笼上的钢板

加钢板与混凝土之间的黏结力（图1-44）。这种接头箱与U形接头管的长度均为定值，不能任意对接，故挖槽时应严格控制槽底标高。当槽段浇筑混凝土后，先拔出滑板式接头箱，再拔出U形接头管，完成后一槽段施工后，便形成钢板接头。

(3)结构接头。地下连续墙与内部结构的楼板、柱、梁、底板等连接的结构接头方法，常用的有以下几种：

1)预埋连接钢筋法。预埋连接钢筋法是应用最多的一种方法，它是在浇筑墙体混凝土之前，将设计连接钢筋加热后弯折，预埋

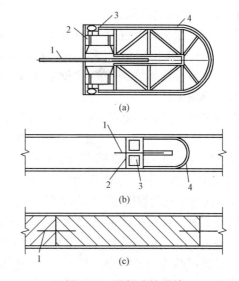

图1-44 滑板式接头箱

(a)接头箱；(b)槽段内接头；(c)相邻槽间形成钢板接头

1—接头钢板；2—封口钢板；3—滑板式接头箱；4—U形接头管

在地下连续墙内，待土体开挖后，凿开预埋连接钢筋处的墙面，将露出的预埋连接钢筋弯成设计形状，与后浇结构的受力钢筋连接。为便于施工，预埋连接钢筋的直径不宜大于22 mm，且弯折时加热宜缓慢进行，以免连接钢筋的强度降低过多。考虑到连接处往往是结构的薄弱处，设计时一般使连接筋有20％的余地。

2)预埋连接钢板法。这种接头方法是在浇筑地下连续墙的混凝土之前，将预埋连接钢板放入并与钢筋笼固定。结构中的受力钢筋与预埋连接钢板焊接。施工时要注意保证预埋连接钢板后面的混凝土饱满。

3)预埋剪力连接件法。剪力连接件的形式有多种，以不妨碍浇筑混凝土、承压面大且形状简单的形式为好。剪力连接件先预埋在地下连续墙内，然后弯折出来与后浇结构连接。

地下连续墙内有时还有其他预埋件或预留孔洞等，可利用泡沫苯乙烯塑料、木箱等覆盖，但要注意不要因泥浆浮力而产生位移或损坏，而且在基坑开挖时要易于从混凝土面上取下。

(六)加工和吊放钢筋笼

1. 加工钢筋笼

钢筋笼根据地下连续墙墙体配筋图和单元槽段的划分来制作。钢筋笼最好按单元槽段做成一个整体,如图1-45所示。如果地下连续墙很深或受起重设备能力的限制,需要分段制作,吊放时再连接,接头宜用绑条焊接,纵向受力钢筋的搭接长度,如无明确规定时可采用60倍的钢筋直径。

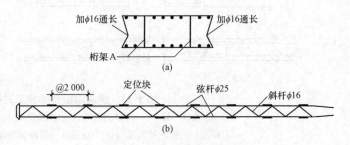

图1-45 钢筋笼构造示意
(a)横剖面;(b)纵向桁架的纵剖面

钢筋笼端部与接头管或混凝土接头面之间应留有15~20 cm的空隙。主筋净保护层厚度通常为7~8 cm,保护层垫块厚5 cm,在垫块和墙面之间留有2~3 cm的间隙。由于用砂浆制作的垫块容易在吊放钢筋笼时破碎且易擦伤槽壁面,所以,近年多用塑料块或薄钢板制作并焊于钢筋上。

制作钢筋笼时,要预先确定浇筑混凝土用导管的位置,由于这部分要上下贯通,因而周围需增设箍筋和连接筋进行加固。尤其在单元槽段接头附近插入导管时,由于此处钢筋较密集,更需特别加以处理。横向钢筋有时会阻碍插入,所以纵向主筋应放在内侧,横向钢筋放在外侧。纵向钢筋的底端应距离槽底面10~20 mm,底端应稍向内弯折,以防止吊放钢筋时擦伤槽壁,但向内弯折的程度也不应影响插入混凝土导管。纵向钢筋的净距不得小于10 cm。

制作钢筋笼时,要根据配筋图确保钢筋的正确位置、间距及根数。纵向钢筋接长宜用气压焊接、搭接焊等。钢筋连接除四周两道钢筋的交点需全部点焊外,其余的可采用50%交错点焊。成型用的临时扎结钢丝焊后应全部拆除。

地下连续墙与基础底板以及内部结构的梁、柱、墙的连接如采用预留锚固钢筋的方式,锚固钢筋一般采用直径不超过20 mm的光圆钢筋。锚固钢筋的布置还要确保混凝土自由流动以充满锚固钢筋周围的空间。

2. 吊放钢筋笼

钢筋笼的起吊、运输和下放过程中不允许产生不能恢复的变形。

钢筋笼起吊应用横吊梁或吊架,吊点布置和起吊方式要防止起吊时引起钢筋笼变形。起吊时不能使钢筋笼下端在地面上拖引,以防下端钢筋弯曲变形。

插入钢筋笼时,最重要的是使钢筋笼对准单元槽段的中心,垂直而又准确地插入槽内。

钢筋笼进入槽内时,吊点中心必须对准槽段中心,然后徐徐下降,此时必须注意不要因起重臂摆动而使钢筋笼产生横向摆动,造成槽壁坍塌。

钢筋笼插入槽内后,检查其顶端高度是否符合设计要求,然后将其搁置在导墙上。

如果钢筋笼是分段制作的,吊放时需接长,下段钢筋笼要垂直悬挂在导墙上,然后将上段钢筋笼垂直吊起,上、下两段钢筋笼呈直线连接。

如果钢筋笼不能顺利插入槽内,应该重新吊出,查明原因后加以解决。如果需要修槽,则在修槽之后再吊放。不能强行插放,否则会引起钢筋笼变形或使槽壁坍塌,产生大量沉渣。

至于钢筋和混凝土间的握裹力，试验证明泥浆对握裹力的影响取决于泥浆质量、钢筋在泥浆中浸泡的时间以及钢筋接头的形式（焊接、退火钢丝绑扎或镀锌钢丝绑扎）。在一般情况下，泥浆中的钢筋与混凝土之间的握裹力比正常状态下降低 15% 左右。

(七)浇筑混凝土

1. 混凝土浇筑前的准备工作

接头管（箱）和钢筋笼就位后，应检查沉渣厚度，并在 4 h 内浇筑混凝土，如超过时间，应重新清底。混凝土浇筑之前，有关槽段的准备工作如图 1-46 所示。

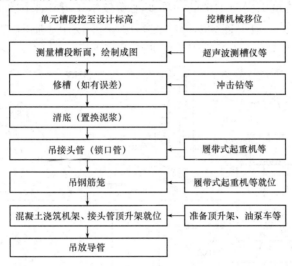

图 1-46　地下连续墙混凝土浇筑前的准备工作

2. 混凝土配合比的确定

在确定地下连续墙工程中所用混凝土的配合比时，应考虑混凝土采用导管法在泥浆中浇筑的特点。地下连续墙施工所用的混凝土，除满足一般水工混凝土的要求外，还应考虑泥浆中浇筑的混凝土的强度随施工条件变化较大，同时在整个墙面上的强度分散性也大，因此，混凝土应按照比结构设计规定的强度等级提高 5 MPa 进行配合比设计。

混凝土的原材料，为避免分层离析，要求采用粒度良好的河砂，粗集料宜用粒径为 5～25 mm 的河卵石。水泥应采用强度等级为 42.5～52.5 的普通硅酸盐水泥和矿渣硅酸盐水泥；单位水泥用量，粗集料如为卵石，应在 370 kg/m³ 以上，如采用碎石并掺加优良的减水剂，应在 400 kg/m³ 以上，如采用碎石而未掺加减水剂，应在 420 kg/m³ 以上。水胶比不大于 0.60。混凝土坍落度宜为 18～20 cm。

3. 浇筑混凝土的注意事项

(1)地下连续墙混凝土用导管法进行浇筑。由于导管内混凝土和槽内泥浆的压力不同，在导管下口处存在压力差，因而混凝土可以从导管内流出。

(2)为便于混凝土向料斗供料和装卸导管，可用混凝土浇筑机架进行地下连续墙的混凝土浇筑。机架跨在导墙上沿轨道行驶。

(3)在混凝土浇筑过程中，导管下口总是埋在混凝土内 1.5 m 以上，使从导管下口流出的混凝土将表层混凝土向上推动而避免与泥浆直接接触。但导管插入太深会使混凝土在导管内流动不畅，有时还可能产生钢筋笼上浮，因此无论在何种情况下，导管的最大插入深度也不宜超过 9 m。当混凝土浇筑到地下连续墙顶附近时，导管内混凝土不易流出，一方面要降低浇筑速度，另一方面可将导管的最小埋入深度减小为 1 m 左右，如果混凝土还浇筑不下去，可将导管上下抽动，但上下抽动范围不得超过 30 cm。

（4）浇筑混凝土置换出来的泥浆要进行处理，勿使泥浆溢出到地面上。

三、土层锚杆施工

土层锚杆是土木建筑工程施工中的一项实用新技术，近年来国外已大量将其用于地下结构施工时护墙（钢板桩、地下连续墙等的支撑），它不仅用于临时支护，而且在永久性建筑工程中也得到了广泛应用。锚杆应用示意如图 1-47 所示。

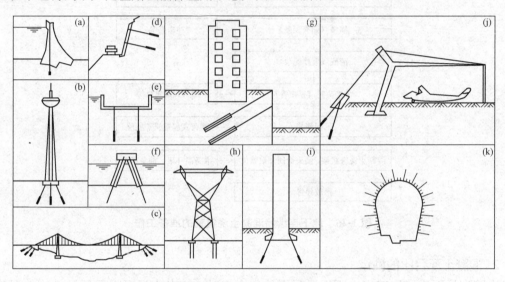

图 1-47 锚杆应用示意

(a)水坝；(b)电视塔；(c)悬索桥；(d)公路一侧；(e)水池；(f)栈桥；(g)房屋建筑；
(h)高架电缆铁塔；(i)烟囱；(j)飞机库大跨结构；(k)隧道孔壁

（一）土层锚杆的构造

锚固支护结构的土层锚杆，通常由锚头、锚头垫座、支护结构、钻孔、防护套管、拉杆（拉索）、锚固体、锚底板（有时无）等组成（图 1-48）。

土层锚杆根据主动滑动面，分为自由段 l_f（非锚固段）和锚固段 l_a。土层锚杆的自由段处于不稳定土层中，要使它与土层尽量脱离，一旦土层有滑动，它可以伸缩，其作用是将锚头所承受的荷载传递到锚固段。

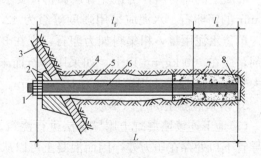

图 1-48 土层锚杆的构造

1—锚头；2—锚头垫座；3—支护结构；4—钻孔；
5—防护套管；6—拉杆（拉索）；7—锚固体；8—锚底板

锚固段处于稳定土层中，要使它与周围土层结合牢固，通过与土层的紧密接触将锚杆所受荷载分布到周围土层中。锚固段是承载力的主要来源。锚杆锚头的位移主要取决于自由段。

(二)土层锚杆支护结构的设计分析

支护结构与刚性挡土墙不同，顶端不能自由变位。因此，土层锚杆支护结构上的土压力分布不同于刚性挡土墙上的土压力分布，而与带支撑的钢板桩上的土压力分布相似，土层锚杆支护结构上的土压力分布实际上还与锚杆的数量和分布有关。

岩土锚杆与喷射混凝土
支护工程技术规范

在确定土层锚杆支护结构上的荷载时，要充分考虑雨期和地下水水位上升的影响。此外，还要注意土冻胀的影响，特别是对于对冻胀敏感的土更应注意。有时仅土冻胀所增加的土压力值，就有可能超过正常的土压力。

1. 土层锚杆承载能力的影响因素

(1)土层锚杆的承载能力随土层的物理力学性能、力学强度的提高而增加，单位荷载的变形量随土层的力学强度的提高而减小。

(2)在同类土层条件下，土层锚杆的锚固能力随埋置深度的增加而提高。

(3)成孔方式对土层锚杆的承载能力也有一定影响。

(4)灌浆压力对土层锚杆的承载能力有影响，承载能力随着土的渗透性能的增大而增加。灌浆压力对非黏性土中土层锚杆承载能力的影响比黏性土中要显著。

由于影响土层锚杆承载能力的因素众多，用公式计算得出的结果只能作为参考，必须通过现场实地试验，才能较精确地确定土层锚杆的极限承载能力。

2. 土层锚杆的稳定性

锚杆的稳定性分为整体稳定性和深部破裂面稳定性两种，需分别予以考虑。土层锚杆的失稳情况如图 1-49 所示。

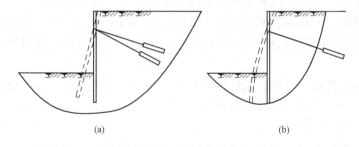

(a)   (b)

图 1-49　土层锚杆的失稳情况

（a)整体失稳；(b)深部破裂面破坏

3. 土层锚杆的徐变和沉降

徐变不但对永久性土层锚杆是一个重要问题，对用于基坑支护的临时性土层锚杆也是一个应考虑的问题。土层锚杆的徐变会降低其承载能力，而当土层锚杆破坏时，一般都有较大的徐变产生。

土层锚杆的徐变，由钢拉杆伸长、土的变形、锚固体伸长、拉杆与锚固体砂浆之间的徐变四个部分组成。对于土层锚杆，土变形和拉杆伸长占主要地位。如土层锚杆过于细长，则锚固体的伸长也不能忽视，而拉杆与锚固体砂浆间的徐变则是微小的。

此外，土层锚杆还存在沉降问题，沉降也会影响土层锚杆的承载能力。实践证明，对土层锚杆施加预应力是减小沉降值的有效方法，土层锚杆预加应力的数值为其设计荷载的70%～80%，与土的性质、开挖深度等有关。

(三)土层锚杆施工准备工作

土层锚杆施工的主要工作内容有钻孔、安放拉杆、灌浆和张拉锚固。在开工之前还需进行必要的准备工作。

在土层锚杆施工前，应根据设计要求、土层条件和环境条件，合理选择施工设备、器具和工艺方法。做好砂浆的配合比及强度试验、土层锚杆焊接的强度试验，验证能否满足设计要求。

(1)土层锚杆施工必须清楚施工地区的土层分布和各土层的物理力学特性(天然重度、含水量、孔隙比、渗透系数、压缩模量、凝聚力、内摩擦角等)，还需了解地下水水位及其随时间的变化情况，以及地下水中化学物质的成分和含量，以便研究对土层锚杆腐蚀的可能性和应采取的防腐措施。

(2)查明土层锚杆施工地区的地下管线、构筑物等的位置和情况，研究土层锚杆施工对邻近建筑物等的影响，同时，也应研究附近的施工对土层锚杆施工带来的影响。

(3)编制土层锚杆施工组织设计，确定施工顺序；保证供水、排水和动力的需要；合理选用施工机具设备，制定机械进场、正常使用和保养维修制度；安排好劳动组织和施工进度计划；施工前应进行技术交底。

(四)钻孔

为了确保从开钻到灌浆完成全过程保持成孔形状，不发生塌孔事故，应根据地质条件、设计要求、现场情况等选择合适的成孔方法和相应的钻孔机具。钻孔机具分为三大类：

(1)冲击式钻机——靠气动冲凿成孔，适用于砂卵石、砾石地层；

(2)旋转式钻机——靠钻具旋转切削钻进成孔，有地下水时可用泥浆护壁或加套管成孔，无地下水时则可用螺旋钻杆直接排土成孔，可用于各种地层，是用得较多的钻机，但钻进速度较慢；

(3)旋转冲击式钻机——兼有旋转切削和冲击粉碎的优点，效率高、速度快，配上各种钻具套管等装置，可适用于各种软/硬土层。

成孔方法主要如下：

(1)螺旋钻孔干作业法。当土层锚杆处于地下水水位以上，呈非浸水状态时，宜选用不护壁的螺旋钻孔干作业法来成孔，该法对黏土、粉质黏土、密实性和稳定性较好的砂土等土层都适用。但是当孔洞较长时，孔洞易向上弯曲，导致土层锚杆张拉时摩擦损失过大，影响以后锚固力的正常传递。

螺旋钻孔干作业法成孔有两种施工方法：一种方法是钻孔与插入钢拉杆合为一道工序，即钻孔时将钢拉杆插入空心的螺旋钻杆内，随着钻孔的深入，钢拉杆与螺旋钻杆一同到达设计规定的深度，然后边灌浆边退出钻杆，而钢拉杆即锚固在钻孔内；另一种方法是钻孔与安放钢拉杆分为两道工序，即钻孔后，在螺旋钻杆退出孔洞后再插入钢拉杆。后一种方法设备简单，简便易行，采用较多。为加快钻孔施工，可以采用平行作业法进行钻孔和插入钢拉杆。

(2)压水钻进成孔法。压水钻进成孔法是土层锚杆施工中应用较多的一种钻孔工艺。这种钻孔方法的优点是可以把钻孔过程中的钻进、出渣、固壁、清孔等工序一次完成，可以防止塌孔，不留残土，软、硬土都适用。但用此法施工，工地如无良好的排水系统，会产生较多积水，有时会给施工带来麻烦。钻进时冲洗液（压力水）从钻杆中心流向孔底，在一定水头压力（0.15～0.30 MPa）下，水流携带钻削下来的土屑从钻杆与孔壁之间的孔隙处排出孔外。钻进时要不断供水冲洗（包括接长钻杆和暂停机时），而且要始终保持孔口的水位。待钻到规定深度（一般钻孔深度要大于土层锚杆长 0.5～1.5 m）后，继续用压力水冲洗残留在钻孔中的土屑，直至水流不浑浊为止。

钻进时，如遇到流砂层，应适当加快钻进速度，降低冲孔水压，保持孔内水头压力。对于杂填土地层，应设置护壁套管钻进。

(3)潜钻成孔法。潜钻成孔法是利用风动冲击式潜孔冲击器成孔，这种工具原来是用来穿越地下电缆的，它长不足 1 m，直径为 78～135 mm，由压缩空气驱动，内部装有配气阀、汽缸和活塞等机械。它利用活塞往复运动作定向冲击，使潜孔冲击器挤压土层向前钻进。由于它始终潜入孔底工作，冲击功在传递过程中损失小，具有成孔效率高、噪声小等特点，因此，潜钻成孔法宜用于孔隙率大、含水量较低的土层中。

为了控制冲击器，使其在钻进到预定深度时能将其退出孔外，还需配备一台钻机，将钻杆连接在冲击器尾部，待达到预定深度后，由钻杆沿钻机导向架后退，将冲击器带出钻孔。导向架还能控制成孔器成孔的角度。

(五)安放拉杆

土层锚杆用的拉杆，常用的有钢管（钻杆用作拉杆）、粗钢筋、钢丝束和钢绞线。其主要根据土层锚杆的承载能力和现有材料的情况来选择。

1. 钢筋拉杆

钢筋拉杆由一根或数根粗钢筋组合而成，其长度应为土层锚杆设计长度加上张拉长度。钢筋拉杆防腐蚀性能好，易于安装，当土层锚杆承载能力不是很大时应优先考虑选用。

对有自由段的土层锚杆，钢筋拉杆的自由段要做好防腐和隔离处理。防腐层施工时，宜先清除拉杆上的铁锈，再涂一度环氧防腐漆冷底子油，待其干燥后，再涂一度环氧玻璃钢（或玻璃聚氨酯预聚体等），待其固化后，再缠绕两层聚乙烯塑料薄膜。

土层锚杆的长度一般都在 10 m 以上，有的达 30 m 甚至更长。为了将拉杆安置在钻孔的中心，在拉杆表面需设置定位器（或撑筋环）。钢筋拉杆的定位器用细钢筋制作，在钢筋拉杆轴心按 120°夹角布置（图 1-50），间距一般为 2～2.5 m。

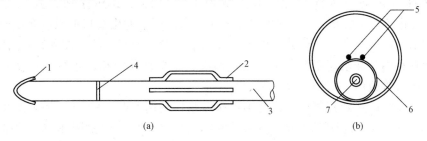

图 1-50　钢筋拉杆所用的定位器

(a)中国国际信托投资公司大厦用的定位器；(b)北京地下铁道用的定位器

1—挡土板；2—支承滑条；3—拉杆；4—半圆环；

5—2φ32 钢筋；6—φ65 钢管，l=60 mm，间距为 1～1.2 m；7—灌浆胶管

2. 钢丝束拉杆

钢丝束拉杆可以制成通长一根，它的柔性较好，往钻孔中沉放较方便。但施工时应将灌浆管与钢丝束绑扎在一起同时沉放，否则放置灌浆管有困难。

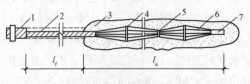

图 1-51　钢丝束拉杆的撑筋环

1—锚头；2—自由段及防腐层；3—锚固体砂浆；

4—撑筋环；5—钢丝束结；

6—锚固段的外层钢丝；7—小竹筒

钢丝束拉杆的自由段需理顺扎紧，然后进行防腐处理。钢丝束拉杆的锚固段也需要用定位器，该定位器为撑筋环，如图 1-51 所示。钢丝束拉杆的锚头要能保证各根钢丝受力均匀，常用者有镦头锚具等，可按预应力结构锚具选用。

3. 钢绞线拉杆

钢绞线拉杆的柔性更好，向钻孔中沉放更容易。锚固段的钢绞线要仔细清除其表面的油脂，以保证与锚固体砂浆有良好的黏结。自由段的钢绞线要套以聚丙烯防护套等进行防腐处理。

钢绞线拉杆需用特制的定位架。

(六)压力灌浆

土层锚杆插到孔内预定位置后，即可灌浆。灌浆是使土层锚杆和浆液、浆液和土层紧密结合成一体，从而抗拒拉力的最重要工序。在施工时，应将有关数据记录下来，以备将来查用。灌浆的作用是：形成锚固段，将土层锚杆锚固在土层中；防止钢筋拉杆腐蚀；填充土层中的孔隙和裂缝。浆液根据不同的土层设计选用。目前用得最多的是水泥浆和水泥砂浆。灌浆管为钢管或胶管，随拉杆入孔。灌浆方法有一次灌浆法和二次灌浆法两种。

(1)一次灌浆法只用一根灌浆管，利用泥浆泵进行灌浆，灌浆管端距孔底 20 cm 左右，待浆液流出孔口时，用水泥袋纸等捣塞入孔口，并用湿黏土封堵孔口，严密捣实，再以 2～4 MPa 的压力进行补灌，要稳压数分钟灌浆才结束。

(2)二次灌浆法要用两根灌浆管($\phi 20$ 镀锌钢管)，第一次灌浆用灌浆管的管端距离锚杆末端 50 cm 左右，将管底出口处用黑胶布等封住，以防沉放时土进入管口。第二次灌浆用灌浆管的管端距离锚杆末端 100 cm 左右，管底出口处也用黑胶布封住，且从管端 50 cm 处开始向上每隔 2 m 左右做出 1 m 长的花管，花管的孔眼为 $\phi 8$，花管做几段视锚固段长度而定。

第一次灌浆是灌注水泥砂浆，利用普通的单缸活塞式压浆机，其压力为 0.3～0.5 MPa，流量为 100 L/min。水泥砂浆在上述压力作用下冲出封口的黑胶布流向钻孔。因钻孔后曾用清水洗孔，孔内可能残留部分水和泥浆，但由于灌入的水泥砂浆相对密度较大，能够将残留在孔内的泥浆等置换出来。第一次灌浆量根据孔径和锚固段的长度而定。第一次灌浆后把灌浆管拔出，可以重复使用。

待第一次灌注的浆液初凝后，进行第二次灌浆，利用 BW200-40/50 型等泥浆泵，控制压力为 2 MPa 左右，要稳压 2 min，浆液冲破第一次灌浆体，向锚固体与土的接触面之间扩散，锚固体直径扩大(图 1-52)，增加径向压应力。由于挤压作用，锚固体周围的土受到压缩，孔隙比减小，含水量减小，内摩擦角增加。因此，二次灌浆法可以显著提高土层锚杆的承载能力。

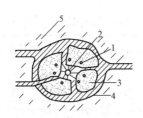

图 1-52　第二次灌浆后锚固体的截面
1—钢丝束；2—灌浆管；3—第一次灌浆体；
4—第二次灌浆体；5—土体

(七)张拉与锚固

土层锚杆灌浆后，待锚固体强度达到 80% 设计强度以上，便可对锚杆进行张拉和锚固。张拉前，应在施工现场选两根或总根数的 2% 进行抗拉拔试验，以确定对土层锚杆施加张力的数值，并在支护结构上安装围檩。张拉用设备与预应力结构张拉所用设备相同。

预加应力的土层锚杆，要正确估算预应力损失。由于土层锚杆与一般预应力结构不同，导致预应力损失的因素主要有以下几项：

(1)张拉时由摩擦造成的预应力损失。

(2)锚固时由锚具滑移造成的预应力损失。

(3)钢材松弛产生的预应力损失。

(4)相邻锚杆施工引起的预应力损失。

(5)支护结构(板、桩、墙等)变形引起的预应力损失。

(6)土体蠕变引起的预应力损失。

(7)温度变化造成的预应力损失。

上述几项预应力损失，应结合工程具体情况进行计算。

(八)锚杆试验

锚杆由锚头、拉杆和锚固体三个部分组成。因此，锚杆的承载能力是由锚头传递荷载的能力、拉杆的抗拉能力和锚固体的锚固能力决定的，其承载能力取决于上述三种能力中的最小值。

拉杆的抗拉能力易于确定，锚头可用预应力混凝土构件的锚具，其传递荷载的能力也易于确定，所以，锚杆试验的主要内容是确定锚固体的锚固能力。

我国对锚杆试验有如下规定。

1. 一般规定

(1)锚杆锚固段的浆体强度压到 15 MPa 或达到设计强度等级的 75% 时，方可进行锚杆试验。

(2)加载装置(千斤顶、油泵)的额定拉力必须大于试验拉力，且试验前应进行标定。

(3)加荷反力装置的承载力和刚度应满足最大试验荷载要求。

(4)计量仪表(测力计、位移计等)应满足测试要求的精度。

(5)基本试验和蠕变试验的锚杆数量不应少于 3 根，且试验锚杆的材料、尺寸及施工工艺应与工程锚杆相同。

(6)验收试验锚杆的数量应取锚杆总数的 5%，且不得少于 3 根。

2. 基本试验

(1)基本试验最大的试验荷载，不宜超过锚杆承载力标准值的 0.9 倍。

(2)锚杆基本试验应采用循环加、卸荷载法，加荷等级与锚头位移测读间隔时间应按表 1-4 确定。

表 1-4 锚杆基本试验循环加、卸荷载等级与位移观测间隔时间

循环数 加荷标准	加荷量/预估破坏荷载/%								
第一循环	10	—			30			—	10
第二循环	10	30	—		50		—	30	10
第三循环	10	30	50		70		50	30	10
第四循环	10	30	50	70	80	70	50	30	10
第五循环	10	30	50	80	90	80	50	30	10
第六循环	10	30	50	90	100	90	50	30	10
观测时间/min	5	5	5	5	10	5	5	5	5

注：1. 在每级加荷等级观测时间内，测读锚头位移不应少于 3 次。

　　2. 在每级加荷等级观测时间内，锚头位移小于 0.1 mm 时，可施加下一级荷载，否则应延长观测时间，直至锚头位移增量在 2 h 内小于 2.0 mm 时，方可施加下一级荷载。

（3）锚杆破坏标准。

1）后一级荷载产生的锚头位移增量达到或超过前一级荷载产生的位移增量的 2 倍时；

2）锚头位移不稳定；

3）锚杆杆体拉断。

（4）试验结果应按循环荷载与对应的锚头位移读数列表整理，并绘制锚杆荷载-位移（Q-S）曲线、锚杆荷载-弹性位移（Q-S_e）曲线和锚杆荷载-塑性位移（Q-S_p）曲线。

（5）锚杆弹性变形不应小于自由段长度变形计算值的 80%，且不应大于自由段长度与 1/2 锚固段长度之和的弹性变形计算值。

（6）锚杆极限承载力取破坏荷载的前一级荷载，在最大试验荷载下未达到上述第 3）条规定的锚杆破坏标准时，锚杆极限荷载取最大荷载。

3. 验收试验

（1）最大试验荷载取锚杆轴向受拉承载力设计值 N_u。

（2）锚杆验收试验加荷等级及锚头位移测读间隔时间应符合下列规定：

1）初始荷载宜取锚杆轴向拉力设计值的 0.1 倍；

2）加荷等级与观测时间宜按表 1-5 所示的规定进行；

表 1-5 锚杆验收试验加荷等级及观测时间

加荷等级	$0.1N_u$	$0.2N_u$	$0.4N_u$	$0.6N_u$	$0.8N_u$	$1.0N_u$
观测时间/min	5	5	5	10	10	15

3）在每级加荷等级观测时间内，测读锚头位移不应少于 3 次；

4）达到最大试验荷载后观测时间 15 min，然后卸荷至 $0.1N_u$ 并测读锚头位移。

（3）试验结果宜按每级荷载对应的锚头位移列表整理，并绘制锚杆荷载-位移（Q-S）曲线。

（4）锚杆验收标准：

1）在最大试验荷载作用下，锚头位移相对稳定；

2）应符合上述基本试验中第（5）条的规定。

四、土钉支护施工

随着国内高层建筑和基础设施的大规模兴建，深基坑开挖项目越来越多，在基坑开挖中，由于经济、可靠，且施工快速、简便，对场地土层的适应性强，结构轻巧，柔性大，有很好的延性等，土钉支护现已成为桩、墙、撑、锚支护之后的又一项较为成熟的支护技术。但土钉支护也存在一定的局限性：如现场需有允许设置土钉的地下空间；当基坑附近有地下管线或建筑物基础时，在施工时有相互干扰的可能；在松散砂土，软塑、流塑黏性土以及有丰富地下水源的情况下，不能单独使用土钉支护，必须与其他的土体加固支护方法相结合；土钉支护如果作为永久性结构，需要专门考虑锈蚀等耐久性问题。

(一)土钉支护的构造和工作机理

1. 土钉支护的构造

土钉支护一般由土钉、面层和防水系统组成。 土钉的特点是沿通长与周围土体接触，以群体起作用，与周围土体形成一个组合体(图 1-53)，在土体发生变形的条件下，通过与土体接触界面上的黏结力或摩擦力，使土钉被动受拉，并主要通过受拉工作给土体以约束加固或使其稳定。

复合土钉墙基坑
支护技术规范

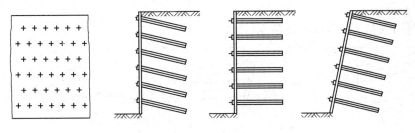

图 1-53 土钉支护的构成

2. 土钉支护的工作机理

土钉与锚杆从表面上看有类似之处，但二者有着不同的工作机理，如图 1-54 所示。

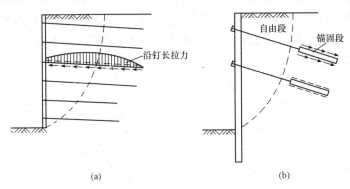

图 1-54 土钉与锚杆的对比

(a)土钉；(b)锚杆

锚杆沿全长分为自由段和锚固段，在挡土结构中，锚杆作为桩、墙等挡土构件的支点，将作用于桩、墙上的侧向土压力通过自由段、锚固段传递到深部土体上。除锚固段外，锚杆在自由段长度上受到同样大小的拉力，但是土钉所受的拉力沿其整个长度都是变化的，一般是中间大，两头小，土钉支护中的喷混凝土面层不属于主要挡土部件，在土体自重作用下，它的主要作用只是稳定开挖面上的局部土体，防止其崩落和受到侵蚀。土钉支护是以土钉和它周围加固了的土体一起作为挡土结构，类似重力式挡土墙。

锚杆一般都在设置时预加拉应力，给土体以主动约束；而土钉一般是不加预应力的，土钉只有在土体发生变形以后才能使它被动受力，土钉对土体的约束需要以土体本身的变形作为补偿，所以不能认为土钉那样的筋体具有主动约束机制。

锚杆的设置数量通常有限，而土钉则排列较密，在施工精度和质量要求上都没有锚杆那样严格。当然锚杆中也有不加预应力，并沿通长注浆与土体黏结的特例，在特定的布置情况下，也就过渡到土钉了。

(二)土钉支护的结构设计分析

1. 外部稳定性分析(体外破坏)

如图 1-55 所示，整个支护作为一个刚体，发生下列失稳：

(1)沿支护底面滑动[图 1-55(a)]。

(2)绕支护面层底端(墙趾)倾覆，或支护底面产生较大的竖向土压力，超过地基土的承载能力[图 1-55(b)]。

(3)连同周围和基底深部土体滑动[图 1-55(c)]。

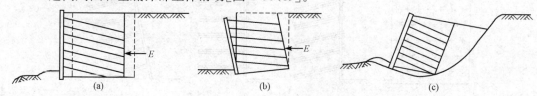

(a)　　　　　　　(b)　　　　　　　(c)

图 1-55　外部稳定性破坏

2. 内部稳定性分析(体内破坏)

当内部稳定性破坏时，土体破坏面就会全部或部分穿过加固了的土体内部[图 1-56(a)]。有时将土体破坏面部分穿过加固土体的情况称为混合破坏[图 1-56(b)]。内部稳定性分析多采用边坡稳定的概念，与一般土坡稳定的极限平衡分析方法相同(图 1-57)，只不过在破坏面上需要计入土钉的作用。

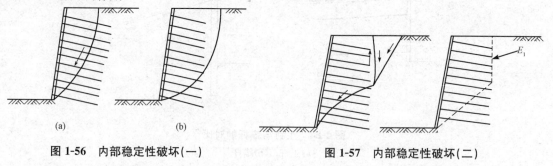

(a)　　　　　　(b)

图 1-56　内部稳定性破坏(一)

图 1-57　内部稳定性破坏(二)

当支护内有薄弱土层时，还要验算沿薄弱层面滑动的可能性(图 1-58)。

土钉支护还必须验算施工各阶段，即开挖至各个不同深度时的稳定性。需要考虑的不利情况是已开挖到某一作业面的深度，但尚未能设置这一步的土钉(图 1-59)。

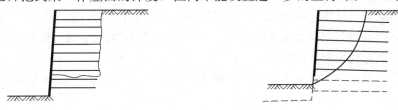

图 1-58　内部稳定性破坏(沿薄弱层面滑动)　图 1-59　内部稳定性破坏(施工阶段稳定性)

(三)土钉支护的施工

1. 施工准备

在进行土钉墙施工前，要认真检查原材料、机具的型号、品种、规格、土钉各部件的质量、主要技术性能是否符合设计和规范要求。平整好场地道路，搭设好钻机平台。做好土钉所用砂浆的配合比和强度试验，以及构件焊接强度试验，验证能否满足设计要求。

土钉注浆材料应符合下列规定：

(1)注浆材料宜选用水泥浆或水泥砂浆，其中水泥浆的水胶比宜为 0.5；水泥砂浆配合比宜为 1∶1～1∶2(质量比)，水胶比宜为 0.38～0.45。

(2)水泥浆、水泥砂浆应拌和均匀，随拌随用，一次拌和的水泥浆、水泥砂浆应在初凝前用完。

2. 钻孔

根据不同的土质情况，采用不同的成孔作业法进行施工。对于一般土层，当孔深≤15 m 时，可选用洛阳铲或螺旋钻施工；当孔深＞15 m 时，宜选用土锚专用钻机和地质钻机施工。对饱和土易塌孔的地层，宜采用跟管钻进工艺。掌握好钻机钻进速度，保证孔内干净、圆直，孔径符合设计要求。钻孔时如发现水量较大，要预留导水孔。

土钉成孔施工宜符合下列规定：

(1)孔深允许偏差±50 mm；

(2)孔径允许偏差±5 mm；

(3)孔距允许偏差±100 mm；

(4)成孔倾角偏差±5％。

3. 开挖

土钉支护应按设计规定的分层开挖深度及作业顺序施工，在未完成上层作业面的土钉与喷混凝土支护以前，不得进行下一层深度的开挖。当基坑面积较大时，允许在距离四周边超过 8～10 m 的基坑中部自由开挖，但应注意与分层作业区的开挖相协调。

为防止基坑边坡的裸露土体发生塌陷，对于易塌的土体可考虑采用以下措施：

(1)对修整后的边壁立即喷上一层薄的砂浆或混凝土，待凝结后再进行钻孔。

(2)在作业面上先构筑钢筋网喷混凝土面层，然后进行钻孔并设置土钉。

(3)在水平方向上分小段间隔开挖。

(4)先将作业深度上的边壁做成斜坡以保持稳定，然后进行钻孔并设置土钉。

(5)在开挖前，沿开挖面垂直击入钢筋或钢管，或注浆加固土体。

4. 确定排水系统

土钉支护宜在排除地下水的条件下进行施工，应采用恰当的排水系统，包括地表排水、支护内部排水以及基坑排水，以避免土体处于饱和状态，并减轻作用于面层上的静水压力。

基坑四周支护范围内的地表应加以修整，构筑排水沟和水泥地面，防止地表降水向地下渗透。靠近边坡处的地面应适当垫高，以便于水流远离边坡。

一般情况下，可在支护基坑内选用人工降水，以满足基坑工程、基础工程的施工。

5. 设置注浆

土钉成孔采用的机具应符合土层的特点，满足成孔要求，在进钻和抽出过程中不引起塌孔。在易塌孔的土体中钻孔时，应采用套管成孔或挤压成孔。钻孔前，应根据设计要求定出孔位并作出标记和编号。孔位允许偏差不大于 200 mm，成孔的倾角误差不大于 ±3°。当成孔过程中遇有障碍需调整孔位时，不得损害支护原定的安全程度。对成孔过程中取出土体的特征应按土钉编号逐一加以记录并及时与初步设计时所认定的特征加以对比，发现有较大偏差时应及时修改土钉的设计参数。钻孔后要进行清孔检查，对于孔中出现的局部渗水塌孔或掉落松土应立即处理。

土钉钢筋置入孔中前，应先装上对中用的定位支架，保证钢筋处于钻孔的中心部位，支架沿钉长的间距为 2~3 m，支架的构造应不妨碍浆液自由流动。支架可为金属或塑料件。

土钉钢筋置入孔中后，可采用重力、低压或高压方法注浆填孔。通常宜用 0.4~0.6 MPa 的低压注浆。压力注浆时应在钻孔口部设置止浆塞(如为分段注浆，止浆塞置于钻孔内规定的中间位置)，注满后保持压力 3~5 min。

对于下倾的斜孔，采用重力或低压(0.4~0.6 MPa)注浆时应选择底部注浆方式。注浆导管底端应先插入孔底，在注浆的同时将导管以匀速缓慢地撤出，导管的出浆口应始终处于孔口浆体的表面以下，以保证孔中的气体能全部逸出。

对于水平钻孔，需用口部压力注浆或分段压力注浆，此时必须配排气管，并与土钉钢筋绑牢，在注浆前与土钉钢筋同时送入孔中。注浆用水泥砂浆的水胶比不宜超过 0.4~0.45。当用水泥净浆时，水胶比不宜超过 0.45~0.5，并应加入适宜的外加剂以促进早凝或控制泌水。施工时当浆体稠度不能满足要求时，可外加化学高效减水剂，不得任意加大用水量。

每次向孔内注浆时，应预先计算所需的浆体体积，并根据注浆泵的冲程数求出实际向孔内注入的浆体体积，以确认注浆的充填程度。实际注浆量必须超过孔的体积。

注浆作业应符合以下规定：

(1)注浆前应将孔内残留或松动的杂土清除干净，注浆开始或中途停止超过 30 min 时，应用水或稀水泥浆润滑注浆泵及其管路；

(2)注浆时，注浆管应插至距孔底 250~500 mm 处，孔口部位宜设置止浆塞及排气管；

(3)土钉钢筋应设置定位支架。

6. 钢筋网喷混凝土面层

在喷射混凝土前，面层内的钢筋网应牢固地固定在边壁上，并应符合规定的保护层厚度要求。钢筋网片可用插入土中的钢筋固定，在混凝土喷射下不应出现振动。喷射混凝土的射距宜在 0.8~1.5 m 范围内，并从底部逐渐向上部喷射。射流方向一般应垂直指向喷射面，但在钢筋部位，应先喷填钢筋后方，然后再喷填钢筋前方，防止在钢筋背面出现空隙。为了保证施工时的喷射混凝土厚度达到规定值，可在边壁面上垂直打入短的钢筋段作为标志。当面层厚度超过 120 mm 时，应分两次喷射。当继续进行下步喷射混凝土作业时，应仔细清除施工缝接合面上的浮浆层和松散碎屑，并喷水使之潮湿。

钢筋网在每边的搭接长度至少不小于一个网格边长。如为搭焊，则焊长不小于网筋直径的 10 倍。喷射混凝土完成后应至少养护 7 d，可根据当地环境条件，采取连续喷水、织物覆盖浇水或喷涂养护等养护方法。喷射混凝土的粗集料最大粒径不宜大于 12 mm，水胶比不宜大于 0.45，应通过外加减水剂和速凝剂来调节所需坍落度和早强时间。当采用干法施工时，空压机风量不宜小于 9 m³/min，以防止堵管，喷头水压不应小于 0.15 MPa。喷前应对操作人员进行技术考核。

喷射混凝土面层中的钢筋网铺设应符合下列规定：

(1)钢筋网应在喷射一层混凝土后铺设，钢筋保护层厚度不宜小于 20 mm；

(2)采用双层钢筋网时，第二层钢筋网应在第一层钢筋网被混凝土覆盖后铺设；

(3)钢筋网与土钉应连接牢固。

喷射混凝土作业应符合下列规定：

(1)喷射作业应分段进行，同一分段内喷射顺序应自下而上，一次喷射厚度不宜小于 40 mm；

(2)喷射混凝土时，喷头与受喷面应保持垂直，距离宜为 0.6～1.0 m；

(3)喷射混凝土终凝 2 h 后，应喷水养护，养护时间根据气温确定，宜为 3～7 d。

7. 张拉与锁定土钉

张拉前应对张拉设备进行标定，当土钉注浆固结体和承压面混凝土强度均大于 15 MPa 时方可张拉。锚杆张拉应按规范要求逐级加荷，并按规定的锁定荷载进行锁定。

土钉墙应按下列规定进行质量检测：

(1)土钉采用抗拉试验检测承载力，在同一条件下，试验数量不宜少于土钉总数的 1%，且不应少于 3 根；

(2)墙面喷射混凝土厚度应采用钻孔检测，钻孔数宜每 100 m² 墙面积为一组，每组不应少于 3 个点。

五、深基坑支护结构检测

虽然在基坑支护结构设计和基坑开挖过程中，人们采取了一系列技术措施来保证基坑的安全，但在实际工程中仍有很多基坑发生事故。**基坑工程事故主要表现为：支护体系崩溃，基坑大面积失稳；支护结构过分倾斜，水平位移过大；支护结构和被支护土体达到破坏状态；基坑周边土体变形过大；邻近建(构)筑物倾斜、开裂，甚至倒塌；基底回弹、隆起过大。**

因此，对基坑工程的监测既是检验基坑设计理论正确性和发展设计理论的重要手段，又是指导施工顺利进行、避免基坑工程事故的必要措施。

(一)支护结构监测常用仪器

1. 变形监测仪器

(1)水准仪和经纬仪：量测支护结构、地下管线和周围环境的沉降和变位。

(2)测斜仪：支护结构和土体水平位移的观测。

(3)深层沉降标：测量支护结构后土体位移的变化，以判定支护结构的稳定状态。

(4)水位计：量测地下水水位变化情况，以检验降水效果。

2. 应力监测仪器

(1)土压力计：量测作用于围护墙上的土压力状态（主动、被动和静止）大小及变化情况，以便了解其与设计取值的差异。

(2)孔隙水压力计：宜通过钻孔埋设，观测支护结构后孔隙水压力的变化情况，判断基坑外土体的松密和移动情况。

(3)钢筋应力计：量测支撑结构的轴力、弯矩等，以判断支撑结构是否可靠。

(4)温度计：和钢筋应力计一起埋设在钢筋混凝土支撑中，用来计算由温度变化引起的应力。

(5)混凝土应力计：测定支撑混凝土结构的应变，从而计算相应支撑断面内的轴力。

(6)应力、应变传感器：用于量测混凝土支撑系统中的内力。

(7)低应变动测仪和超声波无损检测仪：用来检测支护结构的完整性和强度。

(二)支护结构监测内容

基坑支护设计应根据支护结构类型和地下水控制方法，按表1-6选择基坑监测项目，并应根据支护结构构件、基坑周边环境的重要性及地质条件的复杂性确定监测点部位及数量。选用的监测项目及其监测部位应能够反映支护结构的安全状态和基坑周边环境受影响的程度。

表1-6　基坑监测项目选择

监测项目	支护结构的安全等级		
	一级	二级	三级
支护结构顶部水平位移	应测	应测	应测
基坑周边建(构)筑物、地下管线、道路沉降	应测	应测	应测
坑边地面沉降	应测	应测	宜测
支护结构深部水平位移	应测	应测	选测
锚杆拉力	应测	应测	选测
支撑轴力	应测	宜测	选测
挡土构件内力	应测	宜测	选测
支撑立柱沉降	应测	宜测	选测
支护结构沉降	应测	宜测	选测
地下水水位	应测	应测	选测
土压力	宜测	选测	选测
孔隙水压力	宜测	选测	选测

注：表内各监测项目中，仅选择实际基坑支护形式所含的内容。

(三)支护结构监测点的布置与监测

支护结构监测点的布置与监测有以下几个要求：

(1)安全等级为一级、二级的支护结构，在基坑开挖过程与支护结构使用期内，必须进行支护结构的水平位移监测和基坑开挖影响范围内建(构)筑物、地面的沉降监测。

(2)支挡式结构顶部水平位移监测点的间距不宜大于 20 m,土钉墙、重力式挡墙顶部水平位移监测点的间距不宜大于 15 m,且基坑各边的监测点不应少于 3 个。基坑周边有建筑物的部位、基坑各边中部及地质条件较差的部位应设置监测点。

(3)基坑周边建筑物沉降监测点应设置在建筑物的结构墙、柱上,并应分别沿平行、垂直于坑边的方向上布设。在建筑物临基坑一侧,平行于坑边方向上的监测点间距不宜大于 15 m。垂直于坑边方向上的监测点,宜设置在柱、隔墙与结构缝部位。垂直于坑边方向上的布点范围应能反映建筑物基础的沉降差。必要时,可在建筑物内部布设监测点。

(4)地下管线沉降监测,当采用测量地面沉降的间接方法时,其测点应布设在管线正上方。当管线上方为刚性路面时,宜将监测点设置于刚性路面下。对直埋的刚性管线,应在管线节点、竖井及其两侧等易破裂处设置监测点。监测点的水平间距不宜大于 20 m。

(5)道路沉降监测点的间距不宜大于 30 m,且每条道路的监测点不应少于 3 个。必要时,沿道路方向可布设多排监测点。

(6)对坑边地面沉降、支护结构深部水平位移、锚杆拉力、支撑轴力、立柱沉降、支护结构沉降、挡土构件内力、地下水水位、土压力、孔隙水压力进行监测时,监测点应布设在邻近建筑物、基坑各边中部及地质条件较差的部位,监测点或监测面不宜少于 3 个。

(7)坑边地面沉降监测点应设置在支护结构外侧的土层表面或柔性地面上。与支护结构的水平距离宜在基坑深度的 0.2 倍范围以内。有条件时,宜沿坑边垂直方向在基坑深度的 1~2 倍范围内设置多测点的监测面,每个监测面的监测点不宜少于 5 个。

(8)采用测斜管监测支护结构深部水平位移时,对现浇混凝土挡土构件,测斜管应设置在挡土构件内,测斜管深度不应小于挡土构件的深度;对土钉墙、重力式挡墙,测斜管应设置在紧邻支护结构的土体内,测斜管深度不宜小于基坑深度的 1.5 倍;测斜管顶部还应设置用作基准值的水平位移监测点。

(9)锚杆拉力监测宜采用测量锚头处的锚杆杆体总拉力的方式。对多层锚杆支护结构,宜在同一竖向平面内的每层锚杆上设置监测点。

(10)支撑轴力监测点宜设置在主要支撑构件、受力复杂和影响支撑结构整体稳定性的支撑构件上。对多层支撑支护结构,宜在同一竖向平面内的每层支撑上设置监测点。

(11)挡土构件内力监测点应设置在最大弯矩截面处的纵向受拉钢筋上。当挡土构件采用沿竖向分段配置钢筋时,应在钢筋截面面积减小且弯矩较大部位的纵向受拉钢筋上设置监测点。

(12)支撑立柱沉降监测点宜设置在基坑中部、支撑交汇处及地质条件较差的立柱上。

(13)当挡土构件下部为软弱持力土层或采用大倾角锚杆时,宜在挡土构件顶部设置沉降监测点。

(14)基坑内地下水水位的监测点可设置在基坑内或相邻降水井之间。当监测地下水水位下降对基坑周边建筑物、道路、地面等沉降造成的影响时,地下水水位监测点应设置在降水井或截水帷幕外侧且宜尽量靠近被保护对象。当有回灌井时,地下水水位监测点应设置在回灌井外侧。水位观测管的滤管应设置在所测含水层内。

(15)各类水平位移观测、沉降观测的基准点应设置在变形影响范围外,且基准点数量不应少于两个。

(16)基坑各监测项目采用的监测仪器的精度、分辨率及测量精度应能反映监测对象的实际状况，并应满足基坑监控的要求。

（17）各监测项目应在基坑开挖前或监测点安装后测得稳定的初始值，且次数不应少于两次。

（18）支护结构顶部水平位移的监测频次应符合下列要求：

1）基坑向下开挖期间，监测不应少于每天一次，直至开挖停止后连续 3 d 的监测数值稳定；

2）当地面、支护结构或周边建筑物出现裂缝、沉降，遇到降雨、降雪、气温骤变，基坑出现异常的渗水或漏水，坑外地面荷载增加等各种环境条件变化或异常情况时，应立即进行连续监测，直至连续 3 d 的监测数值稳定；

3）当位移速率大于或等于前次监测的位移速率时，应进行连续监测；

4）在监测数值稳定期间，还应根据水平位移稳定值的大小及工程实际情况定期进行监测。

（19）支护结构顶部水平位移之外的其他监测项目，除应根据支护结构施工和基坑开挖情况进行定期监测外，还应在出现下列情况时进行监测：

1）支护结构水平位移增长时；

2）出现上述（18）条中第 1）、2）款的情况时；

3）锚杆、土钉或挡土构件施工时，或降水井抽水等引起地下水水位下降时，应进行相邻建筑物、地下管线、道路的沉降观测。当监测数值比前次数值增长时，应进行连续监测，直至数值稳定。

（20）对基坑监测有特殊要求时，各监测项目的监测点布置、量测精度、监测频度等应根据实际情况确定。

（21）在支护结构施工、基坑开挖期间以及支护结构使用期内，应对支护结构和周边环境的状况随时进行巡查，现场巡查时应检查有无下列现象及其发展情况：

1）基坑外地面和道路开裂、沉陷；

2）基坑周边建筑物开裂、倾斜；

3）基坑周边水管漏水、破裂，燃气管漏气；

4）挡土构件表面开裂；

5）锚杆锚头松动、锚杆杆体滑动、腰梁和锚杆支座变形、连接破损等；

6）支撑构件变形、开裂；

7）土钉墙土钉滑脱、土钉墙面层开裂和错动；

8）基坑侧壁和截水帷幕渗水、漏水、流砂等。

第四节　深基坑工程土方开挖

土方开挖是深基坑工程施工的重要工序。高层建筑基础占地面积和体积较大，埋置较深，相应的土方开挖量也大，如一个地下 2 层、地上 20 层建筑的基坑土方量常达 3.5 万～4.0 万 m^3。同时施工场地周围一般都有建筑物，场地狭窄，给土方挖运带来极大困难。因此，做好土方开挖施工准备，合理选择基坑开挖方案，对保证工程顺利进行、加快工程进度都具有极为重要的意义。施工中必须严格按照围护结构设计的要求及施工组织设计内容进行精心准备，精密组织施工。

一、基坑土方开挖施工的地质勘察和环境调查

(一)地质勘察与水平资料收集

基坑工程的岩土勘察一般不单独进行，应与主体结构的地基勘探同时进行。在制定地基勘察方案时，除满足主体建筑设计要求外，也应同时满足基坑工程设计和施工要求，因此，宜统一规定勘察要求。已经有了勘察资料，但其不能满足基坑工程设计和施工要求时，宜再进行补充勘察。

1. 工程地质资料

基坑工程的岩土勘察一般应提供下列资料：

(1)场地土层的成因类型、结构特点、土层性质及夹砂情况。

(2)基坑及围护墙边界附近，场地填土、暗浜、古河道及地下障碍物等不良地质现象的分布范围与深度，并表明其对基坑的影响。

(3)场地浅层潜水和坑底深部承压水的埋藏情况，土层的渗流特性及产生管涌、流砂的可能性。

(4)支护结构设计和施工所需的土、水等参数。

岩土勘察测试的土工参数，应根据基坑等级、支护结构类型、基坑工程的设计和施工要求而定，一般基坑工程设计和施工所需的勘察资料和土工参数见表1-7。

表 1-7　一般基坑工程设计和施工所需的勘察资料和土工参数

标高/m	压缩指数 C_c	
深度/m	固结系数 C_v	
层厚/m	回弹系数 C_s	
土的名称	超固结比 OCR	
土天然重度 $\gamma_c/(\text{kN} \cdot \text{m}^{-3})$	内摩擦角 $\varphi/(°)$	
天然含水率 $w/\%$	黏聚力 c/kPa	
液限 $w_L/\%$	总应力抗剪强度	
塑限 $w_P/\%$	有效抗剪强度	
塑性指数 I_P	无侧限抗压强度 q_u/kPa	
孔隙比 e	十字板抗剪强度 c_u/kPa	
不均匀系数 (d_{60}/d_{10})	渗透系数$/(\text{cm} \cdot \text{s}^{-1})$	水平 k_h
压缩模量 E_s/MPa		垂直 k_v

对特殊的不良土层，还需查明其膨胀性、湿陷性、触变性、冻胀性、液化势等参数。

在基坑范围内土层夹砂变化较复杂时，宜采用现场抽水试验方法测定土层的渗透系数。

内摩擦角和黏聚力宜采用直剪固结快剪试验取得，需提供峰值和平均值。

总应力抗剪强度(φ_{cu}、c_{cu})、有效抗剪强度(φ'、c')，宜采用三轴固结不排水剪试验、直剪慢剪试验取得。

当支护结构设计需要时，还可采用专门原位测试方法测定设计所需的基床系数等参数。

2. 水文地质资料

基坑范围及附近的地下水水位情况对基坑工程设计和施工有直接影响，尤其在软土地区和附近有水体时影响更大。为此在进行岩土勘察时，应提供下列数据和情况：

(1)地下各含水层的视见水位和静止水位。

(2)地下各土层中，水的补给情况和动态变化情况，以及与附近水体的连通情况。

(3)基坑坑底以下承压水的水头高度和含水层的界面。

(4)当地下水对支护结构有腐蚀性影响时，应查明污染源及地下水流向。

3. 地下障碍物勘察重点

地下障碍物的勘察，对基坑工程的顺利进行十分重要。在基坑开挖之前，要弄清基坑范围内和围护墙附近地下障碍物的性质、规模、埋置深度等，以便采取适当措施加以处理。勘察重点内容如下：

(1)是否存在旧建(构)筑物的基础和桩。

(2)是否存在废弃的地下室、水池、设备基础、人防工程、废井、驳岸等。

(3)是否存在厚度较大的工业垃圾和建筑垃圾。

(二)基础周围环境及地下管线等状况勘察

基坑开挖带来的水平位移和地层沉降会影响周围邻近建(构)筑物、道路和地下管线，该影响如果超过一定范围，就会影响其正常使用或带来较严重的后果，所以在基坑工程设计和施工中一定要采取措施，保护周围环境，将该影响控制在允许范围内。

为减少基坑施工带来的不利影响，在施工前要对周围环境进行调查，做到心中有数，以便采取有针对性的有效措施。

1. 基坑周围邻近建(构)筑物状况调查

在大、中城市建筑物稠密地区进行基坑工程施工，宜对下述内容进行调查：

(1)周围建(构)筑物的分布及其与基坑边线的距离。

(2)周围建(构)筑物的上部结构形式、基础结构及埋置深度、有无桩基和对沉降差异的敏感程度，需要时要收集和参阅有关的设计图纸。

(3)周围建筑物是否属于历史文物或近代优秀建筑，或对使用有特殊、严格的要求。

(4)如周围建(构)筑物在基坑开挖之前已经存在倾斜、裂缝、使用不正常等情况，需通过拍片、绘图等手段收集有关资料，必要时请有资质的单位事先进行分析鉴定。

2. 基坑周围地下管线状况调查

在大、中城市进行基坑工程施工，基坑周围的主要管线为煤气、上水、下水和电缆管道。

(1)煤气管道。应调查掌握的内容包括：与基坑的相对位置、埋置深度、管径、管内压力、接头构造、管材、每个管节长度、埋设年代等。

煤气管的管材一般为钢管或铸铁管，管节长度为 4~6 m，管径一般为 100 mm、150 mm、200 mm、250 mm、300 mm、400 mm、500 mm。铸铁管接头构造为承插连接、法兰连接和机械连接；钢管多为焊接或法兰连接。

(2)上水管道。应调查掌握的内容包括：与基坑的相对位置、埋置深度、管径、管材、管节长度、接头构造、管内水压、埋设年代等。

上水管常用的管材有铸铁管、钢筋混凝土管或钢管，管节长度为 3～5 m，管径为 100～2 000 mm。铸铁管接头多为承插式接头和法兰接头；钢筋混凝土管多为承插式接头；钢管多用焊接。

（3）下水管道。应调查掌握的内容包括：与基坑的相对位置、管径、埋置深度、管材、管内水压、管节长度、基础形式、接头构造、窨井间距等。

（4）电缆管道。电缆的种类很多，有高压电缆、通信电缆、照明电缆、防御设备电缆等。有的放在电缆沟内；有的架空；有的用共同沟，多种电缆放在一起。

对电缆应通过调查掌握的内容包括：与基坑的相对位置、埋置深度（或架空高度）、规格型号、使用要求、保护装置等。

3. 基坑周围邻近地下构筑物及设施调查

如基坑周围邻近有地铁隧道、地铁车站、地下车库、地下商场、地下通道、人防、管线共同沟等，应调查其与基坑的相对位置、埋置深度、基础形式与结构形式、对变形与沉降的敏感程度等。这些地下构筑物及设施往往有较高的要求，进行邻近深基坑施工时要采取有效措施。

4. 周围道路状况调查

在城市繁华地区进行基坑工程施工，经常会遇到邻近有道路的情况。这些道路的重要性各不相同，有些是次要道路，而有些则属于城市干道。这些道路一旦因为变形过大而遭到破坏，则会产生严重后果。为此，在进行深基坑施工之前应调查下述内容：

（1）周围道路的性质、类型、与基坑的相对位置。

（2）交通状况与重要程度。

（3）交通通行规则（单行道、双行道、禁止停车等）。

（4）道路的路基与路面结构。

5. 周围施工条件调查

基坑现场周围的施工条件对基坑工程设计和施工具有直接影响，因此，事先必须加以调查了解。

（1）了解施工现场周围的交通运输、商业规模等特殊情况，了解在基坑工程施工期间对土方和材料、混凝土等运输有无限制，必要时是否允许阶段性封闭施工等，这些对选择施工方案有影响。

（2）了解施工现场附近对施工产生的噪声和振动的限制。如对施工噪声和振动有严格的限制，则影响桩型选择和支护结构的爆破拆除。

（3）了解施工场地条件，明确是否有足够场地供运输车辆运行、堆放材料、停放施工机械、加工钢筋等，以便确定是全面施工、分区施工，还是用逆筑法施工。

（三）施工工程的地下结构设计资料调查

主体工程地下结构设计资料是基坑工程设计的重要依据之一，应对其进行收集和了解。

基坑工程设计多在主体工程设计结束施工图完成之后，基坑工程施工之前进行，但为了使基坑工程设计与主体工程之间协调，使基坑工程的实施更加经济，对大型深基坑工程，应在主体结构设计阶段就着手进行，以便协调基坑工程与主体工程结构之间的关系。如地下结构用逆筑法施工，则围护墙和中间支承柱（中柱桩）的布置就需与主体工程地下结构设计密切结合；如大型深基坑工程支护结构的设计，其立柱的布置、多层支撑的布置和换撑等，皆与主体结构工程桩的布置、地下结构底板和楼盖标高等密切相关。

进行基坑工程设计之前，应对下述地下结构设计资料进行了解：

（1）主体工程地下室的平面布置和形状，以及与建筑红线的相对位置。这是选择支护结构形式、进行支撑布置等必须参考的资料。如基坑边线贴近建筑红线，则需选择厚度较小的支护结构的围护墙；如平面尺寸大、形状复杂，则在布置支撑时需加以特殊处理。

（2）主体工程基础的桩位布置图。在进行围护墙布置和确定立柱位置时，必须了解桩位布置。尽量利用工程桩作为支护结构的立柱桩，以降低支护结构费用，实在无法利用工程桩时才另设立柱桩。

（3）主体结构地下室的层数、各层楼板和底板的布置与标高，以及地面标高。根据天然地面标高和地下室底板底标高，可确定基坑开挖深度，这是选择支护结构形式、确定降水和挖土方案的重要依据。

了解各层楼盖和底板的布置，可方便支撑的竖向布置和确定支撑的换撑方案。楼盖局部缺少时，还需考虑水平支撑换撑时如何传力等。

（4）对电梯井落深的深坑，要了解其位置及落深深度，因为它影响支护结构计算深度的确定及深坑的支护或加固措施。

二、基坑土方开挖施工准备

（1）选择开挖机械。除很小的基坑外，一般基坑开挖均应优先采用机械开挖方案。目前基坑工程中常用的挖土机械有推土机、铲运机、正铲挖土机、反铲挖土机、拉铲挖土机、抓铲挖土机等，前三种机械适用于土的含水量较小且较浅的基坑，后三种机械则适用于土质松软、地下水水位较高或不进行降水的较深、较大的基坑，或者在施工方案比较复杂时采用，如逆作法挖土等。总之，挖土机械的选择应考虑到地基土的性质、工程量的大小、挖土机和运输设备的行驶条件等。

（2）确定开挖程序。较浅基坑可以一次开挖到底，较深、较大的基坑则一般采用分层开挖方案，每次开挖深度可结合支撑位置确定，挖土进度应根据预估位移速率及天气情况确定，并在实际开挖后进行调整。为保持基坑底土体的原状结构，应根据土体情况和挖土机械类型，在坑底以上保留 5～30 cm 土层由人工挖除。进行两层或多层开挖时，挖土机和运土汽车需下至基坑内施工，故在适当部位需留设坡道，以便运土汽车上、下，且坡道两侧有时需进行加固处理。

（3）布置施工现场平面。基坑工程往往面临施工现场狭窄而基坑周边堆载又需要严格控制的难题，因此必须根据现有场地对装土、运土及材料进场的交通路线、施工机械放置、材料堆场、工地办公及食宿生产场所等进行全面规划。

（4）拟定降、排水措施及冬期、雨期、汛期施工措施。当地下水水位较高且土体的渗透系数较大时应进行井点降水。井点降水可采用轻型井点、喷射井点、电渗井点、深井井点等，可根据降水深度要求、土体渗透系数及邻近建（构）筑物和管线情况选用。排水措施在基坑开挖中的作用也比较重要，设置得当可有效地防止雨水浸透土层而造成土体强度降低。

（5）拟定合理的施工监测计划。施工监测计划是基坑开挖施工组织计划的重要组成部分，从工程实践来看，凡是在基坑施工过程中进行了详细监测的工程，其失事率远小于未进行监测的基坑工程。

（6）拟定合理的应急措施。为预防在基坑开挖过程中出现意外，应事先对工程进展情况预估，并制订可行的应急措施，做到防患于未然。

三、深基坑土方开挖方案

高层建筑基础埋置深度较大,在城市建设中场地狭窄,施工现场附近有建筑物、道路和地下管线纵横交错,在很多情况下不允许采用较经济的放坡开挖,而需要在人工支护条件下进行基坑开挖。

有支护结构的土方开挖,多为垂直开挖(采用土钉墙时有陡坡)。其挖土方案主要有分段开挖、分层开挖、中心岛式挖土(图 1-60)、盆式挖土(图 1-61)、逆作法挖土,具体方案见表 1-8。

深基坑土方开挖程序

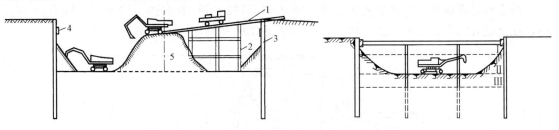

图 1-60　中心岛式挖土　　　　　　　　图 1-61　盆式挖土

1—栈桥;2—支架或工程桩;3—围护墙;

4—腰梁;5—土墩

表 1-8　深基坑土方开挖方案

序号	开挖方案	具体措施
1	分段开挖	分段开挖即开挖一段,施工一段混凝土垫层或基础,必要时可在已封底的基底与围护结构之间加斜撑。这是基坑开挖中常见的开挖方式,在施工环境复杂、土质不理想或基坑开挖深浅不一致,或基坑平面几何不规则时均可应用。分段开挖位置、分段大小和开挖顺序要依据地下空间平面、施工工作面条件和工期等因素来确定
2	分层开挖	分层开挖适用于开挖较深或土质较软弱的基坑。分层开挖时,分层厚度要视土质情况进行稳定性计算,以确保在开挖过程中土体不滑移,基桩不位移倾斜。软土地基控制分层厚度一般在 2 m 以内,硬质土可控制在 5 m 以内。开挖顺序也要依据施工现场工作面和土质条件的情况,从基坑的一侧开挖,也可从基坑的两个相对的方向对称开挖,或从基坑中间向两边平行对称开挖,或从分层交替开挖方向开挖
3	中心岛式挖土	中心岛式挖土采用预留基坑中间部位土体,先开挖周边支撑下的土方,最后挖去中心的土体。该方法不仅土方开挖方便,而且可利用中间的土墩作为支点搭设栈桥,有利于挖土机和运输车辆进入基坑,或多机接力转驳运土。该方法宜用于大型基坑,如图 1-60 所示
4	盆式挖土	盆式挖土是先开挖基坑中间部分的土,周围四边留土坡,土坡最后挖除,如图 1-61 所示。这种挖土方式的优点是周边的土坡对围护墙有支撑作用,有利于减少围护墙的变形。其缺点是大量的土方不能直接外运,需集中提升后装车外运
5	逆作法挖土	逆作法挖土是高层建筑多层地下室和其他多层地下结构的有效施工方法,它的工艺原理是:先沿建筑物地下室轴线施工地下连续墙或其他支护结构,同时在建筑物内部的有关位置(柱子或隔墙相交处等,根据需要计算确定)浇筑或打下中间支撑柱,作为施工期间于底板封底之前承受上部结构自重和施工荷载的支撑,然后施工地面一层的梁板楼面结构,作为地下连续墙刚度很大的支撑,随后逐层向下开挖土方和浇筑各层地下结构,直至底板封底

四、机械开挖土方

土方工程工程量大，工期长。为节约劳动力，降低劳动强度，加快施工速度，对土方工程的开挖、运输、填筑、压实等施工过程应尽量采用机械施工。

土方工程施工机械的种类很多，有推土机、铲运机、单斗挖土机、多斗挖土机和装载机等。而在高层建筑工程施工中，尤以推土机、铲运机和单斗挖土机应用最广。施工时，应根据工程规模、地形条件、水文性质情况和工期要求正确选择土方施工机械。

(一)推土机施工

推土机是在履带式拖拉机的前方安装推土铲刀(推土板)制成的。按铲刀的操纵机构不同，推土机分为索式和液压式两种，图 1-62 所示为索式推土机的外形。

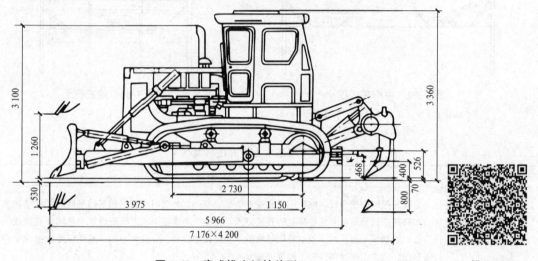

图 1-62　索式推土机的外形

推土机

推土机能单独完成挖土、运土和卸土工作，具有操纵灵活、运转方便、所需工作面较小、行驶速度较快等特点。推土机主要适用于一到三类土的浅挖短运，如场地清理或平整、开挖深度不大的基坑以及回填、推筑高度不大的路基等。此外，推土机还可以牵引其他无动力的土方机械，如拖式铲运机、松土器、羊足碾等。推土机推运土方的运距，一般不超过 100 m，运距过长，土将从铲刀两侧流失过多，影响其工作效率，经济运距一般为 30～60 m，铲刀刨土长度一般为 6～10 m。

推土机的工作效率主要决定于推土板推移土的体积及切土、推土、回程等工作的循环时间。为了提高推土机的工作效率，可采取下坡推土法(利用自重增加推土能力，缩短时间)，并列推土法(在场地较大时用 2～3 台推土机并列推土以减少土的散失)，槽形推土法(利用前次推土形成的沟槽推土以减少土的散失)和分批集中、一次推送法(运距远、土质硬时用)等，还可在推土板两侧附加侧板，以增加推土体积。

(二)铲运机施工

铲运机是一种能综合完成挖、装、运、填的机械，对行驶道路要求较低，操纵灵活，生产率较高。**按行走机构可将铲运机分为自行式铲运机和拖拉式铲运机两种**，如图 1-63、图 1-64 所示；**按铲斗操纵方式，又可将铲运机分为索式和油压式两种。**

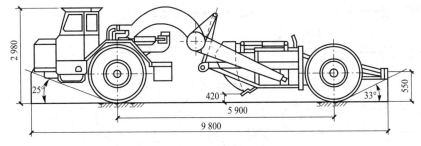

图 1-63　自行式铲运机

铲运机

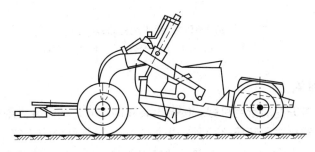

图 1-64　拖拉式铲运机

铲运机一般适用于含水量不大于 27% 的一到三类土的直接挖运，常用于坡度在 20°以内的大面积场地平整、大型基坑的开挖、堤坝和路基的填筑等。铲运机不适于在砾石层、冻土地带和沼泽地区使用。在坚硬土层开挖时要用推土机助铲或用松土器配合。拖式铲运机的运距以不超过 800 m 为宜，当运距在 300 m 左右时效率最高；自行式铲运机的行驶速度快，可适用于稍长距离的挖运，其经济运距为 800～1 500 m，但不宜超过 3 500 m。铲运机适宜在松土、普通土且地形起伏不大（坡度在 20°以内）的大面积场地上施工。

铲运机的基本作业包括铲土、运土、卸土三个工作行程和一个空载回驶行程。在施工中，由于挖填区的分布情况不同，为了提高工作效率，应根据不同施工条件（工程大小、运距长短、土的性质和地形条件等），选择合理的开行路线和施工方法。由于挖填区的分布不同，应根据具体情况选择开行路线，铲运机的开行路线种类如下：

(1)环形路线。 地形起伏不大，施工地段较短时，多采用环形路线。图 1-65（a）所示为小环形路线，这是一种既简单又常用的路线。从挖方到填方按环形路线回转，每循环一次完成一次铲土和卸土，挖填交替；当挖填之间的距离较短时可采用大环形路线，如图 1-65（b）所示，一个循环可完成多次铲土和卸土，这样可减少铲运机的转弯次数，提高工作效率。作业时应时常按顺、逆时针方向交换行驶，以避免机械行驶部分单侧磨损。

(2)"8"字形路线。 施工地段加长或地形起伏较大时，多采用"8"字形路线，如图 1-65（c）所示。采用这种开行路线，铲运机在上、下坡时是斜向行驶，受地形坡度限制小；一个循环中两次转弯的方向不同，可避免机械行驶的单侧磨损；一个循环完成两次铲土和卸土，减少了转弯次数及空车行驶距离，从而缩短了运行时间，提高了工作效率。

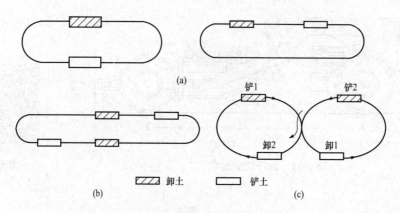

图 1-65　铲运机运行路线

(a)小环形路线；(b)大环形路线；(c)"8"字形路线

(三)单斗挖土机施工

单斗挖土机是土方开挖的常用机械。按行走装置的不同，其可分为**履带式**和**轮胎式**两类；按传动方式其可分为**索具式**和**液压式**两种；根据工作装置其可分为**正铲、反铲、拉铲**和**抓铲**四种，如图 1-66 所示。使用单斗挖土机进行土方开挖作业时，一般需汽车配合运土。

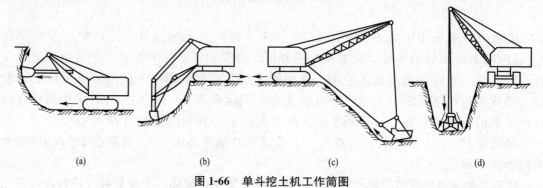

(a)　　　　　　(b)　　　　　　(c)　　　　　　(d)

图 1-66　单斗挖土机工作简图

(a)正铲挖土机；(b)反铲挖土机；(c)拉铲挖土机；(d)抓铲挖土机

1. 正铲挖土机施工

正铲挖土机挖掘能力大，工作效率高，适用于开挖停机面以上的一到三类土。它与运土汽车配合能完成整个挖运任务，可用于开挖大型干燥基坑以及土丘等。正铲挖土机的挖土特点是"前进向上，强制切土"。根据开挖路线与运土汽车相对位置的不同，其一般有以下两种开挖方式：

单斗挖土机

(1)正向开挖，侧向装土。正铲向前进方向挖土，汽车位于正铲的侧向装土，如图 1-67(a)和(b)所示。本法铲臂卸土回转角度最小，小于 $90°$，装车方便，循环时间短，生产效率高，用于开挖工作面较大，深度不大的边坡、基坑(槽)、沟渠和路堑等，为最常用的开挖方法。

(2)正向开挖，后方装土。正铲向前进方向挖土，汽车停在正铲的后面，如图 1-67(c)所示。本法开挖工作面较大，但铲臂卸土回转角度较大，约 $180°$，且汽车要侧向行车，增加工作循环时间，工作效率较低(若回转角度为 $180°$，效率约降低 23%；若回转角度为 $130°$，效率约降低 13%)，用于开挖工作面较小且较深的基坑(槽)、管沟和路堑等。

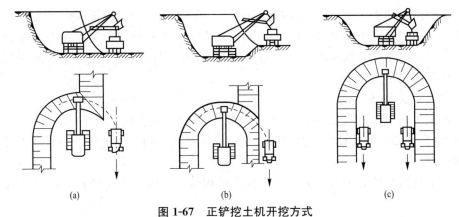

图 1-67　正铲挖土机开挖方式

（a）、（b）正向开挖，侧向装土；（c）正向开挖，后方装土

2. 反铲挖土机施工

反铲挖土机的挖土特点是"后退向下，强制切土"，随挖随行或后退。反铲挖土机的挖掘力比正铲挖土机的小，适用于开挖停机面以下的一到三类土的基坑、基槽或管沟，不需设置进出口通道，可挖水下淤泥质土，每层的开挖深度宜为 1.5～3.0 m。

根据挖土机与基坑的相对位置关系，反铲挖土机挖土时，有以下两种开挖方式：

（1）沟端开挖［图 1-68（a）］。挖土机停在基坑（槽）端部，向后倒退挖土，汽车停在两侧装土，此法采用最广。其工作面宽度可达 1.3R（单面装土，R 为挖土机最大挖土半径）或 1.7R（双面装土），深度可达挖土机最大挖土深度 H。当基坑较宽（＞1.7R）时，可分次开挖或按"之"字形路线开挖。

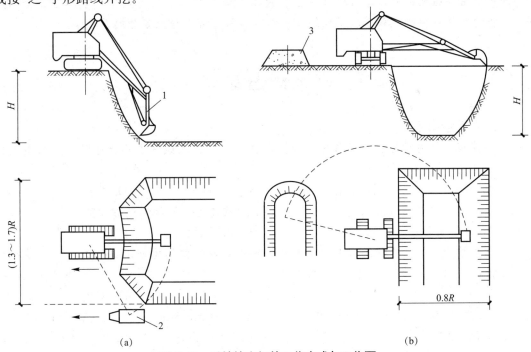

图 1-68　反铲挖土机的工作方式与工作面

（a）沟端开挖；（b）沟侧开挖

1—反铲挖土机；2—运土汽车；3—弃土堆

(2)沟侧开挖[图 1-68(b)]。挖土机停在基坑(槽)的一侧,向侧面移动挖土,可用汽车配合运土,也可将土弃于距基坑(槽)较远处。此法挖土机移动方向与挖土方向垂直,稳定性较差,且挖土的深度和宽度均较小,不易控制边坡坡度。因此,只在无法采用沟端开挖或所挖的土不需运走时采用。

3. 拉铲挖土机施工

拉铲挖土机适用于开挖大而深的基坑或水下挖土。其挖土特点是"后退向下,自重切土"。其挖掘半径和深度均较大,但挖掘力小,只能开挖一到二类土(软土),且不如反铲挖土机灵活准确。

拉铲挖土机的开挖方式基本上与反铲挖土机相似,也可分为**沟端开挖**和**沟侧开挖**两种方式。

4. 抓铲挖土机施工

抓铲挖土机适用于开挖窄而深的基坑(槽)、沉井或水中淤泥。其挖土特点是"直上直下,自重切土"。其挖掘力较小,只能开挖一到二类土,其抓铲能在回转半径范围内开挖基坑任何位置的土方,并可在任何高度上卸土。

本章小结

任何建筑物都是建造在一定的地层上的,建筑物的全部荷载都由它下面的土层来承担,承受建筑物荷载的地层称为地基;建筑物向地基传递荷载的下部结构就是基坑。基坑是建筑物的一个主要组成部分,基坑的强度直接关系到建筑物的安全与使用。本章主要介绍深基坑工程的地下水控制、深基坑工程的支护结构、深基坑工程土方开挖等。

思考与练习

一、单项选择题

1. 在建筑物稠密地区、不具备放坡开挖条件,或者技术经济上不合理时,应采用支护结构的( )开挖施工。
   A. 垂直　　　　　B. 分段　　　　　C. 局部　　　　　D. 分层
2. 基坑支护结构设计应采用以( )表示的承载能力极限状态进行计算。
   A. 荷载系数　　　B. 风载系数　　　C. 分项系数　　　D. 放坡系数
3. 支护结构失效、土体过大变形对基坑周边环境或主体结构施工安全的影响严重等级为( )。
   A. 一级　　　　　B. 二级　　　　　C. 三级　　　　　D. 四级
4. 导墙的厚度宜为( )mm,墙趾不宜小于 0.20 m,深度多为 1.0~2.0 m。
   A. 50~100　　　B. 100~150　　　C. 150~200　　　D. 200~250
5. 钢筋笼端部与接头管或混凝土接头面之间应留有( )cm 的空隙。
   A. 15~20　　　B. 15~25　　　C. 25~30　　　D. 25~30

6. 在施工环境复杂、土质不理想或基坑开挖深浅不一致，或基坑平面几何不规则时均可应用（　　）方式。

  A. 分段开挖   B. 分层开挖   C. 中心岛式挖土 D. 盆式挖土

二、多项选择题

1. 基坑工程按边坡情况分为（　　）几种形式。

  A. 无支护开挖 B. 支护开挖   C. 局部开挖   D. 整体开挖

2. 基坑工程设计时应考虑的荷载主要有（　　）。

  A. 土压力   B. 水压力   C. 地面超载   D. 施工荷载

3. 基坑工程控制地下水水位的方法有（　　）。

  A. 降低地下水水位   B. 隔离地下水

  C. 集水沟明排水   D. 降水井降水

4. 基坑工程中降水方案的选择与设计应满足（　　）要求。

  A. 基坑开挖及地下结构施工期间，地下水水位保持在基底以下 2.0～3.5 m

  B. 深部承压水不引起坑底隆起

  C. 降水期间邻近建筑物及地下管线、道路能正常使用

  D. 基坑边坡稳定

5. 在确定导墙形式时，应考虑（　　）因素。

  A. 表层土的特性

  B. 周围环境的影响

  C. 地下水的状况

  D. 地下连续墙施工时对邻近建（构）筑物可能产生的影响

6. 地下连续墙与内部结构的楼板、柱、梁、底板等连接的结构接头方法，常用的有（　　）。

  A. 预埋连接钢筋法   B. 预埋连接钢板法

  C. 预埋剪力连接件法   D. 预埋框架连接件法

三、简答题

1. 简述基坑支护结构的作用及设计原则。

2. 地下水分为哪两种？

3. 常用的降低地下水水位的方法有哪些？

4. 支护结构的类型有哪些？

5. 单锚（支撑）式板桩的常见破坏方式有哪些？

6. 地下连续墙挖槽的主要工作有哪些？

7. 土层锚杆承载力的影响因素有哪些？

8. 基坑工程的岩土勘察一般应提供那些资料？

9. 基坑土方开挖施工准备的内容有哪些？

10. 由于挖填区的分布不同，应根据具体情况选择开行路线，铲运机的开行路线种类有哪些？

第二章 桩基施工

能力目标

(1)能进行钢筋预制桩的制作、起吊、运输、堆放。

(2)能进行钢筋混凝土预制桩和混凝土灌注桩的施工中常出现的一些质量问题的处理。

知识目标

(1)了解桩基础的概念;熟悉桩基础的分类、桩型选择。

(2)熟悉预制桩的制作、运输与堆放;掌握桩的打设。

(3)熟悉桩基础检测的方法;掌握干式成孔灌注桩施工、湿式成孔灌注桩施工、人工挖孔灌注桩施工的方法。

第一节　桩基础的分类与选择

一、桩基础的概念

桩基础是常用的一种基础形式,是深基础的一种。当天然地基上的浅基础沉降量过大或地基稳定性不能满足建筑物的要求时,常采用这种基础。

采用钢筋混凝土、钢管、H 型钢等材料作为受力的支撑杆件打入土中,称为**单桩**。许多单桩打入地基中,并达到需要的设计深度,称为**群桩**;在群桩顶部用钢筋混凝土联成整体,称为**承台**。由基桩和连接于桩顶的承台共同组成,作为上部结构的桩基础,如图 2-1 所示。采用一根桩(通常为大直径桩)以承受和传递上部结构(通常为柱)荷载的独立基础

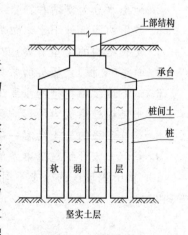

图 2-1　桩基础示意

称为单桩基础；由两根以上基桩组成的桩基础称为群桩基础。桩基础的作用是将上部结构的荷载通过较弱地层或水传递到深部较坚硬的、压缩性小的土层或岩层上。桩基础具有承载力高、沉降量小、沉降速率低且均匀的特点，其能承受竖向荷载、水平荷载、土拔力及由机器产生的振动和动力作用等。

二、桩基础的分类

桩基础随着桩的材料、构造形式和施工技术的发展而名目繁多，可按多种方法分类，如图 2-2 所示。

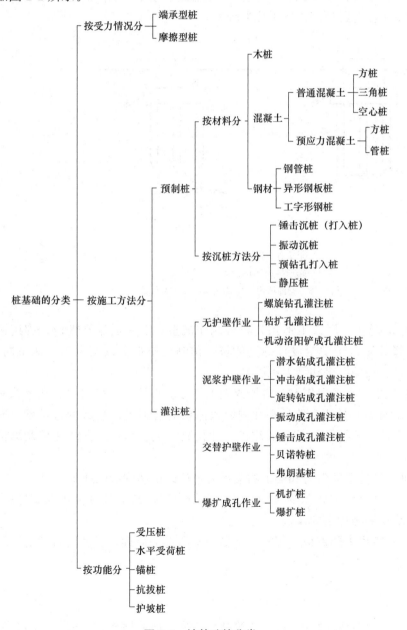

打桩施工方法

图 2-2　桩基础的分类

(1)端承型桩。端承型桩在承载能力极限状态下，桩顶竖向荷载全部或主要由桩端阻力承担，其又可分为端承桩[图 2-3(a)]和摩擦端承桩。端承桩在承载能力极限状态下，桩顶竖向荷载绝大部分由桩端阻力承担，桩侧摩阻力可忽略不计。摩擦端承桩在承载能力极限状态下，桩顶竖向荷载由桩端阻力和桩侧摩阻力共同承担，但桩端阻力分担荷载较多。

(2)摩擦型桩。摩擦型桩又可分为摩擦桩和端承摩擦桩。摩擦桩在承载能力极限状态下，桩顶竖向荷载由桩侧摩阻力承担，桩端阻力小到可忽略不计[图 2-3(b)]。端承摩擦桩在承载能力极限状态下，桩顶竖向荷载由桩侧摩阻力和桩端阻力共同承担，但桩侧摩阻力分担荷载较多。端承摩擦桩在工程应用中所占比例较大。

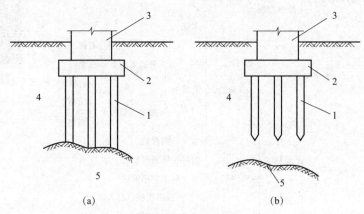

图 2-3　桩基础

(a)端承桩；(b)摩擦桩

1—桩；2—承台；3—上部结构；4—软土层；5—持力层

(3)预制桩。预制桩是指在工厂或工地预先将桩制作成型，然后运送到桩位，利用锤击、振动或静压等方法将其压入土中至设计标高的桩。预制桩根据沉入土中的方法不同，可分为打入桩、水冲沉桩、振动沉桩和静力压桩等。

(4)灌注桩。灌注桩是指在现场采用钻孔机械或人工等方法将地层钻挖出预定孔径和深度的桩孔，放入预制成型的钢筋骨架，然后在孔内灌入流动的混凝土而形成的桩基础。灌注桩按成孔方法不同，有钻孔灌注桩、挖孔灌注桩、冲孔灌注桩、套管成孔灌注桩及爆扩成孔灌注桩等。

(5)受压桩。受压桩通过桩身摩阻力和端桩的端承力将荷载传递到深层地基土中。

(6)水平受荷桩。水平受荷桩主要承受作用于桩体上的水平荷载，桩身主要承受弯矩，最典型的是抗滑桩和基坑支挡结构中的排桩。

(7)复合受荷桩。实际工程中的桩很多都同时承受竖向和水平荷载，或者同时承受拉压荷载而成为复合受荷桩。

三、桩型选择

在选择桩型和工艺时，应对建筑物的特征(建筑结构类型、荷载性质、桩的使用功能和建筑物的安全等级等)，地形，工程地质条件(穿越的土层、桩端持力层岩土特性)，水文地质条件(地下水的类别及标高)，施工机械设备，施工环境，施工经验，各种桩体施工方法的特征，制桩材料的供应条件、造价，以及工期等进行综合性研究分析后，选择经济合理、安全适用的桩型和成桩工艺。

综上所述，桩型和工艺选择时需考虑的主要条件如下：

(1)荷载条件。桩基础承担的荷载大小直接决定了桩截面的大小。从楼层数看，10层以下的建筑桩基础，可考虑采用直径为 500 mm 左右的灌注桩和边长为 400 mm 的预制桩；10～20 层的建筑桩基础可采用直径为 800～1 000 mm 的灌注桩和边长为 450～500 mm 的预制桩；20～30 层的建筑桩基础可采用直径为 1 000～1 200 mm 的钻(冲、挖)孔灌注桩和直径或边长等于或大于 500 mm 的预制桩。

(2)地质条件。一般情况下，当地基土层分布不均匀或土层中存在大孤石、废金属及未风化的石英时，不适宜采用预制桩；当场地土层分布比较均匀时，可采用预应力高强度混凝土管桩；对于软土地基，宜采用承载力较高而桩数较少的桩基础。

(3)机械条件。建设方根据所具有的施工设备及运输条件决定采用的桩型。

(4)环境条件。根据施工场地条件及周边环境对施工影响的要求决定采用哪种桩型和施工工艺。

(5)经济条件。建设单位对比各种桩型的经济指标，综合考虑经济指标与工程总造价的协调关系，选择经济合理的桩型。

(6)工期条件。工期较短的工程，宜选择施工速度快的桩型，如预制桩。

第二节　预制桩施工

一、混凝土预制桩简介

混凝土预制桩是指在构件厂或施工现场预制桩体，利用设备起吊运送到设计桩位，通过锤击、静压等方法沉入土中就位的桩。

混凝土预制桩通常采用方形或圆形两种截面形式，截面边长以 300～500 mm 较常见(不应小于 200 mm)，预应力混凝土预制实心桩的截面边长不宜小于 350 mm。现场预制桩的单桩最大长度主要取决于运输条件和打桩架的高度，一般不超过 30 m。如果桩长超过 30 m，可将桩分为几段预制，并在打桩过程中进行接桩处理。

混凝土预制桩施工前应根据施工图样的设计要求、桩的类型、入土时对土的挤压效应、地质勘测及试桩资料等首先确定施工方案，主要包括施工现场的平面布置，确定施工方法，选择打桩机械，确定打桩顺序，桩的预制、运输、堆放，程桩过程中的技术和安全措施，以及劳动力、材料、机具设备的供应计划等。

混凝土预制桩的施工过程包括：施工准备，混凝土预制桩的制作，桩的起吊、运输和堆放，沉桩入土，成桩保护。

二、工程地质勘察

工程地质勘察是桩基础设计与施工的重要依据，其应提供的内容包括以下几个方面：

（1）勘探点的平面布置图；

（2）工程地质柱状图和剖面图；

（3）土的物理力学指标和建议的单桩承载力；

（4）静力触探或标准贯入试验；

（5）地下水情况。

勘察报告中所列的地质剖面图，是根据两个孔的土层分布，人为地以直线予以连接。事实上两孔之间不可能是一个平面或斜面，而是有起伏的，并且有时起伏的幅度还不小。遇到这种情况应适当加密钻孔，甚至每个基础处都应有钻孔资料，以核实土层实际的起伏，也为分析沉桩的可能性提供依据。

仅仅根据原位测试提供的土工指标作为设计与施工的唯一依据，有时尚嫌不足，还需进行静力触探或标准贯入试验，以便能够直观地反映土的变化。

三、桩的制作、运输与堆放

1. 混凝土预制桩的制作

高层建筑的桩基通常是密集型的群桩，在桩架进场前，必须对整个作业区进行场地平整，以保证桩架作业时正直，同时，还应考虑施工场地的地基承载力是否满足桩机作业时的要求。

混凝土预制桩的钢筋骨架，宜用点焊，也可绑扎。骨架的主筋宜用对焊，也可用搭接焊，但主筋的接头位置应当错开。桩尖多用钢板制作，在制备钢筋骨架时就应把钢板的桩尖焊好。

主筋的保护层厚度要均匀，主筋位置要准确，否则如主筋保护层过厚，桩在承受锤击时，钢筋骨架会形成偏心受力，有可能使桩身混凝土开裂，甚至把桩打断。主筋的顶部要求整齐，如主筋参差不齐，个别的到顶主筋在承受锤击时会先受到锤的集中应力，这时可能会由于没有桩顶保护层的缓冲作用而将桩打断。此外，还要保证桩顶部钢筋网片位置的准确性，以保证桩顶混凝土有良好的抗冲击性能。

混凝土浇筑应由桩顶向桩尖连续进行，严禁中断。桩顶和桩尖处不得有蜂窝、麻面、裂缝和掉角。桩的制作偏差应符合规范的规定。

混凝土预制桩的制作，有并列法、间隔法、重叠法等。粗集料应采用 5～40 mm 的碎石，不得以细颗粒集料代替，以保证充分发挥粗集料的骨架作用，增加混凝土的抗拉强度。浇筑钢筋混凝土桩时，宜由桩顶向桩尖连续进行，不得中断，以保证桩身混凝土的均匀性和密实性。

2. 钢桩的制作

我国目前采用的钢桩主要是钢管桩和 H 形钢桩两种。钢管桩一般采用 Q235 钢桩进行制作，H 形钢桩常采用 Q235 或 Q345 钢制作。钢管桩的桩端常采用两种形式，即带加强箍或不带加强箍的敞口形式和平底或锥底的闭口形式。H 形钢桩则可采用带端板和不带端板的形式，其中不带端板的桩端可做成锥底或平底。钢桩的桩端形式应根据桩所穿越的土层、桩端持力层性质、桩的尺寸、挤土效应等因素综合考虑确定。

钢桩都在工厂生产完成后运至工地使用。制作钢桩的材料必须符合设计要求，并具有出厂合格证明与试验报告。制作现场应有平整的场地与挡风防雨的设施，以保证加工质量。

钢桩在地面下仍会发生腐蚀，因此应做好防腐处理。钢桩防腐处理可采用外表面涂防腐层及采用阴极保护。当钢管桩内壁与外界隔绝时，可不考虑内壁防腐。

3. 预制桩的运输与堆放

预制桩应在混凝土达到100%的设计强度后方可进行起吊和搬运，如提前起吊，必须经过验算。

桩在起吊和搬运时必须平稳，并且不得损坏。由于混凝土桩的主筋一般均为均匀对称配置的，而钢桩的截面通常也为等截面的，因此，吊点设置应按照起吊后桩的正、负弯矩基本相等的原则确定。桩的合理吊点如图2-4所示。

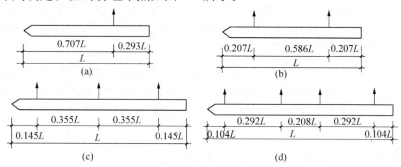

图 2-4　桩的合理吊点
(a)一点起吊；(b)两点起吊；(c)三点起吊；(d)四点起吊

由于混凝土预制桩的抗弯能力差，起吊所引起的应力往往是控制纵向钢筋的因素。沿桩长各点进行起吊和堆放时，桩上引起的静力弯矩见表2-1。

表 2-1　起吊引起的弯矩值

起吊情况	最大静力弯矩	起吊情况	最大静力弯矩
距每端 $L/5$ 处的两点起吊	$qL/40$	距桩头 $L/5$ 处的一点起吊	$qL/14$
距每端 $L/4$ 处的两点起吊	$qL/32$	从桩头处的一点斜吊	$qL/8$
距桩头 $3L/10$ 处的一点斜吊	$qL/32$	从桩中心处的一点提吊	$qL/8$
距桩头 $L/3$ 处的一点斜吊	$qL/18$		

混凝土预制桩多在打桩现场预制，可用轻轨平板车进行运输。运输长桩时，可在桩下设活动支座。当运距不大时，可采用起重机运输；当运距较大时，可采用大平板车或轻便轨道平台车运输。在运输过程中应将桩身平稳放置，无大的震动，严禁在场地上以直接拖拉桩体的方式代替装车运输。

堆放桩的场地必须平整坚实，垫木间距根据吊点来确定，垫木应在同一垂直线上。对不同规格的桩，应分别堆放。圆形的混凝土桩或钢管桩的两侧应用木楔塞紧，防止其滚动。在施工现场，桩的堆放层数不宜超过4层。

四、桩的打设

预制桩的打设方法见表 2-2，其中以锤击法和静力压桩法较为常用。

表 2-2　预制桩的打设方法

方　　法	内　　容
锤击法	锤击法为基本方法。利用锤的冲击能量克服土对桩的阻力，使桩沉到预定深度或达到持力层
振动法	振动沉桩机利用大功率电力振动器的振动力减小土对桩的阻力，使桩能较快沉入土中，这个方法对钢管桩沉桩效果较好。在砂土中沉桩效率较高，对黏土地基则需大功率振动器。其主要适用于砂土、黄土、软土和亚黏土
水冲法	锤击法的一种辅助方法，利用高压水流经过依附于桩侧面或空心桩内部的射水管。高压水流冲松桩尖附近土层，便于锤击。其适用于砂土或碎石土，但水冲至最低 1~2 m 时应停止水冲，用锤击至预定标高，其控制原则同锤击法，也适用于其他较坚硬的土层，特别适用于打设较重的钢筋混凝土桩
静力压桩法	适用于软弱土层，压桩时借助压桩机的总质量将桩压入土中，可消除噪声和振动的公害。施工时，遇桩身有较大幅度位移倾斜或突然下沉倾斜等情况，皆应停止压桩，研究后再作处理

1. 锤击法打桩

（1）打桩机械设备。**打桩机械设备主要包括桩架和桩锤。**

1）桩架。桩架主要由底盘、导向杆、斜撑、滑轮组等组成。桩架的作用是固定桩的位置，在打入过程中引导桩的方向，承载桩锤并保证桩锤沿着所要求的方向冲击桩。桩架的高度应为桩长、桩锤高度、桩帽厚度、滑轮组高度的总和，再加 1~2 m 的余量用作吊桩锤。常用的桩架为履带式打桩架，其打桩效率高，移动方便。桩架应能前、后、左、右灵活移动，以便对准桩位。桩架的选择主要根据桩锤种类、桩长、施工条件等。图 2-5 所示为三点支撑式履带打桩架，它是目前最先进的一种桩架，适用于各种导杆和各类桩锤，可施打各类桩。

2）桩锤。桩锤是对桩施加冲击力，将桩打入土中的机具，目前应用最多的是柴油锤。柴油锤分导杆式、活塞式和管式三类，如图 2-6 所示。它的冲击部分是上下运动的汽缸或活塞。锤重质量为 0.22~

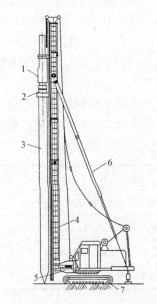

图 2-5　三点支撑式履带打桩架
1—桩锤；2—桩帽；3—桩；4—立柱；
5—立柱支撑；6—斜撑；7—车体

15 t，每分钟锤击次数为 40~70 次，每击能量为 2 500~395 000 J。柴油锤的工作原理是当冲击部分落下压缩汽缸里的空气时，柴油以雾状射入汽缸，由于冲击作用点燃柴油引起的爆炸给在锤打击下已向下移动的桩以附加的冲力，同时推动冲击部分向上运动。柴油锤本身附有机架，无须配备其他动力设备。

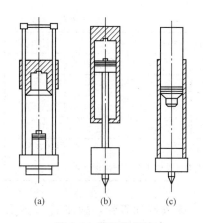

图 2-6 柴油锤示意
(a)导杆式；(b)活塞式；(c)管式

液压锤是在人类城市环境保护意识日益增强的情况下被研制出的新型低噪声、无油烟、能耗省的打桩锤。它由液压推动密闭在锤壳体内的芯锤活塞柱往返实现夯击作用，将桩沉入土中。

桩锤的选择主要取决于土质、桩类型、桩的长度、桩的质量、布桩密度和施工条件等。

①按桩锤冲击能选择。计算公式为

$$E \geqslant 25P$$

式中　E——锤的一次冲击动能(kN·m)；

　　　P——单桩的设计荷载(kN)。

②按桩质量复核。计算公式为

$$K = \frac{M+C}{E}$$

式中　K——适用系数，对于双动汽锤、柴油打桩锤，$K \leqslant 5.0$，对于单动汽锤，$K \leqslant 3.5$，对于落锤，$K \leqslant 2.0$；

　　　M——锤自重(kN)；

　　　C——桩自重(包括送桩、桩帽与桩垫)(kN)；

　　　E——锤的一次冲击动能(kN·m)。

③按经验选择桩锤。通常可按表 2-3 选用锤重。

表 2-3　锤重选择表

锤　型		柴 油 锤/t					
		2.0	2.5	3.5	4.5	6.0	7.2
锤的动力性能	冲击部分质量/t	2.0	2.5	3.5	4.5	6.0	7.2
	总质量/t	4.5	6.5	7.2	9.6	15.0	18.0
	冲击力/kN	2 000	2 000~2 500	2 500~4 000	4 000~5 000	5 000~7 000	7 000~10 000
	常用冲程/m	1.8~2.3	1.8~2.3	1.8~2.3	1.8~2.3	1.8~2.3	1.8~2.3
适用的桩规格	预制方桩、预应力管桩的边长或直径/m	25~35	35~40	40~45	45~50	50~55	55~60
	钢管桩直径/cm	40	40	40	60	90	90~100
持力层 黏性土粉土	一般进入深度/m	1~2	1.5~2.5	2~3	2.5~3.5	3~4	3~5
	静力触探比贯入阻力 p_s 平均值/MPa	3	4	5	>5	>5	>5
持力层 砂土	一般进入深度/m	0.5~1	0.5~1.5	1~2	1.5~2.5	2~3	2.5~3.5
	标准贯入击数 N (未修正)	15~25	20~30	30~40	40~45	45~50	50

锤 型	柴 油 锤/t					
	2.0	2.5	3.5	4.5	6.0	7.2
桩的每10击控制贯入度/cm	—	2～3	—	3～5	4～8	—
设计单桩极限承载力/kN	400～1 200	800～1 600	2 500～4 000	3 000～5 000	5 000～7 000	7 000～10 000

注：1. 本表仅供选锤用。
2. 本表适用于20～60 m长预制混凝土桩及40～60 m长钢管桩，且桩尖进入硬土层一定深度。

采用锤击沉桩时，为防止桩受冲击时产生过大的应力，导致桩顶破碎，应本着重锤低击的原则选锤。

④按锤击应力选择。当桩锤锤击桩时，在桩内产生锤击应力，于桩头或桩端处最大。如该锤击应力超过一定数值，则桩易击坏，所以，桩锤宜按下述控制值进行选择：

a. 锤击应力应小于钢管桩材料抗压屈服强度的80%；

b. 锤击应力应小于混凝土预制桩抗压强度的70%；

c. 锤击应力应小于预应力混凝土桩抗压强度的75%。

桩锤的优化选择要综合考虑多种因素。在城市中心施工还需考虑打桩引起的噪声，多数国家允许的噪声为70～90 dB。如超过上述噪声限制，则需采取技术措施以减小或消除。

(2)打桩施工。

1)打桩准备。打桩前应平整场地，清除旧基础和树根，拆迁埋于地下的管线，处理架空的高压线路，进行地质情况和设计意图交底等。

打桩前应在打桩地区附近设置水准点，以便进行水准测量，控制桩顶的水平标高，还应准备好垫木、桩帽和送桩设备，以备打桩使用。

打桩前还应确定桩位和打桩顺序。确定桩位即将桩轴线和每个桩的准确位置根据设计图纸测设到地面上。确定桩位可用小木桩或通过撒白灰点的方式，如为避免因打桩挤动土层而使桩位移动，也可用龙门板拉线定位，这样定位比较准确。

2)打桩顺序。正确确定打桩顺序和流水方向，在打桩施工中是十分重要的，这样可以减小土移位。在一般情况下，打桩顺序有逐排打设、自边沿向中央打设、自中央向边沿打设和分段打设四种(图2-7)。在黏土类土层中，如果逐排打设，则土体向一个方向挤压，使地基土挤压的程度不均，这样就可能使桩的打入深度逐渐减小，也会使建筑物产生不均匀下沉。如果自边沿向中央打设，则中间部分的土层挤压紧密，使桩不易打入，而且在打设中间部分的桩时，已打的外围各桩可能因受挤而升起。

一般来说，打桩顺序以自中央向边沿打设和分段打设为好。但是，如果桩距大于四倍桩直径，则挤土的影响减小。对大的桩群一般分区用多台桩机同时打设，在确定打桩顺序时还需考虑周围的情况，以防其带来不利影响，尤其是附近存在深基坑工程施工和浇筑混凝土结构时，都要防止打桩振动和挤土带来的有害影响。至于打桩振动对周围建筑物的危害，国内外都进行过研究。一般认为当建筑物的自振频率在5 Hz以下，振动速度在10 mm/s以上时，才可能对建筑物引起轻微的局部破坏。

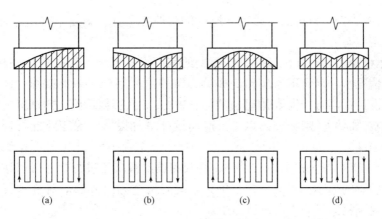

图 2-7 打桩顺序与挤土情况
(a)逐排打设；(b)自中央向边沿打设；(c)自边沿向中央打设；(d)分段打设

3)打桩施工。开始打桩时桩锤落距一般为 0.5~0.8 m，才能使桩正常沉入土中。待桩入土一定深度，桩尖不易产生偏移时，可适当增加落距，将落距逐渐提高到规定数值。一般来说，重锤低击可取得良好的效果。

打桩入土的速度应均匀，锤击间歇的时间不要过长。在打桩过程中应经常检查打桩架的垂直度，如偏差超过 1%，则需及时纠正，以免把桩打斜。打桩时应观察桩锤的回弹情况，如回弹较大，则说明桩锤太轻，不能使桩下沉，应及时予以更换。应随时注意贯入度的变化情况，当贯入度骤减，桩锤有较大回弹时，表明桩尖遇到障碍，此时应将锤击的落距减小，加快锤击。如上述现象仍然存在，应停止锤击，研究遇阻的原因并进行处理。

打桩施工是一项隐蔽工程，为确保工程质量，也为分析处理打桩过程中出现的质量事故和工程验收提供依据，应在打桩过程中对每根桩的施打做好详细记录。

各种预制桩打桩完毕后，为使桩符合设计高程，应将桩头或无法打入的桩身截去。

2. 静力压桩法打桩

压桩与打桩相比，由于避免了锤击应力，桩的混凝土强度及其配筋只要满足吊装弯矩和使用期的受力要求即可，因而桩的断面和配筋可以减小，同时压桩引起的桩周土体和水平挤压也小得多，因此，压桩是软土地区一种较好的沉桩方法。

静力压桩是在均匀软弱土中利用压桩架(型钢制作)的自重和配重，通过卷扬机的牵引传到桩顶，将桩逐节压入土中的一种沉桩方法。这种沉桩方法无振动、无噪声，对周围环境影响小，适合在城市中施工。

(1)桩机就位。静压桩机就位时，应对准桩位，将静压桩机调至水平、稳定，确保在施工中不发生倾斜和移动。

(2)预制桩起吊和运输。预制桩起吊和运输时，必须满足以下条件：

1)混凝土预制桩的混凝土强度达到强度设计值的 70% 时方可起吊。

2)混凝土预制桩的混凝土强度达到强度设计值的 100% 时才能运输和压桩施工。

3)起吊就位时，将桩机吊至静压桩机夹具中夹紧并对准桩位，将桩尖放入土中，位置要准确，然后除去吊具。

（3）稳桩。桩尖插入桩位后，移动静压桩机时桩的垂直度偏差不得超过 0.5%，并使静压桩机处于稳定状态。

（4）记录压桩压力。桩在沉入时，应在桩的侧面设置标尺，根据静压桩机每次的行程，记录压力变化情况。

当压桩到设计标高时，读取并记录最终压桩力，与设计要求压桩力相比将允许偏差控制在 ±5% 以内，如偏差达到 -5% 以上，应向设计单位提出，确定处置与否。压桩时压力不得超过桩身强度。

（5）压桩。压桩顺序应根据地质条件、基础的设计标高等进行，一般采取先深后浅、先大后小、先长后短的顺序。密集群桩，可自中间向两个方向或四周对称进行，当毗邻建筑物时，在毗邻建筑物向另一方向进行施工。

压桩施工应符合下列要求：

1）静压桩机应根据设计和土质情况配足额定质量。

2）桩帽、桩身和送桩的中心线应重合。

3）压同一根桩时应缩短停歇时间。

4）为减小静压桩的挤土效应，可采取下列技术措施：

①对于预钻孔沉桩，孔径比桩径（或方桩对角线）小 50～100 mm；深度视桩距和土的密实度、渗透性而定，一般宜为桩长的 1/3～1/2，应随钻随压桩。

②限制压桩速度等。

（6）接桩。

1）**桩的一般连接方法有焊接、法兰接和硫黄胶泥锚接三种。焊接和法兰接适用于各类土层桩的连接，硫黄胶泥锚接适用于软土层桩的连接，但对一级建筑桩基或承受拔力的桩宜慎重选用。**

2）应避免桩尖接近硬持力层或桩尖处于硬持力层中接桩。

3）采用焊接接桩时，应先将四周点焊固定，然后对称焊接，并确保焊缝质量和设计尺寸。焊接的材质（钢板、焊条）均应符合设计要求，焊接件应做好防腐处理。焊接接桩，其预埋件表面应清洁，上、下节之间的间隙应用铁片垫实焊牢。

接桩一般在距地面 1 m 左右进行，上、下节桩的中心线偏差不得大于 10 mm，节点弯曲矢高不得大于 1% 桩长。

锚杆静压桩和混凝土预制桩电焊接桩时，上、下节桩的平面合拢之后，两个平面的偏差应 <10 mm，用钢尺测量全部对接平面的偏差。

先张法预应力管桩或钢桩电焊接桩时，应控制上、下节桩端部错口。当管桩外径 ≥700 mm 时，错口应控制在 3 mm 内；当管桩外径 <700 mm 时，错口应控制在 2 mm 内。每根桩的接头全部用钢尺测量检查。焊缝咬边深度用焊缝检查仪测量，该值 ≤0.5 mm 为合格。每条焊缝都应检查。

在压桩过程中，当桩尖碰到夹砂层时，压桩阻力可能会突然增大，甚至超过压桩能力而使桩机上抬。这时可以让最大的压桩力作用在桩顶，采取停车再开、忽停忽开的办法，使桩有可能缓慢下沉穿过砂层。当工程中有少量桩确实不能压至设计标高而相差不多时，可以采取截去桩顶的办法。

如果刚开始压桩时桩身发生较大移位、倾斜，压入过程中如桩身突然下沉或倾斜、桩顶混凝土破坏或压桩阻力剧变，应暂停压桩，及时研究处理。

第三节　灌注桩基础施工

灌注桩是直接在桩位上就地成孔，然后在孔内灌注混凝土或钢筋混凝土的一种成桩方法。与预制桩相比，由于避免了锤击应力，桩的混凝土强度及配筋只要满足使用要求即可。**灌注桩的常用施工方法有干式成孔灌注桩、湿式成孔灌注桩和人工挖孔灌注桩等多种。**

一、干式成孔灌注桩

1. 成孔方法

(1)螺旋钻孔法(图 2-8)。螺旋钻孔法是利用螺旋钻头的部分刃片旋转切削土层，被切的土块随钻头旋转，并沿整个钻杆上的螺旋叶片上升而被推出孔外的方法。在软塑土层，含水量大时，可用叶片螺距较大的钻杆，这样工效可高一些；在可塑或硬塑的土层中，或含水量较小的砂土中，则应采用叶片螺距较小的钻杆，以便能均匀平稳地钻进土中。一节钻杆钻完后，可接上第二节钻杆，直到钻至要求的深度。

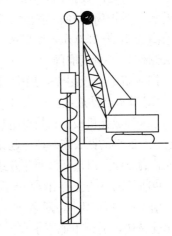

用螺旋钻机成孔时，钻机就位检查无误后使钻杆慢慢下移，当接触地面时开动电机，先慢速钻进，以免钻杆晃动，易于保证桩位和垂直度。遇硬土层也应慢速钻进，钻至设计标高时，应在原位空转清土，停钻后提出钻杆弃土。

图 2-8　螺旋钻孔法示意

(2)机动洛阳铲钻孔法。机动洛阳铲钻孔法是利用洛阳铲的冲击能量来开孔挖土的方法。每次冲铲后，应将土从铲具钢套中倒弃。

2. 干式成孔灌注桩成孔施工

干式成孔灌注桩成孔施工的程序为：桩机就位→钻土成孔→测量孔径、孔深和桩孔水平与垂直距离并校正→挖至设计标高→成孔质量检查→安放钢筋笼→放置孔口护孔漏斗→灌注混凝土并振捣→拔出护孔漏斗。

施工时应注意以下要点：

(1)钻孔时，钻杆应保持垂直稳固、位置正确，防止因钻杆晃动导致孔径扩大。

(2)钻进速度应根据电流值变化，及时进行调整。

(3)钻进过程中，应随时清理孔口积土和地面散落土，遇到地下水、塌孔、缩孔等异常情况时，应及时处理。

(4)成孔达到设计深度后，孔口应予以保护，并按规定进行验收，做好记录。

(5)灌注混凝土前，应先放置孔口护孔漏斗，随后放置钢筋笼并再次测量孔内虚土厚度，桩顶以下 5 m 范围内混凝土应随浇随振动。

二、湿式成孔灌注桩

当软土地基的深层钻进遇到地下水问题时，采用泥浆护壁湿式成孔能够解决施工中地下水带来的孔壁塌落、钻具磨损发热及沉渣问题。**常用的成孔机械分为冲击式钻孔机、潜水电钻、斗式钻头成孔机、全套管护壁成孔钻机（即贝诺特钻机）和回转钻机等。目前应用最多的是回转钻机。**

(1)冲击式钻孔机成孔。冲击式钻孔机主要用于岩土层中，施工时将冲击钻头提升一定高度后以自由下落的冲击力来破碎岩层，然后排除碎块后成孔。冲击式钻头的质量一般为 500～3 000 kg，按孔径大小选用，多用钢丝绳提升。

在孔口处埋设护筒，稳定孔口土壁及保持孔内水位，护筒内径比桩径大 300～400 mm，护筒高为 1.5～2.0 m，用厚度为 6～8 mm 的钢板制作，用角钢加固。

掏渣筒用钢板制作，用来掏取孔内渣浆。

(2)潜水电钻成孔。潜水电钻是近年来应用较广的一种成孔机械。它是将电机、变速机加以密封，与底部的钻头连接在一起组成钻具。其可潜入孔内作业，以正(反)循环方式将泥浆送入孔内，再将钻削下的土屑由循环的泥浆带出孔外。

潜水电钻体积小，质量轻，机动灵活，成孔速度较快，适用于地下水水位高的淤泥质土、黏性土、砂质土等，换用合适的钻头也可钻入岩层。其钻孔直径为 800～1 500 mm，深度可达 50 m。它常用笼式钻头，如图 2-9 所示。

(3)斗式钻头成孔机成孔。国内尚无斗式钻头成孔机定型产品，多为施工单位自行加工。国外有定型产品，日本的加藤式(KATO)钻机即属此类，如 20HR、20TH、50TH 型号，钻孔直径为 500～2 000 mm，钻孔深度为 60 m。斗式钻头成孔机由钻机、钻杆、取土斗、传动与减速装置等组成，如图 2-10 所示。钻机利用履带式桩机，钻杆由可伸缩的空心方钢管与实心方钢芯杆组成。芯杆的下端以销轴与斗式钻头相连。提起钻杆时，内、中钻杆均收缩在外套杆内，钻孔取土时，随着钻孔深度的增加，先伸出中套杆，后伸出内芯杆。电动机通过齿轮变速箱减速后作用于方形钢钻杆上，控制工作转速为 7 r/min。

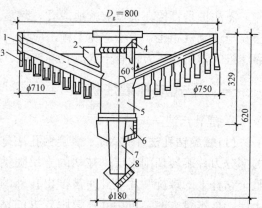

图 2-9 笼式钻头(ϕ800)
1—护圈；2—钩爪；3—腋爪；4—钻头接箍；
5、7—岩芯管；6—小爪；8—钻头

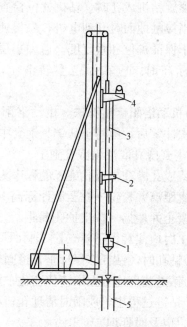

图 2-10 斗式钻头成孔机
1—斗式钻头(取土斗)；2—导向箍；
3—可伸缩的钻杆；4—传动与减速装置；5—护筒

用斗式钻头成孔机成孔的施工过程如图 2-11 所示。先开孔，将斗式钻头装满土后提出钻孔卸于翻斗汽车内，然后继续挖土，待其达到一定深度后安设护筒并输入护壁泥浆，然后正式开始钻孔。达到设计深度后仔细进行清渣，接下来吊放钢筋笼并用导管浇筑混凝土。

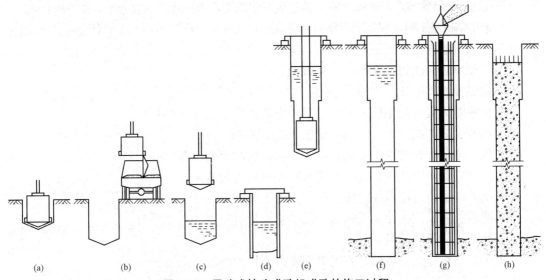

图 2-11　用斗式钻头成孔机成孔的施工过程
(a)钻头开孔；(b)钻头装满土后卸土；(c)钻头关闭重新钻孔；(d)埋护筒，灌水泥浆；(e)钻孔；
(f)挖掘结束进行清渣；(g)吊放钢筋笼，用导管浇筑混凝土；(h)拔出导管

用此法成孔的优点是：机械安装简单，工程费用较低；最宜在软黏土中开挖；无噪声、无振动；挖掘速度较快。

其缺点是：土层中有压力较高的承压水时挖掘较困难；挖掘后桩的直径可能比钻头直径大 10%～20%；如不精心施工或管理不善，会产生坍孔。

(4)全套管护壁成孔钻机成孔。 全套管护壁成孔钻机又叫贝诺特钻机，首先用于法国，后来传至世界各地。其利用一种摇管装置边摇动边压进钢套管，同时用冲抓斗挖掘土层，除去岩层，几乎所有的土质都可挖掘。该法是施工大直径钻孔桩有代表性的三种方法之一，在国外应用较为广泛。我国在广州花园酒店(直径为 1 200 mm 的灌注桩)以及深圳地铁等工程中都曾使用过贝诺特钻机。

贝诺特钻机的主要构造如图 2-12 所示，施工时先将套管垂直竖起并对准位置，然后用摇管装置将套管边摇动边压入。套管长度有 6 m、4 m、3 m、2 m、1 m 等几种可供选用，一般多选用 6 m，套管之间用锁口插销进行连接。

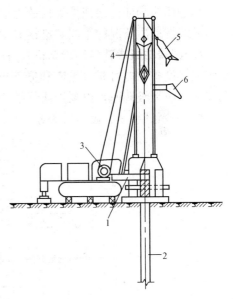

图 2-12　贝诺特钻机的主要构造
1—摇管装置；2—钢套管；3—卷扬机；
4—冲抓斗；5—卸土时的冲抓斗；6—砂土槽

用贝诺特钻机挖土时，在压入钢套管后，用卷扬机将冲抓斗（一次抓土量为 0.18～0.50 m³）放下与土层接触抓土，然后将其吊起，再向前推出，此时靠钢丝绳操纵使冲抓斗的抓瓣张开，使土落至砂土槽，装于翻斗车内运出。如此反复进行挖土，直至挖到设计规定的深度为止。在钻孔达到设计深度后，清除钻渣，然后放下钢筋笼，用导管浇筑混凝土，并拔出套管。

用贝诺特钻机施工时，保证套管垂直非常重要，尤其是在埋设第一、二节套管时更应注意。

贝诺特钻机成孔的优点是：

1）与其他方式相比较，无噪声、无振动；

2）除岩层外，其他任何土质均适用；

3）在挖掘时，可确切地搞清楚持力层的土质，便于选定桩的长度；

4）挖掘速度快，挖深大，一般可挖至 50 m 左右；

5）在软土地基中开挖，由于先行压入套管，因此不会引起坍孔；

6）由于有套管，因此在靠近已有建筑物处也可进行施工；

7）可施工斜桩，可用搭接法施工柱列式地下连续墙；

8）可使施工的灌注桩相割或相切，用于支护桩时可省去防水帷幕。

贝诺特钻机成孔的缺点是：

1）贝诺特钻机是大型机械，施工时需要占用较大的施工场地；

2）在软土地层中施工，尤其是在含地下水的砂层中挖掘，套管的摇动会使周围一定范围内的地基松软；

3）如地下水水位以下有厚细砂层（厚度 5 m 以上），由于套管摇动，土层产生排水固结，会使挖掘困难；

4）冲抓斗的冲击会使桩尖处持力层变得松软；

5）根据地质情况的不同，已挖成的桩径会扩大 4%～10%。

（5）回转钻机成孔。 回转钻机是目前灌注桩施工中用得最多的施工机械，该钻机配有移动装置，设备性能可靠，噪声和振动小，效率高，质量好。该钻机配以笼式钻头，可多档调速或液压无级调速，以泵吸或气举的反循环或正循环方式进行钻进。它适用于松散土层、黏土层、砂砾层、软/硬岩层等各种地质条件。其施工程序如图 2-13 所示。

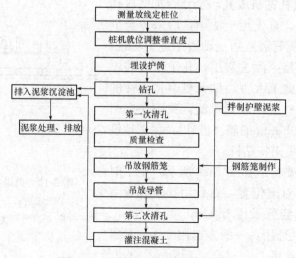

图 2-13　回转钻机成孔的施工程序

回转钻机成孔工艺应用较多，现分别详述如下：

1）正循环回转钻机成孔。正循环回转钻机成孔的工艺原理如图 2-14 所示，其设备简单、工艺成熟。

当孔不太深、孔径小于 800 mm 时，正循环回转钻机的钻进效果较好。当桩孔径较大时，钻杆与孔壁间的环形断面较大，泥浆循环时返流速度低，排渣能力弱。如使泥浆返流速度达到 0.20～0.35 m/s，则泥浆泵的排量必须很大，有时难以达到，此时不得不提高泥浆的相对密度和黏度。但如果泥浆相对密度过大、稠度大而难以排出钻渣或者孔壁泥皮厚度大，会影响成桩和清孔，这些都是正循环回转钻机成孔的弊病。

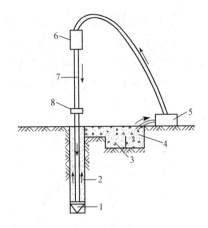

图 2-14　正循环回转钻机成孔工艺原理
1—钻头；2—泥浆循环方向；3—沉淀池；
4—泥浆池；5—泥浆泵；6—水龙头；
7—钻杆；8—钻机回转装置

正循环成孔专用钻机有 GPS-10、SPC-500、G-4 等型号，很多国产钻机正反循环皆可。

正循环回转钻进由于需用相对密度大、黏度大的泥浆，加上泥浆上返速度小、排渣能力差、孔底沉渣多、孔壁泥皮厚，因此，为了提高成孔质量，必须认真清孔。

清孔的方法主要采用泥浆正循环清孔和压缩空气清孔。

①用泥浆正循环清孔时，待钻进结束后将钻头提离孔底 200～500 mm，同时大量泵入性能指标符合要求的新泥浆，维持正循环 30 min 以上，直到清除孔底沉渣，使泥浆含砂量小于 4%时为止。

②用压缩空气清孔时，用压缩空气机将压缩空气经送风管和混合器送至出水管，使出水管内的泥浆形成气液混合体，其重度小于孔内（出水管外）泥浆的重度，产生重度差。在该重度差的作用下，管内的气液混合体上升流动，使孔内泥浆经出水管底进入出水管，并顺其流出桩孔，将钻渣排出。同时不断向孔内补给含砂量小的泥浆（或清水），使孔内泥浆流动而达到清孔目的。

调节风压即可获得较好的清孔效果，一般用风量为 6～9 m³/min、风压为 0.7 MPa 的压缩空气机。

2）反循环回转钻机成孔。反循环回转钻进是利用泥浆从钻杆与孔壁间的环状间隙流入钻孔来冷却钻头并携带钻屑，由钻杆内腔返回地面的一种钻进工艺。由于钻杆内腔断面积比钻杆与孔壁间的环状断面积小得多，因此泥浆的上返速度大，一般为 2～3 m/s，从而提高排渣能力，大大提高成孔效率。

实践证明，反循环回转钻机成孔工艺是大直径成孔施工的一种有效的成孔工艺。

反循环回转钻机成孔工艺，按钻杆内泥浆上升流动的动力来源、工作方式和工作原理的不同，可分为泵吸反循环钻进、喷射（射流）反循环钻进和气举（压气）反循环钻进三种。其工艺原理如图 2-15 所示。

泵吸反循环是直接利用砂石泵的抽吸作用使钻杆内的泥浆上升而形成反循环。射流反循环是利用射流泵射出的高速液流产生负压，使钻杆内的泥浆上升而形成反循环。气举反循环是将压缩空气通过供气管送至井内的气、水混合器，使压缩空气与钻杆内的泥浆混合，形成重度小于 1 N/m³ 的三相混合液，在钻杆外环空间水柱压力的作用下，使钻杆内三相混合液上升涌出地面，然后将钻渣排出孔外，形成反循环。对于泥浆液面(图 2-16)，实践证明只要孔内水头压力比孔外地下水压力大 2×10^4 Pa 以上，就能保证孔壁的稳定，即

$$H\gamma_a \geqslant 2 \times 10^4 \text{ Pa}$$

式中　H——孔内液面至地下水水位的高度(m)；

　　　γ_a——孔内泥浆的重度(N/m³)。

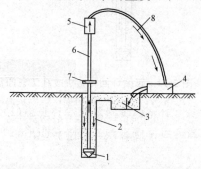

图 2-15　反循环回转钻机成孔工艺原理

1—钻头；2—新泥浆流向；3—沉淀池；

4—砂石泵；5—水龙头；6—钻杆；

7—钻机回转装置；8—混合液流向

图 2-16　泥浆液面

1—护筒；2—孔内液位

由上式可以看出，要满足静水压力的要求，可以单独增大 H 或 γ_a，或同时改变 H 和 γ_a。但 γ_a 不应过大，最大不宜超过 1.10×10^4 N/m³，以防砂石泵启动困难和增大压力损失。但 H 过大会提高设备安装高度，且护筒的埋置深度需加大，以防孔内泥浆顺护筒外侧反窜至地面。

关于钻压，排渣能力强则钻压可大，排渣能力弱则钻压应小，以获得适宜的钻井速度。钻压的大小取决于单颗切削工具切入岩土所需的压力。对于常用的合金钻头，钻压为

$$P = pm$$

式中　P——钻压(kN)；

　　　p——单颗合金破碎岩土所需压力，土层 $p = 0.6 \sim 0.8$ kN/颗，软基岩 $p = 0.8 \sim 1.2$ kN/颗，硬基岩 $p = 0.9 \sim 1.6$ kN/颗；

　　　m——钻头上合金颗粒数。

关于转速，当钻头线速度达到一定值时，再增加转速则钻进速度不增加或增加很少。转轴功率一定时，增加转速会减小回转扭矩，对切削地层不利。

三、人工挖孔灌注桩

人工挖孔灌注桩的孔径(不含护壁)不得小于 0.8 m，当桩净距小于 2 倍桩径且小于 2.5 m 时，应采用间隔开挖。排桩挑挖的最小施工净距不得小于 4.5 m，孔深不宜大于 40 m。

人工挖孔灌注桩混凝土护壁的厚度不宜小于 100 mm，混凝土强度等级不得低于桩身混凝土强度等级，采用多节护壁时，上、下节护壁间宜用钢筋拉结。

人工挖孔时应注意以下几点：

（1）为防止坍孔和保证操作安全，直径在 1.2 m 以上的桩孔多设混凝土支护，每节高为 0.9~1.0 m，厚为 10~15 cm，或加配足量直径为 6~9 mm 的光圆钢筋，混凝土用 C20 或 C30。

（2）护壁施工采取组合式钢模板拼装而成，拆上节支下节，循环周转使用。模板用 U 形卡连接，上、下设两半圆组成的钢圈顶紧，不另设支撑，混凝土用吊桶运输，人工浇筑，上部留 100 mm 高作浇灌口，拆模后用砌砖或混凝土堵塞，混凝土强度达 1 MPa 即可拆模。

（3）挖孔由人工从上到下逐层用镐锹进行，遇坚硬土层用锤、钎破碎，挖土次序是先挖中间部分，后挖周边，允许尺寸误差为 3 cm，对扩底部分先挖桩身圆柱体，再按扩底尺寸从上到下削土修成扩底形。弃土装入活底吊桶或箩筐内。

垂直运输在孔上口安支架、工字轨道、电动葫芦或搭三木搭，用 1~2 t 慢速卷扬机提升（图 2-17），吊至地面上后，用机动翻斗车或手推车运出。

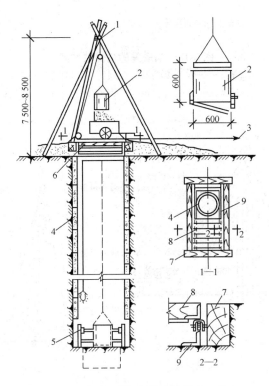

图 2-17　人工挖孔灌注桩成孔工艺

1—三木搭；2—吊土桶；3—接卷扬机；4—混凝土护壁；
5—定型组合钢模板；6—活动安全盖板；7—枕木；8—活动井盖；9—角钢轨道

（4）桩中线控制是在第一节混凝土护壁上设十字控制点，每一节吊大线坠作中心线，用尺杆找圆。

（5）桩直径在 1.2 m 内的钢筋笼的制作同一般灌注桩方法，对直径和长度大的钢筋笼，一般在主筋内侧每隔 2.5 m 加设一道直径为 25~30 mm 的加强箍，每隔一箍在箍内设一井字加强支撑，与主筋焊接牢固组成骨架（图 2-18）。为了便于吊运，一般分两节制作，主筋与箍筋间隔点焊固定，控制平整度误差不大于 5 cm，钢筋笼一侧主筋上每隔 5 m 设置耳环，控制保护层为 7 cm，钢筋笼外形尺寸比孔小 11～12 cm（图 2-19），钢筋笼就位用小型吊运机具或吊车进行，上、下节主筋采用帮条双面焊接，整个钢筋笼用槽钢悬挂在井壁上，借自重保持垂直度准确。

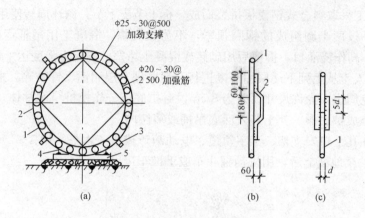

图 2-18　钢筋笼的成形与加固

(a)钢筋笼加固成形；(b)耳环；(c)上、下段钢筋笼主筋对接

1—主筋；2—箍筋 φ12～16@150 mm；3—耳环 φ20 mm；4—轻轨；5—枕木

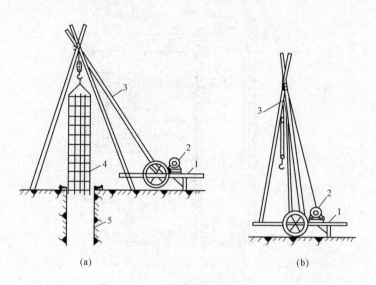

图 2-19　钢筋笼吊放

(a)小型钢筋笼吊放；(b)三木搭移动

1—架子车；2—0.5～1.0 t 卷扬机；3—三木搭；4—钢筋笼；5—桩孔

　　(6)混凝土用粒径小于 50 mm 的石子，水泥用强度等级为 42.5 级的普通或矿渣水泥，坍落度为 8～10 cm，用机械拌制。混凝土用翻斗汽车、机动车或手推车向桩孔内灌注，混凝土下料采用串桶，深桩孔用混凝土导管，如地下水大，应采用混凝土导管水中灌注混凝土工艺。混凝土应垂直灌入桩孔内，并连续分层灌注，且每层厚度不超过 1.5 m。对小直径桩孔，当孔长在 6 m 以上时，应利用混凝土的大坍落度和下冲力使其密实，当孔长在 6 m 以内时，应分层捣实。大直径桩应分层浇筑，分层捣实。

第四节　桩基础检测

一、桩基础检测方法与工作程序

桩基础是工程结构中常采用的基础形式之一。其属于地下隐蔽工程，施工技术比较复杂，工艺流程相互衔接紧密，施工时稍有不慎极易出现断桩等多种形态复杂的质量缺陷，影响桩身的完整和桩的承载能力，从而直接影响上部结构的安全，因此，其质量检测成为桩基础工程质量控制的重要手段。

建筑基桩检测技术规范

1. 桩基础检测方法

桩基础检测方法应根据检测目的按表 2-4 选择。

表 2-4　桩基础检测方法及检测目的

检测方法	检测目的
单桩竖向抗压静载试验	确定单桩竖向抗压极限承载力； 判定竖向抗压承载力是否满足设计要求； 通过桩身内力及变形测试，测定桩侧、桩端土阻力； 验证高应变法的单桩竖向抗压承载力的检测结果
单桩竖向抗拔静载试验	确定单桩竖向抗拔极限承载力； 判定竖向抗拔承载力是否满足设计要求； 通过桩身内力及变形测试，测定桩的抗拔摩阻力
单桩水平静载试验	确定单桩水平临界和极限承载力，推定土抗力参数； 判定水平承载力是否满足设计要求； 通过桩身内力及变形测试，测定桩身弯矩
钻芯法	检测灌注桩桩长、桩身混凝土强度、桩底沉渣厚度，判断或鉴别桩端岩土性状，判定桩身完整性类别
低应变法	检测桩身缺陷及其位置，判定桩身完整性类别
高应变法	判定单桩竖向抗压承载力是否满足设计要求； 检测桩身缺陷及其位置，判定桩身完整性类别； 分析桩侧和桩端土阻力
声波透射法	检测灌注桩桩身缺陷及其位置，判定桩身完整性类别

2. 检测工作程序

检测工作程序应按图 2-20 进行。

（1）调查、收集资料阶段宜包括下列内容：

1）收集被检测工程的岩土工程勘察资料、桩基设计图纸、施工记录；了解施工工艺和

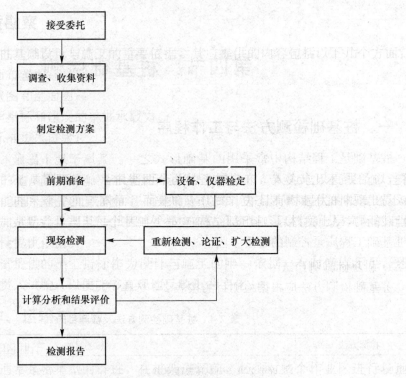

图 2-20　检测工作程序框图

施工中出现的异常情况。

2)进一步明确委托方的具体要求。

3)检测项目现场实施的可行性。

(2)应根据调查结果和确定的检测目的,选择检测方法,制定检测方案。检测方案宜包含以下内容:工程概况、检测方法及其依据的标准、抽样方案、所需的机械或人工配合、试验周期。

(3)检测前应对仪器设备检查调试。

(4)检测用计量器具必须在计量检定周期的有效期内。

(5)检测开始时间应符合下列规定:

1)当采用低应变法或声波透射法检测时,受检桩混凝土强度至少达到设计强度的70%,且不小于15 MPa。

2)当采用钻芯法检测时,受检桩的混凝土龄期达到28 d或预留同条件养护试块强度达到设计强度。

3)承载力检测前的休止时间除应达到规定的混凝土强度外,当无成熟的地区经验时,还不应少于表2-5规定的时间。

表 2-5　休止时间

土的类型	休止时间/d
砂土	7

土的类型		休止时间/d
粉土		10
黏性土	非饱和	15
	饱和	25

注：对于泥浆护壁灌注桩，宜适当延长休止时间。

(6)施工后，宜先进行工程桩的桩身完整性检测，后进行承载力检测。当基础埋置深度较大时，桩身完整性检测应在基坑开挖至基底标高后进行。

(7)现场检测期间，除应执行本规范的有关规定外，还应遵守国家有关安全生产的规定。当现场操作环境不符合仪器设备使用要求时，应采取有效的防护措施。

(8)当发现检测数据异常时，应查找原因，重新检测。

二、静载荷试验法

静载荷试验法是目前公认的检测桩基础竖向抗压承载力最直接、最可靠的试验方法。它是一种标准试验方法，可以作为其他检测方法的比较依据。该方法为我国法定的确定单桩承载力的方法，其试验要点在《建筑地基基础设计规范》(GB 50007—2011)等有关规范、手册中均有明确规定。目前，桩基础的静载荷试验法按反力装置的不同有锚桩法、堆载平台法、地锚法、锚桩和堆载平台联合法等。

三、高应变测试法

高应变测试法的主要功能是判定桩的竖向抗压承载力是否满足设计要求，也可用于检测桩身的完整性。该方法的主要工作原理是利用重锤冲击桩顶，通过桩、土的共同工作，使桩周土的阻力完全发挥，在桩顶下安装应变式传感器和加速度传感器，实测桩顶部的速度和力时程曲线；通过波动理论分析，解方程计算与桩、土运动相关土体的静、动阻力和判别桩的缺陷程度，从而对桩身的完整性和单桩竖向承载力进行定性分析评价。高应变测试法在判定桩身水平整合型缝隙、预制桩接头等缺陷时，能够在查明这些"缺陷"是否影响竖向抗压承载力的基础上，合理地判定缺陷程度，但高应变测试法对桩身承载力的检测仍有一定的限制。国家规范不主张采用高应变测试法检测静载 Q-S 曲线为缓变形的大直径混凝土灌注桩。新工艺桩基础、一级建筑桩基础也不适合采用高应变测试法。

四、声波透射法

声波透射法适用于已预埋声测管的混凝土灌注桩桩身完整性检测，判定桩身缺陷的程度并确定其位置。现场检测步骤应符合下列规定：

(1)将发射与接收声波换能器通过深度标志分别置于两根声测管中的监测点处。

(2)发射与接收声波换能器应以相同标高[图 2-21(a)]或保持固定高差[图 2-21(b)]同步升降，监测点间距不宜大于 250 mm。

(3)实时显示和记录接收信号的时程曲线，读取声时、首波峰值和周期值，宜同时显示频谱曲线及主频值。

（4）将多根声测管以两根为一个检测剖面进行全组合，分别对所有检测剖面完成检测。

（5）在桩身质量可疑的监测点周围，应加密监测点，或采用斜测［图 2-21（b）］、扇形扫测［图 2-21（c）］进行复测，进一步确定桩身缺陷的位置和范围。

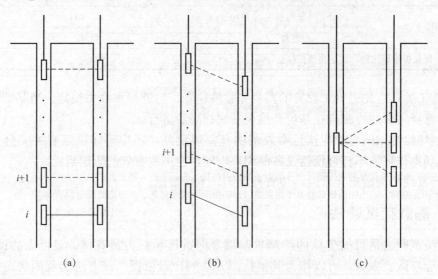

图 2-21 平测、斜测和扇形扫测示意
(a)平测；(b)斜测；(c)扇形扫测

（6）在同一根桩的各检测剖面的检测过程中，声波发射电压和仪器设置参数应保持不变。

五、钻芯法

钻芯法是一种微破损或局部破损检测方法。该方法利用地质勘探技术在混凝土中钻取芯样，通过芯样的表观质量和芯样试件抗压强度试验结果，综合评价混凝土质量是否满足设计要求。

钻芯法具有科学、直观、实用等特点，是检测混凝土灌注桩成桩质量的有效方法，在施工中不受场地条件的限制，应用较广；一次完整、成功的钻芯检测，可以得到桩长，桩身缺陷，桩底沉渣厚度，桩身混凝土强度、密实性、连续性等桩身完整性的情况，并可判定或鉴别桩端持力层的岩土性状。

抽芯技术对检测判断的影响很大，尤其是当桩身比较长时，成孔的垂直度和钻孔的垂直度很难控制，钻芯也容易偏离桩身，因此，通常要求受检桩的桩径不小于 800 mm，长径比不宜大于 30。

在桩基础检测中，各种检测手段需要配合使用。按照实际情况，利用各自的特点和优势，灵活运用各种方法，才能够对桩基础进行全面、准确的评价。

<hr>

本章小结

高层建筑荷载大，有的占地面积较小，在软土地基地区施工，大多采用桩基础。桩基础施工范围较浅、基础复杂、成本较高，但桩基础具有承载力高、稳定性好、沉降量小、便于机械化施工、适应性强等特点，可以大幅度提高地基承载力，减少沉降，还可以承担水平风荷载和向上的拉拔荷载，同时具有较好的抗震性能，所以，其应用范围很广泛。本章重点介绍混凝土预制桩施工和混凝土灌注桩施工。

思考与练习

一、单项选择题

1. ( )在承载能力极限状态下，桩顶竖向荷载由桩侧摩阻力和桩端阻力共同承担，但桩侧摩阻力分担荷载较多。
   A. 摩擦桩　　　　B. 端承桩　　　　C. 端承摩擦桩　　　D. 受压桩

2. ( )通过桩身摩阻力和端桩的端承力将荷载传递到深层地基土中。
   A. 摩擦桩　　　　　　　　　　B. 端承桩
   C. 端承摩擦桩　　　　　　　　D. 受压桩

3. 预应力混凝土预制实心桩的截面边长不宜小于( )mm。
   A. 200　　　　　B. 250　　　　　C. 300　　　　　D. 350

4. 预制桩应在混凝土达到( )的设计强度后方可进行起吊和搬运，如提前起吊，必须经过验算。
   A. 70%　　　　　B. 80%　　　　　C. 90%　　　　　D. 100%

5. 开始打桩时桩锤落距一般为( )m，才能使桩正常沉入土中。
   A. 0.3～0.5　　　B. 0.5～0.6　　　C. 0.5～0.8　　　D. 0.6～0.8

6. 人工挖孔桩混凝土护壁的厚度不宜小于( )mm。
   A. 100　　　　　B. 150　　　　　C. 200　　　　　D. 250

二、多项选择题

1. 桩基础按受力情况分为( )。
   A. 端承型桩　　　B. 摩擦型桩　　　C. 预制桩　　　　D. 灌注桩

2. 桩型和工艺选择时需考虑的主要条件( )。
   A. 荷载条件　　　B. 地质条件　　　C. 机械条件　　　D. 地下水条件

3. 我国目前采用的钢桩主要是钢管桩和( )两种。
   A. 钢管柱　　　　B. H 形钢桩　　　C. I 形钢柱　　　D. 钢管异形柱

4. 打桩机械设备主要包括桩架和( )。
   A. 桩基　　　　　B. 桩架　　　　　C. 桩锤　　　　　D. 桩型

5. 预制桩起吊和运输时，必须满足( )条件。
   A. 混凝土预制桩的混凝土强度达到强度设计值的 70% 时方可起吊
   B. 混凝土预制桩的混凝土强度达到强度设计值的 100% 时才能运输和压桩施工
   C. 起吊就位时，将桩机吊至静压桩机夹具中夹紧并对准桩位，将桩尖放入土中，位置要准确，然后除去吊具
   D. 起吊就位时，移动静压桩机时桩的垂直度偏差不得超过 0.5%，并使静压桩机处于稳定状态

6. 压桩施工应符合(　　)要求。

　A. 静压桩机应根据设计和土质情况配足额定质量

　B. 桩帽、桩身和送桩的中心线应重合

　C. 压同一根桩应加长停歇时间

　D. 为减小静压桩的挤土效应，对于预钻孔沉桩，孔径比桩径(或方桩对角线)小
　　50～100 mm；深度视桩距和土的密实度、渗透性而定，一般宜为桩长的1/3～
　　1/2，应随钻随压桩

三、简答题

1. 混凝土预制桩的施工过程包括哪些内容?

2. 工程地质勘察是桩基础设计与施工的重要依据，其应提供的内容包括哪些方面?

3. 预制桩的打设方法有哪些?

4. 在一般情况下打桩顺序有哪几种?

5. 干式成孔灌注桩成孔施工程序有哪些?

6. 湿式成孔灌注桩常用的成孔机械有哪些?

7. 人工挖孔时应注意哪些?

8. 桩基础的检测方法有哪些?

第三章 大体积混凝土基础结构施工

能力目标

明确大体积混凝土裂缝产生的原因，具备控制温度裂缝的技术能力，具备大体积混凝土结构施工的能力。

知识目标

(1)了解大体积混凝土裂缝的类型、产生的原因；熟悉混凝土温度变形计算、混凝土热工性能计算、混凝土拌合温度和浇筑温度计算。

(2)熟悉大体积混凝土温度裂缝的控制措施；掌握大体积混凝土钢筋工程施工、模板工程施工、混凝土工程施工的要求及施工工艺。

第一节　大体积混凝土裂缝

《大体积混凝土施工规范》(GB 50496—2018)规定：**大体积混凝土是指混凝结构物实体最小几何尺寸不小于 1 m 的大体量混凝土，或预计会因混凝土中的胶凝材料水化引起的温度变化和收缩导致有害裂缝产生的混凝土。**

大体积混凝土施工标准

混凝土是由多种材料组成的非匀质材料，它具有抗压强度高、耐久性良好及抗拉强度低、抗变形能力差、易开裂等特性。

有关混凝土裂缝的理论很多，如唯象理论、统计理论、构造理论、分子理论和断裂理论。近代混凝土的研究逐渐从宏观向微观过渡。借助现代化的试验设备，可以证实在尚未承受荷载的混凝土结构中存在肉眼看不见的微观裂缝。

宽度不小于 0.05 mm 的裂缝是肉眼可见的裂缝，称为"宏观裂缝"。宏观裂缝是微观裂缝扩展的结果。

一、大体积混凝土裂缝的类型

大体积混凝土内出现的裂缝，按其深度一般可分为表面裂缝、深层裂缝和贯穿裂缝三种(图 3-1)。贯穿裂缝切断了结构断面，破坏结构的整体性、稳定性和耐久性等，危害严重。深层裂缝部分切断了结构断面，也有一定的危害性。表面裂缝虽然不属于结构性裂缝，但在混凝土收缩时，由于表面裂缝处断面削弱且易产生应力集中，能促使裂缝进一步发展。

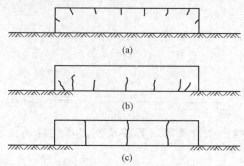

图 3-1 大体积混凝土裂缝

(a)表面裂缝；(b)深层裂缝；(c)贯穿裂缝

国内外有关规范对裂缝宽度都有相应的规定，一般都是根据结构工作条件和钢筋种类而定。我国的《混凝土结构设计规范(2015 年版)》(GB 50010—2010)第 3.4.5 条规定：结构构件应根据结构类型和第 3.5.2 条规定的环境类别(表 3-1)，按表 3-2 的规定选用不同的裂缝控制等级及最大裂缝宽度的限值 w_{lim}。对钢筋混凝土结构的最大允许裂缝宽度也有明确规定：**室内正常环境下的一般构件为 0.3 mm，露天或室内潮湿环境下为 0.2 mm。**

表 3-1 混凝土结构的环境类别

环境类别	条 件
一	室内干燥环境； 无侵蚀性静水浸没环境
二 a	室内潮湿环境； 非严寒和非寒冷地区的露天环境； 非严寒和非寒冷地区与无侵蚀性的水或土壤直接接触的环境； 严寒和寒冷地区的冰冻线以下与无侵蚀性的水或土壤直接接触的环境
二 b	干湿交替环境； 水位频繁变动环境； 严寒和寒冷地区的露天环境； 严寒和寒冷地区冰冻线以上与无侵蚀性的水或土壤直接接触的环境
三 a	严寒和寒冷地区冬季水位变动区环境； 受除冰盐影响的环境； 海风环境
三 b	盐渍土环境； 受除冰盐作用的环境； 海岸环境

环境类别	条 件
四	海水环境
五	受人为或自然的侵蚀性物质影响的环境

注：1. 室内潮湿环境是指构件表面经常处于结露或湿润状态的环境。

2. 严寒和寒冷地区的划分应符合现行国家标准《民用建筑热工设计规范》(GB 50176—2016)的有关规定。

3. 海岸环境和海风环境宜根据当地情况，考虑主导风向及结构所处迎风、背风部位等因素的影响，由调查研究和工程经验确定。

4. 受除冰盐影响的环境是指受到除冰盐盐雾影响的环境，受除冰盐作用的环境是指被冰盐溶液溅射的环境以及使用除冰盐地区的洗车房、停车楼等建筑。

表 3-2 钢筋混凝土结构的裂缝控制等级及最大裂缝宽度的限值   mm

环境类别	钢筋混凝土结构	
	裂缝控制等级	w_{lim}
一	三级	0.30(0.40)
二 a		
二 b		0.20
三 a、三 b		

注：1. 对处于年平均相对湿度小于 60% 地区一类环境下的受弯构件，其最大裂缝宽度限值可采用括号内的数值。

2. 在一类环境下，对钢筋混凝土屋架、托架及需作疲劳验算的吊车梁，其最大裂缝宽度限值应取为 0.20 mm；对钢筋混凝土屋面梁和托梁，其最大裂缝宽度限值应取为 0.30 mm。

一般来说，由温度收缩应力引起的初始裂缝，不影响结构的瞬时承载能力，而是对耐久性和防水性产生影响。对不影响结构承载能力的裂缝，为防止钢筋锈蚀、混凝土碳化、疏松剥落等，应对裂缝加以封闭或补强处理。对于基础、地下或半地下结构，裂缝主要影响其防水性能。当裂缝宽度只有 0.1～0.2 mm 时，虽然早期有轻微渗水，经过一段时间后一般裂缝可以自愈。裂缝宽度如超过 0.2～0.3 mm，其渗水量与裂缝宽度的三次方成正比，渗水量随着裂缝宽度的增大而增加，为此，对这种裂缝必须进行化学灌浆处理。

二、大体积混凝土裂缝产生的原因

大体积混凝土施工阶段产生的裂缝，是其内部矛盾发展的结果。其一方面是混凝土由于内外温差产生应力和应变；另一方面是结构的外约束和混凝土各质点间的约束（内约束）阻止这种应变。一旦温度应力超过混凝土能承受的抗拉强度，就会产生裂缝。总结过去大体积混凝土裂缝产生的情况，产生裂缝的主要原因可归纳如下。

1. 水泥水化热

水泥在水化过程中会产生一定的热量，其是大体积混凝土内部热量的主要来源。由于大体积混凝土截面厚度大，水化热聚集在结构内部不易散失，所以会出现急剧升温。水泥水化热引起的绝热温升，与混凝土单位体积内的水泥用量和水泥品种有关，并随混凝土的龄期按指数关系增长，一般在 10 d 左右达到最终绝热温升，但由于结构自然散热，实际上混凝土内部的最高温度大多出现在混凝土浇筑后的 3～5 d。

混凝土的导热性能较差，在浇筑初期，混凝土的弹性模量和强度都很低，对水化热急剧温升引起的变形约束不大，温度应力也就较小。随着混凝土龄期的增长，弹性模量和强度相应提高，对混凝土降温收缩变形的约束越来越强，就会产生很大的温度应力，当混凝土的抗拉强度不足以抵抗该温度应力时，便开始产生温度裂缝。

2. 约束条件

结构在变形时，会受到一定的抑制而阻碍其自由变形，该抑制称为"**约束**"。其中不同结构之间产生的约束为"**外约束**"，结构内部各质点之间产生的约束为"**内约束**"。

外约束分为自由体、全约束和弹性约束三种。

(1)自由体。自由体即结构的变形不受其他任何结构的约束。结构的变形等于结构自由变形，是无约束变形，不产生约束应力，即变形最大，应力为零。

(2)全约束。全约束即结构的变形全部受到其他结构的约束，使结构无任何变形的可能，即应力最大，变形为零。

(3)弹性约束。弹性约束即介于上述两种约束状态之间的一种约束，结构的变形受到部分约束，既有变形，又有应力。这是最常遇到的一种约束状态。

内约束是当结构截面较厚时，其内部温度和湿度分布不均匀，引起各质点变形不同而产生的相互约束。

大体积混凝土由于温度变化产生变形，这种变形受到约束才产生应力，在全约束条件下，混凝土结构的变形应是温差和混凝土线膨胀系数的乘积，即 $\varepsilon = \Delta T \cdot \alpha$，当 ε 超过混凝土的极限拉伸值 εp 时，结构便出现裂缝。由于结构不可能受到全约束，且混凝土还有徐变变形，所以即使混凝土内外温差在 25 ℃甚至 30 ℃的情况下也可能不开裂。

无约束就不会产生应力，因此，改善约束对于防止大体积混凝土开裂具有重要意义。

3. 外界气温变化

大体积混凝土结构施工期间，外界气温的变化情况对防止大体积混凝土开裂有重大影响。混凝土的内部温度是浇筑温度、水化热的绝热温升和结构散热降温等各种温度的叠加之和。外界气温越高，混凝土的浇筑温度也越高。外界温度下降会增加混凝土的降温幅度，特别是外界气温骤降会增加外层混凝土与内部混凝土的温度梯度，这对大体积混凝土极为不利。

温度应力是由温差引起的变形造成的。温差越大，温度应力也越大，如图 3-2 所示。

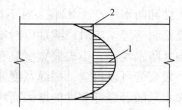

图 3-2　混凝土内外温差引起的温度应力

1—压应力；2—拉应力

大体积混凝土不易散热，其内部温度有时可达 80 ℃以上，而且延续时间较长，为此研究合理的温度控制措施，对防止大体积混凝土内外温差悬殊所引起的过大的温度应力是十分重要的。

4. 混凝土收缩变形

在混凝土的拌合水中，只有约 20%的水分是水泥水化所必需的，其余的 80%都要被蒸发。

混凝土在水泥水化过程中所产生的体积变形多数是收缩变形，少数为膨胀变形，这主要取决于所采用的胶凝材料的性质。混凝土中多余水分的蒸发是引起混凝土体积收缩的主要原因之一。这种干燥收缩变形不受约束条件的影响，若存在约束，就会产生收缩应力。

混凝土的干燥收缩机理较复杂，其主要是混凝土内部孔隙水蒸发变化时引起的毛细管引力所致。这种干燥收缩在很大程度上是可逆的。混凝土产生干燥收缩后，如再处于水饱和状态，其还可以膨胀恢复到原有的体积。

除上述干燥收缩外，混凝土还会产生碳化收缩，即空气中的 CO_2 与混凝土水泥中的 $Ca(OH)_2$ 反应生成碳酸钙，放出结合水，从而使混凝土收缩。

混凝土的收缩变形是一个长期过程，已有试验表明，收缩变形在开始干燥时发展较快，以后逐渐减慢，大部分收缩在龄期 3 个月内出现，但龄期超过 20 年后，收缩变形仍未停止。

第二节　大体积混凝土的温度应力

一、混凝土温度变形计算

在温度变化时，混凝土(砖砌体)结构的伸长或缩短的变形值与长度、温度成正比例关系，与材料的性质有关，可按下式计算：

$$\Delta L = L(t_2 - t_1)\alpha \tag{3-1}$$

式中　ΔL——随温度变化而伸长与缩短的变形值(mm)；

　　　L——结构长度(mm)；

　　　$t_2 - t_1$——温度差(℃)；

　　　α——材料的线膨胀系数，混凝土为 1.0×10^{-5}，钢材为 12×10^{-6}，砖砌体为 0.5×10^{-5}。

二、混凝土热工性能计算

1. 混凝土的导热系数计算

混凝土导热系数是指在单位时间内，热流通过单位面积和单位厚度混凝土介质时，混凝土介质两侧为单位温差时热量的传导率。它是反映混凝土传导热量难易程度的一种系数。导热系数以下式表示：

$$\lambda = \frac{Q\delta}{(t_1 - t_2)A\tau} \tag{3-2}$$

式中　λ——混凝土导热系数$[W/(m \cdot K)]$；

　　　Q——通过混凝土厚度为 δ 的热量(J)；

　　　δ——混凝土厚度(m)；

　　　$t_1 - t_2$——温度差(℃)；

　　　A——面积(m²)；

　　　τ——时间(h)。

式(3-2)中导热系数要通过试验求得，但它取决于水泥、粗细骨料及水本身的热工性能，如已知混凝土各组成材料的质量百分比，并利用已知材料的热工性能表，混凝土的导热系数可通过加权平均法由下式计算：

$$\lambda=\frac{1}{p}(p_c\lambda_c+p_s\lambda_s+p_g\lambda_g+p_w\lambda_w) \tag{3-3}$$

式中 λ、λ_c、λ_s、λ_g、λ_w——分别为混凝土、水泥、砂、石子、水的导热系数[W/(m·K)];

p、p_c、p_s、p_g、p_w——分别为每 1 m^3 混凝土中混凝土、水泥、砂、石子、水所占的百分比(%)。

影响导热系数的主要因素是骨料的用量、骨料本身的热工性能、混凝土的温度及其含水量。密度小的轻混凝土和泡沫混凝土的导热系数小。含水量大的混凝土比含水量小的混凝土导热系数大(表3-3)。

表3-3　不同含水状态混凝土的导热系数

含水量(体积%)	0	2	4	8
$\lambda/[W/(m\cdot K)^{-1}]$	1.28	1.86	2.04	2.33

一般普通混凝土的导热系数 $\lambda=2.33\sim3.49$ W/(m·K);轻混凝土的导热系数 $\lambda=0.47\sim0.70$ W/(m·K)。

2. 混凝土的比热容计算

单位质量的混凝土,其温度升高 1 ℃所需的热量为混凝土的比热容,其单位是 kJ/(kg·K)。 已知混凝土各组成材料的质量百分比,混凝土的比热容可由下式计算:

$$c=\frac{1}{p}(p_c c_c+p_s c_s+p_g c_g+p_w c_w) \tag{3-4}$$

式中 c、c_c、c_s、c_g、c_w——分别为混凝土、水泥、砂、石子、水的比热容[kJ/(kg·K)]; 其他符号意义同前。

影响混凝土比热容的因素主要是骨料的数量和温度的高低,而骨料的矿物成分对比热容的影响很小。

混凝土的比热容一般在 0.84～1.05 kJ/(kg·K)范围内。

3. 混凝土的热扩散系数计算

混凝土的热扩散系数(又称导温系数)是反映混凝土在单位时间内热量扩散的一项综合指标。热扩散系数越大,越有利于热量的扩散。混凝土的热扩散系数一般通过试验求得,或按下式计算:

$$\alpha=\frac{\lambda}{c\rho} \tag{3-5}$$

式中 α——混凝土的热扩散系数(m^2/h);

λ——混凝土的导热系数[W/(m·K)];

c——混凝土的比热容[J/(kg·K)];

ρ——混凝土的密度(堆积密度)(kg/m^3),随骨料的相对密度、级配、石子粒径、含气量、混凝土配合比以及干湿程度等因素而变化,其中影响最大的为骨料的性质。普通混凝土的密度为 2 300～2 450 kg/m^3,钢筋混凝土的密度为 2 450～2 500 kg/m^3,新拌混凝土密度的经验值参见表3-4。

表3-4　新拌混凝土密度的经验值

石子最大粒径/mm	10	20	25	40	50	80
普通混凝土/(kg·m⁻³)	2 330	2 370	2 380	2 400	2 410	2 430

影响热扩散系数的因素有骨料的种类和用量,骨料密度小或用量多,热扩散系数将加大。混凝土的热扩散系数一般为 $(0.56 \sim 1.68) \times 10^{-6} \, \mathrm{m^2/s}$。

4. 混凝土的热膨胀系数计算

混凝土的热膨胀系数是指线膨胀系数。混凝土的线膨胀系数为单位温度变化导致混凝土单位长度的变化。混凝土的体积随着温度的变化而热胀冷缩。混凝土的体积膨胀率为其线膨胀系数的 3 倍。

混凝土的热膨胀系数也可以按各组成材料热膨胀系数的加权平均值按下式计算:

$$\alpha_c = \frac{\alpha_p E_p V_p + \alpha_s E_s V_s + \alpha_g E_g V_g}{E_p V_p + E_s V_s + E_g V_g} \tag{3-6}$$

式中　α_c——混凝土的热膨胀系数($\mathrm{℃^{-1}}$);

　　　α_p——水泥的热膨胀系数($\mathrm{℃^{-1}}$);

　　　α_s——砂的热膨胀系数($\mathrm{℃^{-1}}$);

　　　α_g——石子的热膨胀系数($\mathrm{℃^{-1}}$);

　　　E_p——水泥石的弹性模量($\mathrm{N/mm^2}$);

　　　E_s——砂的弹性模量($\mathrm{N/mm^2}$);

　　　E_g——石子的弹性模量($\mathrm{N/mm^2}$);

　　　V_p——混凝土中水泥的体积比;

　　　V_s——混凝土中砂的体积比;

　　　V_g——混凝土中石子的体积比。

水的热膨胀系数约为 $210 \times 10^{-6}/\mathrm{℃}$,高于水泥的热膨胀系数十多倍,所以,水泥的热膨胀系数取决于它本身的含水量,变动范围为 $(11 \sim 20) \times 10^{-6}/\mathrm{℃}$。一般取砂和石子相同的热膨胀系数,统称为骨料的热膨胀系数,变动范围为 $(5 \sim 13) \times 10^{-6}/\mathrm{℃}$。

混凝土的热膨胀系数主要随粗骨料的性质和用量而变化,而与含水量关系不大,烘干的和含饱和水的混凝土有近乎相等的热膨胀系数。

普通混凝土的热膨胀系数为 $(6 \sim 13) \times 10^{-6}/\mathrm{℃}$,一般平均值为 $10 \times 10^{-6}/\mathrm{℃}$。

混凝土常用骨料的热工性能见表 3-5。

表 3-5　混凝土常用骨料的热工性能(温度 20 ℃)

骨料种类	相对密度	导热系数 /[W·(m·K)$^{-1}$]	比热容 /[kJ·(kg·K)$^{-1}$]	热扩散系数 /(10^{-6}m^2·s^{-1})	热膨胀系数 /(×10^{-5}·℃$^{-1}$)
石英	2.635	5.175	0.733	2.70	10.2~13.4
花岗岩	—	2.91~3.08	0.716~0.787	—	5.5~8.5
白云岩	—	4.12~4.30	0.804~0.837	—	6~10
石灰岩	2.67~2.70	2.66~3.23	0.749~0.846	1.28~1.43	3.64~6.0
长石	2.555	2.33	0.812	1.13	0.88~16.7
大理石	2.704	2.45	0.875	1.05	4.41
玄武岩	2.695	1.71	0.766~0.854	0.75	5~75
砂岩			0.712		10~12

注:水的热膨胀系数为 $210 \times 10^{-6}/\mathrm{℃}$。

各种混凝土的热工性能见表 3-6。

表 3-6　各种混凝土的热工性能

种类	骨料		质量密度/(kg·m⁻³)	导热系数/[W·(m·K)⁻¹]	比热容/[kJ·(kg·K)⁻¹]	热扩散系数/(10⁻⁶m²·s⁻¹)	热膨胀系数/(×10⁻⁵·℃⁻¹)	温度范围
	细骨料	粗骨料						
重混凝土		磁铁矿	4 020	2.44~3.20	0.75~0.84	0.784~1.036	8.9	≈300 ℃
		赤铁矿	3 860	3.26~4.65	0.80~0.84	1.092~1.512	7.6	
		重晶石	3 640	1.16~1.40	0.54~0.59	0.588~0.756	16.4	
普通混凝土	—	石英岩	2 430	3.49~3.61	0.88~0.96	1.568~1.736	12~15	10 ℃~30 ℃
	—	白云岩	2 450	3.14~3.26	0.92~1.00	1.344~1.428	5.8~7.7	
	—	白云岩	2 500	3.26~3.37	0.96~1.00	1.33~1.42		
	—	花岗岩	2 420	2.56	0.92~0.96	—	8.1~9.1	
	—	流纹岩	2 340	2.09	0.92~0.96	0.924		
	—	玄武岩	2 510	2.09	0.96	0.868~0.896	7.6~10.4	
	河砂	石	2 300	2.09	0.92	0.70		
轻混凝土	河砂	轻石	600~1 900	0.63~0.79	—	0.392~0.524		
	轻砂	轻石	900~1 600	0.50	—	0.364	7~12	
泡沫混凝土	水泥-硅质系		500~800	0.22~0.24	—	0.252	8	—
	石灰-硅质系						7~14	

三、混凝土的拌合温度和浇筑温度计算

1. 混凝土的拌合温度计算

混凝土的拌合温度，又称出机温度，计算方法有多种，以下简单介绍两种常用的简便计算方法。

(1)计算法。本法的基本原理是：设混凝土拌合物的热量是由各种原材料所供给的，拌和前混凝土原材料的总热量与拌和后流态混凝土的总热量相等，从而混凝土的拌合温度可按下式计算：

$$T_0 = \frac{c_s T_s m_s + c_g T_g m_g + c_c T_c m_c + c_w T_w m_w + c_w T_s w_s + c_w T_g w_g}{m_s + m_g + m_c + m_w + w_s + w_g} \quad (3-7)$$

式中　T_0——混凝土的拌合温度(℃)；

T_s、T_g——砂、石子的温度(℃)；

T_c、T_w——水泥、拌合用水的温度(℃)；

m_c、m_s、m_g——水泥、扣除含水量的砂及石子的质量(kg)；

m_w、w_s、w_g——水及砂、石子中游离水的质量(kg)；

c_c、c_s、c_g、c_w——水泥、砂、石子及水的比热容[kJ/(kg·K)]。

式(3-7)若取 $c_s = c_g = c_c = 0.84$ kJ/(kg·K)，$c_w = 4.2$ kJ/(kg·K)，则化简得

$$T_0 = \frac{0.22(T_s m_s + T_g m_g + T_c m_c) + T_w m_w + T_s w_s + T_g w_g}{0.22(m_s + m_g + m_c) + m_w + w_s + w_g} \quad (3-8)$$

(2)表格计算法。本法的原理和假定同计算法，其基本关系式可用下式表达：

$$T_0 \sum mC = \sum T_i mC \quad (3-9)$$

则

$$T_0 = \frac{\sum T_i mC}{\sum mC} \tag{3-10}$$

式中　T_0——混凝土的拌合温度(℃)；

$\quad\quad m$——各种材料的质量(kg)；

$\quad\quad C$——各种材料的比热容[kJ/(kg·K)]；

$\quad\quad T_i$——各种材料的初始温度(℃)。

式(3-9)的右侧是按各种原材料分别计算，原材料用量可根据试验室提供的施工混凝土配合比；材料温度可按实测资料或根据施工时的气温预估，然后相加，再按式(3-10)即可得出混凝土的拌合温度。

2. 混凝土加冰的拌合温度计算

在大体积混凝土施工中，为了降低混凝土的浇筑入模温度和混凝土的最高温度，减小内外温差，控制降温温度收缩裂缝的出现，常将一部分拌合水以冰屑代替。由于冰屑融解时会吸收 335 kJ/kg 的潜热(隔解热)，从而可降低混凝土的拌合温度，此时可由下式计算：

$$T_0 = \frac{0.22(T_s m_s + T_g m_g + T_c m_c) + T_s w_s + T_g w_g + (1-P)T_w m_w - 80P m_w}{0.22(m_s + m_g + m_c) + m_w + w_s + w_g} \tag{3-11}$$

式中　P——加冰率(%)。

其他符号意义同前。

混凝土中的加冰量也可根据需要按下式计算：

$$X = \frac{(T_{w0} - T_w) \times 1\,000}{80 + T_w} \tag{3-12}$$

式中　X——每吨水需加冰量(kg)；

$\quad\quad T_{w0}$——加冰前水的温度(℃)；

$\quad\quad T_w$——加冰后水的温度(℃)。

3. 混凝土的浇筑温度计算

混凝土从搅拌机出料后，经搅拌运输车运输、卸料、泵送、浇筑、振捣、平仓等工序处理后的混凝土温度称为浇筑温度。混凝土的浇筑温度受外界气温的影响，如在夏季浇筑，外界气温高于拌合温度，浇筑温度就比拌合温度高；如在冬季浇筑，则相反。这种冷量(或热量)的损失，随混凝土运输工具类型，运输时间，运转时间，运转次数及平仓、振捣的时间而变化，根据实践，混凝土的浇筑温度一般可按下式计算：

$$T_p = T_0 + (T_a - T_0)(\theta_1 + \theta_2 + \theta_3 + \cdots + \theta_n) \tag{3-13}$$

式中　T_p——混凝土的浇筑温度(℃)；

$\quad\quad T_0$——混凝土的拌合温度(℃)；

$\quad\quad T_a$——混凝土运输和浇筑时的室外气温(℃)；

$\quad\quad \theta_1$、θ_2、θ_3、$\cdots$、θ_n——温度损失系数，按以下规定取用：

(1)混凝土装卸和运转，每次 $\theta = 0.032$；

(2)混凝土运输时，$\theta = At$，t 为运输时间(min)，A 见表3-7；

(3)浇筑过程中，$\theta = 0.003t$，t 为浇筑时间(min)。

表 3-7 混凝土运输时冷量(或热量)损失计算 A 值

项次	运输工具	混凝土容积/m³	A
1	搅拌运输车	6.0	0.004 2
2	自卸汽车(开敞式)	1.0	0.004 0
3	自卸汽车(开敞式)	1.4	0.003 7
4	自卸汽车(开敞式)	2.0	0.003 0
5	自卸汽车(封闭式)	2.0	0.001 7
6	长方形吊斗	0.3	0.002 2
7	长方形吊斗	1.6	0.001 3
8	圆柱形吊斗	1.6	0.000 9
9	双轮手推车(保温、加盖)	0.15	0.007 0
10	双轮手推车(本身不保温)	0.75	0.010 0

第三节　大体积混凝土裂缝的控制措施

对于大体积混凝土结构，为控制裂缝，应着重从混凝土的材质、施工中的养护、环境条件、结构设计以及施工管理上进行控制，从而减少混凝土温升、延缓混凝土降温速率、减小混凝土的收缩、提高混凝土的极限拉伸值、改善约束和构造设计，以达到控制裂缝的目的。

一、混凝土材料

1. 水泥品种选择和用量控制

大体积混凝土结构引起裂缝的主要原因是：混凝土的导热性能较差、水泥水化热的大量积聚，使混凝土出现早期温升和后期降温现象。因此，控制水泥水化热引起的温升，即减小降温温差，对降低温度应力，防止产生温度裂缝能起到釜底抽薪的作用。

(1)选用中热或低热的水泥品种。混凝土升温的热源是水泥水化热，选用中/低热的水泥品种，是控制混凝土温升的最基本的方法。如强度等级为 32.5 级的矿渣硅酸盐水泥，一般 3 d 内的水化热仅为同强度等级普通硅酸盐水泥的 60%。某大型基础试验表明：选用强度等级为 32.5 级的硅酸盐水泥，比选用强度等级为 32.5 级的矿渣硅酸盐水泥，3 d 内水化热平均升温高 5 ℃~8 ℃。

(2)充分利用混凝土的后期强度。大量的试验资料表明，每 1 m³ 混凝土的水泥用量，每增/减 10 kg，其水化热将使混凝土的温度相应升/降 1 ℃。因此，为控制混凝土温升，降低温度应力，减少温度裂缝，一方面在满足混凝土强度和耐久性的前提下，尽量减少水泥用量，严格控制每立方米混凝土水泥用量不超过 400 kg；另一方面可根据实际承受荷载的情况，对结构的强度和刚度进行复算，并取得设计单位、监理单位和质量检查部门的认可后，采用 f_{45}、f_{60} 或 f_{90} 替代 f_{28} 作为混凝土的设计强度，这样可使每立方米混凝土的水泥用量减少 40~70 kg，混凝土的水化热温度相应降低 4 ℃~7 ℃。

结构工程中的大体积混凝土，大多采用矿渣硅酸盐水泥，其熟料矿物含量比硅酸盐水泥少得多，而且混合材料中活性氧化硅、活性氧化铝与氢氧化钙、石膏的作用，在常温下进行缓慢，早期强度(3 d，7 d)较低，但在硬化后期(28 d以后)，由于水化硅酸钙胶凝数量增多，水泥石强度不断增长，最后甚至超过同强度等级的普通硅酸盐水泥，这对利用其后期强度非常有利。

2. 掺加外加料

在混凝土中掺入一些适宜的外加料，可以使混凝土获得所需要的特性，尤其在泵送混凝土中更为突出。泵送性能良好的混凝土拌合物应具备以下三种特性：

(1)在输送管壁形成水泥浆或水泥砂浆的润滑层，使混凝土拌合物具有在管道中顺利滑动的流动性；

(2)为了能在各种形状和尺寸的输送管内顺利输送，混凝土拌合物要具备适应输送管形状和尺寸的变化性；

(3)为在泵送混凝土施工过程中不产生离析而造成堵塞，拌合物应具备压力变化和位置变动的抗分离性。

由于影响泵送混凝土性能的因素很多，如砂石的种类、品质和级配、用量，砂率，坍落度，外掺料等。为了使混凝土具有良好的泵送性，在进行混凝土配合比的设计中，不能用单纯增加单位用水量方法，这样不仅会增加水泥用量，增大混凝土的收缩，还会使水化热升高，更容易引起裂缝。工程实践证明，在施工中优化混凝土级配，掺加适宜的外加料，以改善混凝土的特征，是大体积混凝土施工中的一项重要技术措施。**混凝土中常用的外加料主要是外掺剂和外掺料。**

(1)掺加外掺挤。 大体积混凝土中掺加的外掺剂主要是木质素磺酸钙(简称"木钙")。木质素磺酸钙，属阴离子表面活性剂，它对水泥颗粒有明显的分散效应，并能使水的表面张力降低。因此，在泵送混凝土中掺入水泥重0.2%~0.3%的木钙，它不但能使混凝土的和易性有明显的改善，而且可减少10%左右的拌合水，使混凝土28 d的强度提高10%以上；若不减少拌合水，坍落度可提高10 cm左右，若保持强度不变，可节约水泥10%，从而降低水化热。

木钙由于原料为工业废料，资料丰富，生产工艺和设备简单，成本低廉，并能减少环境污染，故世界各国均大量生产，广为使用，尤其适用于泵送混凝土的浇筑。

(2)掺加外掺料。 大量试验资料表明，在大体积混凝土中掺入一定量的粉煤灰后，在混凝土用水量不变的条件下，由于粉煤灰颗粒呈球性并具有"滚珠效应"，可以起到显著改善混凝土和易性的效能；若保持混凝土拌合物原有的流动性不变，则可减少用水量，起到减水的效果，从而提高混凝土的密实性和强度；掺入适量的粉煤灰，还可大大改善混凝土的可泵性，降低混凝土的水化热。

大体积混凝土掺和粉煤灰分为"等量取代法"和"超量取代法"两种。 前者是用等体积的粉煤灰取代水泥的方法，但其早期强度(28 d以内)也会随掺入量的增加而下降，所以对早期抗裂要求较高的工程，取代量应非常慎重；后者是一部分粉煤灰取代等体积水泥，超量部分粉煤灰则取代等体积砂子，它不但可以获得强度增加效应，而且可以补偿粉煤灰取代水泥所降低的早期强度，从而保持粉煤灰掺入前后的混凝土强度等级。

3. 骨料的选择

大体积混凝土砂石料质量占混凝土总质量的85%左右，正确选用砂石料对保证混凝土质量、节约水泥用量、降低水化热数量、降低工程成本是非常重要的。骨料的选用应根据就地取材的原则，首先考虑选用生产成本低、质量优良的天然砂石料。国内外对人工砂石料的试验研究和生产实践证明采用人工骨料也可以产生经济实用的效果。

(1)粗骨料的选择。为了满足预定的要求，同时发挥水泥最有效的作用，因此，对粗骨料规定了一个最佳的最大粒径。但对结构工程的大体积混凝土，粗骨料的规格往往与结构物的配筋间距、模板形状以及混凝土的浇筑工艺等因素有关。

结构工程的大体积混凝土，宜优先采用以自然连续级配的粗骨料配制，这种用自然连续级配的粗骨料配制的混凝土，可根据施工条件，尽量选用粒径较大、级配良好的石子。有关试验结果证明，采用 5~40 mm 的石子比采用 5~25 mm 的石子，每立方米混凝土可减少水量 15 kg 左右，在相同水胶比的情况下，水泥用量可节约 20 kg 左右，混凝土温升可降低 2 ℃。

选用大粒径骨料，不仅可以减少用水量，使混凝土的收缩和泌水随之减少，也可减少水泥用量，从而使水泥的水化热减小，最终降低混凝土的温升。但是，骨料粒径增大后，容易引起混凝土的离析，影响混凝土的质量。因此，进行混凝土配合比设计时，不要盲目选用大粒径骨料，必须进行优化级配设计，施工时加强搅拌、浇筑和振捣等工作。

(2)细骨料的选择。大体积混凝土中的细骨料，以采用中、粗砂为宜，细度模数宜为 2.6~2.9。有关试验资料证明，采用细度模数为 2.79、平均粒径为 0.381 的中、粗砂，比采用细度模数为 2.12、平均粒径为 0.336 的细砂，每立方米混凝土可减少水泥用量 28~35 kg，减少用水量 20~25 kg，这样就降低了混凝土的温升和减小了混凝土的收缩。

泵送混凝土的输送管形式较多，既有直管又有锥形管、弯管和软管。当通过锥形管和弯管时，混凝土颗粒之间的相对位置就会发生变化，此时，如果混凝土中的砂浆量不足，便会产生堵管现象，所以，在级配设计时可适当提高砂率；但砂率过大将对混凝土的强度产生不利影响，因此，在满足可泵性的前提下，应尽可能降低砂率。

(3)骨料质量的要求。骨料质量的好坏直接关系到混凝土的质量，所以，骨料中不应含有超量的黏土、淤泥、粉屑、有机物及其他有害物质，其含量不能超过规定的数值。混凝土试验表明，骨料的含泥量是影响混凝土质量的最主要的因素，它对混凝土的强度、干缩、徐变、抗渗、抗冻融、抗磨损及和易性等性能会产生不利的影响，尤其会增加混凝土的收缩，引起混凝土的抗拉强度的降低，对混凝土的抗裂更是十分不利。因此，在大体积混凝土施工中，石子的含泥量应控制在不大于 1%，砂的含量应控制在不大于 2%。

二、外部环境

1. 混凝土浇筑与振捣

对于地下室墙体结构的大体积混凝土浇筑，除一般的施工工艺外，应采取一些技术措施，以减少混凝土的收缩，提高极限拉伸值，这对控制裂缝很有作用。

改进混凝土的搅拌工艺对改善混凝土的配合比、减少水化热、提高极限拉伸值有着重要的意义。传统的混凝土搅拌工艺在混凝土搅拌过程中水分直接润湿石子表面，并在混凝土成型和静置的过程中，自由水进一步向石子与水泥砂浆界面集中，形成石子表面的水膜层；在混凝土硬化以后，水膜层的存在使界面过渡层疏松多孔，削弱了石子与硬化水泥砂浆之间的黏结，形成了混凝土最薄弱的环节，从而对混凝土的抗压强度和其他物理力学性能产生不良的影响。为了进一步提高混凝土质量，采用二次投料的砂浆裹石或净浆裹石搅拌新工艺，可有效地防止水分向石子与水泥砂浆的界面集中，使硬化后界面过渡层的结构致密，黏结加强，从而使混凝土的强度提高 10% 左右，也提高了混凝土的抗拉强度和极限拉伸值；当混凝土的强度基本相同时，可减少 7％左右的水泥用量。

另外，对浇筑后的混凝土进行二次振捣，能排除混凝土因泌水而在粗集料、水平钢筋下部生成的水分和空隙，提高混凝土与钢筋的握裹力，防止因混凝土沉落而出现的裂缝，减小内部微裂，增加混凝土密实度，使混凝土的抗压强度提高 10％～20％，从而提高抗裂性。

混凝土二次振捣的恰当时间是指混凝土经振捣后还能恢复到塑性状态的时间，一般称为振动界限，在实际工程中应由试验确定。由于采用二次振捣的最佳时间与水泥的品种、水胶比、坍落度、气温和振捣条件等有关，同时，在确定二次振捣时间时，既要考虑技术上的合理性，又要满足分层浇筑、循环周期的安排，在操作时间上要留有余地，避免失误造成"冷接头"等质量问题。

2. 控制混凝土的出机温度和浇筑温度

为了降低大体积混凝土总温升和减少结构的内外温差，控制出机温度和浇筑温度同样很重要。

根据搅拌前混凝土原材料总热量与搅拌后混凝土总热量相等的原理，可得出混凝土的出机温度 T_0：

$$T_0 = \frac{(c_s + c_w w_s)m_s T_s + (c_g + c_w w_g)m_g T_g}{c_s m_s + c_g m_g + c_w m_w + c_c m_c} + \frac{c_c m_c T_c + c_w(m_w w_s m_c - w_g m_g)T_w}{c_s m_s + c_g m_g + c_w m_w + c_c m_c} \quad (3\text{-}14)$$

式中　c_s、c_g、c_c、c_w——砂、石、水泥和水的比热容[J/(kg·℃)]；

$\quad\quad$ m_s、m_g、m_c、m_w——每立方米混凝土中砂、石、水泥和水的用量(kg/m³)；

$\quad\quad$ T_s、T_g、T_c、T_w——砂、石、水泥和水的温度(℃)；

$\quad\quad$ w_s、w_g——砂、石的含水量(％)。

计算时一般取：

$$c_s = c_g = c_c = 800 \text{ J/(kg·℃)}$$

$$c_w = 4\,000 \text{ J/(kg·℃)}$$

由式(3-14)可以看出，混凝土的原材料中石子的比热较小，但其在每立方米混凝土中所占的质量较大；水的比热容大，但它的质量在每立方米混凝土中只占一小部分。因此，对混凝土的出机温度影响最大的是石子及水的温度，砂的温度次之，水泥的温度影响很小。为了进一步降低混凝土的出机温度，最有效的办法就是降低石子的温度。在气温较高时，为防止太阳直接照射，可在砂、石堆场搭设简易遮阳装置，必要时须向骨料喷射水雾或使用前用冷水冲洗骨料。

为了降低大体积混凝土总温升和减小结构的内外温差，控制混凝土的浇筑温度也很重要。混凝土中的骨料比热较小，其用量占混凝土的 70％～80％；水的比热容很大，其用量仅占混凝土用量的很小部分，一般不超过 10％。

3. 降低混凝土降温速率

大体积混凝土浇筑后，为了减小升温阶段的内外温差，防止产生表面裂缝，使水泥顺利进行水化，提高混凝土的极限拉伸值，以及降低混凝土的水化热降温速率，减小结构计算温差，防止产生过大的温度应力和产生温度裂缝，对混凝土进行保温养护是必要的。

大体积混凝土表面保温材料的厚度，可根据热交换原理按下式计算：

$$\delta = \frac{H\lambda(T_2 - T_g)}{\lambda_c(T_{max} - T_2)} \cdot K \quad (3\text{-}15)$$

$$H = 0.5h$$

式中 δ——保温材料的厚度(m);

H——混凝土中心最高温度向边界散热的距离(m),取结构物厚度的1/2;

h——结构物厚度(m);

λ——保温材料的导热系数[W/(m·℃)];

λ_c——混凝土的导热系数[W/(m·℃)],可取 2.3 W/(m·℃);

T_2——混凝土表面的温度(℃);

T_{max}——混凝土中心的最高温度(℃);

T_g——混凝土达到最高温度(浇筑后 3~5 d)时的大气平均温度(℃);

K——传热系数的修正值(表3-8)。

表 3-8　传热系数的修正值 K

保 温 层 种 类	K_1	K_2
1. 保温层纯粹由容易透风的保温材料组成	2.6	3.00
2. 保温层由容易透风的保温材料组成,但在混凝土面层上铺一层不易透风的保温材料	2.00	2.30
3. 保温层由容易透风的保温材料组成,并在保温层上再铺一层不易透风的材料	1.60	1.90
4. 保温层由容易透风的保温材料组成,而在保温层的上面和下面各铺一层不易透风的材料	1.30	1.50
5. 保温层纯粹由不易透风的保温材料组成	1.30	1.50

注:1. K_1 值为一般刮风情况下(风速<4 m/s)且结构物位置高出地面水平不大于 25 m 的修正系数;K_2 是刮大风时的修正系数。

　2. 属于不易透风保温材料的有油布、帆布、棉麻毡、胶合板、安装很好的模板;属于容易透风的保温材料有稻草板、锯末、砂子、炉渣、油毡、草袋等。

使用大体积混凝土结构进行蓄水养护也是一种较好的方法,我国一些工程曾采用过这种方法。

混凝土终凝后,在其表面蓄存一定深度的水。由于水的导热系数为 0.58 W/(m·℃),具有一定的隔热保温效果,这样可降低混凝土内部水化热的降温速率,缩小混凝土中心和混凝土表面的温差值,从而可控制混凝土的裂缝开展。

根据热交换原理,每立方米混凝土在规定时间内,内部中心温度降低到表面温度时放出的热量,等于混凝土在此养护期间散失到大气中的热量。此时混凝土表面的热阻系数可按下式计算:

$$R = \frac{XM(T_{max} - T_2)K}{700T_j + 0.28m_cQ} \tag{3-16}$$

$$M = \frac{F}{V}$$

式中 R——混凝土表面的热阻系数(℃/W);

X——混凝土维持到指定温度的延续时间(h);

M——混凝土结构物的表面系数(1/m);

F——结构物与大气接触的表面面积(m²);

V——结构物的体积(m³);

T_{max}——混凝土中心最高温度(℃);

T_2——混凝土表面的温度(℃);

K——传热系数的修正值，蓄水养护时取 1.3；

700——混凝土的热容量，即比热与表观密度的乘积$[kJ/(m^3 \cdot ℃)]$；

T_j——混凝土浇筑、振捣完毕开始养护时的温度(℃)；

m_c——每立方米混凝土中的水泥用量(kg)；

Q——混凝土在指定龄期内水泥的水化热(kJ/kg)。

热阻系数与保温材料的厚度和导热系数有关，当采用水作为保温养护材料时，可按下式计算混凝土表面的蓄水深度：

$$H_s = R\lambda_w \tag{3-17}$$

式中　　H_s——混凝土表面的蓄水深度(m)；

R——热阻系数；

λ_w——水的导热系数，取 0.58 W/(m・℃)。

此外，在大体积混凝土结构拆模后，宜尽快回填土，用土体保温避免气温骤变时产生有害影响，也可降低降温速率，避免产生裂缝。

4. 减少混凝土收缩，提高混凝土的极限拉伸值

通过改善混凝土的配合比和施工工艺，可以在一定程度上减小混凝土的收缩和提高其极限拉伸值，这对防止产生裂缝也起到一定的作用。

混凝土的收缩值和极限拉伸值，除与上述水泥用量、骨料品种级配、水胶比、骨料含泥量等有关外，还与施工工艺和施工质量密切相关。

对浇筑后的混凝土进行二次振捣，能排除混凝土因泌水在粗骨料、水平钢筋下部生成的水分和空隙，提高混凝土与钢筋的握裹力，防止因混凝土脱落而出现的裂缝，减小内部微裂，增加混凝土密实度，使混凝土的抗压强度提高 10%～20%，从而提高抗裂性。

混凝土二次振捣的恰当时间是指混凝土经振捣后尚能恢复到塑性状态的时间，一般称为振动界限。掌握二次振捣的恰当时间的方法一般有以下两种：

(1)将运转着的振动棒以其自身的重力逐渐插入混凝土中进行振捣，混凝土仍可恢复塑性的程度是使振动棒小心拔出时混凝土仍能自行闭合，而不会在混凝土中留下孔穴，这时可认为当时施加二次振捣是适宜的。

(2)为了准确地判定二次振捣的适宜时间，国外一般采用测定贯入阻力值的方法进行判定，即当标准贯入阻力值达到 350 N/cm² 以前进行二次振捣是有效的，不会损伤已成型的混凝土。根据有关试验结果，当标准贯入阻力值为 350 N/cm² 时，对应的立方体试块强度约为 25 N/cm²，对应的压痕仪强度值约为 27 N/cm²。

由于采用二次振捣的最佳时间与水泥品种、水胶比、坍落度、气温和振捣条件等有关，因此，在实际工程使用前做些试验是必要的。同时，在最后确定二次振捣时间时，既要考虑技术上的合理性，又要满足分层浇筑、循环周期的安排，在操作时间上要留有余地，避免这些失误造成"冷接头"等质量问题。

此外，改进混凝土的搅拌工艺也很有意义。传统混凝土搅拌工艺在混凝土搅拌过程中水分直接润湿石子表面，在混凝土成型和静置过程中，自由水进一步向石子与水泥砂浆界面集中，形成石子表面的水膜层。在混凝土硬化后，水膜的存在使界面过渡层疏松多孔，削弱了石子与硬化水泥砂浆之间的黏结，形成混凝土中最薄弱的环节，从而对混凝土抗压强度和其他物理力学性能产生不良影响。

为了进一步提高混凝土质量，可采用二次投料的砂浆裹石或净浆裹石搅拌新工艺，这样可有效地防止水分向石子与水泥砂浆界面集中，使硬化后的界面过渡层的结构致密，黏结加强，从而可使混凝土强度提高 10% 左右，也提高了混凝土的抗拉强度和极限拉伸值。当混凝土强度基本相同时，可减少 7% 左右的水泥用量。

三、约束条件

1. 合理分段施工

当大体积混凝土结构的尺寸过大，通过计算证明整体一次浇筑产生的温度应力过大，有可能产生裂缝时，可与设计单位研究后合理地用"后浇带"分段进行浇筑。

"后浇带"是在现浇混凝土结构中，于施工期间留设的临时性的温度和收缩变形缝，在"后浇带"处受力钢筋不断开，仍为连续的。该缝根据工程安排保留一定时间，然后用混凝土填筑密实成为整体的无伸缩缝结构。

用"后浇带"分段施工时，其计算是将降温温差和收缩分为两部分。在第一部分内结构被分成若干段，使之能有效地减小温度和收缩应力；在施工后期再将若干段浇筑成整体，继续承受第二部分降温温差和收缩的影响。在这两部分降温温差和收缩作用下产生的温度应力叠加，其值应小于混凝土的设计抗拉强度。此即利用"后浇带"控制产生裂缝并达到不设永久性伸缩缝的原理。

"后浇带"的间距由最大整浇长度计算确定，在正常情况下其间距一般为 20～30 m。

"后浇带"的保留时间多由设计确定，一般不宜少于 40 d。在此期间，早期温差及 30% 以上的收缩已完成。

"后浇带"的宽度应考虑方便施工，避免应力集中，使"后浇带"在混凝土填筑后承受第二部分温差及收缩作用下的内应力（即约束应力）分布得较均匀，故其宽度可取 70～100 cm。当地上、地下都为现浇混凝土结构时，在设计中应标出"后浇带"的位置，并应贯通地下和地上整个结构，但该部分钢筋应连续不断。"后浇带"的构造如图 3-3 所示。

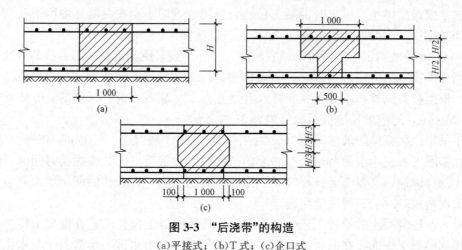

图 3-3 "后浇带"的构造
(a)平接式；(b)T 式；(c)企口式

"后浇带"处宜用特制模板，在填筑混凝土前，必须将整个混凝土表面的原浆凿清形成毛面，清除垃圾及杂物，并隔夜浇水润湿。

填筑"后浇带"处的混凝土可采用微膨胀或无收缩水泥。要求混凝土强度等级比原结构提高 5～10 N/mm²，并保持多于 15 d 的潮湿养护。"后浇带"处不能漏水。

2. 合理配筋

在构造设计方面进行合理配筋，对混凝土结构的抗裂有很大作用。工程实践证明，当混凝土墙板的厚度为 400～600 mm 时，采取增加配置构造钢筋的方法，构造钢筋起到温度筋的作用，能有效提高混凝土的抗裂性能。

配置的构造钢筋应尽可能采用小直径、小间距。例如，配置构造钢筋的直径为 6～14 mm，间距控制在 100～150 mm。按全截面对称配筋比较合理，这样可大大提高抵抗贯穿性开裂的能力。进行全截面配筋，含筋率应控制在 0.3%～0.5%为好。

对于大体积混凝土，构造钢筋对控制贯穿性裂缝的作用不太明显，但沿混凝土表面配置钢筋，可提高面层抗表面降温的影响和干缩。

3. 设置滑动层

由于边界存在约束才会产生温度应力，因此在与外约束的接触面上全部设置滑动层可大大减弱外约束。如在外约束两端的 1/5～1/4 范围内设置滑动层，则结构的计算长度可折减约一半，为此，遇有约束强的岩石类地基、较厚的混凝土垫层等时，可在接触面上设置滑动层，这对减少温度应力将起到显著作用。

滑动层的做法有：涂刷两道热沥青加铺一层沥青油毡；铺设 10～20 mm 厚的沥青砂；铺设 50 mm 厚的砂或石屑层等。

4. 设置应力缓和沟

设置应力缓和沟，即在结构的表面，每隔一定距离(一般约为结构厚度的 1/5)设一条沟。设置应力缓和沟后，可将结构表面的拉应力减少 20%～50%，可有效地防止表面裂缝。这种方法是日本清水建筑工程公司研究出的一种防止大体积混凝土裂缝的方法。我国已将这种方法应用于直径为 60 m、底板厚 3.5～5.0 m、容量为 1.6 万 m³ 的地下罐工程，并取得了良好效果。应力缓和沟的形式如图 3-4 所示。

5. 设置缓冲层

设置缓冲层，即在高、低板交接处，底板地梁处等，用 20～50 mm 厚的聚苯乙烯泡沫塑料板作垂直隔离，以缓冲基础收缩时的侧向压力，如图 3-5 所示。

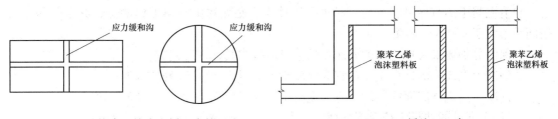

图 3-4　结构表面的应力缓和沟的形式　　　图 3-5　缓冲层示意

6. 避免应力集中

在孔洞周围、变断面转角部位、转角处等，由于温度变化和混凝土收缩，会产生应力集中而导致混凝土裂缝。为此，可在孔洞四周增配斜向钢筋、钢筋网片；在变断面处避免断面突变，可作局部处理使断面逐渐过渡，同时增配一定量的抗裂钢筋，这对防止裂缝产生是有很大作用的。

四、施工监测

为了进一步明确大体积混凝土水化热的多少、不同深度处温度升降的变化规律，随时监测混凝土内部的温度情况，以便有的放矢地采取相应的技术措施确保工程质量，可在混凝土内不同部位埋设传感器，用混凝土温度测定记录仪，进行施工全过程的跟踪和监测。

1. 混凝土温度监测系统

混凝土温度监测系统包括温度传感器、信号放大和变换装置、计算机等。

(1)温度传感器：温度传感器目前用电流型精密半导体温度传感器，它具有良好的测温特性，非线性误差极小，热惯性也小，可迅速反映混凝土的温度变化。由于是电流型的，其输出的电流只与温度有关，与接触电阻、电压等外界因素无关，也不必采取电阻补偿措施。温度传感器主要布置在有代表性的监测点处。

(2)信号放大和变换装置：信号放大和变换装置采用电压抗干扰滤波、光电隔离、V-F变换等一系列抗干扰措施，即使现场有动力机械、电焊机、振动器等强干扰源，仍能可靠地工作，保证信号放大与变换有1/1 000的测量精度。

(3)计算机：计算机控制有良好的人机界面，能适时采集和监测温度值，而且能自动生成温度曲线，可在屏幕和打印机上输出，可随时输出不同时刻各监测点(可测80多个监测点)的温度报表。每次新测数据自动存储在磁盘上，可长期保存。

混凝土温度监测多由专业单位进行，如施工单位自己有设备，也可自行监测。这种监测可做到信息化施工，根据监测结果随时可采取措施，以保证混凝土不出现裂缝。

2. 温控施工的监测与试验

(1)大体积混凝土浇筑体内监测点的布置，应真实地反映混凝土浇筑体内最高温升、里表温差、降温速率及环境温度，可按下列方式布置：

1)监测点的布置范围应以所选混凝土浇筑体平面图对称轴线的半条轴线为测试区，在测试区内的监测点按平面图分层布置；

2)在测试区内，监测点的位置与数量可根据混凝土浇筑体内温度场的分布情况及温控的要求确定；

3)在每条测试轴线上，监测点位不宜少于4处，应根据结构的几何尺寸布置；

4)沿混凝土浇筑体厚度方向，必须布置外表、底面和中心温度监测点，其余监测点宜按间距不大于600 mm布置；

5)保温养护效果及环境温度监测点的数量应根据具体需要确定；

6)混凝土浇筑体的外表温度，宜为混凝土外表以内50 mm处的温度；

7)混凝土浇筑体底面的温度，宜为混凝土浇筑体底面上50 mm处的温度。

(2)测温元件的选择应符合下列规定：

1)测温元件的测温误差不应大于0.3 ℃(25 ℃环境下)；

2)测试范围应为－30 ℃～150 ℃；

3)绝缘电阻应大于500 MΩ。

(3)温度和应变测试元件的安装及保护，应符合下列规定：

1)安装测试元件前，必须确认其在水下1 m处经过24 h浸泡而不损坏；

2)测试元件接头安装位置应准确，固定应牢固，并应与结构钢筋及固定架金属体绝热；

3)测试元件的引出线宜集中布置,并应加以保护;

4)测试元件周围应进行保护,混凝土浇筑过程中,下料时不得直接冲击测试测温元件及其引出线,振捣时,振捣器不得触及测温元件及其引出线。

(4)测试过程中宜及时描绘出各点的温度变化曲线和断面的温度分布曲线。

第四节 大体积混凝土基础结构施工

大体积混凝土结构的施工技术和施工组织都较复杂,施工时应十分慎重,否则容易出现质量事故,造成不必要的损失。组织大体积混凝土结构施工,在模板、钢筋和混凝土工程方面有许多技术问题需要解决。

一、钢筋工程施工

大体积混凝土结构钢筋具有数量多,直径大,分布密,上、下层钢筋高差大等特点。这是它与一般混凝土结构的明显区别。

为使钢筋网片的网格方整划一、间距正确,在进行钢筋绑扎或焊接时,可采用 $4\sim5$ m 长的卡尺(图3-6)限位绑扎。根据钢筋间距在卡尺上设置缺口,绑扎时在长钢筋的两端用卡尺缺口卡住钢筋,待绑扎牢固后拿去卡尺,这样既能满足钢筋间距的质量要求,又能加快绑扎的速度。也可以先绑扎一定间距的纵、横钢筋,校对位置准确,再划线绑扎其他钢筋。钢筋的连接,可采用**气压焊、对接焊、锥螺纹**和**套筒挤压连接**等方法。有一部分粗钢筋要在基坑内底板处进行连接,故多用锥螺纹和套筒挤压连接。

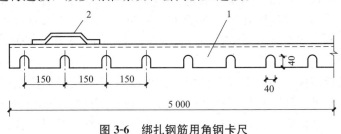

图3-6 绑扎钢筋用角钢卡尺

1—∟ 63×6;2—ϕ12 把手

大体积混凝土结构由于厚度大,多数设计为上、下两层钢筋。为保证上层钢筋的标高和位置准确无误,应设立支架支撑上层钢筋。过去多用钢筋支架,其不仅用钢量大、稳定性差、操作不安全,还难以与上层钢筋保持在同一水平上,因此目前一般采用角钢焊制的支架来支承上层钢筋的质量、控制钢筋的标高、承担上部操作平台的全部施工荷载。钢筋支架立柱的下端焊在钢管桩桩帽上,在上端焊上一段插座管,插入 ϕ48 钢筋脚手管,用横楞和满铺脚手板组成浇筑混凝土用的操作平台,如图3-7所示。

钢筋网片和骨架多在钢筋加工厂加工成型,运到施工现场进行安装,但工地上也要设简易的钢筋加工成型机械,以便对钢筋进行整修和临时补缺加工。

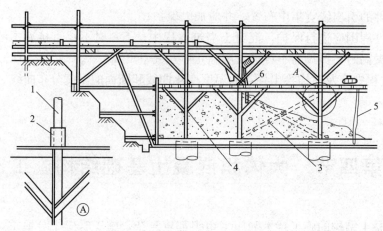

图 3-7　钢筋支架与操作平台

1—φ48 脚手架；2—插座管(内径 φ50)；3—剪刀撑；4—钢筋支架；5—前道振捣；6—后道振捣

二、模板工程施工

模板是保证工程结构外形和尺寸的关键，而混凝土对模板的侧压力是确定模板尺寸的依据。大体积混凝土采用泵送工艺，其特点是速度快、浇筑面集中，它不可能同时将混凝土均匀地分送到浇筑混凝土的各个部位，而是立即使某一部分的混凝土升高很大，然后再移动输送管，依次浇筑另一部分的混凝土。因此，采用泵送工艺的大体积混凝土的模板，不能按传统、常规的办法配置。应根据实际受力状况，对模板和支撑系统等进行计算，以确保模板体系具有足够的强度和刚度。

大体积混凝土结构由于基础垫层面积较大，垫层浇筑后其面层不可能在同一水平面，因此，宜在基础钢模板下端通长铺设一根 50 mm×100 mm 的小方木，用水平仪找平，以确保基础钢模板安装后其上表面能在同一标高上。另外，应沿基础纵向两侧及横向于混凝土浇筑最后结束的一侧，在小方木上开设 50 mm×300 mm 的排水孔，以便将大体积混凝土浇筑时产生的泌水和浮浆排出。

箱形基础的底板模板，多将组合钢模板或钢框胶合板模板按照模板配板设计组装成大块模板进行安装，不足之处以异形模板补充，也可用胶合板加支撑组成底板侧模。

箱形基础的墙、柱模板及顶板模板与上部结构模板相似，可用组合钢模板、钢框胶合板模板及胶合板组成。

大体积混凝土模板工程施工应符合下列要求：

(1)大体积混凝土的模板和支架系统应按国家现行有关标准的规定进行强度、刚度和稳定性验算，同时，还应结合大体积混凝土的养护方法进行保温构造设计。

(2)模板和支架系统在安装、使用和拆除过程中，必须采取防倾覆的临时固定措施。

(3)后浇带或跳仓法留置的竖向施工缝，宜用钢板网、钢丝网或小板条拼接支模，也可用快易收口网进行支挡。"后浇带"的垂直支架系统宜与其他部位分开。

(4)大体积混凝土的拆模时间应满足现行国家有关标准对混凝土强度的要求，混凝土浇筑体表面与大气温差不应大于 20 ℃。当模板作为保温养护措施的一部分时，其拆模时间应根据温控要求确定。

（5）大体积混凝土宜适当延迟拆模时间，拆模后，应采取措施预防寒流袭击、突然降温和剧烈干燥等。

三、混凝土工程施工

高层建筑基础工程的大体积混凝土数量巨大，最适宜用混凝土泵或泵车进行浇筑。

混凝土泵型号的选择，主要根据单位时间需要的浇筑量及泵送距离来确定。基础尺寸不是很大、可用布料杆直接浇筑时，宜选用带布料杆的混凝土泵车。否则，就需要布管，一次伸长至最远处，采用边浇边拆的方式进行浇筑。

混凝土泵或泵车的数量按下式计算，重要工程宜有备用泵：

$$N = \frac{Q}{Q_1 T} \tag{3-18}$$

式中　N——混凝土泵（泵车）台数；

　　　Q——混凝土浇筑数量（m^3）；

　　　Q_1——混凝土泵（泵车）的实际平均输出量（m^3/h）；

　　　T——混凝土泵的施工作业时间（h）。

供应大体积混凝土结构施工用的预拌混凝土，宜用混凝土搅拌运输车供应。混凝土泵不应间断，宜连续供应，以保证顺利泵送。混凝土搅拌运输车台数按下式计算：

$$N_1 = \frac{Q_1}{60 V_1} \left(\frac{60 L_1}{S_0} + T_1 \right) \tag{3-19}$$

$$Q_1 = Q_{max} \alpha_1 \eta$$

式中　N_1——混凝土搅拌运输车台数；

　　　Q_1——每台混凝土泵（泵车）的实际平均输出量（m^3/h）；

　　　V_1——每台混凝土搅拌运输车的装载量（m^3）；

　　　L_1——混凝土搅拌运输车往返的行程（km）；

　　　S_0——混凝土搅拌运输车的平均车速（km/h）；

　　　T_1——每台混凝土搅拌运输车的总计停歇时间（min）；

　　　Q_{max}——每台混凝土泵（泵车）的最大输出量（m^3/h）；

　　　α_1——配管条件系数，取 $0.8 \sim 0.9$；

　　　η——作业效率，根据混凝土搅拌运输车向混凝土泵（泵车）供料的间断时间、拆装混凝土输送管和供料停歇等情况，可取 $0.5 \sim 0.7$。

混凝土泵（泵车）能否顺利泵送，在很大程度上取决于其在平面上的合理布置与施工现场道路的畅通。如利用泵车，宜使其尽量靠近基坑，以扩大布料杆的浇筑半径。混凝土泵（泵车）的受料斗周围宜有能够同时停放两辆混凝土搅拌运输车的场地，这样可轮流向混凝土泵（泵车）供料，调换供料时不至于停歇。如使预拌混凝土工厂中的搅拌机、混凝土搅拌运输车和混凝土泵（泵车）相对固定，则可简化指挥调度，提高工作效率。

混凝土浇筑时应符合下列要求：

（1）大体积混凝土的浇筑应符合下列规定：

1）混凝土浇筑层厚度应根据所用振捣器的作用深度及混凝土的和易性确定，整体连续浇筑时宜为 $300 \sim 500$ mm。

2）整体分层连续浇筑或推移式连续浇筑，应缩短间歇时间，并应在前层混凝土初凝之前将次层混凝土浇筑完毕。层间最长的间歇时间不应大于混凝土的初凝时间。混凝土的初凝时间应通过试验确定。当层间间歇时间超过混凝土的初凝时间时，层面应按施工缝处理。

3）混凝土浇筑宜从低处开始，沿长边方向自一端向另一端进行。当混凝土供应量有保证时，也可多点同时浇筑。

4）混凝土浇筑宜采用二次振捣工艺。

（2）大体积混凝土施工采取分层间歇浇筑时，水平施工缝的处理应符合下列规定：

1）清除浇筑表面的浮浆、软弱混凝土层及松动的石子，并均匀露出粗集料。

2）在上层混凝土浇筑前，应用清水冲洗混凝土表面的污物，充分润湿，但不得有积水。

3）对非泵送及低流动度混凝土，在浇筑上层混凝土时，应采取接浆措施。

（3）在大体积混凝土底板与侧墙相连接的施工缝，当有防水要求时，应采取钢板止水带处理措施。

（4）在大体积混凝土浇筑过程中，应采取防止受力钢筋、定位筋、预埋件等移位和变形的措施，并应及时清除混凝土表面的泌水。

（5）大体积混凝土浇筑面应及时进行二次抹压处理。

由于泵送混凝土的流动性大，如基础厚度不是很大，多采用斜面分层循序推进，一次到顶（图 3-8）。

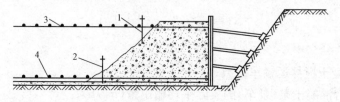

图 3-8 混凝土浇筑与振捣方式示意

1—上一道振动器；2—下一道振动器；3—上层钢筋网；4—下层钢筋网

这种自然流淌形成斜坡的混凝土浇筑方法，能较好地适应泵送工艺。

混凝土的振捣也要适应斜面分层浇筑工艺，一般在每个斜面层的上、下各布置一道振动器。上面一道振动器布置在混凝土卸料处，保证上部混凝土捣实。下面一道振动器布置在近坡脚处，确保下部混凝土密实。随着混凝土浇筑的向前推进，振动器也相应跟上。

大流动性混凝土在浇筑和振捣过程中，上涌的泌水和浮浆会顺着混凝土坡面流到坑底，混凝土垫层在施工时已预先留有一定坡度，可使大部分泌水顺垫层坡度通过侧模底部预留孔排出坑外。少量来不及排除的泌水随着混凝土向前浇筑推进而被赶至基坑顶部，由模板顶部的预留孔排出。

当混凝土大坡面的坡脚接近顶端模板时，改变混凝土浇筑方向，即从顶端往回浇筑，与原斜坡相交成一个集水坑，另外，有意识地加强两侧板模板处的混凝土浇筑强度，这样集水坑就会逐步在中间缩小成水潭，可用软轴泵及时排除。采用这种方法基本上可以排除最后阶段的所有泌水（图 3-9）。

大体积混凝土（尤其用泵送混凝土）的表面水泥浆较厚，在浇筑后要进行处理。一般先初步按设计标高用长刮尺刮平，然后在初凝前用铁滚筒碾压数遍，再用木槎打磨压实，以闭合收水裂缝，经 12 h 左右再用草袋覆盖，充分浇水湿润养护。

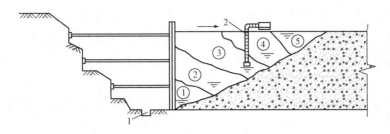

图 3-9 泌水排除与顶端混凝土浇筑方向

①~⑤表示分层浇筑流程，箭头表示顶端混凝土浇筑方向

1—排水沟；2—软轴泵

四、特殊气候条件下施工

(1)大体积混凝土施工遇炎热、冬期、大风或雨雪天气时，必须采用保证混凝土浇筑质量的技术措施。

(2)在炎热天气下浇筑混凝土时，宜采用遮盖、洒水、拌冰等降低混凝土原材料温度的措施，混凝土入模温度宜控制在 30 ℃以下。混凝土浇筑后，应及时进行保湿保温养护，条件许可时，应避开在高温时段浇筑混凝土。

(3)冬期浇筑混凝土时，宜采用热水拌和、加热骨料等提高混凝土原材料温度的措施，混凝土入模温度不宜低于 5 ℃。混凝土浇筑后，应及时进行保温保湿养护。

(4)在大风天气下浇筑混凝土时，对作业面应采取挡风措施，并应增加混凝土表面的抹压次数，还要及时覆盖塑料薄膜和保温材料。

(5)在雨雪天不宜露天浇筑混凝土，当需要施工时，应采取确保混凝土质量的措施。在浇筑过程中突遇大雨或大雪天气时，应及时在结构合理部位留置施工缝，并应尽快中止混凝土浇筑；对已浇筑但未硬化的混凝土应立即进行覆盖，严禁雨水直接冲刷新浇筑的混凝土。

本章小结

由于高层建筑荷载大，在高层建筑的基础工程中，常采用混凝土体积较大的箱形基础或筏形基础，桩基的上部也有厚度较大的承台。这种大体积混凝土结构具有结构厚、体积大、钢筋密、混凝土数量多、工程条件复杂和施工技术要求高等特点。本章主要介绍大体积混凝土裂缝的控制措施、大体积混凝土基础结构施工等。

思考与练习

一、单项选择题

1. 宽度不小于(　　)mm 的裂缝是肉眼可见的裂缝，称为"宏观裂缝"。

    A. 0.03　　　　　　B. 0.04　　　　　　C. 0.05　　　　　　D. 0.06

2. 室内潮湿环境、非严寒和非寒冷地区的露天环境、非严寒和非寒冷地区与无侵蚀性的水或土壤直接接触的环境、严寒和寒冷地区的冰冻线以下与无侵蚀性的水或土壤直接接触的环境应为（　　）环境。

    A. 一　　　　　　　　B. 二 a　　　　　　　C. 二 b　　　　　　　D. 三 a

3. 水泥在水化过程中要产生一定的热量，（　　）是大体积混凝土内部热量的主要来源。

    A. 搅拌　　　　　　　B. 混合　　　　　　　C. 水化　　　　　　　D. 加热

4. （　　）是当结构截面较厚时，其内部温度和湿度分布不均匀引起各质点变形不同而产生的相互约束。

    A. 自由体　　　　　　B. 内约束　　　　　　C. 全约束　　　　　　D. 弹性约束

5. 在温度变化时，混凝土(砖砌体)结构的伸长或缩短的变形值与（　　）成正比例关系。

    A. 长度、温度　　　　B. 长度、时间　　　　C. 时间、温度　　　　D. 长度、用量

6. （　　）是反映混凝土在单位时间内热量扩散的一项综合指标。

    A. 混凝土的热扩散系数　　　　　　　　B. 混凝土比热容

    C. 混凝土导热系数　　　　　　　　　　D. 混凝土热膨胀系数

二、多项选择题

1. 大体积混凝土内出现的裂缝，按其深度一般可分为（　　）。

    A. 表面裂缝　　　　　B. 基础裂缝　　　　　C. 深层裂缝　　　　　D. 贯穿裂缝

2. 结构之间的外约束分为（　　）。

    A. 自由体　　　　　　B. 全约束　　　　　　C. 弹性约束　　　　　D. 条件约束

3. 影响导热系数的主要因素是（　　）。

    A. 骨料的用量　　　　　　　　　　　　B. 骨料本身的热工性能

    C. 骨料的大小　　　　　　　　　　　　D. 混凝土的温度及其含水量

4. 大体积混凝土结构引起裂缝的主要原因是（　　）。

    A. 混凝土的导热性能较差

    B. 水泥水化热的大量积聚

    C. 混凝土出现早期温升和后期降温现象

    D. 混凝土骨料的用量太大

5. 混凝土温度监测系统包括（　　）等。

    A. 温度传感器　　　　B. 信号放大装置　　　C. 变换装置　　　　　D. 时间记录装置

三、简答题

1. 大体积混凝土裂缝产生的主要原因有哪些？

2. 大体积混凝土裂缝的控制措施有哪些？

3. 泵送性能良好的混凝土拌合物应具备哪几种特性？

4. 什么是"后浇带"合理分段施工？

5. 大体积钢筋工程施工有什么要求？

6. 大体积混凝土模板工程施工应符合哪些要求？

7. 在特殊气候条件下施工有哪些要求？

第四章 高层建筑脚手架与垂直运输设备

能力目标

(1)能根据现场条件正确选择脚手架；能进行各种脚手架的安装、使用和拆除。

(2)能进行塔式起重机的装拆，能安全操作塔式起重机。

(3)懂得如何选用高层建筑施工机具并能安全操作。

知识目标

(1)了解液压升降整体脚手架的构造，掌握其安装、使用与拆除。

(2)了解碗扣式钢管脚手架的构造，掌握其搭设与拆除。

(3)了解门式钢管脚手架的构造，掌握其搭设与拆除。

(4)了解工具式脚手架的构造，掌握其搭设与拆除。

(5)了解高处作业的一般规定，掌握洞口、临边、高险、交叉作业的安全防护技术。

(6)了解塔式起重机的分类，掌握塔式起重机的装拆程序、操作要求及安全要求。

(7)了解施工外用电梯的常见类型，掌握施工外用电梯的选用方法及使用要求。

(8)了解混凝土搅拌运输车的分类与构造，掌握混凝土搅拌运输车的选用与使用要求。

(9)了解泵送混凝土施工机械的分类、构造与选用，掌握泵送混凝土施工机械的原理。

第一节　高层建筑施工脚手架

在高层建筑施工中，脚手架占有很重要的位置，它的选用对施工安全、工程质量、施工进度、工程成本都将产生极大的影响。

高层建筑施工用脚手架的特点是：层数多、荷载大、安全性要求高、使用量大、施工使用周期长、需用大量材料、服务对象多、搭设要求严、技术较为复杂等。因此，在施工中必须针对这些特点，严格做好脚手架的选型、设计计算、构造设计以及安全防护等工作，并编制好施工组织设计，精心组织实施，以确保工程顺利进行，并取得良好的经济效益。

高层建筑施工中的脚手架种类很多，常用的有液压升降整体脚手架、碗扣式钢管脚手架、门式钢管脚手架、工具式脚手架等，可根据建筑物的具体要求、现场工具设备条件、各地的操作习惯以及技术经济效果等加以选用。

一、液压升降整体脚手架

液压升降整体脚手架指依靠液压装置，附着在建(构)筑物上，实现整体升降的脚手架。其架体结构如图 4-1 所示，其架体结构尺寸应符合下列要求：

(1)架体结构高度不应大于 5 倍楼层高；

(2)架体全高与支承跨度的乘积不应大于 110 m²；

(3)架体宽度不应大于 1.2 m；

(4)直线布置的架体支承跨度不应大于 8 m，折线或曲线布置的架体中心线处支承跨度不应大于 5.4 m；

(5)水平悬挑长度不应大于跨度的 1/2，且不得大于 2 m；

(6)当两主框架之间架体的立杆作承重架时，纵距应小于 1.5 m，纵向水平杆的步距不应大于 1.8 m。

液压升降整体脚手架
安全技术规程

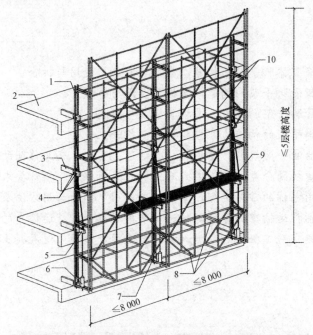

图 4-1 液压升降整体脚手架总装配示意(单位：mm)

1—竖向主框架；2—建筑结构混凝土楼面；3—附着支承结构；
4—导向及防倾覆装置；5—悬臂(吊)梁；6—液压升降装置；
7—防坠落装置；8—水平支承结构；9—工作脚手架；10—架体结构

(一)一般规定

(1)技术人员和专业操作人员应熟练掌握液压升降整体脚手架的技术性能及安全要求。

(2)遇到雷雨、大雾、大雪、6 级及以上大风天气时，必须停止施工。架体上人员应对设备、工具、零散材料、可移动的铺板等进行整理、固定，并应做好防护，全部人员撤离后应立即切断电源。

（3）液压升降整体脚手架施工区域内应有防雷设施，并应设置相应的消防设施。

（4）在液压升降整体脚手架的安装、升降、拆除过程中，应统一指挥，在操作区域应设置安全警戒。

（5）液压升降整体脚手架的安装、升降、使用、拆除作业，应符合现行行业标准《建筑施工高处作业安全技术规范》(JGJ 80—2016)的有关规定。

（6）液压升降整体脚手架施工用电应符合现行行业标准《施工现场临时用电安全技术规范》(JGJ 46—2005)的有关规定。

（7）在升降过程中作业人员必须撤离工作脚手架。

（二）液压升降整体脚手架的安装

（1）液压升降整体脚手架应由有资质的安装单位施工。

（2）安装单位应核对脚手架搭设构（配）件、设备及周转材料的数量、规格，查验产品质量合格证、材质检验报告等文件资料。构（配）件、设备、周转材料应符合下列规定：

1）钢管应符合现行国家标准《直缝电焊钢管》(GB/T 13793—2016)的规定；

2）钢管脚手架的连接扣件应采用可锻铸铁制作，其材质应符合现行国家标准《钢管脚手架扣件》(GB 15831—2006)的规定，且在螺栓拧紧的扭力矩达到 65 N·m 时，不得发生破坏；

3）脚手板应采用钢、木、竹材料制作，其材质应符合相应的国家现行标准的有关规定；

4）安全围护材料及辅助材料应符合相应的国家现行标准的有关规定。

（3）应核实预留螺栓孔或预埋件的位置和尺寸。

（4）应查验竖向主框架、水平支承、附着支承、液压升降装置、液压控制台、油管、各液压元件、防坠落装置、防倾覆装置、导向部件的数量和质量。

（5）应设置安装平台，安装平台应能承受安装时的垂直荷载。高度偏差应小于 20 mm，水平支承底平面高差应小于 20 mm。

（6）架体的垂直度偏差应小于架体全高的 0.5%，且不应大于 60 mm。

（7）在安装过程中竖向主框架与建筑结构间应采取可靠的临时固定措施，确保竖向主框架稳定。

（8）架体底部应铺设脚手板，脚手板与墙体间隙不应大于 50 mm，操作层脚手板应满铺、铺牢，孔洞直径宜小于 25 mm。

（9）剪刀撑斜杆与地面的夹角应为 45°～60°。

（10）在每个竖向主框架所覆盖的每一楼层处应设置一道附着支承及防倾覆装置。

（11）防坠落装置应设置在竖向主框架处，防坠吊杆应附着在建筑结构上，且必须与建筑结构可靠连接。每一升降点应设置一个防坠落装置，且在使用和升降工况下都必须起作用。

（12）防坠落装置与液压升降装置联动机构的安装，应先使液压升降装置处于受力状态，调节螺栓，将防坠落装置打开，防坠杆件应能自由地在装置中间移动；当液压升降装置处于失力状态时，防坠落装置应能锁紧防坠杆件。

（13）在竖向主框架位置设置上、下两个防倾覆装置后，才能安装竖向主框架。

（14）液压升降装置应安装在竖向主框架上，并应有可靠的连接。

（15）控制台应布置在所有机位的中心位置，两边均设排油管；油管应固定在架体上，应有防止碰撞的措施，转角处应圆弧过渡。

(16)在额定工作压力下，应保压 30 min，所有的管接头滴漏总量不得超过 3 滴油。

(17)架体的外侧防护应采用安全密目网，安全密目网应布设在外立杆内侧。

(18)液压升降整体脚手架安装后应按表 4-1 的要求进行验收。

表 4-1　液压升降整体脚手架安装后验收表

工程名称		结构形式	
建筑面积		机位布置情况	
总包单位		安拆单位	
监理单位		验收日期	

序号	检查项目	标　准	检查结果
1★	相邻竖向主框架的高差	≤30 mm	
2★	竖向主框架及导轨的垂直度偏差	≤0.5% 且≤60 mm	
3★	预埋穿墙螺栓孔或预埋件中心的误差	≤15 mm	
4★	架体底部脚手板与墙体间隙	≤50 mm	
5	节点板的厚度	≥6 mm	
6	剪刀撑斜杆与地面的夹角	45°～60°	
7★	操作层脚手板应铺满、铺牢，孔洞直径	≤25 mm	
8★	连接螺栓的拧紧扭力矩	40～65 N·m	
9★	防松措施	双螺母	
10★	附着支承在建(构)筑物上连接处的混凝土强度	≥C10	
11	架体全高	≤5 倍楼层高度	
12	架体宽度	≤1.2 mm	
13	架体全高×支承跨度	≤110 m²	
14	支承跨度直线型	≤8 m	
15	支承跨度折线型或曲线型	≤5.4 m	
16	水平悬挑长度	≤2 m； ≤1/2 跨度	
17	使用工况上端悬臂高度	≤2/5 架体高度； ≤6 m	
18	防坠落装置制动距离	≤80 m	
19★	在竖向主框架位置的最上附着支承和最下附着支承的间距	≥5.6 mm	
20	垫板尺寸	≥100 mm×100 mm× 10 mm	
21★	防倾覆装置与导轨之间的间隙	≤8 mm	
22	液压升降装置承受额定荷载 48 h	滑移量≤1 mm	
23	液压升降装置施压 20 MPa，保压 15 min	无异常	
24	液压升降装置锁紧力，上、下锁紧油缸在 8 MPa 压力承载工况下	锁紧不滑移	

	工程名称			结构形式	
25	承受荷载，液压系统失压 36 h			载移不滑移	
26	在额定工作压力下，保压 30 min，所有的管路接头滴漏量			≤3 滴油	
27	防护栏杆			在 0.6 m 和 1.2 m 两道	
28	挡脚板高度			≥180 mm	
29	顶层防护栏杆高度			≥1.5 m	
检查结论					

检查人签字	总包单位项目经理	安拆单位负责人	安全员	机械管理员

符合要求，同意使用(   )　　　　　　　　　　　不符合要求，不同意使用(   )

总监理工程师(签字)

年 月 日

注：表中带"★"检查项目为每月检查内容。

(三)液压升降整体脚手架的升降

(1)液压升降整体脚手架提升或下降前应按表 4-2 的要求进行检查，检查合格后方能发布升降令。

表 4-2　液压升降整体脚手架升降前准备工作检查表

	工程名称		升降层次	
	建筑面积		机位布置情况	
	总包单位		安拆单位	
	监理单位		日期	

序号	检查项目	标　准	检查结果
1	安装最上附着支承处结构混凝土强度	≥C10	
2	液压动力系统的控制柜	设置在楼层上	
3	防坠吊杆与建筑结构连接	可靠	
4	防坠落装置工作状态	正常	
5	竖向主框架位置的最上附着支承和最下附着支承的间距	≥2.8 m 或≥1/4 架体高度	
6	防倾覆装置与导轨的间隙	≤8 mm	

	工程名称		升降层次	
7	架体的垂直度偏差		≤0.5%架体全高； ≤60 mm	
8	额定荷载失载30%时		报警停机	
9	额定荷载失载70%时		报警停机	
10	升降行程范围		无伸出墙面外的障碍物	
11	专业操作人员		持证上岗	
12	垂直立面与地面		进行警戒	
13	架体上		无杂物及人员	
检查结论				
检查人签字	安拆单位负责人	安全员	机械管理员	

符合要求，同意使用(　　) 　　　　　　　　　　　不符合要求，不同意使用(　　)

项目经理(签字)

年　月　日

（2）在液压升降整体脚手架升降过程中，应设立统一信号，统一指挥。参与的作业人员必须服从指挥，确保安全。

（3）升降时应进行检查，并应符合下列要求：

1）液压控制台的压力表、指示灯、同步控制系统的工作情况应无异常现象；

2）各个机位建筑结构受力点的混凝土墙体或预埋件应无异常变化；

3）各个机位的竖向主框架、水平支承结构、附着支承结构、导向、防倾覆装置、受力构件应无异常现象；

4）各个防坠落装置的开启情况和失力锁紧工作应正常。

（4）当发现异常现象时，应停止升降工作。查明原因、隐患排除后，方可继续进行升降工作。

（四）液压升降整体脚手架的使用

（1）液压升降整体脚手架提升或下降到位后，应按表4-3的要求进行检查，检查合格后方可使用。

表 4-3　液压升降整体脚手架升降后使用前安全检查表

工程名称			结构层次	
建筑面积			机位布置情况	
总包单位			安拆单位	
监理单位			日期	

序号	检查项目	标　准	检查结果
1	整体脚手架的垂直荷载	建筑物受力	
2	液压升降装置	非工作状态	
3	防坠落装置	工作状态	
4	最上一道防倾覆装置	可靠牢固	
5	架体底层脚手板与墙体的间隙	≤50 mm	
6	在竖向主杠架位置的最上附着支承和最下附着支承的间距	≥5.6 m 或 ≥1/2 架体高度	

检查结论	

检查人签字	安拆单位负责人	安全员	机械管理员	

符合要求，同意使用(　　　)　　　　　　　　　　　不符合要求，不同意使用(　　　)

项目经理(签字)

年　月　日

（2）在使用过程中严禁下列违章作业：

1）架体上超载、集中堆载；

2）利用架体作为吊装点和张拉点；

3）利用架体作为施工外模板的支模架；

4）拆除安全防护设施和消防设施；

5）碰撞构件或扯动架体；

6）其他影响架体安全的违章作业。

（3）施工作业时，应有足够的照度。

（4）液压升降整体脚手架在使用过程中，应每个月进行一次检查，并应符合表 4-1 的要求，检查合格后方可继续使用。

（5）作业期间，应每天清理架体、设备、构配件上的混凝土、尘土和建筑垃圾。

（6）每完成一个单体工程，应对液压升降整体脚手架部件、液压升降装置、控制设备、防坠落装置等进行保养和维修。

（7）液压升降整体脚手架的部件及装置出现下列情况之一时，应予以报废：

1）焊接结构件严重变形或严重锈蚀；

2）螺栓发生严重变形、严重磨损、严重锈蚀；

3）液压升降装置主要部件损坏；

4）防坠落装置的部件发生明显变形。

(五)液压升降整体脚手架的拆除

（1）液压升降整体脚手架的拆除工作应按专项施工方案执行，并应对拆除人员进行安全技术交底。

（2）液压升降整体脚手架的拆除工作宜在低空进行。

（3）拆除后的材料应随拆随运，分类堆放，严禁抛掷。

二、碗扣式钢管脚手架

碗扣式钢管脚手架又称多功能碗扣型脚手架，是我国参考国外同类型脚手架接头和配件构造自行研制而成的一种多功能脚手架。该种脚手架由钢管立管、横管、碗扣接头组成。其核心部件为碗扣接头，由上、下碗扣，横杆接头和限位销等组成(图 4-2)。

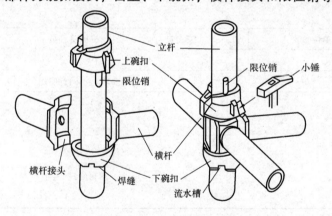

建筑施工碗扣式钢管脚手架安全技术规范

图 4-2　碗扣接头构造示意

在立杆上焊接下碗扣和上碗扣的限位销，上、下碗扣和限位销的间距为 600 mm，将上碗扣套入立杆内。在横杆和斜杆上焊接插头。组装时，将上碗扣的缺口对准限位销后，即可将上碗扣拉起(沿立杆向上滑动)，把横杆接头插入下碗扣圆槽内，随后将上碗扣沿限位销滑下，并顺时针旋转以扣紧横杆接头(用小锤敲击几下即可达到扣紧要求)，利用限位销固定上碗扣即可。碗扣接头可同时连接四根横杆，横杆可以互相垂直或偏转一定角度，可组成直线形、曲线形、直角交叉形以及其他形式。脚手架的主要配件共有 8 种，辅助配件共有 17 种，另外，还配有多种不同功能的辅助构件，如可调的底座和托撑、脚手板、架梯、挑梁、悬挑架、提升滑轮、安全网支架等。

碗扣接头具有很好的强度和刚度。下碗扣轴向抗剪极限强度为 166.7 kN，上碗扣偏心的极限强度为 42 kN；横杆接头的抗弯能力，在跨中集中荷载作用下为 6～9 kN·m。

碗扣式脚手架具有结构简单、构造合理、杆件全部轴向连接、力学性能和整体稳定性好、工作安全可靠、构件轻、零部件少、装拆方便、操作容易、作业劳动强度低、损耗率低、同时可使用一般钢管脚手架进行改制等优点，适用于高层建筑结构施工和装修作业。

(一)地基与基础处理

(1)脚手架基础必须按专项施工方案进行施工，按基础承载力要求进行验收。

(2)当地基高低差较大时，可利用立杆 0.6 m 节点位差进行调整。

(3)土层地基上的立杆应采用可调底座和垫板。

(4)双排脚手架立杆基础验收合格后，应按专项施工方案的设计进行放线定位。

(二)双排脚手架的搭设

(1)底座和垫板应准确地放置在定位线上；垫板宜采用长度大于立杆二跨、厚度不小于 50 mm 的木板；底座的轴心线应与地面垂直。

(2)双排脚手架的搭设应按立杆、横杆、斜杆、连墙件的顺序逐层搭设，底层水平框架的纵向直线度偏差应小于 1/200 架体长度，横杆间水平度偏差应小于 1/400 架体长度。

(3)双排脚手架的搭设应分阶段进行，每段搭设后必须经检查验收合格后方可投入使用。

(4)双排脚手架的搭设应与建筑物的施工同步上升，并应高于作业面 1.5 m。

(5)当双排脚手架高度 H 小于或等于 30 m 时，垂直度偏差应小于或等于 $H/500$；当高度 H 大于 30 m 时，垂直度偏差应小于或等于 $H/1\,000$。

(6)当双排脚手架内外侧加挑梁时，在一跨挑梁范围内施工操作人员不得超过一名，并且严禁堆放物料。

(7)连墙件必须随双排脚手架的升高及时在规定的位置处设置，严禁任意拆除。

(8)作业层设置应符合下列规定：

1)脚手板必须铺满、铺实，外侧应设 180 mm 挡脚板及 1 200 mm 高两道防护栏杆；

2)防护栏杆应在立杆 0.6 m 和 1.2 m 的碗扣接头处搭设两道；

3)作业层下部的水平安全网设置应符合现行行业标准《建筑施工安全检查标准》(JGJ 59－2011)的规定。

(9)当采用钢管扣件作加固件、连墙件、斜撑时，应符合现行行业标准《建筑施工扣件式钢管脚手架安全技术规范》(JGJ 130－2011)的有关规定。

(三)双排脚手架的拆除

(1)双排脚手架拆除时，必须按专项施工方案，在专人统一指挥下进行。

(2)拆除作业前，施工管理人员应对操作人员进行安全技术交底。

(3)拆除双排脚手架时必须划出安全区，并设置警戒标志，派专人看守。

(4)拆除前应清理脚手架上的器具及多余的材料和杂物。

(5)拆除作业应从顶层开始，逐层向下进行，严禁上、下层同时拆除。

(6)连墙件必须在双排脚手架拆到该层时方可拆除，严禁提前拆除。

(7)拆除的构配件应采用起重设备吊运或人工传递到地面，严禁抛掷。

(8)当双排脚手架采取分段、分立面拆除时，必须事先确定分界处的技术处理方案。

(9)拆除的构配件应分类堆放，以便于运输、维护和保管。

(四)模板支撑架的搭设与拆除

(1)模板支撑架的搭设应按专项施工方案，在专人指挥下统一进行。

(2)应按施工方案弹线定位，放置底座后应分别按"先立杆后横杆再斜杆"的顺序搭设。

(3)在多层楼板上连续设置模板支撑架时，应保证上、下层支撑立杆在同一轴线上。

(4)模板支撑架的拆除应符合现行国家标准《混凝土结构工程施工质量验收规范》(GB 50204—2015)中混凝土强度的有关规定。

(5)架体拆除应按施工方案设计的顺序进行。

(五)碗扣式钢管脚手架使用安全管理

(1)作业层上的施工荷载应符合设计要求，不得超载，不得在脚手架上集中堆放模板、钢筋等物料。

(2)混凝土输送管、布料杆、缆风绳等不得固定在脚手架上。

(3)遇六级及以上大风、雨雪、大雾天气时，应停止脚手架的搭设与拆除作业。

(4)脚手架使用期间，严禁擅自拆除架体结构杆件；如需拆除，必须先制定修改施工方案并报请原方案审批人批准，确定补救措施后方可实施。

(5)严禁在脚手架基础及邻近处进行挖掘作业。

(6)脚手架应与输电线路保持安全距离，施工现场临时用输电线路架设及脚手架接地防雷措施等应按现行行业标准《施工现场临时用电安全技术规范》(JGJ 46—2005)的有关规定执行。

(7)搭设脚手架的人员必须持证上岗。上岗人员应定期体检，合格者方可持证上岗。

(8)搭设脚手架的人员必须戴安全帽、系安全带、穿防滑鞋。

三、门式钢管脚手架

门式钢管脚手架也称门型脚手架，属于框组式钢管脚手架的一种，于20世纪80年代初由国外引进我国，是国际上应用最为普遍的脚手架之一。门式钢管脚手架是由门架、交叉支撑、连接棒、挂扣式脚手板或水平架、锁臂等组成基本结构，再设置水平加固杆、剪刀撑、扫地杆、封口杆、托座与底座，并采用连墙件与建筑物主体结构相连的一种标准化钢管脚手架，如图4-3所示。

建筑施工门式钢管脚
手架安全技术规范

这种脚手架的搭设高度一般限制在35 m以内，采取一定加固措施后可达60 m。架高在40～60 m范围内，结构架可一层同时操作，装修架可两层同时操作；架高在19～38 m范围内，结构架可两层同时操作，装修架可三层同时作业；架高在17 m以下，结构架可三层同时作业，装修架可四层同时作业。

施工荷载限定为：均布荷载结构架为3.0 kN/m²，装修架为2.0 kN/m²，架上不应走手推车。

(一)地基与基础要求

(1)门式钢管脚手架与模板支架的地基承载力应经计算确定，在搭设时，根据不同地基土质和搭设高度条件，应符合表4-4的规定。

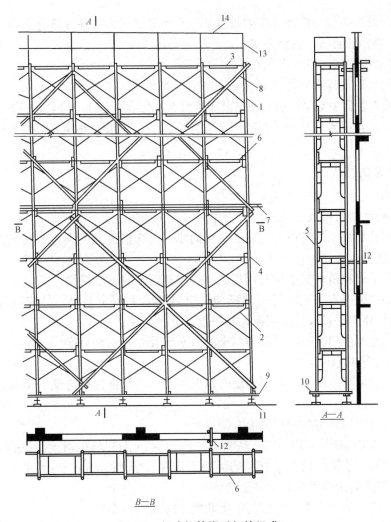

图 4-3　门式钢管脚手架的组成

1—门架；2—交叉支撑；3—挂扣式脚手板；4—连接棒；5—锁臂；6—水平架；7—水平加固杆；
8—剪刀撑；9—扫地杆；10—封口杆；11—可调底座；12—连墙杆；13—栏杆柱；14—栏杆扶手

表 4-4　地基要求

搭设高度 /m	地　基　要　求		
	中低压缩性且压缩性均匀	回填土	高压缩性或压缩性不均匀
≤24	夯实原土，干重力密度要求为 15.5 kN/m³。立杆底座置于面积不小于 0.075 m² 的垫木上	土夹石或素土回填夯实，立杆底座置于面积不小于 0.10 m² 的垫木上	夯实原土，铺设通长垫木
>24 且 ≤40	垫木面积不小于 0.10 m²，其余同上	砂夹石回填夯实，其余同上	夯实原土，在搭设地面满铺 C15 混凝土，厚度不小于 150 mm
>40 且 ≤55	垫木面积不小于 0.15 m² 或铺通长垫木，其余同上	砂夹石回填夯实，垫木面积不小于 0.15 m² 或铺通长垫木	夯实原土，在搭设地面满铺 C15 混凝土，厚度不小于 200 mm
注：垫木厚度不小于 50 mm，宽度不小于 200 mm；通长垫木的长度不小于 1 500 mm。			

(2)门式钢管脚手架与模板支架的搭设场地必须平整坚实，并应符合下列规定：

1)回填土应分层回填，逐层夯实；

2)场地排水应顺畅，不应有积水。

(3)搭设门式钢管脚手架的地面标高宜高于自然地坪标高50～100 mm。

(4)当门式钢管脚手架与模板支架搭设在楼面等建筑结构上时，门架立杆下宜铺设垫板。

(5)在搭设前，应先在基础上弹出门架立杆位置线，垫板、底座安放位置应准确，标高应一致。

(二)脚手架的搭设

1. 搭设程序

门式钢管脚手架与模板支架的搭设程序应符合下列规定：

(1)门式钢管脚手架的搭设应与施工进度同步，一次搭设高度不宜超过最上层连墙件两步，且自由高度不应大于 4 m；

(2)满堂脚手架和模板支架应采用逐列、逐排和逐层的方法搭设；

(3)门架的组装应自一端向另一端延伸，应自下而上按步架设，并应逐层改变搭设方向，不应自两端相向搭设或自中间向两端搭设；

(4)每搭设完两步门架后，应校验门架的水平度及立杆的垂直度。

2. 门架及配件的搭设

(1)门架应能配套使用，在不同的组合情况下，均应保证连接方便、可靠，且应具有良好的互换性。

(2)不同型号的门架与配件严禁混合使用。

(3)上、下两榀门架立杆应在同一轴线位置上，门架立杆轴线的对接偏差不应大于 2 mm。

(4)门式钢管脚手架的内侧立杆离墙面净距不宜大于 150 mm；当大于 150 mm 时，应采取内设挑架板或其他隔离防护的安全措施。

(5)门式钢管脚手架顶端栏杆宜高出女儿墙上端或檐口上端 1.5 m。

(6)配件应与门架配套，并应与门架连接可靠。

(7)门架的两侧应设置交叉支撑，并应与门架立杆上的锁销锁牢。

(8)上、下两榀门架的组装必须设置连接棒，连接棒与门架立杆的配合间隙不应大于 2 mm。

(9)门式钢管脚手架上、下榀门架之间应设置锁臂，当采用插销式或弹销式连接棒时，可不设锁臂。

(10)门式钢管脚手架作业层应连续满铺与门架配套的挂扣式脚手板，并应有防止脚手板松动或脱落的措施。当脚手板上有孔洞时，孔洞的内切圆直径不应大于 25 mm。

(11)底部门架的立杆下端宜设置固定底座或可调底座。

(12)可调底座和可调托座的调节螺杆直径不应小于 35 mm，可调底座的调节螺杆伸出长度不应大于 200 mm。

(13)交叉支撑、脚手板应与门架同时安装。

(14)连接门架的锁臂、挂钩必须处于锁住状态。

(15)钢梯的设置应符合专项施工方案组装布置图的要求，底层钢梯底部应加设钢管并应采用扣件扣紧在门架立杆上。

(16)在施工作业层外侧周边应设置 180 mm 高的挡脚板和两道栏杆,上道栏杆高度应为 1.2 m,下道栏杆应居中设置。挡脚板和栏杆均应设置在门架立杆的内侧。

3. 加固件的搭设

(1)门式钢管脚手架剪刀撑的设置必须符合下列规定:

1)当门式钢管脚手架搭设高度在 24 m 及以下时,在脚手架的转角处、两端及中间间隔不超过 15 m 的外侧立面必须各设置一道剪刀撑,并应由底至顶连续设置。

2)当脚手架搭设高度超过 24 m 时,在脚手架全外侧立面上必须设置连续剪刀撑。

3)对于悬挑脚手架,在脚手架全外侧立面上必须设置连续剪刀撑。

(2)剪刀撑的构造应符合下列规定:

1)剪刀撑斜杆与地面的倾角宜为 45°～60°。

2)剪刀撑应采用旋转扣件与门架立杆扣紧。

3)剪刀撑斜杆应采用搭接方式接长,搭接长度不宜小于 1 000 mm,搭接处应采用 3 个及 3 个以上旋转扣件扣紧。

4)每道剪刀撑的宽度不应大于 6 个跨距,且不应大于 10 m;也不应小于 4 个跨距,且不应小于 6 m。设置连续剪刀撑的斜杆水平间距宜为 6～8 m。

(3)门式钢管脚手架应在门架两侧的立杆上设置纵向水平加固杆,并应采用扣件与门架立杆扣紧。水平加固杆的设置应符合下列要求:

1)在顶层、连墙件设置层必须设置水平加固杆。

2)当脚手架铺设挂扣式脚手板时,至少每 4 步应设置一道,并宜在有连墙件的水平层设置。

3)当脚手架搭设高度小于或等于 40 m 时,至少每两步门架应设置一道;当脚手架搭设高度大于 40 m 时,每步门架应设置一道。

4)在脚手架的转角处、开口型脚手架端部的两个跨距内,每步门架应设置一道。

5)悬挑脚手架每步门架应设置一道。

6)在纵向水平加固杆设置层面上应连续设置。

(4)门式钢管脚手架的底层门架下端应设置纵、横向通长的扫地杆。纵向扫地杆应固定在距门架立杆底端不大于 200 mm 处的门架立杆上,横向扫地杆宜固定在紧靠纵向扫地杆下方的门架立杆上。

(5)水平加固杆、剪刀撑等加固杆件必须与门架同步搭设。

(6)水平加固杆应设于门架立杆内侧,剪刀撑应设于门架立杆外侧。

4. 连墙件的安装

(1)连墙件设置的位置、数量应按专项施工方案确定,并应按确定的位置设置预埋件。

(2)在门式钢管脚手架的转角处或开口型脚手架端部,必须增设连墙件,连墙件的垂直间距不应大于建筑物的层高,且不应大于 4.0 m。

(3)连墙件应靠近门架的横杆设置,距门架横杆不宜大于 200 mm。连墙件应固定在门架的立杆上。

(4)连墙件宜水平设置,当不能水平设置时,与脚手架连接的一端应低于与建筑结构连接的一端,连墙杆的坡度宜小于 1∶3。

(5)连墙件的安装必须随脚手架的搭设同步进行,严禁滞后安装。

(6)当脚手架操作层高出相邻连墙件以上两步时，在连墙件安装完毕前必须采用确保脚手架稳定的临时拉结措施。

5. 通道口的设置

(1)门式钢管脚手架通道口高度不宜大于 2 个门架高度，宽度不宜大于 1 个门架跨距。

(2)门式钢管脚手架通道口应采取加固措施，并应符合下列规定：

1)当通道口宽度为一个门架跨距时，在通道口上方的内外侧应设置水平加固杆，水平加固杆应延伸至通道口两侧各一个门架跨距，并在两个上角内外侧均应加设斜撑杆。

2)当通道口宽为两个及两个以上跨距时，在通道口上方应设置经专门设计和制作的托架梁，并应加强两侧的门架立杆。

(3)门式钢管脚手架通道口的搭设应符合规定的要求，斜撑杆、托架梁及通道口两侧的门架立杆加强杆件应与门架同步搭设，严禁滞后安装。

6. 斜梯的设置

(1)作业人员上、下脚手架的斜梯应采用挂扣式钢梯，并宜采用"之"字形设置，一个梯段宜跨越两步或三步门架再行转折。

(2)钢梯规格应与门架规格配套，并应与门架挂扣牢固。

(3)钢梯应设栏杆扶手、挡脚板。

7. 扣件的连接

加固杆、连墙件等杆件与门架采用扣件连接时，应符合下列规定：

(1)扣件规格应与所连接钢管的外径匹配。

(2)扣件螺栓拧紧扭力矩值应为 40～65 N·m。

(3)杆件端头伸出扣件盖板边缘的长度不应小于 100 mm。

(三)脚手架的拆除

(1)架体的拆除应按拆除方案施工，并应在拆除前做好下列准备工作：

1)应对将拆除的架体进行拆除前的检查；

2)根据拆除前的检查结果补充并完善拆除方案；

3)清除架体上的材料、杂物及作业面上的障碍物。

(2)拆除作业必须符合下列规定：

1)架体的拆除应从上而下逐层进行，严禁上、下同时作业。

2)同一层的构配件和加固杆件必须按照先上后下、先外后内的顺序进行拆除。

3)连墙件必须随脚手架逐层拆除，严禁先将连墙件整层或数层拆除后再拆架体。拆除作业过程中，当架体的自由高度大于两步时，必须加设临时拉结。

4)连接门架的剪刀撑等加固杆件必须在拆卸该门架时拆除。

(3)拆卸连接部件时，应先将止退装置旋转至开启位置，然后拆除，不得硬拉，严禁敲击。拆除作业中，严禁使用手锤等硬物击打、撬动。

(4)当门式钢管脚手架需分段拆除时，架体不拆除部分的两端应按规定采取加固措施后再行拆除。

(5)门架与配件应采用机械或人工运至地面，严禁抛投。

(6)拆卸的门架与配件、加固杆等不得集中堆放在未拆架体上，应及时检查、整修与保养，并宜按品种、规格分别存放。

(四)检查与验收

1. 搭设的检查与验收

(1)搭设前,对脚手架的地基与基础应进行检查,经验收合格后方可搭设。

(2)门式钢管脚手架搭设完毕或每搭设2个楼层高度,应对搭设质量及安全进行一次检查,经检验合格后方可交付使用或继续搭设。

(3)在门式钢管脚手架搭设质量验收时,应具备下列文件:

1)按要求编制的专项施工方案;

2)构配件与材料质量的检验记录;

3)安全技术交底及搭设质量检验记录;

4)门式钢管脚手架分项工程的施工验收报告。

(4)门式钢管脚手架分项工程的验收,除应检查验收文件外,还应对搭设质量进行现场核验,并将检验结果记入施工验收报告。

(5)门式钢管脚手架搭设的技术要求、允许偏差及检验方法应符合表4-5的规定。

表4-5 门式钢管脚手架搭设的技术要求、允许偏差及检验方法

项次	项目		技术要求	允许偏差/mm	检验方法
1	隐蔽工程	地基承载力	符合《建筑施工门式钢管脚手架安全技术规范》(JGJ 128—2010)的规定	—	观察、施工记录检查
		预埋件	符合设计要求	—	
2	地基与基础	表面	坚实平整	—	观察
		排水	不积水		
		垫板	稳固		
		底座	不晃动		
			无沉降		钢直尺检查
			调节螺杆高度符合《建筑施工门式钢管脚手架安全技术规范》(JGJ 128—2010)的规定	≤200	
		纵向轴线位置	—	±20	尺量检查
		横向轴线位置	—	±10	
3	架体构造		符合《建筑施工门式钢管脚手架安全技术规范》(JGJ 128—2010)的规定及专项施工方案的要求		观察尺量检查
4	门架安装	门架立杆与底座轴线偏差		≤2.0	尺量检查
		上、下榀门架立杆轴线偏差			
5	垂直度	每步架	—	$h/500$,±3.0	经纬仪或线坠、钢直尺检查
		整体	—	$H/500$,±50.0	

项次	项目		技术要求	允许偏差/mm	检验方法
6	水平度	一跨距内两榀门架高差	—	±5.0	水准仪水平尺钢直尺检查
		整体	—	±100	
7	连墙件	与架体、建筑结构连接	牢固	—	观察、扭矩测力扳手检查
		纵、横向间距	—	±300	尺量检查
		与门架横杆距离	—	≤200	
8	剪刀撑	间距	按设计要求设置	—	尺量检查
		与地面的倾角	45°～60°	—	角尺、尺量检查
9	水平加固件		按设计要求设置	—	观察、尺量检查
10	脚手板		铺设严密牢固	孔洞≤25	观察、尺量检查
11	悬挑支撑结构	型钢规格	符合设计要求	—	观察、尺量检查
		安装位置		±3.0	
12	施工层防护栏杆、挡脚板		按设计要求设置	—	观察、手扳检查
13	安全网		按规定设置	—	观察
14	扣件拧紧力矩		40～65 N·m	—	扭矩测力扳手检查

注：h—步距；H—脚手架高度。

2. 使用过程中的检查

门式钢管脚手架在使用过程中应进行日常检查，发现问题应及时处理。在使用过程中遇有下列情况，应进行检查，确认安全后方可继续使用：

(1)遇有 8 级以上大风或大雨过后；

(2)冻结的地基土解冻后；

(3)停用超过 1 个月；

(4)架体遭受外力撞击等作用；

(5)架体部分拆除；

(6)其他特殊情况。

3. 拆除前的检查

(1)门式脚手架在拆除前，应检查架体构造、连墙件设置、节点连接，当发现有连墙件、剪刀撑等加固杆件缺少、架体倾斜失稳或门架立杆悬空情况时，对架体应先行加固后再拆除。

(2)在拆除作业前，对拆除作业场地及周围环境应进行检查，拆除作业区内应无障碍物，作业场地临近的输电线路等设施应采取防护措施。

(五)安全管理

(1)搭拆门式钢管脚手架或横板支架应由专业架子工操作，并应按《住房和城乡建设部特种作业人员考核管理规定》考核合格，持证上岗。上岗人员应定期进行体检，凡不适合登高作业者，不得上架操作。

（2）搭拆架体时，施工作业层应铺设脚手板，操作人员应站在临时设置的脚手板上进行作业，并应按规定使用安全防护用品，穿防滑鞋。

（3）门式钢管脚手架作业层上严禁超载。

（4）严禁将模板支架、缆风绳、混凝土泵管、卸料平台等固定在门式钢管脚手架上。

（5）在6级及以上大风天气应停止架上作业；在雨、雪、雾天应停止脚手架的搭拆作业；雨、雪、霜后上架作业应采取有效的防滑措施，并应扫除积雪。

（6）门式钢管脚手架在使用期间，当预见可能有强风天气所产生的风压值超出设计的基本风压值时，对架体应采取临时加固措施。

（7）在门式钢管脚手架使用期间，脚手架基础附近严禁进行挖掘作业。

（8）门式钢管脚手架在使用期间，不应拆除加固杆、连墙件、转角处连接杆、通道口斜撑杆等加固杆件。

（9）当施工需要，脚手架的交叉支撑可在门架一侧进行局部临时拆除，但在该门架单元上、下应设置水平加固杆或挂扣式脚手板，在施工完成后应立即恢复安装交叉支撑。

（10）应避免装卸物料对门式钢管脚手架产生偏心、振动和冲击荷载。

（11）门式钢管脚手架外侧应设置密目式安全网，网间应严密，防止坠物伤人。

（12）门式钢管脚手架与架空输电线路的安全距离、工地临时用电线路架设及脚手架接地、防雷措施，应按现行行业标准《施工现场临时用电安全技术规范》（JGJ 46—2005）的有关规定执行。

（13）在门式钢管脚手架上进行电、气焊作业时，必须有防火措施和专人看护。

（14）不得攀爬门式脚手架。

（15）搭拆门式钢管脚手架或模板支架作业时，必须设置警戒线、警戒标志，并应派专人看守，严禁非作业人员入内。

（16）对门式钢管脚手架应进行日常性的检查和维护，架体上的建筑垃圾或杂物应及时清理。

四、工具式脚手架

（一）附着式升降脚手架

20世纪80年代以来，随着高层建筑施工技术的发展，附着式升降脚手架悄然兴起。这种脚手架具有使用方便，可节省大量材料、劳动力和工时的特点，建筑物越高，其经济效益越显著。近年来，附着式升降脚手架在高层建筑施工中应用广泛，已成为高层建筑尤其是超高层建筑施工脚手架的主要形式。

建筑施工工具式脚手架安全技术规范

附着式升降脚手架按爬升机具的不同可分为手拉葫芦式和电动葫芦式；按爬升导向装置的不同则可分为套筒（管）式和导杆式；按脚手架的构造尺寸和操作层数的特点，又可分为双层区段式和多层整体式。目前，用于剪力墙施工的附着式升降脚手架大多是双层套筒（管）式，而用于框架结构施工的则是导杆式整体多层附着升降脚手架。

1. 附着式升降脚手架的安装

（1）附着式升降脚手架应按专项施工方案进行安装，可采用单片式主框架的架体（图4-4），也可采用空间桁架式主框架的架体（图4-5）。

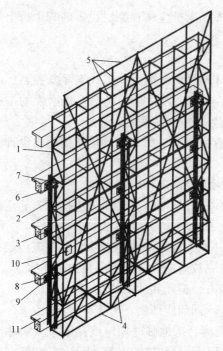
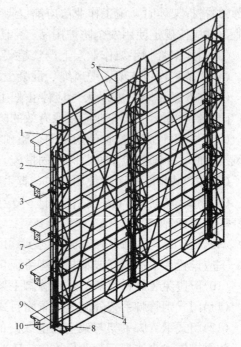

图 4-4　单片式主框架的架体示意

1—竖向主框架(单片式)；2—导轨；

3—附墙支座(含防倾覆、防坠落装置)；

4—水平支撑桁架；5—架体构架；6—升降设备；

7—升降上吊挂件；8—升降下吊点(含荷载传感器)；

9—定位装置；10—同步控制装置；11—工程结构

图 4-5　空间桁架式主框架的架体示意

1—竖向主框架(空间桁架式)；2—导轨；

3—悬臂梁(含防倾覆装置)；4—水平支撑桁架；

5—架体构架；6—升降设备；7—悬吊梁；

8—下提升点；9—防坠落装置；10—工程结构

(2)附着式升降脚手架在首层安装前应设置安装平台，安装平台应有保障施工人员安全的防护设施，安装平台的水平精度和承载能力应满足架体安装的要求。

(3)安装时应符合下列规定：

1)相邻竖向主框架的高差不应大于 20 mm；

2)竖向主框架和防倾导向装置的垂直偏差不应大于 5‰，且不得大于 60 mm；

3)预留穿墙螺栓孔和预埋件应垂直于建筑结构外表面，其中心误差应小于 15 mm；

4)连接处所需要的建筑结构混凝土强度应由计算确定，但不应小于 C10；

5)升降机构连接应正确且牢固可靠；

6)安全控制系统的设置和试运行效果应符合设计要求；

7)升降动力设备工作正常。

(4)附着支承结构的安装应符合设计规定，不得少装和使用不合格螺栓及连接件。

(5)安全保险装置应全部合格，安全防护设施应齐备，且应符合设计要求，并应设置必要的消防设施。

(6)电源、电缆及控制柜等的设置应符合现行行业标准《施工现场临时用电安全技术规范》(JGJ 46—2005)的有关规定。

(7)采用扣件式脚手架搭设的架体构架，其构造应符合现行行业标准《建筑施工扣件式钢管脚手架安全技术规范》(JGJ 130—2011)的要求。

(8)升降设备、同步控制系统及防坠落装置等专项设备，均应采用同一厂家的产品。

(9)升降设备、控制系统、防坠落装置等应采取防雨、防砸、防尘等措施。

2. 附着式升降脚手架的升降

(1)附着式升降脚手架可采用手动、电动和液压三种升降形式，并应符合下列规定：

1)单跨架体升降时，可采用手动、电动和液压三种升降形式；

2)当两跨以上的架体同时整体升降时，应采用电动或液压设备。

(2)附着式升降脚手架每次升降前，应按《建筑施工工具式脚手架安全技术规范》(JGJ 202—2010)中表8.1.4的规定进行检查，经检查合格后，方可进行升降。

(3)附着式升降脚手架的升降操作应符合下列规定：

1)应按升降作业程序和操作规程进行作业；

2)操作人员不得停留在架体上；

3)升降过程中不得有施工荷载；

4)所有妨碍升降的障碍物应已拆除；

5)所有影响升降作业的约束应已解除；

6)各相邻提升点间的高差不得大于30 mm，整体架最大升降差不得大于80 mm。

(4)升降过程中应实行统一指挥、统一指令。升降指令应由总指挥一人下达；当有异常情况出现时，任何人均可立即发出停止指令。

(5)当采用环链葫芦作升降动力时，应严密监视其运行情况，及时排除翻链、铰链和其他影响正常运行的故障。

(6)当采用液压设备作升降动力时，应排除液压系统的泄漏、失压、颤动、油缸爬行和不同步等问题和故障，确保正常工作。

(7)架体升降到位后，应及时按使用状况要求进行附着固定；在没有完成架体固定工作前，施工人员不得擅自离岗或下班。

(8)附着式升降脚手架架体升降到位固定后，应按《建筑施工工具式脚手架安全技术规范》(JGJ 202—2010)中的表8.1.3进行检查，合格后方可使用；遇5级及以上大风和大雨、大雪、浓雾和雷雨等恶劣天气时，不得进行升降作业。

3. 附着式升降脚手架的使用

(1)附着式升降脚手架应按设计性能指标使用，不得随意扩大使用范围；架体上的施工荷载应符合设计规定，不得超载，不得放置影响局部杆件安全的集中荷载。

(2)架体内的建筑垃圾和杂物应及时清理干净。

(3)附着式升降脚手架在使用过程中不得进行下列作业：

1)利用架体吊运物料；

2)在架体上拉结吊装缆绳(或缆索)；

3)在架体上推车；

4)任意拆除结构件或松动连接件；

5)拆除或移动架体上的安全防护设施；

6)利用架体支撑模板或卸料平台；

7)其他影响架体安全的作业。

(4)当附着式升降脚手架停用超过3个月时，应提前采取加固措施。

(5)当附着式升降脚手架停用超过 1 个月或遇 6 级及以上大风后复工时，应进行检查，确认合格后方可使用。

(6)螺栓连接件、升降设备、防倾覆装置、防坠落装置、电控设备、同步控制装置等应每月进行维护保养。

4. 附着式升降脚手架的拆除

(1)附着式升降脚手架的拆除工作应按专项施工方案及安全操作规程的有关要求进行。

(2)应对拆除作业人员进行安全技术交底。

(3)拆除时应有可靠的防止人员或物料坠落的措施，拆除的材料及设备不得抛掷。

(4)拆除作业应在白天进行。遇 5 级及以上大风和大雨、大雪、浓雾和雷雨等恶劣天气时，不得进行拆除作业。

(二)高处作业吊篮

1. 高处作业吊篮的安装

(1)安装高处作业吊篮安装时应按专项施工方案，在专业人员的指导下实施。

(2)安装作业前，应划定安全区域，并应排除作业障碍。

(3)组装高处作业吊篮前应确认结构件、紧固件已配套且完好，其规格型号和质量应符合设计要求。

(4)高处作业吊篮所用的构配件应是同一厂家的产品。

(5)在建筑物屋面上进行悬挂机构的组装时，作业人员应与屋面边缘保持 2 m 以上的距离。组装场地狭小时应采取防坠落措施。

(6)悬挂机构宜采用刚性联结方式进行拉结固定。

(7)悬挂机构前支架严禁支撑在女儿墙上、女儿墙外或建筑物挑檐边缘。

(8)前梁外伸长度应符合高处作业吊篮使用说明书的规定。

(9)悬挑横梁应前高后低，前后水平高差不应大于横梁长度的 2%。

(10)配重件应稳定可靠地安放在配重架上，并应有防止其随意移动的措施。严禁使用破损的配重件或其他替代物。配重件的重量应符合设计规定。

(11)安装时钢丝绳应沿建筑物立面缓慢下放至地面，不得抛掷。

(12)当使用两个以上的悬挂机构时，悬挂机构吊点水平间距与吊篮平台的吊点间距应相等，其误差不应大于 50 mm。

(13)悬挂机构前支架应与支撑面保持垂直，脚轮不得受力。

(14)安装任何形式的悬挑结构，其施加于建筑物或构筑物支撑处的作用力，均应符合建筑结构的承载能力，不得对建筑物和其他设施造成破坏和不良影响。

(15)安装和使用高处作业吊篮时，在 10 m 范围内如有高压输电线路，应按照现行行业标准《施工现场临时用电安全技术规范》(JGJ 46—2005)的规定，采取隔离措施。

2. 高处作业吊篮的使用

(1)高处作业吊篮应设置作业人员专用的挂设安全带的安全绳及安全锁扣。安全绳应固定在建筑物的可靠位置上，不得与吊篮上任何部位有连接，并应符合下列规定：

1)安全绳应符合现行国家标准《安全带》(GB 6095—2009)的要求，其直径应与安全锁扣的规格一致；

2)安全绳不得有松散、断股、打结现象；

3)安全锁扣的配件应完好、齐全，规格和方向标志应清晰可辨。

(2)吊篮宜安装防护棚，防止高处坠物造成作业人员伤害。

(3)吊篮应安装上限位装置，宜安装下限位装置。

(4)使用吊篮作业时，应排除影响吊篮正常运行的障碍。在吊篮下方可能造成坠落物伤害的范围，应设置安全隔离区和警告标志，人员或车辆不得停留、通行。

(5)在吊篮内从事安装、维修等作业时，操作人员应佩戴工具袋。

(6)使用境外吊篮设备时应有中文使用说明书，其产品的安全性能应符合我国的行业标准。

(7)不得将吊篮作为垂直运输设备，不得采用吊篮运送物料。

(8)吊篮内的作业人员不应超过2个。

(9)吊篮正常工作时，人员应从地面进入吊篮内，不得从建筑物顶部、窗口或其他孔洞处出入吊篮。

(10)在吊篮内的作业人员应戴安全帽，系安全带，并应将安全锁扣正确挂置在独立设置的安全绳上。

(11)吊篮平台内应保持荷载均衡，不得超载运行。

(12)吊篮作升降运行时，工作平台两端高差不得超过150 mm。

(13)使用离心触发式安全锁的吊篮在空中停留作业时，应将安全锁锁定在安全绳上；空中启动吊篮时，应先将吊篮提升，使安全绳松弛后再开启安全锁。不得在安全绳受力时强行扳动安全锁开启手柄；不得将安全锁开启手柄固定于开启位置。

(14)吊篮悬挂高度在60 m及以下的，宜选用长边不大于7.5 m的吊篮平台；悬挂高度在100 m及以下的，宜选用长边不大于5.5 m的吊篮平台；悬挂高度在100 m以上的，宜选用长边不大于2.5 m的吊篮平台。

(15)进行喷涂作业或使用腐蚀性液体进行清洗作业时，应对吊篮的提升机、安全锁、电气控制柜采取防污染保护措施。

(16)悬挑结构平行移动时，应将吊篮平台降落至地面，并应使其钢丝绳处于松弛状态。

(17)在吊篮内进行电焊作业时，应对吊篮设备、钢丝绳、电缆采取保护措施。不得将电焊机放置在吊篮内；电焊缆线不得与吊篮任何部位接触；电焊钳不得搭挂在吊篮上。

(18)在高温、高湿等不良气候和环境条件下使用吊篮时，应采取相应的安全技术措施。

(19)当吊篮施工遇有雨雪、大雾、风沙及5级以上大风等恶劣天气时，应停止作业，并应将吊篮平台停放至地面，应对钢丝绳、电缆进行绑扎固定。

(20)当施工中发现吊篮设备故障和安全隐患时，应及时排除，当可能危及人身安全时，应停止作业，并应由专业人员进行维修。维修后的吊篮应重新进行检查验收，合格后方可使用。

(21)下班后不得将吊篮停留在半空中，应将吊篮放至地面。人员离开吊篮、进行吊篮维修或每日收工后应将主电源切断，并应将电气柜中各开关置于断开位置并加锁。

3. 高处作业吊篮的拆除

(1)拆除高处作业吊篮时应按照专项施工方案，并应在专业人员的指挥下实施。

(2)拆除前应将吊篮平台下落至地面，并应将钢丝绳从提升机、安全锁中退出，切断总电源。

(3)拆除支撑悬挂机构时，应对作业人员和设备采取相应的安全措施。

(4)拆卸分解后的构配件不得放置在建筑物边缘，应采取防止坠落的措施。零散物品应放置在容器中。不得将吊篮任何部件从屋顶处抛下。

（三）外挂防护架

1. 外挂防护架的安装

(1)应根据专项施工方案的要求，在建筑结构上设置预埋件。预埋件应经验收合格后方可浇筑混凝土，并应做好隐蔽工程记录。

(2)安装防护架时，应先搭设操作平台。

(3)防护架应配合施工进度搭设，一次搭设的高度不应超过相邻连墙件以上两个步距。

(4)每搭完一步架后，应校正步距、纵距、横距及立杆的垂直度，确认合格后方可进行下道工序。

(5)竖向桁架的安装宜在起重机械的辅助下进行。

(6)同一片防护架的相邻立杆的对接扣件应交错布置，在高度方向错开的距离不宜小于500 mm；各接头中心至主节点的距离不宜大于步距的1/3。

(7)纵向水平杆应通长设置，不得搭接。

(8)当安装防护架的作业层高出辅助架两步时，应搭设临时连墙杆，待防护架提升时方可拆除。临时连墙杆可采用2.5～3.5 m的长钢管，一端与防护架第三步相连，一端与建筑结构相连。每片架体与建筑结构连接的临时连墙杆不得少于2处。

(9)防护架应将设置在桁架底部的三角臂和上部的刚性连墙件及柔性连墙件分别与建筑物上的预埋件相连接。根据不同的建筑结构形式，防护架的固定位置可分为在建筑结构边梁处、檐板处和剪力墙处(图4-6)。

2. 外挂防护架的提升

(1)防护架的提升索具应使用现行国家标准《重要用途钢丝绳》(GB 8918－2006)规定的钢丝绳。钢丝绳直径不应小于12.5 mm。

(2)提升防护架的起重设备的能力应满足要求，公称起重力矩值不得小于400 kN·m，其额定起升重量的90%应大于架体重量。

(3)钢丝绳与防护架的连接点应在竖向桁架的顶部，连接处不得有尖锐凸角等。

(4)提升钢丝绳的长度应能保证提升平稳。

(5)提升速度不得大于3.5 m/min。

(6)在防护架从准备提升到提升到位交付使用前，除操作人员以外的其他人员不得从事临边防护等作业。操作人员应系安全带。

(7)当防护架提升、下降时，操作人员必须站在建筑物内或相邻的架体上，严禁站在防护架上操作；架体安装完毕前，严禁上人。

(8)每片架体均应分别与建筑物直接连接；不得在提升钢丝绳受力前拆除连墙件，不得在施工过程中拆除连墙件。

(9)当采用辅助架时，第一次提升前应在钢丝绳收紧受力后，才能拆除连墙件及与辅助架相连接的扣件。指挥人员应持证上岗，信号工、操作工应服从指挥、协调一致，不得缺岗。

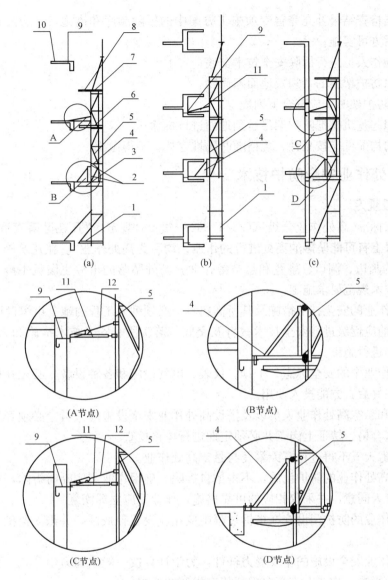

图 4-6　防护架固定位置示意

(a)边梁处；(b)檐板处；(c)剪力墙处

1—架体；2—连接在桁架底部的双钢管；3—水平软防护；4—三角壁；5—竖向桁架；

6—水平硬防护；7—相邻桁架之间的连接钢管；8—施工层水平防护；

9—预埋件；10—建筑物；11—刚性连墙件；12—柔性连墙件

(10)在提升防护架时，必须按照"提升一片、固定一片、封闭一片"的原则进行，严禁提前拆除两片以上的架体、分片处的连接杆、立面及底部封闭设施。

(11)在每次提升防护架后，必须逐一检查扣件紧固程度；所有连接扣件拧紧力矩必须为 40～65 N·m。

3. 外挂防护架的拆除

(1)拆除防护架的准备工作应符合下列规定：

1)对防护架的连接扣件、连墙件、竖向桁架、三角臂应进行全面检查，并应符合构造要求；

2)应根据检查结果补充完善专项施工方案中的拆除顺序和措施，并应经总包单位和监理单位批准后方可实施；

3)应对操作人员进行拆除安全技术交底；

4)应清除防护架上的杂物及地面障碍物。

(2)拆除防护架时，应符合下列规定：

1)应采用起重机械把防护架吊运到地面进行拆除；

2)拆除的构配件应按品种、规格随时码堆存放，不得抛掷。

五、高处作业安全防护技术

(一)一般规定

现行国家标准《高处作业分级》(GB/T 3608—2008)规定：**"凡在坠落高度基准面(3.2)2 m或2 m以上有可能坠落的高处进行的作业，均称为高处作业"**。在建筑施工中，常常出现高于2 m的临边、洞口、攀登和悬空等作业，高处坠落的事故也屡见不鲜，因此，应严格按照安全技术规范要求施工。

(1)高处作业的安全技术措施及其所需料具，必须列入工程的施工组织设计。

(2)施工前应逐级进行安全技术教育及交底，落实所有安全技术措施和人身防护用品，未经落实不得进行施工。

(3)高处作业中的安全标志、工具、仪表、电气设施和各种设备，必须在施工前加以检查，确认其完好后，方能投入使用。

(4)攀登和悬空高处作业人员以及搭设高处作业安全设施的人员，必须经过专业技术培训及专业考试合格，持证上岗，并必须定期进行体格检查。

(5)遇恶劣天气不得进行露天攀登与悬空高处作业。

(6)用于高处作业的防护设施，不得擅自拆除，确因作业需要临时拆除，必须经项目经理部施工负责人同意，并采取相应的可靠措施，作业后应立即恢复。

(7)高处作业的防护门设施在搭拆过程中应相应设置警戒区，并派人监护，严禁上、下同时拆除。

(8)高处作业安全设施的主要受力杆件，力学计算按一般结构力学公式，强度及刚度计算不考虑塑性影响，构造上应符合现行相应规范的要求。

(二)洞口作业

(1)楼板、屋面和平台等面上短边尺寸为2.5～25 cm的洞口，必须设坚实盖板并能防止挪动移位。

(2)25 cm×25 cm～50 cm×50 cm的洞口，必须设置固定盖板，保持四周搁置均衡，并有固定其位置的措施。

(3)50 cm×50 cm～150 cm×150 cm的洞口，必须预埋通长钢筋网片，纵横钢筋间距不得大于15 cm；或满铺脚手板，脚手板应绑扎固定，任何人未经许可不得随意移动。

(4)150 cm×150 cm以上的洞口，四周必须搭设围护架，并设双道防护栏杆，洞口中间支挂水平安全网，网的四周要拴挂牢固、严密。

(5)位于车辆行驶道路旁的洞口、深沟、管道、坑、槽等，所加盖板应能承受不小于当地额定卡车后轮有效承载力两倍的荷载。

（6）墙面等处的竖向洞口，凡落地的洞口应设置防护门或绑防护栏杆，下设挡脚板。低于 80 cm 的竖向洞口，应加设 1.2 m 高的临时护栏。

（7）电梯井必须设不低于 1.2 m 的金属防护门，井内首层和首层以上每隔 10 m 设一道水平安全网，安全网应封闭。未经上级主管技术部门批准，电梯井不得作垂直运输通道和垃圾通道。

（8）洞口必须按规定设置照明装置和安全标志。

(三)临边作业

（1）尚未安装栏杆或挡脚板的阳台周边、无外架防护的屋面周边、框架结构楼层周边、雨篷与挑檐边、水箱与水塔周边、斜道两侧边、卸料平台外侧边，必须设置 1.2 m 高的两道护身栏杆并设置固定高度不低于 18 cm 的挡脚板或搭设固定的立网防护。

（2）护栏除经设计计算，横杆长度大于 2 m 时，必须加设栏杆柱。栏杆柱的固定及其与横杆的连接应与建筑物结构可靠连接，使其整体构造在上杆任何处都能经受任何方向的 1 000 N 的外力。

（3）当临边的外侧面临街道时，除防护栏杆外，敞口立面必须采取满挂小眼安全网或其他可靠措施作全封闭处理。

（4）分层施工的楼梯口、梯段边及休息平台处必须安装临时护栏，顶层楼梯口应随工程结构进度安装正式防护栏杆。回转式楼梯间应支设首层水平安全网，每隔 4 层设一道水平安全网。

（5）阳台栏板应随工程结构进度及时进行安装。

(四)高险作业

1. 攀登作业

（1）攀登用具结构构造必须牢固可靠。移动式梯子等均应按现行的国家标准验收其质量。

（2）梯脚底部应坚实，不得垫高使用，梯子的上端应有固定措施。

（3）立梯工作角度以 $75°\pm5°$ 为宜，踏板上、下间距以 30 cm 为宜，并不得有缺档。折梯使用时上部夹角以 $35°\sim45°$ 为宜，铰链必须牢固，并有可靠的拉撑措施。

（4）使用直爬梯进行攀登作业时，攀登高度以 5 m 为宜，超出 2 m 时宜加设护笼，若超过 8 m，必须设置梯间平台。

（5）作业人员应从规定的通道上、下，不得在阳台之间等非规定通道进行攀登；上、下梯子时，必须面向梯子，且不得手持器物。

（6）供人上、下的踏板的使用荷载不应大于 $1\ 100\ \text{N/m}^2$。当梯面上有特殊作业，重量超过上述荷载时，应按实际情况加以验算。

2. 悬空作业

（1）悬空作业处应有牢靠的立足处，并必须视具体情况配置防护栏网、栏杆或其他安全设施。

（2）悬空作业所用的索具、脚手板、吊篮、吊笼、平台等设备，均需经过技术鉴定或验证后方可使用。

（3）高空吊装预应力钢筋混凝土屋架、桁架等大型构件前，应搭设悬空作业中所需的安全设施。

（4）吊装中的大模板、预制构件以及石棉水泥板等屋面板上，严禁站人和行走。

（5）支设模板应按规定的工艺进行，严禁在连接件和支撑件上攀登，严禁在同一垂直面上装、拆模板。支设高度在 3 m 以上的柱模板四周应设斜撑，并应设立操作平台。

（6）绑扎钢筋和安装钢筋骨架时，必须搭设脚手架和马凳。绑扎立柱和墙体钢筋时，不得站在钢筋骨架上或攀登骨架上、下，绑扎 3 m 以上的柱钢筋，必须搭设操作平台。

（7）浇筑离地 2 m 以上的框架、过梁、雨篷和小平台时，应有操作平台，不得直接站在模板或支撑件上操作。

（8）悬空进行门窗作业时，严禁操作人员站在橙子、阳台栏板上操作，操作人员的重心应位于室内，不得在窗台上站立。

（9）特殊情况下如无可靠的安全设施，必须系好安全带并扣好保险钩。

（10）预应力张拉区域应有明显的安全标志，禁止非操作人员进入。张拉钢筋的两端必须设置挡板。挡板应距所张拉钢筋的端部 1.5～2 m，且应高出最上一组张拉钢筋 0.5 m，其宽度应距张拉钢筋两外侧各不小于 1 m。

五、交叉作业

（1）支模、粉刷、砌墙等各工种进行上下立体交叉作业时，不得在同一垂直方向上操作。下层操作必须在上层高度确定的可能坠落半径范围以外，不能满足要求时，应设置硬隔离防护层。

（2）拆除钢模板、脚手架等时，下方不得有其他人员操作，并应设专人监护。

（3）钢模板拆除后，其临时堆放处离楼层边沿不应小于 1 m，且堆放高度不得超过 1 m。楼层边口、通道口、脚手架边缘处，严禁堆放任何拆下的物件。

（4）结构施工自二层起，凡人员进出的通道口（包括井架、施工用电梯的进出通道口）均应搭设安全防护棚。高度超过 24 m 的层次上的交叉作业，应设双层防护。

第二节　高层建筑施工常用机械

高层建筑具有建筑高度大、基础埋置深度大、施工周期长、施工条件复杂，即高、深、长、杂的特点。因此，高层建筑在施工中要解决垂直运输高程大，吊装运输量大，建筑材料、制品、设备数量多，要求繁杂，人员交通量大等问题。解决这些问题的关键之一就是正确选择合适的施工机具。

另外，由于高层建筑施工使用机械设备的费用占土建总造价的 5%～10%，所以，合理地选用和有效地使用机械，对降低高层建筑的造价能起到一定的作用。

一、塔式起重机

塔式起重机是一种具有竖直塔身的全回转臂式起重机。起重臂安装在塔身顶部，形成"厂"形的工作空间。它具有较高的有效高度和较大的工作半径，且机械运转安全可靠，使用和装拆方便，因此被广泛用于多层和高层的工业与民用建筑的结构安装。

(一)塔式起重机的类型

由于塔式起重机具有提升、回转和水平运输的功能,且生产效率高,尤其在吊运长、大、重的物料时有明显的优势,在有条件的情况下宜优先采用。**塔式起重机一般分为固定式、附着式、轨道(行走)式、爬升式等几种,**如图 4-7 所示。

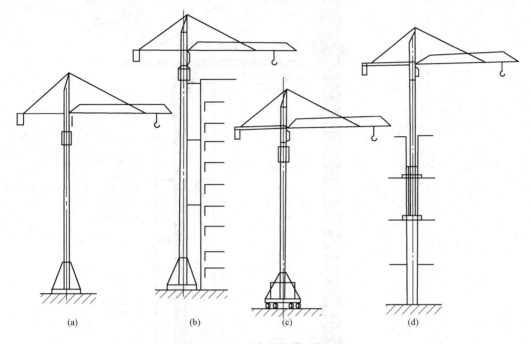

图 4-7　各种类型的塔式起重机
(a)固定式;(b)附着式;(c)轨道(行走)式;(d)爬升式

1. 固定式塔式起重机

固定式塔式起重机的底架安装在独立的混凝土基础上,塔身不与建筑物拉结。图 4-8 所示为 QTZ63 型塔式起重机,它是按最新颁布的塔式起重机标准设计的新型起重机械,**主要由金属结构、工作机构、液压顶升系统、电气设备及控制部分等组成。**

2. 附着式塔式起重机

附着式塔式起重机是固定在建筑物近旁的钢筋混凝土基础上,借助锚固支杆附着在建筑物结构上的起重机械,它可以借助顶升系统随着建筑施工进度面自行向上接高。采用这种形式可减小塔身的长度,增大起升高度,一般规定每隔 20 m 将塔身与建筑物用锚固装置连接。这种塔式起重机宜用于高层建筑的施工。

附着式塔式起重机的型号较多,如 QTZ50、QTZ60、QTZ100、QTZ120 等。

例如,QTZ100 型塔式起重机具有独立式、附着式等多种使用形式,独立式起升高度为 50 m,附着式起升高度为 120 m。其塔机基本臂长为 54 m,额定起重力矩为 1 000 kN·m,最大额定起重量为 80 kN,加长臂为 60 m,可吊 12 kN 的重物,如图 4-9 所示。

附着式塔式起重机的顶部有套架和液压顶升装置,需要接高时,利用塔顶的行程液压千斤顶将塔顶上部结构顶高,用定位销固定,千斤顶回油,推入标准节,用螺栓与下面的塔身连成整体,每次接高 2.5 m。附着式塔式起重机的顶升接高过程如图 4-10 所示。

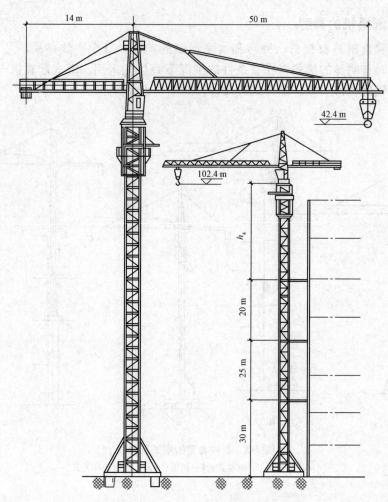

图 4-8　QTZ63 型塔式起重机的外形

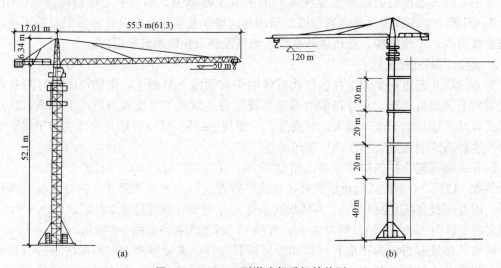

(a)　　　　　　　　　　　(b)

图 4-9　QTZ100 型塔式起重机的外形

(a)独立式；(b)附着式

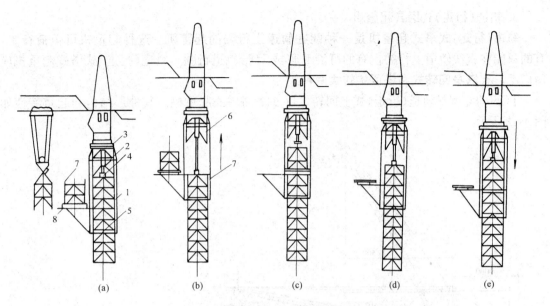

图 4-10 附着式塔式起重机的顶升接高过程

(a)准备状态；(b)顶升塔顶；(c)推入塔身标准节；(d)安装塔身标准节；(e)塔顶与塔身连成整体

1—顶升套架；2—液压千斤顶；3—承座；4—顶升横梁；5—定位销；6—过渡节；7—标准节；8—摆渡小车

锚固装置的附着杆布置形式如图 4-11 所示。

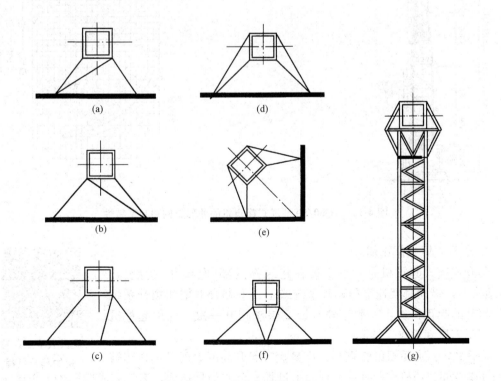

图 4-11 附着杆布置形式

(a)、(b)、(c)三杆式附着杆系；(d)、(e)、(f)四杆式附着杆系；(g)空间桁架式附着杆系

3. 轨道(行走)式塔式起重机

轨道(行走)式塔式起重机是一种能在轨道上行驶的起重机。这种起重机可负荷行走，有的只能在直线轨道上行驶，有的可沿 L 形或 U 形轨道行驶，轨道(行走)式塔式起重机应用广泛，有**塔身回转式**和**塔顶旋转式**两种。

TQ60/80 型是轨道(行走)式上回转、可变塔高塔式起重机。其外形结构和起重特性如图 4-12 所示。

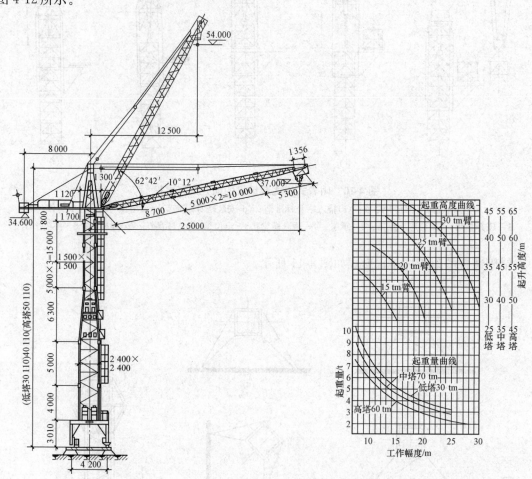

图 4-12 TQ60/80 型塔式起重机的外形结构和起重特性

4. 爬升式塔式起重机

爬升式塔式起重机是一种安装在建筑物内部(电梯井或特设开间)结构上，借助套架托梁和爬升系统或上、下爬升框架和爬升系统自身爬升的起重机械，一般每隔 1 或 2 层楼爬升一次。这种起重机主要用于高层建筑施工。

爬升式塔式起重
机的爬升过程

爬升式塔式起重机的特点是：塔身短、起升高度大而且不占建筑物的外围空间；司机作业时看不到起吊过程，全靠信号指挥，施工完成后拆塔工作属于于高空作业等。目前使用的有 QT5-4/40 型(400 kN·m)、ZT-120 型和进口的 80HC、120HC 及 QTZ63、QTZ100 等。QT5-4/40 型爬升式塔式起重机的外形与构造示意如图 4-13 所示。该起重机的最大起重量为4 kN，幅度为11～20 m，起重高度可达110 m，一次爬升高度为8.6 m，爬升速度为1 m/min。

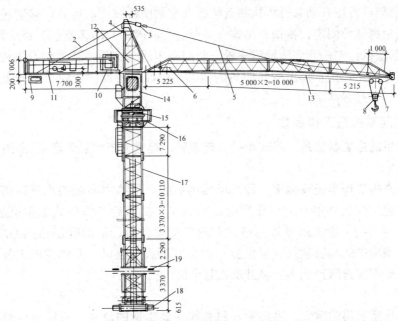

图 4-13　QT5-4/40 型爬升式塔式起重机的外形与构造示意

1—起重机构；2—平衡臂拉绳；3—起重力矩限制装置；4—起重量限制装置；5—起重臂接绳；6—小车牵引机构；

7—起重小车；8—吊钩；9—配重；10—电气系统；11—平衡臂；12—塔顶；13—起重臂；14—司机室；

15—回转支撑上支座；16—回转支撑下支座及走台；17—塔身；18—底座；19—套架

　　爬升式塔式起重机的爬升过程主要分为准备状态、提升套架和提升起重机三个阶段，如图 4-14 所示。

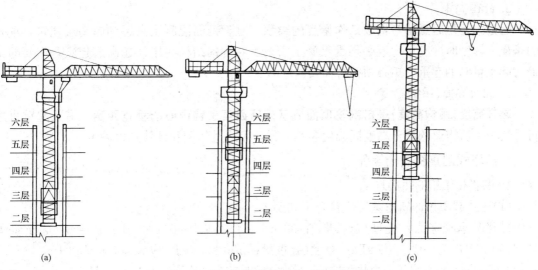

图 4-14　爬升式塔式起重机的爬升过程

（a）准备状态；（b）提升套架；（c）提升起重机

(1)准备状态：将起重小车收回到最小幅度处，下降吊钩，吊住套架并松开固定套架的地脚螺栓，收回活动支腿，做好爬升准备。

(2)提升套架：首先开动起升机构将套架提升至两层楼高度时停止；接着摇出套架四角活动支腿并用地脚螺栓固定；再松开吊钩升高至适当高度并开动起重小车到最大幅度处。

(3)提升起重机：先松开底座地脚螺栓，收回底座活动支腿，开动爬升机构将起重机提升至两层楼高度停止，接着摇出底座四角的活动支腿，并用预埋在建筑结构上的地脚螺栓固定，至此，提升过程结束。

(二)塔式起重机的工作参数

塔式起重机的主要参数是：回转半径、起重量、起重力矩和起升高度(吊钩高度)。

1. 回转半径

回转半径是指工作半径或幅度，即从回转中心线至吊钩中心线的水平距离。在选定塔式起重机时要通过建筑外形尺寸，作图确定回转半径，然后考虑塔式起重机起重臂长度、工程对象、计划工期、施工速度以及塔式起重机配置台数，最后确定适用的塔式起重机。一般来说，体型简单的高层建筑仅需配置一台自升塔式起重机，而体型庞大复杂、工期紧迫的高层建筑则需配置两台或多台自升塔式起重机。

2. 起重量

起重量是指所起吊的重物、铁扁担、吊索和容器重量的总和。起重量参数分为最大幅度时的额定起重量和最大起重量，前者是指吊钩滑轮位于臂头时的起重量，而后者是指吊钩滑轮以多倍率(3绳、4绳、6绳或8绳)工作时的最大额定起重量。对于钢筋混凝土高层及超高层建筑来说，最大幅度时的额定起重量极为关键。若是全装配式大板建筑，最大幅度起重量应以最大外墙板重量为依据。若是现浇钢筋混凝土建筑，则应按最大混凝土料斗容量确定所要求的最大幅度起重量。对于钢结构高层及超高层建筑，塔式起重机的最大起重量是关键参数，应以最重构件的重量为准。

3. 起重力矩

起重力矩是起重量与相应工作幅度的乘积。对于钢筋混凝土高层和超高层建筑，重要的是最大幅度时的起重力矩必须满足施工需要。对于钢结构高层及超高层建筑，重要的是最大起重量时的起重力矩必须符合需要。

4. 起升高度(吊钩高度)

起升高度(吊钩高度)是自钢轨顶面或基础顶面至吊钩中心的垂直距离。塔式起重机进行吊装施工所需要的起升高度同幅度参数一样，可通过作图和计算加以确定。

(三)塔式起重机安全操作

1. 塔式起重机的轨道基础

(1)塔式起重机的轨道基础应符合下列要求：

1)路基承载能力：轻型(起重量在 30 kN 以下)应为 60～100 kPa；中型(起重量为 31～150 kN)应为 101～200 kPa；重型(起重量在 150 kN 以上)应为 200 kPa 以上。

2)每间隔 6 m 应设置一个轨距拉杆，轨距允许偏差为公称值的 1/1 000，且不超过±3 mm。

3)在纵、横方向上，钢轨顶面的倾斜度不得大于 1/1 000。

4)钢轨接头间隙不得大于 4 mm，并应与另一侧轨道接头错开，错开距离不得小于

1.5 m，接头处应架在轨枕上，两轨顶高度差不得大于 2 mm。

5）距轨道终端 1 m 处必须设置缓冲止挡器，其高度不应小于行走轮的半径。在距轨道终端 2 m 处必须设置限位开关碰块。

6）鱼尾板连接螺栓应紧固，垫板应固定牢靠。

（2）起重机的混凝土基础应符合下列要求：

1）混凝土强度等级不低于 C35。

2）基础表面平整度允许偏差不大于 1/1 000。

3）埋设件的位置、标高和垂直度以及施工工艺必须符合出厂说明书的要求。

（3）起重机的轨道基础或混凝土基础待验收合格后方可使用。

（4）起重机的轨道基础两旁、混凝土基础周围应修筑边坡和排水设施，并应与基坑保持一定的安全距离。

2. 塔式起重机的安装

（1）安装前应根据专项施工方案对塔式起重机基础的下列项目进行检查，确认合格后方可实施：

1）基础的位置、标高、尺寸；

2）基础的隐蔽工程验收记录和混凝土强度报告等相关资料；

3）安装辅助设备的基础、地基承载力、预埋件等；

4）基础的排水措施。

（2）安装作业应根据专项施工方案要求实施。安装作业人员应分工明确、职责清楚。安装前应对安装作业人员进行安全技术交底。

（3）安装辅助设备就位后，应对其机械和安全性能进行检验，合格后方可作业。

在实际应用中，经常发现因安装辅助设备自身安全性能出现故障而发生塔式起重机安全事故，所以要对安装辅助设备的机械性能进行检查，合格后方可使用。

（4）安装所使用的钢丝绳、卡环、吊钩和辅助支架等起重机具均应符合规定，并经检查合格后方可使用。

（5）在安装作业中应统一指挥，明确指挥信号。当视线受阻、距离过远时，应采用对讲机或多级指挥。

（6）自升式塔式起重机的顶升加节应符合下列要求：

1）顶升系统必须完好；

2）结构件必须完好；

3）顶升前，塔式起重机下支座与顶升套架应可靠连接；

4）顶升前，应确保顶升横梁搁置正确；

5）顶升前，应将塔式起重机配平，在顶升过程中，应确保塔式起重机的平衡；

6）顶升加节的顺序应符合产品说明书的规定；

7）在顶升过程中，不应进行起升、回转、变幅等操作；

8）顶升结束后，应将标准节与回转下支座可靠连接；

9）塔式起重机加节后需进行附着的，应按照先装附着装置、后顶升加节的顺序进行，附着装置的位置和支撑点的强度应符合要求。

（7）塔式起重机的独立高度、悬臂高度应符合产品说明书的要求。

（8）雨雪、浓雾天气下严禁进行安装作业。安装时塔式起重机最大高度处的风速应符合产品说明书的要求，且风速不得超过 12 m/s。

(9)塔式起重机不宜在夜间进行安装作业；特殊情况下，必须在夜间进行塔式起重机安装和拆卸作业时，应保证提供足够的照明。

(10)特殊情况下，当安装作业不能连续进行时，必须将已安装的部位固定牢靠并达到安全状态，经检查确认无隐患后，方可停止作业。

(11)电气设备应按产品说明书的要求进行安装，安装所用的电源线路应符合现行行业标准《施工现场临时用电安全技术规范》(JGJ 46—2005)的要求。

(12)塔式起重机的安全装置必须齐全，并应按程序进行调试合格。

(13)连接件及其防松防脱件应符合规定要求，严禁用其他代用品代用。连接件及其防松防脱件应使用力矩扳手或专用工具紧固连接螺栓，使预紧力矩达到规定要求。

(14)安装完毕后，应及时清理施工现场的辅助用具和杂物。

3. 塔式起重机的使用

(1)塔式起重机的起重司机、起重信号工、司索工等操作人员应取得特种作业人员资格证书，严禁无证上岗。

(2)塔式起重机使用前，应对起重司机、起重信号工、司索工等作业人员进行安全技术交底。

(3)塔式起重机的力矩限制器、重量限制器、变幅限位器、行走限位器、高度限位器等安全保护装置不得随意调整或拆除，严禁用限位装置代替操纵机构。

(4)塔式起重机进行回转、变幅、行走、起吊动作前应示意警示。起吊时应统一指挥，明确指挥信号；当指挥信号不清楚时，不得起吊。

(5)塔式起重机起吊前，当吊物与地面或其他物件之间存在吸附力或摩擦力而未采取处理措施时，不得起吊。

(6)塔式起重机起吊前，应对安全装置进行检查，确认合格后方可起吊；安全装置失灵时，不得起吊。

(7)塔式起重机起吊前，应按《建筑施工塔式起重机安装、使用、拆卸安全技术规程》(JGJ 196—2010)第6章的要求对吊具与索具进行检查，确认合格后方可起吊；吊具与索具不符合相关规定的，不得用于起吊作业。

(8)塔式起重机与架空输电线的安全距离应符合现行国家标准《塔式起重机安全规程》(GB 5144—2006)的规定，见表4-6。

表 4-6　塔式起重机与架空输电线的安全距离

安全距离	电压/kV				
	<1	1~15	20~40	60~110	>220
沿垂直方向/m	1.5	3.0	4.0	5.0	6.0
沿水平方向/m	1.0	1.5	2.0	4.0	6.0

(9)作业中遇突发故障，应采取措施将吊物降落到安全地点，严禁吊物长时间悬挂在空中。

(10)遇有风速在 12 m/s 及以上的大风或大雨、大雪、大雾等恶劣天气时，应停止作业。雨雪过后，应先经过试吊，确认制动器灵敏可靠后方可进行作业。夜间施工应有足够照明，照明的安装应符合现行行业标准《施工现场临时用电安全技术规范》(JGJ 46—2005)的要求。

(11)塔式起重机不得起吊重量超过额定荷载的吊物,且不得起吊重量不明的吊物。

(12)在吊物荷载达到额定荷载的90%时,应先将吊物吊离地面200~500 mm后,检查机械状况、制动性能、物件绑扎情况等,确认无误后方可起吊。对有晃动的物件,必须拴拉溜绳使之稳固后方可吊起。

(13)物件起吊时应绑扎牢固,不得在吊物上堆放或悬挂其他物件;起吊零星材料时,必须用吊笼或钢丝绳绑扎牢固;当吊物上站人时不得起吊。

(14)标有绑扎位置或记号的物件,应按标明位置绑扎。钢丝绳与物件的夹角宜为45°~60°。吊索与吊物棱角之间应有防护措施;未采取防护措施的,不得起吊。

(15)作业完毕后,应松开回转制动器,各部件应置于非工作状态,控制开关应置于零位,并应切断总电源。

(16)轨道(行走式)塔式起重机停止作业时,应锁紧夹轨器。

(17)塔式起重机的使用高度超过30 m时应配置障碍灯,起重臂根部铰点高度超过50 m时应配备风速仪。

(18)严禁在塔式起重机塔身上附加广告牌或其他标语牌。

(19)每班作业应做好例行保养,并应作好记录。记录的主要内容应包括结构件外观、安全装置、传动机构、连接件、制动器、索具、夹具、吊钩、滑轮、钢丝绳、液位、油位、油压、电源、电压等。

(20)实行多班作业的设备,应执行交接班制度,认真填写交接班记录,接班司机经检查确认无误后,方可开机作业。

(21)塔式起重机应实施各级保养。转场时,应作转场保养,并有记录。

(22)塔式起重机的主要部件和安全装置等应进行经常性检查,每月不得少于一次,并应做好记录,发现有安全隐患时应及时进行整改。

(23)当塔式起重机使用周期超过一年时,应按《建筑施工塔式起重机安装、使用、拆卸安全技术规程》(JGJ 196—2010)的附录C进行一次全面检查,合格后方可继续使用。

(24)使用过程中塔式起重机发生故障时,应及时维修,维修期间应停止作业。

4. 塔式起重机的拆卸

(1)塔式起重机拆卸作业宜连续进行;当遇特殊情况,拆卸作业不能继续时,应采取措施保证塔式起重机处于安全状态。

(2)当用于拆卸作业的辅助起重设备设置在建筑物上时,应明确设置位置、锚固方法,并应对辅助起重设备的安全性及建筑物的承载能力等进行验算。

(3)拆卸前应检查主要结构件、连接件、电气系统、起升机构、回转机构、变幅机构、顶升机构等。发现隐患应采取措施,解决后方可进行拆卸作业。

(4)附着式塔式起重机应明确附着装置的拆卸顺序和方法。

(5)自升式塔式起重机每次降节前,应检查顶升系统和附着装置的连接等,确认完好后方可进行作业。

(6)拆卸时应先降节、后拆除附着装置。塔式起重机的自由端高度应符合规定要求。

(7)拆卸完毕后,应拆除为塔式起重机拆卸作业而设置的所有设施,清理场地上作业时所用的吊索具、工具等各种零配件和杂物。

5. **钢丝绳的使用**

(1)钢丝绳作吊索时，其安全系数不得小于6。

(2)钢丝绳的报废应符合现行国家标准《起重机　钢丝绳　保养、维护、检验和报废》(GB/T 5972—2016)的规定。

(3)当钢丝绳的端部采用编结固接时，编结部分的长度不得小于钢丝绳直径的20倍，并不应小于300 mm，插接绳股应拉紧，凸出部分应光滑平整，且应在插接末尾留出适当长度，用金属丝扎牢，钢丝绳插接方法宜按现行行业标准《起重机械吊具与索具安全规程》(LD 48—1993)的要求。用其他方法插接的，应保证其插接连接强度不小于采用绳夹固接时的连接强度，钢丝绳吊索固接的要求(表4-7)。

表4-7　对应不同钢丝绳直径的绳夹最小数量

[根据《起重机设计规范》(GB/T 3811—2008)，该绳最小破断拉力的75%]

钢丝绳直径/mm	≤19	19~32	32~38	38~44	44~60
绳卡数	3	4	5	6	7
注：钢丝绳绳卡座应在钢丝绳长头一边；钢丝绳绳卡的间距不应小于钢丝绳直径的6倍。					

(4)绳夹压板应在钢丝绳受力绳一边，绳夹间距 A 不应小于钢丝绳直径的6倍(图4-15)。

(5)吊索必须由整根钢丝绳制成，中间不得有接头；环形吊索只允许有一处接头。

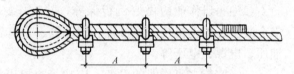

图4-15　钢丝绳夹的正确布置方法

(6)采用二点吊或多点吊时，吊索数宜与吊点数相符，且各根吊索的材质、结构尺寸、索眼端部固定连接、端部配件等性能应相同。

(7)钢丝绳严禁采用打结方式系结吊物。

(8)当吊索弯折曲率半径小于钢丝绳公称直径的2倍时，应采用卸扣将吊索与吊点拴接。

(9)卸扣应无明显变形、可见裂纹和弧焊痕迹。销轴螺纹应无损伤现象。

6. **吊钩与滑轮的使用**

(1)吊钩应符合现行行业标准《起重机械吊具与索具安全规程》(LD 48—1993)中的相关规定。

(2)吊钩禁止补焊，有下列情况之一的应予以报废：

1)表面有裂纹；

2)挂绳处截面磨损量超过原高度的10%；

3)钩尾和螺纹部分等危险截面及钩筋有永久性变形；

4)开口度比原尺寸增加15%；

5)钩身的扭转角超过10°。

(3)滑轮的最小绕卷直径应符合现行国家标准《塔式起重机设计规范》(GB/T 13752—2017)的相关规定。

(4)滑轮有下列情况之一的应予以报废：

1)有裂纹或轮缘破损；

2)轮槽不均匀磨损达3 mm；

3）滑轮绳槽壁厚磨损量达原壁厚的 20%；

4）铸造滑轮槽底磨损达钢丝绳原直径的 30%，焊接滑轮槽底磨损达钢丝绳原直径的 15%。

（5）滑轮、卷筒均应设有钢丝绳防脱装置，吊钩应设有钢丝绳防脱钩装置。

二、外用施工电梯

外用施工电梯又称建筑施工电梯或施工升降机，是一种安装于建筑物外部，在施工期间用于运送施工人员及建筑器材的垂直提升机械，也是高层建筑施工中垂直运输使用最多的一种机械。其已被公认为高层建筑施工中不可缺少的关键设备之一。

（一）外用施工电梯的类型

国产外用施工电梯一般可分为齿轮齿条驱动式、钢丝绳轮驱动式两类，如图 4-16 所示。

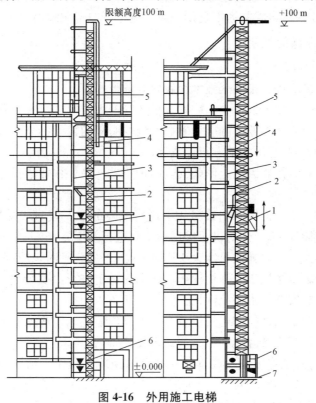

图 4-16 外用施工电梯

1—吊笼；2—小吊杆；3—架设安装杆；4—平衡箱；5—导轨架；6—底笼；7—混凝土基础

1. 齿轮齿条驱动式外用施工电梯

齿轮齿条驱动式外用施工电梯是利用安装在吊笼框架上的齿轮与安装在塔架立杆上的齿条相啮合，当电动机经过变速机构带动齿轮转动时，吊笼即沿塔架升降。

齿轮齿条驱动式外用施工电梯按吊笼数量可分为**单吊笼式**和**双吊笼式**两类。每个吊笼可配用平衡重，也可不配用平衡重。同不配用平衡重的相比，配用平衡重的吊笼在电机功率不变的情况下承载能力可有提高。按承载能力，外用施工电梯可分为两种，一种载重量为 1 000 kg 或乘员 11～12 人，另一种载重量为 2 000 kg 或载乘员 24 名。国产外用施工电梯大多属于前者。

2. 钢丝绳轮驱动式外用施工电梯

钢丝绳轮驱动式外用施工电梯利用卷扬机、滑轮组，通过钢丝绳悬吊吊笼升降。此类外用施工电梯是由我国的一些科研单位和生产厂家合作研制的。

钢丝绳轮驱动式外用施工电梯又称施工升降机。有的人货两用，可载货 1 000 kg 或乘员 8～10 人；有的只用于运货，载重也可达到 1 000 kg。

(二)外用施工电梯的选择

(1)高层建筑外用施工电梯的机型选择，应根据建筑体型、建筑面积、运输总量、工期要求以及施工电梯的造价与供货条件等确定。

(2)现场施工经验表明，20 层以下的高层建筑，宜采用钢丝绳轮驱动式外用施工电梯，25～30 层以上的高层建筑选用齿轮齿条驱动式外用施工电梯。

(3)一台外用施工电梯的服务楼层面积为 600 m²，可按此数据为高层建筑工地配备外用施工电梯。为缓解高峰时运载能力不足的矛盾，应尽可能选用双吊厢式施工电梯。

(三)外用施工电梯的使用

1. 施工升降机的安装

(1)安装作业人员应按施工安全技术交底内容进行作业。

(2)安装单位的专业技术人员、专职安全生产管理人员应进行现场监督。

(3)施工升降机的安装作业范围应设置警戒线及明显的警示标志。非作业人员不得进入警戒范围。任何人不得在悬吊物下方行走或停留。

(4)进入现场的安装作业人员应佩戴安全防护用品，高处作业人员应系安全带，穿防滑鞋。作业人员严禁酒后作业。

(5)安装作业中应统一指挥，明确分工。进行危险部位安装时应采取可靠的防护措施。当指挥信号传递困难时，应使用对讲机等通信工具进行指挥。

(6)当遇大雨、大雪、大雾或风速大于 13 m/s 等恶劣天气时，应停止安装作业。

(7)电气设备安装应按施工升降机使用说明书的规定进行，安装用电应符合现行行业标准《施工现场临时用电安全技术规范》(JGJ 46—2005)的规定。

(8)施工升降机的金属结构和电气设备金属外壳均应接地，接地电阻不应大于 4 Ω。

(9)安装时应确保施工升降机的运行通道内无障碍物。

(10)安装作业时必须将按钮盒或操作盒移至吊笼顶部操作。当导轨架或附墙架上有人员作业时，严禁开动施工升降机。

(11)传递工具或器材不得采用投掷的方式。

(12)在吊笼顶部作业前应确保吊笼顶部护栏齐全完好。

(13)吊笼顶上所有的零件和工具应放置平稳，不得超出安全护栏。

(14)在安装作业过程中，安装作业人员和工具等总荷载不得超过施工升降机的额定安装载重量。

(15)当安装吊杆上有悬挂物时，严禁开动施工升降机。严禁超载使用安装吊杆。

(16)层站应为独立受力体系，不得搭设在施工升降机附墙架的立杆上。

(17)当需安装导轨架加厚标准节时，应确保普通标准节和加厚标准节的安装部位正确，不得用普通标准节替代加厚标准节。

(18)安装导轨架时，应对施工升降机导轨架的垂直度进行测量校准。施工升降机导轨架安装垂直度偏差应符合使用说明书和表 4-8 的规定。

表 4-8　安装垂直度偏差

导轨架架设高度 h/m	$h\leqslant 70$	$70<h\leqslant 100$	$100<h\leqslant 150$	$150<h\leqslant 200$	$h>200$
垂直度偏差/mm	不大于$(1/1\,000)h$	$\leqslant 70$	$\leqslant 90$	$\leqslant 110$	$\leqslant 130$
	对钢丝绳式施工升降机，垂直度偏差不大于$(1.5/1\,000)h$				

(19)接高导轨架标准节时，应按使用说明书的规定进行附墙连接。

(20)每次加节完毕后，应对施工升降机导轨架的垂直度进行校正，且应按规定及时重新设置行程限位和极限限位，经验收合格后方能运行。

(21)连接件和连接件之间的防松防脱件应符合使用说明书的规定，不得用其他物件代替。对有预紧力要求的连接螺栓，应使用扭力扳手或专用工具，按规定的拧紧次序将螺栓准确地紧固到规定的扭矩值。安装标准节连接螺栓时，宜螺杆在下，螺母在上。

(22)施工升降机最外侧边缘与外面架空输电线路的边线之间，应保持安全操作距离。最小安全操作距离应符合表 4-9 的规定。

表 4-9　最小安全操作距离

外电线电路电压/kV	<1	$1\sim 10$	$35\sim 110$	220	$330\sim 500$
最小安全操作距离/m	4	6	8	10	15

(23)当发生故障或危及安全时，应立刻停止安装作业，采取必要的安全防护措施，应设置警示标志并报告技术负责人。在故障或危险情况未排除之前，不得继续安装作业。

(24)当遇意外情况不能继续安装作业时，应使已安装的部件达到稳定状态并固定牢靠，经确认合格后方能停止作业。作业人员下班离岗时，应采取必要的防护措施，并应设置明显的警示标志。

(25)安装完毕后应拆除为施工升降机安装作业而设置的所有临时设施，清理施工场地上作业时所用的索具、工具、辅助用具、各种零配件和杂物等。

(26)钢丝绳式施工升降机的安装还应符合下列规定：

1)卷扬机应安装在平整、坚实的地点，且应符合使用说明书的要求；

2)卷扬机、曳引机应按使用说明书的要求固定牢靠；

3)应按规定配备防坠安全装置；

4)卷扬机卷筒、滑轮、曳引轮等应有防脱绳装置；

5)每天使用前应检查卷扬机制动器，动作应正常；

6)卷扬机卷筒与导向滑轮中心线应垂直对正，钢丝绳出绳偏角大于 2°时应设置排绳器；

7)卷扬机的传动部位应安装牢固的防护罩；卷扬机卷筒的旋转方向应与操纵开关上指示的方向一致。卷扬机钢丝绳在地面上运行区域内应有相应的安全保护措施。

2. 施工升降机的使用

(1)不得使用有故障的施工升降机。

(2)严禁施工升降机使用超过有效标定期的防坠安全器。

（3）施工升降机额定载重量、额定乘员数标牌应置于吊笼的醒目位置。严禁在超过额定载重量或额定乘员数的情况下使用施工升降机。

（4）当电源电压值与施工升降机额定电压值的偏差超过±5%，或供电总功率小于施工升降机的规定值时，不得使用施工升降机。

（5）应在施工升降机作业范围内设置明显的安全警示标志，应在集中作业区做好安全防护。

（6）当建筑物超过2层时，施工升降机地面通道上方应搭设防护棚。当建筑物高度超过24 m时，应设置双层防护棚。

（7）使用单位应根据不同的施工阶段、周围环境、季节和气候，对施工升降机采取相应的安全防护措施。

（8）使用单位应在现场设置相应的设备管理机构或配备专职的设备管理人员，并指定专职设备管理人员、专职安全生产管理人员进行监督检查。

（9）当遇大雨、大雪、大雾、施工升降机顶部风速大于20 m/s或导轨架、电缆表面结有冰层时，不得使用施工升降机。

（10）严禁将行程限位开关作为停止运行的控制开关。

（11）使用期间，使用单位应按使用说明书的要求定期对施工升降机进行保养。

（12）在施工升降机基础周边水平距离5 m以内，不得开挖井沟，不得堆放易燃易爆物品及其他杂物。

（13）施工升降机运行通道内不得有障碍物。不得利用施工升降机的导轨架、横竖支撑、层站等牵拉或悬挂脚手架、施工管道、绳缆标语、旗帜等。

（14）施工升降机安装在建筑物内部井道中时，应在运行通道四周搭设封闭屏障。

（15）安装在阴暗处或夜班作业的施工升降机，应在全行程装设明亮的楼层编号标志灯。夜间施工时作业区应有足够的照明，照明应满足现行行业标准《施工现场临时用电安全技术规范》(JGJ 46—2005)的要求。

（16）施工升降机不得使用脱皮、裸露的电线、电缆。

（17）施工升降机吊笼底板应保持干燥整洁。各层站通道区域不得有物品长期堆放。

（18）施工升降机司机严禁酒后作业。工作时间内司机不应与其他人员闲谈，不应有妨碍施工升降机运行的行为。

（19）施工升降机司机应遵守安全操作规程和安全管理制度。

（20）实行多班作业的施工升降机时，应执行交接班制度。交班司机应按《建筑施工升降机安装、使用、拆卸安全技术规程》(JGJ 215—2010)的附录D填写交接班记录表。接班司机应进行班前检查，确认无误后，方能开机作业。

（21）施工升降机每天第一次使用前，司机应将吊笼升离地面1~2 m，停车检查制动器的可靠性。当发现问题时，应经修复合格后方能运行。

（22）施工升降机每3个月应进行1次1.25倍额定重量的超载试验，确保制动器性能安全可靠。

（23）工作时间内司机不得擅自离开施工升降机。当有特殊情况需离开时，应将施工升降机停到最底层，关闭电源并锁好吊笼门。

（24）操作手动开关的施工升降机时，不得利用机电联锁开动或停止施工升降机。

(25)层门门闩宜设置在靠施工升降机一侧,且层门应处于常闭状态。未经施工升降机司机许可,不得启闭层门。

(26)施工升降机专用开关箱应设置在导轨架附近便于操作的位置,配电容量应满足施工升降机直接启动的要求。

(27)在施工升降机使用过程中,运载物料的尺寸不应超过吊笼的界限。

(28)散状物料运载时应装入容器、进行捆绑或使用织物袋包装,堆放时应使荷载分布均匀。

(29)运载融化沥青、强酸、强碱、溶液、易燃物品或其他特殊物料时,应由相关技术部门做好风险评估和采取安全措施,且应向施工升降机司机、相关作业人员书面交底后方能载运。

(30)当使用搬运机械向施工升降机吊笼内搬运物料时,搬运机械不得碰撞施工升降机。卸料时,物料放置速度应缓慢。

(31)当运料小车进入吊笼时,车轮处的集中荷载不应大于吊笼板底和层站底板的允许承载力。

(32)吊笼上的各类安全装置应保持完好有效。经过大雨、大雪、台风等恶劣天气后应对各安全装置进行全面检查,确认安全有效后方能使用。

(33)当在施工升降机运行中发现异常情况时,应立即停机,直到排除故障后方可继续运行。

(34)当在施工升降机运行中由于断电或其他原因中途停止时,可进行手动下降。吊笼手动下降速度不得超过额定运行速度。

(35)作业结束后应将施工升降机返回最底层停放,将各控制开关拨到零位,切断电源,锁好开关箱、吊笼门和地面防护围栏门。

(36)钢丝绳式施工升降机的使用还应符合下列规定:

1)钢丝绳应符合现行国家标准《起重机 钢丝绳 保养、维护、安装、检验和报废》(GB/T 5972—2016)的规定;

2)施工升降机吊笼运行时钢丝绳不得与遮掩物或其他物件发生碰触或摩擦;

3)当吊笼位于地面时,最后缠绕在卷扬机卷筒上的钢丝绳不应少于3圈,且卷扬机卷筒上的钢丝绳应无乱绳现象;

4)卷扬机工作时,卷扬机上部不得放置任何物件;

5)不得在卷扬机、曳引机运转时进行清理或加油。

3. 施工升降机的拆卸

(1)拆卸前应对施工升降机的关键部件进行检查,当发现问题时,应在问题解决后再进行拆卸作业。

(2)施工升降机拆卸作业应符合拆卸工程专项施工方案的要求。

(3)应有足够的工作面作为拆卸场地,应在拆卸场地周围设置警戒线和醒目的安全警示标志,并应派专人监护。拆卸施工升降机时,不得在拆卸作业区域内进行与拆卸无关的其他作业。

(4)夜间不得进行施工升降机的拆卸作业。

(5)拆卸附墙架时,施工升降机导轨架的自由端高度应始终满足使用说明书的要求。

(6)应确保与基础相连的导轨架在最后一个附墙架拆除后仍能保持各方向的稳定性。

(7)施工升降机拆卸应连续作业。当拆卸作业不能连续完成时，应根据拆卸状态采取相应的安全措施。

(8)吊笼未拆除之前，非拆卸作业人员不得在地面防护围栏内、施工升降机运行通道内、导轨架内以及附墙架上等区域活动。

(9)拆卸作业还应符合上述"1. 施工升降机的安装"中的有关规定。

三、混凝土运输机械

在混凝土结构的高层建筑中，混凝土的运输量非常大，因此，在施工中正确选择混凝土运输机械就显得尤为重要。现在高层建筑中普遍应用的混凝土运输机械有**混凝土搅拌运输车、混凝土泵和混凝土泵车**。

(一)混凝土搅拌运输车

混凝土搅拌运输车简称混凝土搅拌车，是混凝土泵车的主要配套设备。其用途是运送拌和好的、质量符合施工要求的混凝土(通称湿料或熟料)。在运输途中，搅拌筒进行低速转动(1~4 r/min)，使混凝土不产生离析，保证混凝土浇筑入模的施工质量。在运输距离很长时也可将混凝土干料或半干料装入筒内，在将要达到施工地点之前注入或补充定量拌合水，并使搅拌筒按搅拌要求的转速转动，在途中完成混凝土的搅拌全过程，到达工地后可立即卸出并进行浇筑，以免运输时间过长对混凝土质量产生不利影响。

1. 混凝土搅拌运输车的分类与构造

混凝土搅拌运输车按公称容量的大小，分为 2 m³、2.5 m³、4 m³、5 m³、6 m³、7 m³、8 m³、9 m³、10 m³、12 m³ 等，搅拌筒的充盈率为 55%~60%。公称容量在 2.5 m³ 以下者属轻型混凝土搅拌运输车，搅拌筒安装在普通卡车底盘上制成；公称容量在 4~6 m³ 者，属于中型混凝土搅拌运输车，用重型卡车底盘改装而成；公称容量在 8 m³ 以上者，属大型混凝土搅拌运输车，以三轴式重型载重卡车底盘制成。实践表明，公称容量为 6 m³ 的混凝土搅拌运输车的技术经济效果最佳，目前国内制造和应用的以及国外引进的大多属这类档次的混凝土搅拌运输车。

混凝土搅拌运输车(图 4-17)主要由底架、搅拌筒、发动机、静液驱动系统、加水系统、装料及卸料系统、卸料溜槽、卸料振动器、操作平台、操纵系统及防护设备等组成。

搅拌筒内安装有两扇螺栓形搅拌叶片，当鼓筒正向回转时，可使混凝土得到拌和，反向回转时，可使混凝土排出。

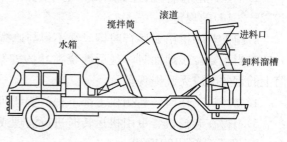

图 4-17 混凝土搅拌运输车示意

2. 混凝土搅拌运输车的选用及使用注意事项

(1)选用混凝土搅拌运输车，考核技术性能时应注意以下几点：

1)6 m³ 混凝土搅拌运输车的装料时间一般需 40~60 s，卸料时间为 90~180 s；搅拌车拌筒开口宽度应大于 1 050 mm，卸料溜槽宽度应大于 450 mm；

2)装料高度应低于搅拌站(机)出料口的高度，卸料高度应高于混凝土泵车受料口的高度，以免影响正常装、卸料；

3)搅拌筒的筒壁及搅拌叶片必须用耐磨、耐锈蚀的优质钢材制作,并应有适当的厚度;

4)安全防护装置齐全;

5)性能可靠,操作简单,便于清洗、保养。

(2)新车投入使用前,必须经过全面检查和试车,一切正常后才可正式使用。

(3)搅拌车液压系统使用的压力应符合规定,不得随意调整。液压的油量、油质和油温应符合使用说明书中的规定;换油时,应选用与原牌号相当的液压油。

(4)搅拌车装料前,应先排净筒内的积水和杂物。压力水箱应保持满水状态,以备急用。

(5)搅拌车装载混凝土,其体积不得超过允许的最大搅拌容量。在运输途中,搅拌筒不得停止转动,以免混凝土离析。

(6)搅拌车到达现场卸料前,应先使搅拌筒全速(14~18 r/min)转动 1~2 min,并待搅拌筒完全停稳不转后,再进行反转卸料。

(7)当环境温度高于 25 ℃时,混凝土搅拌车从装料到卸料包括途中运输的全部延续时间不得超过 60 min;当环境温度低于 25 ℃时,全部延续时间不得超过 90 min。

(8)搅拌筒由正转变为反转时,必须先将操纵手柄放至中间位置,待搅拌筒停转后,再将操纵手柄放至反转位置。

(9)冬期施工时,混凝土搅拌运输车开机前,应检查水泵是否冻结;每日工作结束时,应按以下程序将积水排放干净:开启所有阀门→打开管道的排水龙头→打开水泵排水阀门→使水泵作短时间运行(5 min)→最后将控制手柄转至"搅拌-出料"位置。

(10)混凝土搅拌运输车在施工现场卸料完毕,返回搅拌站前,应放水将装料口、出料漏斗及卸料溜槽等部位冲洗干净,并清除黏结在车身各处的污泥和混凝土。

(11)在现场卸料后,应随即向搅拌筒内注入 150~200 L 清水,并在返回途中使搅拌筒慢速转动,清洗拌筒内壁,防止水泥浆渣黏附在筒壁和搅拌叶片上。

(12)每天下班后,应向搅拌筒内注入适量清水,并高速(14~18 r/min)转动 5~10 min,然后将筒内杂物和积水排放干净,以使筒内保持清洁。

(13)混凝土搅拌运输车操作人员必须经过专门培训并取得合格证,方准上岗操作;无合格证者,不得上岗顶班作业。

(二)混凝土泵和混凝土泵车

1. 混凝土泵

混凝土泵经过半个世纪的发展,已从立式泵、机械式挤压泵、水压隔膜泵、气压泵发展到今天的卧式全液压泵。目前,世界各地生产与使用的混凝土泵大都是液压泵。按照混凝土泵的移动方式不同,液压泵可分为固定泵、拖式泵和混凝土泵车。

以卧式双缸混凝土泵为例,其工作原理为:两个混凝土缸并列布置,由两个油缸驱动,通过阀的转换,交替吸入或输出混凝土,使混凝土平稳而连续地输送出去,如图 4-18 所示。液压缸的活塞向前推进,将混凝土通过中心管向外排出,同时混凝土缸中的活塞向回收缩,将料斗中的混凝土吸入。当液压缸(或混凝土缸)的活塞到达行程终点时,摆动缸运作,将摆动阀切换,使左混凝土缸吸入,右混凝土缸排出。在混凝土泵中,分配阀是核心机构,也是最容易损坏的部分。泵的工作性能好坏与分配阀的质量和形式有着密切的关系。**泵阀大致可分为闸板阀、S 形阀、C 形阀三大类,**如图 4-19~图 4-22 所示。

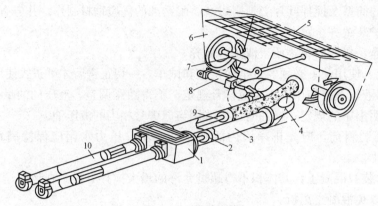

图 4-18　泵送机构

1—结合块；2—活塞；3—混凝土泵缸；4—吸入导管；5—料斗格；

6—料斗；7—搅拌机构；8—摆动缸；9—活塞杆；10—液压缸

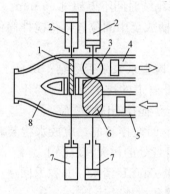

图 4-19　混凝土泵的平置式闸板分配阀

1—排出闸板；2—左液压缸；3—料斗出料口；

4—左混凝土缸；5—右混凝土缸；6—吸入闸板；

7—右液压缸；8—Y形输送管

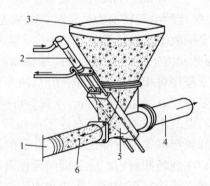

图 4-20　混凝土泵的斜置式闸板分配阀

1—工作活塞；2—液压缸；3—集料斗；

4—输送管；5—闸板；6—混凝土工作缸

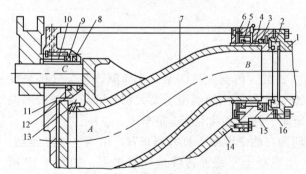

图 4-21　混凝土泵的S形阀

1—连接法兰；2—减磨压环；3、9—蕾形密封圈；4—护帽；

5、8—Y形密闭圈；6—密封环；7—阀体；10—轴套；

11—O形圈；12—密封圈座；13—切割环；

14—装料斗；15—支承座；16—调整垫片

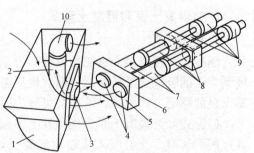

图 4-22　混凝土泵的C形阀

1—集料斗；2—管形阀；3—摆动管口；

4—工作缸口；5—可更换的摩擦板面；6—缸头；

7—工作缸；8—清水箱；9—液压缸；10—输送管口

2. 混凝土泵车

混凝土泵车(图4-23)是将混凝土泵安装在汽车底盘上,利用柴油发动机的动力,通过动力分动箱将动力传给液压泵,然后带动混凝土泵进行工作。通过布料杆,可将混凝土送到一定高程与距离。对于一般的建筑物施工,这种泵车具有移动方便、输送幅度与高度适中、可节省一台起重机等优点,在施工中很受欢迎。

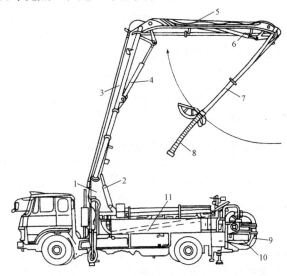

图4-23　混凝土泵车

1—回转支承装置;2—变幅液压缸;3—第1节臂架;4、6—伸缩液压缸;
5—第2节臂架;7—第3节臂架;8—软管;9、11—输送管;10—泵体

3. 混凝土泵的选择

采用混凝土泵施工时,应根据工程结构特点、施工组织设计要求、不同泵型的技术参数以及技术经济比较等进行选用。

混凝土泵按其压力的高低,分为高压泵和中压泵两种。凡混凝土泵缸活塞前端压力大于 7 N/mm² 者为高压泵,小于等于 7 N/mm² 者为中压泵。高压泵的输送距离(高度)大,但价格高、液压系统复杂、维修费用高,且需配用厚壁输送管。

一般浇筑基础或高度为6~7层以下的结构工程,以采用汽车式混凝土泵进行混凝土浇筑为宜;当垂直输送高度为80~100 m时,可以采用一台高压泵到顶,也可采用两台固定式中压混凝土泵接力输送。

混凝土泵的主要参数是混凝土泵的实际平均输出量和混凝土泵的最大水平输送距离。

混凝土泵的实际平均输出量,可根据混凝土泵的最大输出量、配管情况和作业效率,按下式计算:

$$Q_1 = Q_{max}\alpha_1\eta$$

式中　Q_1——每台混凝土泵的实际平均输出量(m^3/h);

　　　Q_{max}——每台混凝土泵的最大输出量(m^3/h);

　　　α_1——配管条件系数,可取 0.8~0.9;

η——作业效率，根据混凝土搅拌运输车向混凝土泵供料的间断时间、拆装混凝土输送管和布料停歇等情况，可取 $0.5\sim0.7$。

混凝土泵的最大水平输送距离，可通过试验或查阅产品的性能表（曲线）确定，也可根据混凝土泵的混凝土最大出口压力（可从技术性能表中查出）、配管情况、混凝土性能指标和输出量按下式计算：

$$L_{max}=\frac{P_e-P_f}{\Delta P_H}\times10^6$$

式中　L_{max}——混凝土泵的最大水平输送距离(m)；

　　　P_e——混凝土泵的额定工作压力(MPa)；

　　　P_f——混凝土泵送系统附件及泵体内部压力损失，当缺乏详细资料时，可按表 4-10 取值累加计算(MPa)；

表 4-10　混凝土泵送系统附件的估算压力损失

附件名称		换算单位	估算压力损失/MPa
管路截止阀		每个	0.1
泵体附属结构	分配阀	每个	0.2
	启动内耗	每台泵	1.0

　　　ΔP_H——混凝土在水平输送管内流动每米产生的压力损失，可按下列公式计算(Pa/m)，采用其他方法确定时，宜通过试验验证：

$$\Delta P_H=\frac{2}{r}\left[K_1+K_2\left(1+\frac{t_2}{t_1}\right)v_2\right]\alpha_2$$

$$K_1=300-S_1$$

$$K_2=400-S_1$$

式中　r——混凝土输送管半径(m)；

　　　K_1——黏着系数(Pa)；

　　　K_2——速度系数(Pa·s/m)；

　　　$\dfrac{t_2}{t_1}$——混凝土泵分配阀切换时间与活塞推压混凝土时间之比，当设备性能未知时，可取 0.3；

　　　v_2——混凝土拌和物在输送管内的平均流速(m/s)；

　　　α_2——径向压力与轴向压力之比，对普通混凝土取 0.90。

当配管情况复杂，有水平管也有向上垂直管、弯管等时，先按表 4-11 进行换算，然后再进行计算。

表 4-11　混凝土输送管水平换算长度

管类别或布置状态	换算单位	管规格		水平换算长度/m
向上垂直管	每米	管径/mm	100	3
			125	4
			150	5

管类别或布置状态	换算单位	管规格		水平换算长度/m
倾斜向上管 （输送管倾斜角 为 α，如图 4-24 所示）	每米	管径/mm	100	$\cos\alpha+3\sin\alpha$
			125	$\cos\alpha+4\sin\alpha$
			150	$\cos\alpha+5\sin\alpha$
垂直向下及倾斜向下管	每米	—		1
锥形管	每根	锥径变化 /mm	175→150	4
			150→125	8
			125→100	16
弯管（弯头张角为 β，$\beta\leqslant90°$， 如图 4-24 所示）	每只	弯曲半径 /mm	800	$12\beta/90$
			1000	$9\beta/90$
胶管	每根	长 3～5 m		20

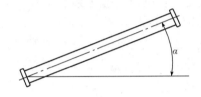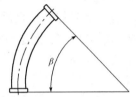

图 4-24　布管计算角度示意

4. 输送管配管

输送管是混凝土泵送设备的重要组成部分，管道配置与敷设是否合理，常影响到泵送效率和泵送作业的顺利进行。一般施工前应根据工程周围情况、工程规模认真进行配管设计，并应满足以下技术要求：

（1）进行配管设计时，应尽量缩短管线长度，少用弯管和软管，以便于装拆、维修、排除故障和清洗。

（2）应根据骨料最大粒径、混凝土输出量和输出距离、混凝土泵型号、泵送压力等选择输送管材、管径。泵送混凝土的输送管应采用耐磨锰钢无缝钢管制作。最常用的管径是 $\phi100$、$\phi125$、$\phi150$，壁厚在 3.2 mm 以上。在同一条管线中应用相同直径的输送管，新管应布置在泵送压力较大处。管径与骨料最大粒径的比值应符合表 4-12 的规定。

表 4-12　输送管道直径与混凝土骨料最大粒径

输送管道直径/mm	$\phi100\sim115$	$\phi125\sim150$	$\phi150\sim180$	$\phi180\sim200$
混凝土骨料 最大粒径/mm	3.7～3.3	3.3～3.0	3.0～2.7	2.7～2.5
注：对于碎石混凝土可取上限，对于卵石混凝土可选下限。				

5. 混凝土泵和泵车的使用

（1）混凝土泵应安放在平整、坚实的地面上，周围不得有障碍物，在放下支腿并调整后应使机身保持水平和稳定，轮胎应楔紧。

(2)泵送管道的敷设应符合下列要求：

1)水平泵送管道宜直线敷设。

2)垂直泵送管道不得直接装接在泵的输出口上，应在垂直管前端加装长度不小于20 m的水平管，并在水平管近泵处加装逆止阀。

3)敷设向下倾斜的管道时，应在输出口上加装一段水平管，其长度不应小于倾斜管高低差的5倍。当倾斜度较大时，应在坡度上端装设排气活阀。

4)泵送管道应有支承固定，在管道和固定物之间应设置木垫作缓冲，不得直接与钢筋或模板相连，管道与管道间应连接牢靠；管道接头和卡箍应扣牢密封，不得漏浆；不得将已磨损管道装在后端高压区。

5)泵送管道敷设后，应进行耐压试验。

(3)砂石粒径、水泥强度等级及配合比应按出厂规定，满足泵机可泵性的要求。

(4)作业前应检查并确认泵机各部位的螺栓紧固，防护装置齐全可靠，各部位的操纵开关、调整手柄、手轮、控制杆、旋塞等均在正确位置，液压系统正常无泄漏，液压油符合规定，搅拌斗内无杂物，上方的保护格网完好无损并盖严。

(5)输送管道的管壁厚度应与泵送压力匹配，近泵处应选用优质管子。管道接头、密封圈及弯头等应完好无损。在高温烈日下应采用湿麻袋或湿草袋遮盖管路，并应及时浇水降温，在寒冷季节应采取保温措施。

(6)应配备清洗管、清洗用品、接球器及有关装置。开泵前，无关人员应离开管道周围。

(7)启动后，应空载运转，观察各仪表的指示值，检查泵和搅拌装置的运转情况，确认一切正常后，方可作业。泵送前应向料斗中加入10 L清水和0.3 m³水泥砂浆以润滑泵及管道。

(8)泵送作业中，料斗中的混凝土平面应保持在搅拌轴轴线以上。料斗格网上不得堆满混凝土，应控制供料流量，及时清除超粒径的集料及异物，不得随意移动格网。

(9)当进入料斗的混凝土有离析现象时应停泵，待搅拌均匀后再泵送。当集料分离严重，料斗内灰浆明显不足时，应剔除部分集料，另加砂浆重新搅拌。

(10)泵送混凝土应连续作业；当因供料中断被迫暂停作业时，停机时间不得超过30 min。暂停时间内应每隔5～10 min(在冬季为3～5 min)做2或3个冲程反泵-正泵运动，再次投料泵送前应先将料搅拌。当停泵时间超限时，应排空管道。

(11)垂直向上泵送中断后再次泵送时，应先进行反向推送，使分配阀内的混凝土吸回料斗，经搅拌后再正向泵送。

(12)泵机运转时，严禁将手或铁锹伸入料斗或用手抓握分配阀。当需在料斗或分配阀上工作时，应先关闭电动机和消除蓄能器压力。

(13)不得随意调整液压系统的压力。当油温超过70 ℃时，应停止泵送，但仍应使搅拌叶片和风机运转，待降温后再继续运行。

(14)水箱内应储满清水，当水质浑浊并有较多砂粒时，应及时检查处理。

(15)泵送时，不得开启任何输送管道和液压管道；不得调整、修理正在运转的部件。

(16)作业中，应对泵送设备和管路进行观察，发现隐患应及时处理。磨损超过规定的管子、卡箍、密封圈等应及时更换。

(17)应防止管道堵塞。泵送混凝土应搅拌均匀，控制好坍落度；在泵送过程中，不得中途停泵。

(18)当出现输送管堵塞时，应进行反泵运转，使混凝土返回料斗；当反泵几次仍不能消除堵塞时，应在泵机卸载的情况下拆管排除堵塞。

(19)作业后，应将料斗内和管道内的混凝土全部输出，然后对泵机、料斗、管道等进行冲洗。当用压缩空气冲洗管道时，进气阀不应立即开大，只有当混凝土顺利排出时，方可将进气阀开至最大。在管道出口端前方10 m内严禁站人，并应用金属网篮等收集冲出的清洗球和砂石粒。对凝固的混凝土，应采用刮刀清除。

(20)作业后，应将两侧活塞转到清洗室位置，并涂上润滑油。各部位的操纵开关、调整手柄、手轮、控制杆、旋塞等均应复位。液压系统应卸载。

本章小结

高层建筑具有建筑高度大、基础埋置深度大、施工周期长、施工条件复杂，即高、深、长、杂的特点。因此，高层建筑在施工中要解决垂直运输高程大，吊装运输量大，建筑材料、制品、设备数量多，要求繁杂，人员交通量大等问题。解决这些问题的关键之一，就是正确选择合适的施工机具。本章主要介绍了高层建筑施工脚手架和高层建筑施工常用机械。

思考与练习

一、单项选择题

1. 架体底部应铺设脚手板，脚手板与墙体的间隙不应大于50 mm，操作层脚手板应满铺、铺牢，孔洞直径宜小于(   )mm。
   A. 20   B. 25   C. 30   D. 35

2. 在竖向主框架位置应设置(   )防倾覆装置，才能安装竖向主框架。
   A. 上边一个   B. 左、右两个   C. 下边一个   D. 上、下两个

3. 双排脚手架搭设应按(   )的顺序逐层搭设，底层水平框架的纵向直线度偏差应小于1/200架体长度；横杆间水平度偏差应小于1/400架体长度。
   A. 立杆、横杆、斜杆、连墙件   B. 横杆、立杆、斜杆、连墙件
   C. 斜杆、横杆、立杆、连墙件   D. 连墙件、立杆、横杆、斜杆

4. 液压升降整体脚手架防坠落装置应设置在(   )主框架处，防坠吊杆应附着在建筑结构上，且必须与建筑结构可靠连接。
   A. 竖向   B. 横向   C. 横竖向都可以   D. 以上都不对

5. 搭设门式脚手架的地面标高宜高于自然地坪标高(   )mm。
   A. 10   B. 10～50   C. 50   D. 50～100

6. 中型塔式起重机的起重量为(   )，适用于一般工业建筑与高层民用建筑施工。
   A. 5～30 kN   B. 30～150 kN
   C. 200～400 kN   D. 400 kN以上

7. 附着式塔式起重机的顶部有套架和液压顶升装置，需要接高时，每次接高（　　）m。

    A. 2.5　　　　　　　B. 3.5　　　　　　　C. 4.5　　　　　　　D. 5.0

8. 起重力矩是起重量与相应工作幅度的（　　）。

    A. 乘积　　　　　　B. 相除　　　　　　C. 之差　　　　　　D. 之和

9. 塔式起重机起重臂根部铰点高度超过 50 m 时应配备（　　）。

    A. 障碍灯　　　　　B. 广告牌　　　　　C. 风速仪　　　　　D. 标语牌

10. 高层建筑选择外用施工电梯机型时，（　　）不属于选择条件。

    A. 建筑体型　　　　B. 运输总量　　　　C. 工期要求　　　　D. 以上都不是

二、多项选择题

1. 高层建筑施工中的脚手架种类很多，常用的有（　　）。

    A. 液压升降整体脚手架　　　　　　　　B. 碗扣式钢管脚手架

    C. 附着式升降脚手架　　　　　　　　　D. 以上都是

2. 液压升降整体脚手架指依靠液压装置，附着在建（构）筑物上，实现整体升降的脚手架，其架体结构尺寸应符合哪几项要求？（　　）

    A. 架体结构高度不应大于 5 倍楼层高

    B. 架体宽度不应大于 1.0 m

    C. 架体全高与支承跨度的乘积不应大于 100 m^2

    D. 架体宽度不应大于 1.2 m

3. 双排脚手架拆除应符合哪几项要求？（　　）

    A. 拆除作业应从底层开始，逐层向上进行，严禁上、下层同时拆除

    B. 拆除作业应从顶层开始，逐层向下进行，严禁上、下层同时拆除

    C. 连墙件必须在双排脚手架拆到该层时方可拆除，严禁提前拆除

    D. 连墙件在双排脚手架未拆到该层时也可以提前拆除

4. 门式脚手架与模板支架的搭设程序应符合哪几项要求？（　　）

    A. 门式脚手架的搭设应与施工进度同步

    B. 满堂脚手架和模板支架应采用逐列、逐排和逐层的方法搭设

    C. 门架的组装应自一端向另一端延伸，应自下而上按步架设，并应逐层改变搭设方向

    D. 每搭设完两步门架后，应校验门架的水平度及立杆的垂直度

5. 附着式升降脚手架安装时应符合哪几项要求？（　　）

    A. 竖向主框架和防倾导向装置的垂直偏差不应大于 5‰，且不得大于 60 mm

    B. 相邻竖向主框架的高差不应大于 20 mm

    C. 预留穿墙螺栓孔和预埋件应垂直于建筑结构外表面，其中心误差应小于 10 mm

    D. 连接处所需要的建筑结构混凝土强度应由计算确定，但不应小于 C10

6. 塔式起重机一般分为（　　）等几种。

    A. 轨道（行走）式　　B. 爬升式　　　　　C. 附着式　　　　　D. 固定式

7. 塔式起重机的主要参数是（　　）。

    A. 机械类型　　　　　　　　　　　　B. 回转半径

    C. 起升高度　　　　　　　　　　　　D. 起重量和起重力矩

8. 塔式起重机安装前应根据专项施工方案，对塔式起重机基础的(　　)项目进行检查，确认合格后方可实施。

    A. 基础的位置、标高、尺寸

    B. 基础的隐蔽工程验收记录和混凝土强度报告等相关资料

    C. 安装辅助设备的基础、地基承载力、预埋件等

    D. 道路通信设施

9. 混凝土泵的选择要素有(　　)。

    A. 不同泵型的技术参数　　　　　　B. 施工组织设计要求

    C. 地基基础承载力　　　　　　　　D. 以上都是

10. 当遇(　　)时，不得使用施工升降机。

    A. 大雪　　　　　　　　　　　　　B. 大雾

    C. 大风大雨　　　　　　　　　　　D. 导轨架、电缆表面结有冰层

三、简答题

1. 高层建筑脚手架有哪些特点？

2. 液压升降整体脚手架的架体结构尺寸应符合哪些要求？

3. 液压升降整体脚手架的升降检查应符合哪些要求？

4. 液压升降整体脚手架在使用过程中严禁进行哪些作业？

5. 碗扣式钢管脚手架地基与基础处理应符合哪些要求？

6. 试述门式钢管脚手架的拆除要求。

7. 附着式升降脚手架在使用过程中不得进行哪些作业？

8. 试述吊篮悬挂高度与吊篮平台的关系。

9. 高处作业是如何定义的？

10. 临边作业时应怎样进行安全防护？

11. 塔式起重机按起重能力大小可分为哪几种类型？它们各自的适用范围是什么？

12. 塔式起重机的主要参数有哪些？

13. 起重机的轨道基础应符合哪些要求？

14. 自升式塔式起重机的顶升加节应符合哪些要求？

15. 外用施工电梯的主要作用有哪些？

16. 根据现场施工经验，不同层楼的建筑应如何选用施工电梯？

17. 安装外用施工电梯导轨架时，应对施工升降机导轨架的垂直度进行测量校准。施工升降机导轨架安装垂直度偏差应符合什么要求？

18. 当发现外用施工电梯故障或危及安全时，应怎样做？

19. 选用混凝土搅拌运输车，考核技术性能时应注意哪些问题？

20. 如何选用混凝土泵？

第五章 现浇混凝土结构高层建筑施工

能力目标

(1)具有组织高层钢筋混凝土结构施工的能力,能编制高层建筑施工方案。

(2)具备现浇钢筋混凝土结构施工的能力。

(3)具备外围护和保温工程、隔墙工程、填充墙砌体工程施工的能力。

知识目标

(1)熟悉高层建筑施工测量精度要求;掌握用外控法、内控法进行高层建筑轴线的竖向投测的方法。

(2)掌握大模板施工、液压滑动模板施工、爬升模板施工、组合模板施工的构造及方法。

(3)熟悉围护结构的施工;掌握钢筋电渣压力焊、钢筋气压焊、钢筋机械连接的方法。

第一节 高层建筑施工测量

考虑另有"建筑工程测量"课程,本节只着重介绍高层建筑竖向控制方法。在高层建筑工程施工测量中,由于层数多、高度大,所以,要求竖向偏差控制精度高。在整个工程的进行中做好各个环节的测量验线工作是至关重要的,因此,在高层建筑工程施工组织设计中,应有一套切实可行的施工测量方案。

一、精度要求

有关规范对于不同结构的高层建筑施工的竖向精度有不同的要求,见表 5-1(H 为建筑总高度)。为了保证总的竖向施工误差不超限,层间垂直度测量偏差不应超过 3 mm,建筑全高垂直度测量偏差不应超过 $3H/10\,000$,且不应大于:

当 30 m $<H\leqslant$ 60 m 时,±10 mm;

当 60 m＜H≤90 m 时，±15 mm；

当 90 m＜H 时，±20 mm。

表 5-1　　高层建筑竖向及标高施工偏差限差

结构类型	竖向施工偏差限差/mm		标高偏差限差/mm	
	每层	全高	每层	全高
现浇混凝土	8	$H/1\,000$（最大 30）	±10	±30
装配式框架	5	$H/1\,000$（最大 20）	±5	±30
大模板施工	5	$H/1\,000$（最大 30）	±10	±30
滑模施工	5	$H/1\,000$（最大 50）	±10	±30

为了满足上述测量精度要求，常采用下列两类方法进行高层建筑轴线的竖向投测。无论使用哪类方法向上投测轴线，都必须在基础工程完成后，根据建筑场地平面控制网，校测建筑物轴线控制桩后，将建筑四廓和各细部轴线精确地弹测到±0.000 首层平面上，作为向上投测轴线的依据。

二、外控法

外控法是在建筑物外部，利用经纬仪，根据建筑物轴线控制桩进行轴线的竖向投测。当施工场地比较宽阔时多使用外控法。

（1）在建筑物底部投测中心轴线位置。高层建筑的基础工程完工后，将经纬仪安置在轴线控制桩 A_1、A_1'、B_1 和 B_1' 上，把建筑物主轴线精确地投测到建筑物的底部，并设立标志，如图 5-1 所示的 a_1、a_1'、b_1 和 b_1'，以供下一步施工及向上投测之用。

（2）向上投测中心线。随着建筑物不断升高，要逐层将轴线向上传递，如图 5-1 所示。将经纬仪安置在中心轴线控制桩 A_1、A_1'、B_1 和 B_1' 上，严格整平仪器，用望远镜瞄准建筑

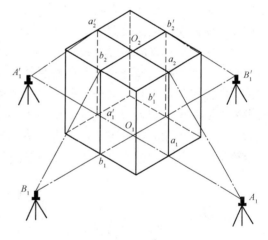

图 5-1　用经纬仪投测中心轴线

物底部已标出轴线的 a_1、a_1'、b_1 和 b_1' 点，用盘左和盘右分别向上投测到每层楼板上，并取其中点作为该层中心轴线的投影点，如图 5-1 所示的 a_2、a_2'、b_2 和 b_2' 点。

（3）增设轴线引桩。当楼房逐渐增高，而轴线控制桩距建筑物又较近时，望远镜的仰角较大，操作不便，投测精度也会降低。为此，要将原中心轴线控制桩引测到更远的安全地方，或者附近大楼的屋面。

其具体做法是：将经纬仪安置在已经投测上去的较高层（如第 10 层）楼面轴线 a_{10}、a_{10}' 上，如图 5-2 所示，瞄准地面上原有的轴线控制桩 A_1 和 A_1' 点，用盘左、盘右分中投点法，将轴线延长到远处的 A_2 和 A_2' 点，并用标志固定其位置，A_2、A_2' 即新投测的 A_1A_1' 轴控制桩。对更高各层的中心轴线，可将经纬仪安置在新的引桩上，按上述方法继续进行投测。

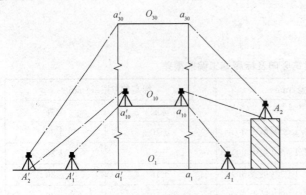

图 5-2 经纬仪引桩投测

三、内控法

当施工场地窄小，无法在建筑物之外的轴线上安置仪器施测时，多使用内控法。依据仪器的不同，内控法又可分为吊线坠法、激光铅垂仪法、天顶垂准测量及天底垂准测量四种投测方法。

(1)吊线坠法。吊线坠法是使用较重的特制线坠悬吊，以首层靠近建筑物轮廓的轴线交点为准，直接向各施工层悬吊引测轴线。吊线坠法竖向测量一般用于高度为 $50 \sim 100$ m 的高层建筑施工中。在使用吊线坠法向上引测轴线时，要特别注意线坠的几何形体要规整，悬吊时上端要固定牢固，线中间没有障碍，尤其是没有侧向抗力；在逐层引测中，要用更大的线坠每隔 $3 \sim 5$ 层，由下面直接向上放一次通线，以作校测。在用吊线坠法施测时，若用铅直的塑料管套着线坠线，并采用专用观测设备，则精度更高。

(2)激光铅垂仪法。激光铅垂仪是一种铅垂定位专用仪器，适用于高层建筑的铅垂定位测量。该仪器可以从两个方向(向上或向下)发射铅垂激光束，用它作为铅垂基准线，精度比较高，仪器操作也比较简单。

此方法必须在首层面层上做好平面控制，并选择四个较合适的位置作控制点(图 5-3)或用中心"十"字控制。在浇筑上升的各层楼面时，必须在相应的位置预留 200 mm $\times 200$ mm 与首层层面控制点相对应的小方孔，以保证激光束垂直向上穿过预留孔。在首层控制点上架设激光铅垂仪，安置仪器对中整平后启动电源，使激光铅垂仪发射出可见的红色光束，投射到上层预留孔的接收靶上，查看红色光斑点离靶心距离最小之点，此点即第二层上的一个控制点。其余的控制点可用同样的方法向上传递。

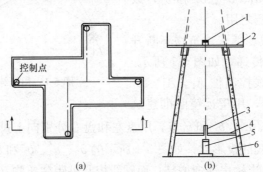

图 5-3 内控法布置

(a)控制点设置；(b)垂向预留孔设置

1—中心靶；2—滑模平台；3—通光管；4—防护棚；5—激光铅垂仪；6—操作间

(3)天顶垂准测量。天顶垂准测量也称为仰视法竖向测量，是采用挂垂球、经纬仪投影和激光铅垂仪法来传递坐标的方法。但这种测量方法受施工场地及周围环境的制约，当视线受阻、超过一定高度或自然条件不佳时，施测就无法进行。

天顶垂准测量的基本原理是应用经纬仪望远镜进行观测，当望远镜指向天顶时，旋转仪器，利用视准轴线在天顶目标上与仪器的空间中画出一个倒锥形轨迹，然后调动望远镜微动手轮，逐步归化，往复多次，直至锥形轨迹的半径达到最小，近似铅垂。天顶目标分划上的成像，经望远镜棱镜通过90°折射进行观测。其施测程序及操作方法如下：

1）先标定下标志和中心坐标点位，在地面设置测站，将仪器置中、调平，装上弯管棱镜，在测站天顶上方设置目标分划板，位置大致与仪器铅垂或设置在已标出的位置上。

2）将望远镜指向天顶，固定之后调焦，使目标分划板呈现清晰，置望远镜十字丝与目标分划板上的参考坐标 X、Y 轴相互平行，分别置横丝和纵丝读取 x 和 y 的格值 GJ 和 CJ 或置横丝与目标分划板 Y 轴重合，读取 x 格值 GJ。

3）转动仪器照准架180°，重复上述程序，分别读取 x 格值 $G'J$ 和 y 格值 $C'J$，然后调动望远镜微动手轮，将横丝与 $\frac{GJ+G'J}{2}$ 格值重合，将仪器照准架旋转90°，置横丝与目标分划板 X 轴平行，读取 y 格值 $C'J$，略调微动手轮，使横丝与 $\frac{CJ+C'J}{2}$ 格值重合。所测得 $X_J=\frac{GJ+G'J}{2}$，$Y_J=\frac{CJ+C'J}{2}$ 的读数为一个测回，记入手簿作为原始依据。在数据处理及精度评定时应按下列公式进行计算：

$$m_x \text{ 或 } m_y = \pm\sqrt{\frac{\sum\limits_1^4 \sum\limits_{i+1}^{10} v_{ij}^2}{N(n-1)}}$$

$$m = \pm\sqrt{m_x^2 + m_y^2}$$

$$r = \frac{m}{n}$$

$$r'' = \frac{m}{n} \cdot \rho''$$

式中 v——改正数；

N——测站数；

n——测回数；

m——垂准点位中误差；

r——垂准测量相对精度；

ρ''——206 265"。

(4)天底垂准测量。天底垂准测量也称为俯视法竖向测量，其基本原理是利用 DJ6-C6 光学垂准经纬仪上的望远镜，旋转进行光学对中，取其平均值而定出瞬时垂准线。也就是使仪器从一个点向另一个高度面上作垂直投影，再利用地面上的测微分划板测量垂准线和测点之间的偏移量，从而完成垂准测量，如图 5-4 所示。其施测程序及操作方法如下：

1）依据工程的外形特点及现场情况，拟订测量方案，并做好观测前的准备工作，定出建筑物底层控制点的位置，以及在相应各楼层留设俯视孔，一般孔径为 150 mm，各层俯

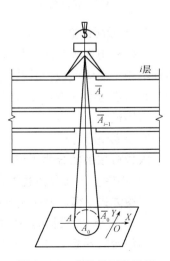

图 5-4 天底垂准测量原理

A_0—确定的仪器中心；O—基准点

视孔的偏差≤8 mm。

2)把目标分划板放置在底层控制点上，使目标分划板中心与控制点标志的中心重合。

3)开启目标分划板附属照明设备。

4)在俯视孔位置上安置仪器。

5)基准点对中。

6)当垂准点标定在所测楼层面十字丝目标上后，用墨斗线在俯视孔边上弹出痕迹。

7)利用标出来的楼层上的十字丝作为测站，即可测角放样，从而测设高层建筑物的轴线。数据处理和精度评定，与天顶垂准测量的处理方法相同。

第二节　高层建筑模板工程

现浇钢筋混凝土结构模板工程，是结构成型的一个重要组成部分，其造价为钢筋混凝土结构工程总造价的 25%～30%、总用工量的 50%。因此，模板工程对提高工程质量、加快施工进度、提高劳动生产率、降低工程成本和实现文明施工，都具有重要的影响。对全现浇高层建筑主体结构施工而言，关键在于科学、合理地选择模板体系。

现浇混凝土的模板体系一般可分为竖向模板和横向模板两类。

(1)竖向模板。竖向模板主要用于剪力墙墙体、框架柱、筒体等竖向结构的施工。常用的竖向模板有大模板、液压滑升模板、爬升模板、提升模板、筒子模以及传统的组合模板（散装散拆）等。

(2)横向模板。横向模板主要用于钢筋混凝土楼盖结构的施工。常用的横向模板有组合模板散装散拆，各种类型的台模、隧道模等。

一、大模板施工

1. 大模板构造

大模板由面板、水平加劲肋、支撑桁架、调整螺栓等组成，如图 5-5 所示，其可用作钢筋混凝土墙体模板，其特点是板面尺寸大（一般等于一片墙的面积），重量为 1～2 t，需用起重机进行装、拆，并且机械化程度高，劳动消耗量小，施工进度较快，但其通用性不如组合钢模强。

2. 大模板类型

大模板按形状分为平模、小角模、大角模和筒形模等。

(1)平模。平模分为整体式平模、组合式平模和装拆式平模三类。

1)整体式平模。整体式平模的面板多用整块钢板，且面板、骨架、支撑系统和操作平台等都焊接成整体。模板的整体性好、周转次数多，但通用性差，仅用于大规模的标准住宅。

2)组合式平模。组合式平模以常用的开间、进深作为板面的基本尺寸，再辅以少量 20 cm、30 cm 或 60 cm 的拼接窄板，并使其与基本模板端部用螺栓连接，即可组合成不同尺寸的大模板，以适应不同开间和进深尺寸的需要。它灵活、通用，有较大的优越性，应

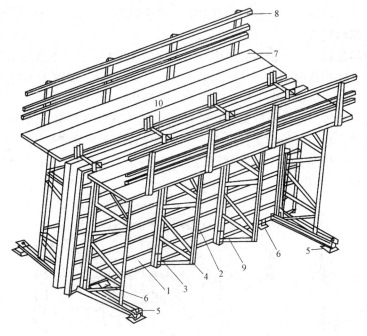

图 5-5　大模板构造示意

1—面板；2—水平加劲肋；3—竖楞；4—支撑桁架；5—螺旋千斤顶(调整水平用)；
6—螺旋千斤顶(调整垂直用)；7—脚手架；8—栏杆；9—穿墙螺栓；10—上口卡具

用最广泛，且板面(包括面板和骨架)、支撑系统、操作平台三部分用螺栓连接，便于解体。

3)**装拆式平模**。装拆式平模的面板多用多层胶合板、组合钢模板或钢框胶合板模板，面板与横、竖肋用螺栓连接，且板面与支撑系统、操作平台之间也用螺栓连接，用后可完全拆散，灵活性较大。

(2)小角模。小角模与平模配套使用，作为墙角模板。小角模与平模间应有一定的伸缩量，用以调节不同墙厚和安装偏差，也便于装拆。

图 5-6 所示为小角模的两种做法，第一种是扁钢焊在角钢内面，拆模后会在墙面上留有扁钢的凹槽，清理后用腻子刮平；第二种是扁钢焊在角钢外面，拆模后会出现凸出墙面的一条棱，要及时处理。扁钢一端固定在角钢上，另一端与平模板面自由滑动。

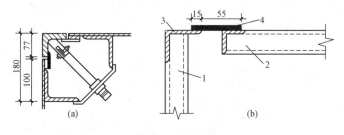

图 5-6　小角模

(a)扁钢焊在角钢内面；(b)扁钢焊在角钢外面

1—横墙模板；2—纵墙模板；3—角钢 100×63×6；4—扁钢 70×5

(3)大角模。一个房间的模板由四块大角模组成，模板接缝在每面墙的中部。大角模本身稳定，但装、拆较麻烦，且墙面中间有接缝，较难处理，因此现在已很少被人们使用。

（4）筒形模（简称筒模）。

1）组合式铰接筒模。将一个房间四面墙的大模板连接成一个空间的整体模板，即筒模。其稳定性好，可整间吊装而减少吊次，但自重大、不够灵活，多用于电梯井、管道井等尺寸较小的筒形构件，在标准间施工中也有应用，但应用较少。

电梯井、管道井等尺寸较小的筒形构件用筒模施工有较大优势。最早使用的是模架式筒模，其通用性差，目前已被淘汰。后来，使用组合式铰接筒模（图5-7），它在筒模四角处用铰接式角模与模板相连，利用脱模器开启，进行筒模组装就位和脱模较为方便，但脱模后需用起重机吊运。

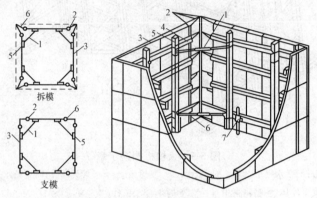

图 5-7　组合式铰接筒模

1—脱模器；2—铰链；3—模板；4—横龙骨；5—竖龙骨；6—三角铰；7—支脚

2）自升式电梯井筒模。近年出现自升式电梯井筒模（图5-8），其将模板与提升机结合为一体。拆模后，利用提升机可自己上升至新的施工标高处，无须另用起重机吊运。

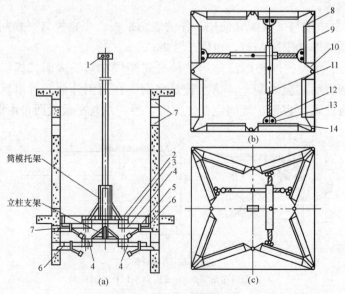

图 5-8　自升式电梯井筒模

(a)TMZ 电梯井筒模自升机构；(b)TMZ 自升式筒模支模；(c)TMZ 自升式筒模拆模

1—吊具；2—面板；3—方木；4—托架调节梁；5—调节丝杠；6—支腿；7—支腿洞；8—四角角模；
9—模板；10—直角形铰接式角模；11—退模器；12—"3"形扣件；13—竖龙骨；14—横龙骨

3. 工程施工准备

工程施工准备除去施工现场为顺利开工而进行的一些准备工作之外，主要就是编制施工组织设计，在这方面主要解决吊装机械选择、流水段划分、施工现场平面布置等问题。

(1)吊装机械选择。用大模板施工的高层建筑，吊装机械都采用塔式起重机。模板的装拆、外墙板的安装、混凝土的垂直运输和浇筑、楼板的安装等工序均需利用塔式起重机进行。因此，正确选择塔式起重机的型号十分重要。在一般情况下，塔式起重机的台班吊次是决定大模板结构施工工期的主要因素。为了充分利用模板，一般要求每一流水段在一个昼夜内完成从支模到拆模的全部工序，所以，一个流水段内的模板数量要根据塔式起重机的台班吊次来决定，模板数量决定流水段的大小，而流水段的大小又决定了劳动力的配备。

塔式起重机的型号主要依据建筑物的外形、高度及最大模板或构件的质量来选择。其数量则取决于流水段的大小和施工进度要求。对于 14 层以下的大模板建筑，选用 TQ-60/80 型或类似 700 kN·m 的塔式起重机即可满足要求，其台班吊次可达 120 次。超过 15 层的大模板建筑，多用自升式塔式起重机，如 QT4-10 型、QT-80 型、QTZ-80 型等 800 kN·m 或 1 200 kN·m 的塔式起重机。

另外，在高层建筑施工中，为便于施工人员上下和满足装修施工的需要，宜在建筑物的适当位置设置外用施工电梯。

(2)流水段划分。划分流水段要力求各流水段内的模板型号和数量尽量一致，以减少大模板落地次数，充分利用塔式起重机的吊运能力；要使各工序合理衔接，确保达到混凝土拆模强度和安装楼板所需强度的养护时间，以便在一昼夜时间内完成从支模到拆模的全部工序，使一套模板每天都能重复使用；流水段划分的数量与工期有关，故划分流水段还要满足规定的工期。

由于墙体混凝土强度达到 1.0 N/mm² 才能拆模，在常温条件下，从混凝土浇筑算起需要 10～12 h，从支模板算起则需 24 h，因此，这就决定了模板的周转时间是一天一段。此外，安装楼板所需的墙体混凝土强度为 4.0 N/mm²，龄期需要 36～48 h。而安装楼板后，还有板缝、圈梁的支模、绑扎钢筋、浇筑混凝土，墙体放线、绑扎墙体钢筋、支模和浇筑墙体混凝土等工序，约需要 48 h 才能完成。因此，大模板施工的一个循环约需 4 d 时间。

对于长度较大的板式建筑，一般划分成四个流水段较好：

1)抄平放线、绑扎钢筋；

2)支模板、安装外壁板、浇筑墙体混凝土；

3)拆模、清理墙面、养护；

4)吊运隔墙材料、安装楼板、板缝和圈梁施工。

每个流水段分别在 1 d 内完成，4 d 完成一个循环，有条不紊，便于施工。

对于塔式建筑，由于长度较小，一般对开分为两个流水段，以两幢房屋分为四个流水段进行组织施工。

(3)施工现场平面布置。大模板工程的现场平面布置，除满足一般的要求外，要着重对外墙板和模板的堆放区进行统筹规划安排。

施工过程中大模板原则上应当随拆随装，只在楼层上作水平移动而不落地，但个别楼板还是要在堆放场存放。为此，在结构施工过程中，一套模板需留出 100 m² 左右的周转堆场。大模板宜采取两块模板板面相对的方式堆放，也应堆放在塔式起重机的有效工作半径之内。

4. 大模板工程施工

（1）测量放线。

1）轴线的控制和引测。在每幢建筑物的四个大角和流水段分界处，都必须设标准轴线控制桩，用之在山墙和对应的墙上用经纬仪引测控制轴线。然后，根据控制轴线拉通尺放出其他轴线和墙体边线（同筒模施工时，应放出十字线），不得用分间丈量的方法放出轴线，以免误差积累。遇到特殊体形的建筑，则需另用其他方法来控制轴线，如上海华亭宾馆由于形状特殊，应根据控制桩用角度进行控制（图 5-9）。

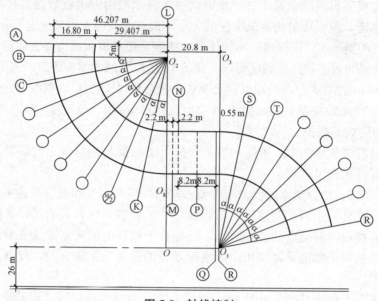

图 5-9　轴线控制

2）水平标高的控制与引测。每幢建筑物设标准水平桩 $1 \sim 2$ 个，并将水平标高引测到建筑物的第一层墙上，作为控制水平线。各楼层的标高均以此线为基线，用钢尺引测上去，每个楼层设两条水平线，一条离地面的距离为 50 cm，供立口和装修工程使用；另一条距楼板下皮 10 cm，用以控制墙体顶部的找平层和楼板安装标高。另外，有时候在墙体钢筋上也弹出水平线，用以控制大模板安装的水平度。

（2）绑扎钢筋。大模板施工的墙体宜用点焊钢筋网片，网片之间的搭接长度和搭接部位都应符合设计规定。

点焊钢筋网片在堆放、运输和吊装过程中，都应设法防止钢筋产生弯折变形和焊点脱落。上、下层墙体钢筋的搭接部分应理直，并绑扎牢固。双排钢筋网之间应绑扎定位用的连接筋；钢筋与模板之间应绑扎砂浆垫块，其间距不宜大于 1 m，以保证钢筋位置准确和保护层厚度符合要求。

在施工流水段的分界处，应按设计规定甩出钢筋，以备与下段连接。如果内纵墙与内横墙非同时浇筑，应将连接钢筋绑扎牢固。

（3）安装大模板。大模板进场后应核对型号，清点数量，注明模板编号。模板表面应除锈并均匀涂刷脱模剂。**常用的脱模剂有甲基硅树脂脱模剂、妥尔油脱模剂和海藻酸钠脱模剂等。**

1）安装内墙模板。内墙大模板安装如图5-10所示，大模板进场后要核对型号，清点数量，清除表面锈蚀，用醒目的字体在模板背面注明标号。模板就位前还应涂刷脱模剂，将安装处的楼面清理干净，检查墙体中心线及边线，准确无误后方可安装模板。安装模板时应按顺序吊装，按墙身线就位，反复检查校正模板的垂直度。模板合模前，还要对隐蔽工程验收。

2）组装外墙外模板。根据形式的不同，外墙外模板分为悬挑式外模板和外承式外模板。当采用悬挑式外模板施工时，支模顺序为先安装内墙模板，再安装外墙内模板，然后把外模板通过内模板上端的悬臂梁直接悬挂在内模板上。悬臂梁可采用一根8号槽钢焊在外侧模板的上口横肋上，内、外墙模板之间依靠对销螺栓拉紧，下部靠在下层的混凝土墙壁上。当采用外承式外模板施工时，可以先将外墙外模板安装在下层混凝土外墙面挑出的三角形支承架上，用L形螺栓通过下一层外墙预留口挂在外墙上，如图5-11所示。为了保证安全，要设好防护栏和安全网，安装好外墙外模板后，再安装内墙模板和外墙内模板。

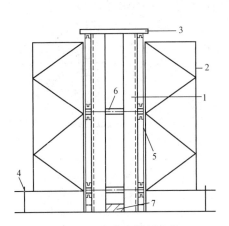

图5-10　内墙大模板安装

1—内墙模板；2—桁架；3—上夹具；

4—校正螺栓；5—穿墙螺栓；

6—套管；7—混凝土导墙

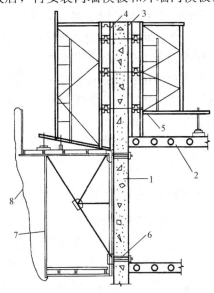

图5-11　外承式外模板

1—现浇外墙；2—楼板；3—外墙内模板；

4—外墙外模板；5—穿墙螺栓；6—脚手架固定螺栓；

7—外挂脚手架；8—安全网

模板安装完毕后，应将每道墙的模板上口找直，并检查扣件、螺栓是否紧固，拼缝是否严密，墙厚是否合适，与外墙板拉结是否紧固。经检查合格验收后，方准浇筑混凝土。

（4）浇筑混凝土。要做到每天完成一个流水段的作业，模板每天周转一次，就要使混凝土浇筑后10 h左右达到拆模强度。当使用矿渣硅酸盐水泥时，往往要掺早强剂。常用的早强剂为三乙醇胺复合剂和硫酸钠复合剂等。为增加混凝土的流动性，又不增加水泥用量，或需要在保持同样坍落度的情况下减少水泥用量，常在混凝土中掺加减水剂。常用的减水剂有木质素磺酸钙等。

常用的浇筑方法是料斗浇筑法，即用塔式起重机吊运料斗至浇筑部位，斗门直对模板进行浇筑。近年来，用混凝土泵进行浇筑的方式日渐增多，这时要注意混凝土的可泵性和混凝土的布料。

为防止烂根，在浇筑混凝土前，应先浇筑一层5～10 cm厚与混凝土内砂浆成分相同的砂浆。墙体混凝土应分层浇筑，每层厚度不应超过1 m，仔细捣实。浇筑门窗洞口两侧混凝土时，应由门窗洞口正上方下料，两侧同时浇筑且高度应一致，以防门窗洞口模板走动。

边柱和角柱的断面小、钢筋密，浇筑时应十分小心，振捣时要防止外墙面变形。

常温施工时，拆模后应及时喷水养护，连续养护3 d以上。也可采取喷涂氯乙烯-偏氯乙烯共聚乳液薄膜保水的方法进行养护。

用大模板进行结构施工，必须支搭安全网。如果采用安全网随墙逐层上升的方法，要在2、6、10、14层等每4层固定一道安全网；如果采用安全网不随墙逐层上升的方法，则从2层开始，每两层支搭一道安全网。

(5)拆模与养护。在常温条件下，墙体混凝土强度超过1.2 MPa时方准拆模。拆模顺序为先拆内纵墙模板，再拆横墙模板，最后拆除角模和门洞口模板。单片模板拆除顺序为：拆除穿墙螺栓、拉杆及上口卡具→升起模板底脚螺栓→升起支撑架底脚螺栓→使模板自动倾斜，脱离墙面并将模板吊起。拆模时，必须首先用撬棍轻轻将模板移出20～30 mm，然后用塔式起重机吊出。吊拆大模板时，应严防撞击外墙挂板和混凝土墙体，因此，吊拆大模板时，要注意使吊钩位置倾向于移出模板方向。任何情况下，不得在墙口上晃动、撬动或敲砸模板。模板拆除后应及时清理，涂刷隔离剂。

常温条件下，在混凝土强度超过1.0 N/mm^2后方准拆模。宽度大于1 m的门洞口的拆模强度，应与设计单位商定，以防止门洞口产生裂缝。

液压整体提升大模板

二、液压滑动模板施工

液压滑动模板(简称"滑模")施工工艺，是按照施工对象的平面尺寸和形状，在地面组装好包括模板、提升架和操作平台的滑模系统，一次装设高度为1.2 m左右，然后分层浇筑混凝土，利用液压提升设备不断竖向提升模板，完成混凝土构件施工的一种方法。

1. 液压滑动模板的组成

液压滑动模板由模板系统、操作平台系统和液压提升系统以及施工精度控制系统等组成，如图5-12所示。

(1)模板系统。模板系统由模板、围圈、提升架及其附属配件组成。其作用是根据滑模工程的结构特点组成成型结构，使混凝土能按照设计的几何形状及尺寸准确成型，并保证表面质量符合要求；其在滑升施工过程中，主要承受浇筑混凝土时的侧压力以及滑动时的摩阻力和模板滑空、纠偏等情况下的外加荷载。

1)模板。模板又称围板，可用钢材、木材或钢木混合以及其他材料制成，目前使用钢模居多。常

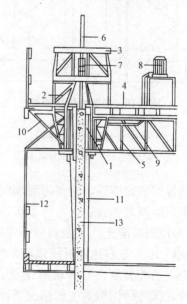

图5-12　滑模系统示意

1—模板；2—围圈；3—提升架；4—操作平台；
5—操作平台桁架；6—支承杆；7—液压千斤顶；
8—高压油泵；9—油管；10—外挑三脚架；
11—内吊脚手架；12—外吊脚手架；
13—混凝土墙体

用的钢模板系采用薄钢板边轧压边成型，或采用薄钢板加焊角钢、扁钢边框。钢模板板面采用厚度为 1.5～3.0 mm 的薄钢板，边框一般为∟ 30 mm×4 mm、∟ 40 mm×4 mm 或∟ 50 mm×4 mm 的角钢，或一 40 mm×4 mm 的扁钢。模板宽度为 150～500 mm，模板高度一般为 900～1 200 mm。

钢模板之间采用 U 形卡连接或螺栓连接，也可 U 形卡与螺栓混用（螺栓与 U 形卡间隔使用）。

模板与围圈的连接可采用特制的连接夹具——双肢带钩夹具。使用时将夹具套在围圈的弦杆上，尾部钩住相邻两模板背肋上的椭圆孔，然后拧紧螺栓，将模板固定在围圈上（图 5-13）。

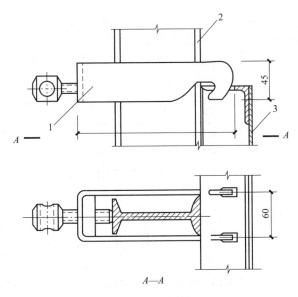

图 5-13　模板与围圈的连接
1—双肢带钩夹具；2—上、下围圈；3—模板

2）围圈。围圈又称围檩，用于固定模板，保证模板所构成的几何形状及尺寸，承受模板传来的水平与垂直荷载，所以，其要具有足够的强度和刚度。两面模板外侧分别有上、下围圈各一道，支承在提升架立柱上。上、下围圈的间距一般为 500～700 mm，上围圈距离模板上口不宜大于 250 mm，以保证模板上部不会因振捣混凝土而产生变形；下围圈距离模板下口 250～300 mm。高层建筑滑模施工多采用平行弦桁架式围圈（图 5-14）。

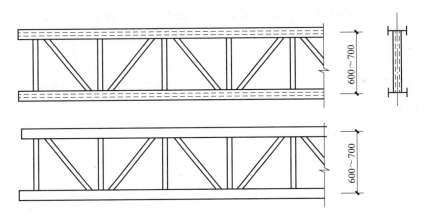

图 5-14　平行弦桁架式围圈

桁架的弦杆与腹杆采用焊接或螺栓连接。采用螺栓连接时，可在弦杆上钻 φ6 mm 的螺栓孔，孔距为 100 mm，以便于灵活调节节间距离，组成多种尺寸，以适应不同工程的需要。围圈在转角处应设计成刚性节点。弦杆杆件如有接头，其接头处应用等刚度型钢连接，连接螺栓数量每边不得少于 2 个。

围圈与提升架的连接，可将围圈弦杆安装在提升架立柱的槽钢夹板，或采用双肢钩形夹具连接：将夹具套入提升架立柱，钩住弦杆，收紧螺栓即可，拆装便捷，如图 5-15 所示。

相邻提升架距离较大处的围圈，可增设水平三角桁架，利用可调丝杠调整围圈的平面外变形，以防止围圈外凸(图 5-16)。

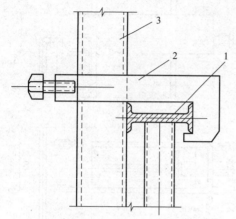

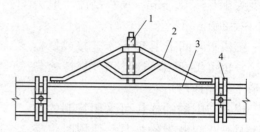

图 5-15　围圈与提升架的连接

1—围圈弦杆；2—双钩夹具；3—提升架立柱

图 5-16　水平三角桁架

1—可调丝杠；2—三角桁架；3—围圈；4—提升架

3)提升架。提升架的作用是承受整个模板系统与操作平台系统的全部荷载并将其传递给千斤顶，通过提升架将模板系统与操作平台系统连成一体。提升架由立柱、横梁、支托等组成。常用的提升架形式有双立柱门形架(单横梁式)、双立柱开形架(双横梁式)及单立柱"Γ"形架。横梁与立柱必须刚性连接，两者的轴线应在同一平面内；在使用荷载的作用下，立柱的侧向变形应不大于 2 mm。提升架的立面构造形式如图 5-17 所示。

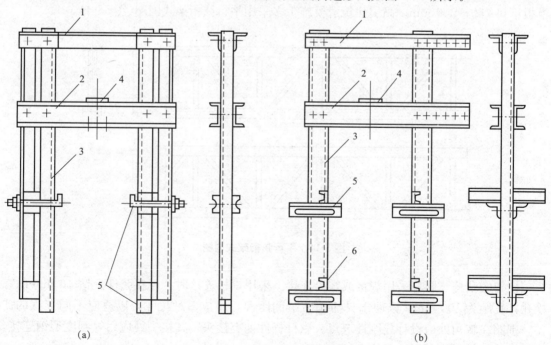

(a)　　　　　　　　　　　　　　　(b)

图 5-17　提升架的立面构造形式

(a)一般开形提升架；(b)变截面工程用开形提升架

1—上横架；2—下横架；3—立柱；4—千斤顶座；5—围圈支托；6—调整支架

提升架横梁一般采用槽钢[10、[12 等，加劲横梁(上横梁)采用角钢。立柱可采用槽钢，或由双槽钢、双角钢组焊成格构式钢柱，也可采用方钢管组成桁架式立柱，如图 5-18 所示，其为使用 50 mm×50 mm×4 mm 方钢管加工的双横梁桁架式组合提升架，提升架横梁上各钻有一排螺栓孔，当需要改变墙柱截面尺寸时用以调整立柱的距离。提升架立柱上还设有模板间距及其倾斜度的微调装置。

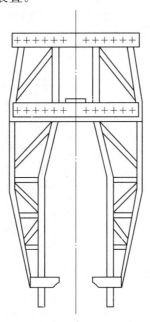

图 5-18　方钢管桁架式提升架

提升架的平面构造形式，除常用的"一"字形外，还可采用 Y 形、X 形，用于墙体交接处(图 5-19)。

图 5-19　提升架的平面构造形式

当用于伸缩缝处墙体时，可采用图 5-20 所示的提升架。位于两墙之间的立柱采用单根方钢管。

用于框架柱的提升架，可采用 4 立柱式，其横梁平面结构呈"×"形，相互间用螺栓连接。立柱的空间位置可用调整丝杠调节，丝杠底座同立柱外侧连接，立柱安在滑道中，滑道由槽钢夹板与滑道角钢组成。

提升架立柱也可采用 $\phi48 \times 3.5$ mm 脚手钢管组成（图 5-21），立柱竖向钢管上端留出接头长度，待安装时通过扣件与水平脚手管相连，搭设成竖向钢筋的支承架。

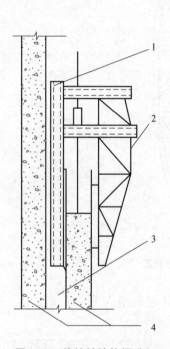

图 5-20　伸缩缝墙体提升架

1—100 mm×100 mm×6 mm 方钢管立柱；
2—钳形提升架；3—伸缩缝；4—相邻段墙体

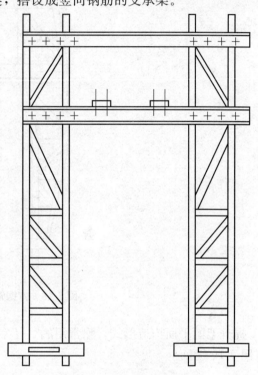

图 5-21　钢管组合提升架

提升架的立柱与横梁可采用螺栓连接或焊接，也可一端焊接，另一端用螺栓连接。节点应保证刚性连接。提升架下横梁梁底至模板顶面的距离一般为 500～700 mm，不宜小于 500 mm，以保证用于绑扎钢筋、安设预埋件的操作空间。在提升架上横梁顶部可加焊两段 $\phi48 \times 3.5$ mm 短管（管段长 300 mm），在安装提升架时，通过此短管用纵、横水平钢管将提升架连成整体（图 5-22）。

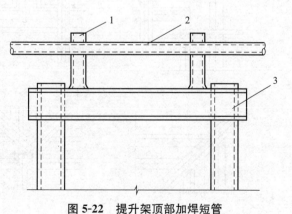

图 5-22　提升架顶部加焊短管

1—$\phi48 \times 3.5$ mm 短管；2—脚手管；3—提升架上横梁

(2)操作平台系统。操作平台式滑模施工是在平台上完成绑扎钢筋、安装埋件、浇筑混凝土等工序的作业。操作平台包括内操作平台、外操作平台及吊脚手架。

1)内操作平台。操作平台的平面结构形式有整体式平台及活动式平台，设计时根据工程实际情况及采用的滑模工艺，决定操作平台的形式。当采用"滑三浇一"工艺或滑降模工艺时，若使用整体式平台；当采用滑降模工艺时，若平台用作现浇楼板的模板，需要对平台进行验算加固；当采用楼板施工与滑模并进工艺时，使用活动式平台，开启活动平台板用作楼板施工的通道。

①整体式操作平台。整体式操作平台由平台桁架（或纵、横钢梁）、支撑、楞木及铺板等组成。平台桁架一般为平行弦式桁架，用角钢加工，长度按开间大小设计，高度宜与围圈桁架等高，其端部与围圈桁架连接，组成整体性平台桁架。平台桁架之间应设置水平及垂直支撑，以增强平台的刚度。平台桁架也可采用伸缩式轻型钢桁架（跨度为 2.5～4.0 m）。平台上铺设楞木及铺板（木板或胶合板），铺板上表面宜钉一层 0.75 mm 厚的镀锌薄钢板。

②活动式操作平台。将活动式操作平台的局部或大部分做成可开启的活动平台板，以满足楼板施工的需要。这种结构形式的特点是：在模板两侧提升架之间各设一条固定平台，其余部位均为活动平台板；不在平台上部设纵、横钢梁，而是沿房间四周各设一道封闭式围梁，围梁用槽钢或角钢加工，端部用螺栓及连接板连接，便于装、拆。围梁支承在提升架立柱的支托上，活动平台板即搁置在围梁上。活动平台板可根据尺寸大小采用 50 mm 厚的木板、木框胶合板或钢框胶合板，板面铺钉 0.75 mm 厚的镀锌薄钢板。固定平台部分用方木及木板铺设，上面钉一层镀锌薄钢板。

2)外操作平台。外操作平台由外挑架、楞木、铺板及安全护栏等组成。外挑架用角钢加工成三脚架，安装在提升架立柱上，提升架之间用角钢或钢管连接，上面铺放楞木及铺板，板面靠外模一侧 300～400 mm 范围内钉一层镀锌薄钢板。安全护栏用 2 m 长的钢管作为立柱，设三道水平杆，底部设 25 mm 厚的木踢脚板，板高 300 mm；护栏外侧挂密孔安全网及彩条尼龙布围护。

3)吊脚手架。吊脚手架为下辅助平台，由吊杆、横梁、脚手板、安全护栏等组成。吊杆常用 $\phi 16～\phi 18$ mm 圆钢或一 50 mm×4 mm 扁钢加工而成。

吊杆上端分别安装在挑架外端及提升架外立柱下部的内侧，下端与钢横梁连接。吊杆螺栓连接必须采用双螺帽。横梁用钢管、槽钢等加工。横梁用 3 道水平通长钢管连接，上铺厚 50 mm 的优质木板（板上钻孔，用铁线与钢管绑扎在一起）。护栏采用 50 mm×50 mm 的方木。用小孔安全网及大孔安全网同时从挑架处围起，向下包转吊起平台底部并返至吊架内侧栏杆处。安全网内侧可用彩条尼龙布围护，以防止高空眩晕。吊脚手架铺板的宽度为 500～800 mm。

(3)液压提升系统。液压提升系统包括支承杆、液压千斤顶、液压控制系统和油路等，是液压滑模系统的重要组成部分，也是整套滑模施工装置中的提升动力和荷载传递系统。液压提升系统的工作原理是由电动机带动高压油泵，将高压油液通过电磁换向阀、分油器、截止阀及管路输送到液压千斤顶，液压千斤顶在油压作用下带动滑升模板和操作平台沿着支承杆向上爬升；当控制台使电磁换向阀换向回油时，油液由千斤顶排出并回入油泵的油箱内。在不断供油、回流的过程中，千斤顶活塞不断地压缩、复位，将全部滑升模板装置向上提升到需要的高度。

1)千斤顶。 液压滑动模板施工所用的千斤顶为专用穿心式千斤顶，按其卡头形式的不同可分为钢珠式和楔块式两种，其工作重量分为 3 t、3.5 t 和 10 t 三种，其中工作重量为 3.5 t 的千斤顶应用较广。

2)支承杆。 支承杆又称爬杆，它既是千斤顶向上爬升的轨道，又是滑动模板装置的承重支柱，承受着施工过程中的全部荷载。支承杆一般采用 ϕ25 mm 的光圆钢筋，其连接方法有丝扣连接、榫接、焊接三种，也可以用 25～28 mm 的带肋钢筋。用作支承杆的钢筋，在下料加工前要进行冷拉调直，冷拉时的延伸率控制在 2%～3%。支承杆的长度一般为 3～5 m。当支承杆接长时，其相邻的接头要互相错开，以使同一断面上的接头根数不超过总根数的 25%。

3)液压控制系统。 液压控制系统是液压提升系统的心脏，主要由能量转换装置(电动机、高压轮泵等)、能量控制和调节装置(电磁换向阀、调压阀针形阀、分油器等)和辅助装置(压力表油箱、滤油器、油管、管接头等)三部分组成。

(4)施工精度控制系统。

1)垂直度观测设备有激光铅直仪、自动安平激光铅直仪、经纬仪及线坠等，其精度不应低于 1/10 000。

2)水平度观测设备如水准仪等。

3)千斤顶同步控制装置，可采用限位调平器、限位阀、激光控制仪、水准自动控制装置等。

测量靶标及观测站的设置应便于测量操作。通信联络设施可采用有线或无线电话及其他声光联络信号设施。通信联络设施应保证声光信号清楚、统一。

2. 滑升模板的施工

滑升模板的施工由施工准备工作，滑升模板的组装，钢筋绑扎和预埋件埋设，门、窗等孔洞的留设，混凝土浇捣，模板滑升，楼板施工，模板设备的拆除，滑框倒模施工等几个部分组成。

(1)施工准备工作。由于滑模施工有连续施工的特点，为了充分发挥施工效率，材料、设备、劳动力在施工前都要做好充分的准备。

1)技术准备。由于滑模施工的特点，要求设计中必须有与之相适应的措施，所以施工前要认真组织对施工图的审查。应重点审查结构平面布置是否使各层构件沿模板滑动方向投影重合，竖向结构断面是否上下一致，立面线条的处理是否恰当等。

根据需要采用滑模施工的工程范围和工程对象，划分施工区段，确定施工顺序，应尽可能使每一个区段的面积相等，形状规则，区段的分界线一般设在变形缝处为宜。制定施工方案，确定材料垂直和水平运输的方法、人员上下方法，确定楼板的施工方法。

绘制建筑物多层结构平面的投影叠合图。确定模板、围圈、提升架及操作平台的布置，并进行各类部件的设计与计算，提出规格和数量。确定液压千斤顶、油路及液压控制台的布置，提出规格和数量。制定施工精度控制措施，提出设备仪器的规格、数量。绘制滑模装置组装图，提出材料、设备、构件一览表。确定不宜采用滑模施工的部位的处理措施。

2)现场准备。施工用水、用电必须接好，施工临时道路和排水系统必须畅通。所需要的钢筋、构件、预埋件、混凝土用砂、石、水泥、外加剂(如果用商品混凝土，应联系好供应准备工作)，应按计划到场并保持供应。滑升模板系统需要的模板、爬杆、吊脚手架设备和安全网应准备充足，垂直运输设备在滑模系统进场前就位。

滑升模板的施工是一项多工种协作的施工工艺，故劳动力组织宜采用各工种混合编制的专业队伍，提倡一专多能，工种间的协调配合，充分发挥劳动效率。

（2）滑升模板的组装。滑升模板的组装是重要环节，直接影响到施工进度和质量，因此要合理组织、严格施工。滑升模板的组装工作应在建筑物的基础顶板或楼板混凝土浇筑并达到一定强度后进行。组装前必须将基础回填平整，按图纸设计要求，在地板上弹出建筑物各部位的中心线及模板、围圈、提升架、平台构架等构件的位置线。对各种模板部件、设备等进行检查，核对数量、规格以备使用。模板的组装顺序如下：

1）搭设临时组装平台，安装垂直运输设施。

2）安装提升架。

3）安装围圈（先安装内围圈，后安装外围圈），调整倾斜度。

4）绑扎竖向钢筋和提升架横梁以下的水平钢筋，安设预埋件及预留孔洞的胎模，对工具式支承杆套管下端进行包扎。

5）安装模板，宜先安装角模，后安装其他模板。

6）安装操作平台的桁架、支撑和平台铺板。

7）安装外操作平台的支架、铺板和安全栏杆等。

8）安装液压提升系统，垂直运输系统及水、电、通信、信号、精度控制和观察装置，并分别进行编号、检查和试验。

9）在液压提升系统试验合格后，插入支承杆。

10）安装内、外吊脚手架和挂安全网；在地面或横向结构面上组装滑模装置时，应待模板滑升至适当高度后，再安装内、外吊脚手架。

（3）钢筋绑扎和预埋件埋设。每层混凝土浇筑完毕后，在混凝土表面上至少应有一道已绑扎了的横向钢筋。竖向钢筋绑扎时，应在提升架上部设置钢筋定位架，以保证钢筋位置准确。直径较大的竖向钢筋接头，宜采用气焊或电渣焊。对于双层钢筋的墙体结构，钢筋绑扎后，双层钢筋之间应有拉结筋定位。钢筋弯钩均应背向模板，必须留足混凝土保护层。支承杆作为结构受力筋时，应及时清除油污，其接头处的焊接质量必须满足有关钢筋焊接规范的要求。预埋件留设位置与型号必须准确。预埋件的固定，一般可采用短钢筋与结构主筋焊接或绑扎等方法连接牢固，但不得突出模板表面。

（4）门、窗等孔洞的留设。

1）框模法。 预留门、窗口或洞口一般采用框模法，如图 5-23（a）所示。事先用钢材或木材制成门窗洞口的框模，框模的尺寸宜比设计尺寸大 20～30 mm，厚度应比模板上口尺寸小 10 mm。然后，按设计要求的位置和标高安装，安装时应将框模与结构钢筋连接固定，以免变形位移。也可利用门、窗框直接做框模，但需在两侧边框上加设挡条，如图 5-23（b）所示。当模板滑升后，挡条可拆下周转使用。挡条可用钢材和木材制成工具式，用螺钉和门、窗框连接。

2）堵头模板法（又称插板法）。 当预留孔洞尺寸较大或孔洞处不设门框时，在孔洞两侧的内、外模板之间设置堵头模板，并通过活动角钢与内、外模连接，与模板一起滑升，如图 5-23（c）所示。

3）孔洞胎模法。 孔洞胎模可用钢材、木材及聚苯乙烯泡沫塑料等材料制成。对于较小的预留孔洞及接线盒等，可事先按孔洞的具体形状制作空心或实心的孔洞胎模，其尺寸应比设计要求大 50～100 mm，厚度至少应比内、外模上口小 10～20 mm，为便于模板滑过后

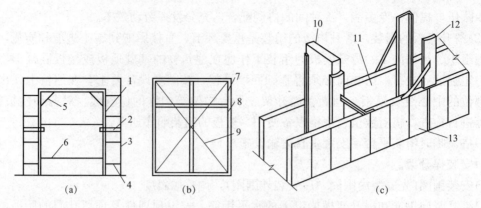

图 5-23　门、窗洞口留设方法

(a)框模法；(b)门窗框做框模；(c)堵头模板法

1—框模；2—φ25 螺栓；3—结构主筋；4—φ16 钢筋；5—角撑；6—水平撑；

7—门窗框；8—挡条；9—临时支撑；10—堵头模板；11—门窗洞口；12—导轨；13—滑升模板

取出胎模，四边应稍有倾斜。

(5)混凝土浇捣。用于滑升模板施工的混凝土，除必须满足设计强度外，还必须满足滑升模板施工的特殊要求，如出模强度、凝结时间、和易性等。混凝土必须分层均匀交圈浇筑，每一浇筑层的混凝土表面应在同一水平面上，并且有计划地变换浇筑方向，防止模板产生扭转和结构倾斜。分层浇筑的厚度以 200～300 mm 为宜。各层浇筑的间隔时间应不大于混凝土的凝结时间，否则应按施工缝的要求对接槎处进行处理。混凝土浇筑宜人工均匀倒入，不得用料斗直接向模板倾倒，以免对模板造成过大的侧压力。预留孔洞，门、窗口等两侧的混凝土，应对称、均衡浇筑，以免门、窗模移位。

(6)模板滑升。

1)初滑阶段。初滑阶段主要对滑模装置和混凝土凝结状态进行检查。当混凝土分层浇筑到 70 mm 左右，且第一层混凝土的强度达到出模强度时，应进行试探性的提升，滑升过程要求缓慢、平稳。用手按混凝土表面，若出现轻微指印、砂浆又不粘手，说明时间恰到好处，可进入正常滑升阶段。

2)正常滑升阶段。模板经初滑调整后，可以连续一次提升一个浇筑层高度，等混凝土浇筑至模板顶面时再提升一个浇筑层高度，也可以随升随浇。模板的滑升速度应与混凝土分层浇筑的厚度配合。两次滑升的间隔停歇时间一般不宜超过 1 h。为防止混凝土与模板黏结，在常温下，滑升速度一般控制在 150～350 mm/h 范围内，最慢不应小于 100 mm/h。

3)末滑阶段。当模板滑升至距建筑物顶部标高 1 m 左右时，即进入末滑阶段，此时应降低滑升速度，并进行准确的抄平和找平工作，以使最后一层混凝土能够均匀交圈，保证顶部标高及位置的准确。混凝土末浇结束后，模板仍应继续滑升，直至与混凝土脱离为止，不致黏住。

因气候、施工需要或其他原因而不能连续滑升时，应采取可靠的停滑措施。继续施工前，应对液压提升系统进行全面检查。

(7)楼板施工。采用滑升模板施工的高层建筑，其楼板等横向结构的施工方法主要有：逐层空滑楼板并进法、先滑墙体楼板跟进法和先滑墙体楼板降模法等。

1)逐层空滑楼板并进法。逐层空滑楼板并进又称"逐层封闭"或"滑一浇一"，其做法是：

当每层墙体模板滑升至上一层楼板底标高位置时，停止墙体混凝土浇筑，待混凝土达到脱模强度后，将模板连续提升，直至墙体混凝土脱模，再向上空滑至模板下口与墙体上皮脱空一段高度为止(脱空高度根据楼板的厚度确定)，然后，将操作平台的活动平台板吊开，进行现浇楼板支模、绑扎钢筋和浇筑混凝土的施工。如此逐层进行，直至封顶。

2)先滑墙体楼板跟进法。先滑墙体楼板跟进法是指当墙体连续滑动数层后，即可自下而上地进行逐层楼板的施工，即在楼板施工时，先将操作平台的活动平台板揭开，由活动平台的洞口吊入楼板的模板、钢筋和混凝土等材料或安装预制楼板。对于现浇楼板施工，也可由设置在外墙窗口处的受料挑台将所需材料吊入房间，再用手推车运至施工地点。

3)先滑墙体楼板降模法。先滑墙体楼板降模施工是针对现浇楼板结构而采用的一种施工工艺。其具体做法是：当墙体连续滑升到顶或滑升至 8～10 层高度后，将事先在底层按每个房间组装好的模板，用卷扬机或其他提升机具提升到要求的高度，再用吊杆悬吊在墙体预留的孔洞中，然后进行该层楼板的施工。当该层楼板的混凝土达到拆模强度要求时(不得低于 15 MPa)，可将模板降至下一层楼板的位置，进行下一层楼板的施工。此时，悬吊模板的吊杆也随之接长。这样，施工完一层楼板，模板随之降下一层，直到完成全部楼板的施工，降至底层为止。

(8)模板设备的拆除。模板设备的拆除应制定可靠的方案，拆除前要进行技术交底，确保操作安全。提升系统的拆除可在操作平台上进行，千斤顶留待与模板系统同时拆除。模板设备的拆除顺序为：拆除油路系统及控制台→拆除操作平台→拆除内模板→拆除安全网和脚手架→用木块垫死内圈模板桁架→拆外模板桁架系统→拆除内模板桁架的支撑→拆除内模板桁架。

在高处解体过程中，必须保证模板设备的总体稳定和局部稳定，防止模板设备整体或局部倾倒坍落。拆除过程要严格按照拆除方案进行，建立可靠的指挥通信系统，配置专业安全员，注意操作安全。模板设备拆除后，应对各部件进行检查、维修，并妥善存放保管，以备使用。

(9)滑框倒模施工。滑框倒模施工工艺是在滑模施工工艺的基础上发展而成的一种施工方法。这种方法兼有滑模和倒模的优点，因此易于保证工程质量。但由于操作上多了模板拆除上运的过程，其人工消耗大，故速度略低于滑模。

滑框倒模施工装置的提升设备和模板系统与一般滑模基本相同，也由液压控制台、油路、千斤顶、支承杆、操作平台、围圈、提升架、模板等组成(图 5-24)。

滑框倒模的模板不与围圈直接挂钩，模板与围圈之间增设竖向滑道，模板与围圈之间通过竖向滑道连接，滑道固定于围圈内侧，可随围圈滑升。滑道的作用相当于模板的支承系统，它既能抵抗混凝土的侧压力，又可约束模板位移，便于模板的安装。滑道的间距由模板的材质和厚度决定，一般为 300～400 mm；长度为 1～1.5 m，可采用外径为 30 mm 左右的钢管。模板应选用活动轻便的复合面层胶合板或双面加涂玻璃钢树脂面层的中密度纤维板，以利于向滑道内插放和拆模、倒模。模板的高度与混凝土的浇筑层厚度相同，一般为 500 mm 左右，可配置 3～4 层。模板的宽度，在插放方便的前提下应尽可能加大，以减少竖向接缝。

模板在施工时与混凝土之间不产生滑动，而与滑道之间相对滑动，即只滑框，不滑模。当滑道随围圈滑升时，模板附着于新浇筑的混凝土表面留在原位，待滑道滑升一层模板高度后，即可拆除最下一层模板，清理后倒至上层使用(图 5-25)。

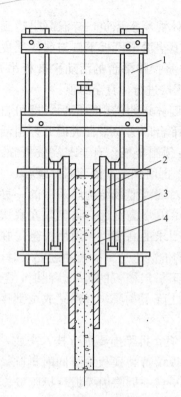

滑升模板(动画)

图 5-24 滑框倒模
施工装置示意
1—提升架；2—滑道；
3—围圈；4—模板

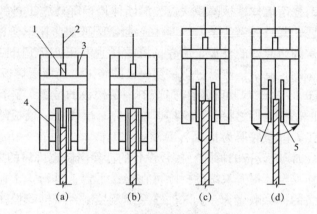

图 5-25 滑框倒模施工示意
(a)插模板；(b)浇筑混凝土；(c)提升；(d)拆倒模板
1—千斤顶；2—支承杆；3—提升架；4—滑道；5—向上倒模

三、爬升模板施工

爬升模板简称爬模，是一种自行升降、不需要起重机吊运的模板，可以一次成型一个墙面，其是综合大模板与滑模工艺特点形成的一种成套模板，既保持了大模板工艺墙面平整的优点，又吸取了滑模利用自身设备向上移动的优点。

爬升模板与滑升模板一样，在结构施工阶段附着于建筑结构上，随着结构施工而逐层上升，这样模板既可以不占用施工场地，也不需要其他垂直运输设备。另外，它装有操作脚手架，施工时有可靠的安全围护，故可不搭设外脚手架，特别适用于在较狭小的场地上建造多层或高层建筑。

爬升模板与大模板一样，是逐层分块安装的，故其垂直度和平整度易于调整及控制，可避免施工误差的积累。

1. 爬升模板的组成

爬升模板由模板、爬升支架和爬升设备三部分组成，如图 5-26
所示。

(1) 模板。爬模的模板与一般大模板构造相同，由面板、横肋、竖向大肋、对销螺栓等组成。面板一般采用薄钢板，也可用木(竹)
胶合板。横肋和竖向大肋常采用槽钢，其间距通常根据有关规范计算确定。新浇混凝土对

爬升模板

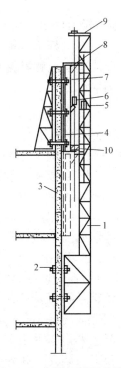

图 5-26　有爬架的爬升模板

1—爬架；2—螺栓；3—预留爬架孔；
4—爬模；5—爬架千斤顶；6—爬模千斤顶；7—爬杆；
8—模板挑横梁；9—爬架挑横梁；10—脱模架千斤顶

墙两侧模板的侧压力由对销螺栓承受。

模板的高度一般为建筑标准层高度加 100～300 mm，所增加的高度是模板与下层已浇筑墙体的搭接高度，用于模板下端的定位和固定。模板下端需增加橡胶衬垫，使模板与已结硬的钢筋混凝土墙贴紧，以防止漏浆。模板的宽度可根据一片墙的宽度和施工段的划分确定，可以是一个开间、一片墙或一个施工段的宽度，其分块要与爬升设备能力相适应。在条件允许的情况下，模板越宽越好，以减少各块模板间的拼接和拆卸，提高模板安装精度和混凝土墙面的平整度。

(2)爬升支架。爬升支架由支承架、附墙架、吊模扁担和千斤顶架等组成。爬升支架是承重结构，主要依靠支承架固定在下层已达规定强度的钢筋混凝土墙体上，并随施工层的上升而升高，其下部有水平拆模支承横梁，中部有千斤顶座，上部有挑梁和吊模扁担，主要起悬挂模板、爬升模板和固定模板的作用。因此，要求其具有一定的强度、刚度和稳定性。

支承架用作悬挂和提升模板，一般由型钢焊成格构柱。为便于运输和装拆，一般做成两个标准桁架节，使用时将标准节拼起来，并用法兰盘连接。为方便施工人员上下，支承架尺寸不应小于 650 mm。

附墙架承受整个爬升模板荷载，通过穿墙螺栓传送给下层已达到规定强度的混凝土墙体。底座应采用不少于 4 个连接螺栓与墙体连接，螺栓的间距和位置尽可能与模板的穿墙螺栓孔相符，以便用该孔作为底座的固定连接孔。支承架的位置如果在窗口处，也可利用窗台作支承，但支承架的安装位置必须准确，以防止安装模板时产生偏差。

爬升支架顶端高度一般要超出上一层楼层 0.8～1.0 m，以保证模板能爬升到待施工层位置的高度；爬升支架的总高度(包括附墙架)一般应为 3～3.5 个楼层高度，其中附墙架应设置在待拆模板层的下一层；爬架间距要使每个爬架受力不太大，以 3～6 m 为宜；爬架在模板上要均匀、对称布置；支承架应设有操作平台，周围应设置防护设施，以策安全。

(3)爬升动力设备。爬升动力设备可以根据实际施工情况而定，常用的爬升动力设备有环链手拉葫芦、电动葫芦、单作用液压千斤顶、双作用液压千斤顶、爬模千斤顶等，其起重能力一般要求为计算值的 2 倍以上。

环链手拉葫芦是一种手动的起重机具，其起升高度取决于起重链的长度。起重能力应比设计计算值大 1 倍，起升高度比实际需要高 0.5～1 m，以便于模板或爬升支架爬升到就位高度时还有一定长度的起重链可以摆动，从而利于就位和校正固定。

单作用液压千斤顶为穿心式，可以沿爬杆单方向向上爬升，但爬升模板和爬升支架各需一套液压千斤顶，每爬升一个楼层还要抽、拆一次爬杆，施工较为烦琐。

双作用液压千斤顶既能沿爬杆向上爬升，又能将爬杆上提。在爬杆上、下端分别安装固定模板和爬架的装置，依靠油路用一套双作用千斤顶就可以分别完成爬升模板和爬升爬架两个动作。由于每爬升一个楼层无须抽、拆爬杆，施工较为快速。

2. 爬升模板的施工工艺

模板与爬架互爬工艺流程如下：弹线找平→安装爬架→安装爬升动力设备→安装外模板→绑扎钢筋→安装内模板→浇筑混凝土→拆除内模板→施工楼板→爬升外模板→绑扎上一层钢筋并安装内模板→浇筑上一层墙体→爬升爬架……如此模板与爬架互爬直接完成整幢建筑的施工。

(1)安装爬升模板。各层墙面上预留安装附墙架的螺栓孔应呈一垂直线，安装好爬架后要校正垂直度。模板安装完毕后，应对所有连接螺栓和穿墙螺栓进行紧固检查，并经试爬升验收合格后，方可投入使用。

(2)爬架爬升。当墙体的混凝土强度大于10 MPa时，就可进行爬升。爬架爬升时，拆除校正和固定模板的支撑，拆卸穿墙螺栓。爬升过程中，两套爬升动力设备要同步。应先试爬50～100 mm，确认正常后再快速爬升。爬升时要稳起、稳落，平稳就位，防止大幅度摆动和碰撞。爬升过程中有关人员不得站在爬架内，应站在模板外附脚手架上操作。爬升接近就位标高时，应逐个插进附墙螺栓，先插好相对的墙孔和附墙架孔，其余的逐步调节爬架对齐插入螺栓，检查爬架的垂直度并用千斤顶调整，然后及时固定。

(3)模板爬升。如果混凝土强度达到脱模强度(1.2～3.0 MPa)，就可以进行模板爬升。先拆除模板对销螺栓、固定支撑、与其他相邻模板的连接件，然后起模、爬升。先试爬升50～100 mm，检查爬升情况，确认正常后再快速爬升。

模板到位后，要校正模板平面位置、垂直度、水平度；如误差符 爬摸工艺动画演示
合要求，则将模板固定。组合并安装好的爬升模板，每爬升一次，要将模板金属件涂刷防锈漆，板面要涂刷脱模剂，并要检查下端防止漏浆的橡胶压条是否完好。

(4)拆除爬架。拆除爬升模板的设备，可利用施工用的起重机，也可在屋面上装设"人"字形拔杆或台灵架进行拆除。拆除前要先清除脚手架上的垃圾、杂物，拆除连接杆件，经检查安装可靠后方可大面积拆除。

拆除爬架的施工顺序是：拆除悬挂脚手、大模板→拆除爬升动力设备→拆除附墙螺栓→拆除爬升支架。

(5)拆除模板。拆除模板的施工顺序是：自下而上拆除悬挂脚手、安全设施→拆除分块模板间的链接件→起重机吊住模板并收紧伸缩→拆除爬升动力设备、脱开模板和爬架→将模板吊至地面。

四、组合模板施工

组合模板包括组合式定型钢模板和钢框木(竹)胶合板模板等，具有组装灵活、装拆方便、通用性强、周转次数多等优点，用于高层建筑施工，既可以作竖向模板，也可以作横向模板；既可按设计要求，预先组装成柱、梁、墙等大型模板，用起重机安装就位，以加快模板拼装速度，也可散装、散拆，尤其在大风季节，当塔式起重机不能进行吊装作业时，

可利用升降电梯垂直运输组合模板，采取散装、散拆的施工方式，同样可以保持连续施工并保证必要的施工速度。

1. 组合钢模板

组合钢模板又称组合式定型小钢模，是使用最早且应用最广泛的一种通用性强的定型组合式模板，其部件主要由钢模板、连接件和支承件三大部分组成。钢模板长度为 450～1 500 mm，以 150 mm 进级；宽度为 100～300 mm，以 50 mm 进级；高度为 55 mm；板面厚度为 2.3 mm 或 2.5 mm，主要包括平面模板、阴角模板、阳角模板、连接角模以及其他模板(包括柔性模板、可调模板和嵌补模板)等。连接件包括 U 形卡、L 形插销、钩头螺栓、紧固螺栓、模板拉杆、扣件等。支承件包括支承柱、梁、墙等模板用的钢楞、柱箍、梁卡具、圈梁卡、钢管架、斜撑、组合支柱、支承桁架等。

2. 钢框木(竹)胶合板模板

钢框木(竹)胶合板模板是以热轧异形钢为钢框架，以覆面胶合板作板面，并加焊若干钢肋承托面板的一种组合式模板。面板有木(竹)胶合板、单片木面竹芯胶合板等。板面施加的覆面层有热压二聚氰胺浸渍纸、热压薄膜、热压浸涂和涂料等(图 5-27)。

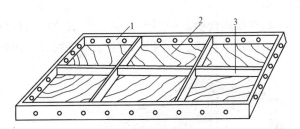

图 5-27　钢框木(竹)胶合板模板
1—钢框；2—胶合板；3—钢肋

品种系列(按钢框高度分)除与组合钢模板配套使用的 55 系列(即钢框高 55 mm，刚度小、易变形)外，现已发展有 70、75、78、90 等系列，其支承系统各具特色。

钢框木(竹)胶合板模板的规格长度最长已达到 2 400 mm，宽度最宽已达到 1 200 mm。其主要特点有：自重轻，比组合钢模板减轻约 1/3；用钢量少，比组合钢模板约减少 1/2；面积大，单块面积比同样重的组合钢模板增大 40% 左右，可以减少模板拼缝，提高结构浇筑后表面的质量；周转率高，板面均为双面覆膜，可以两面使用，周转次数可达 50 次以上；保温性能好，板面材料的热传导率仅为钢板面的 1/400 左右，故有利于冬期施工；维修方便，面板损伤后可用修补剂修补；施工效果好，表面平整、光滑，附着力小，支拆方便。

五、台模

台模是一种大型工具式模板，属横向模板体系，适用于高层建筑中各种楼盖结构的施工。它由于外形像桌子，故称为**台模**(桌模)。台模在施工过程中，层层向上吊运翻转，中途不再落地，所以又称**飞模。**

采用台模进行现浇钢筋混凝土楼盖的施工，楼盖模板一次组装重复使用，从而减少了逐层组装的工序，简化了模板支拆工艺，加快了施工进度。并且，由于模板在施工过程中不再落地，可以减少临时堆放模板的场所。

台模主要由平台板、支撑系统(包括梁、支架、支撑、支腿等)和其他配件(如升降和行走机构等)组成。其适用于大开间、大柱网、大进深的现浇钢筋混凝土楼盖施工，尤其适用于现浇板柱结构(无柱帽)楼盖的施工。台模的规格尺寸主要根据建筑物结构的开间(柱网)和进深尺寸以及起重机械的吊运能力来确定，一般按开间(柱网)乘以进深尺寸设置一台或多台。

1. 台模的类型和构造

台模一般可分为立柱式、桁架式和悬架式三类。

(1)立柱式台模。立柱式台模主要由面板，主、次(纵、横)梁和立柱(构架)三大部分组成，另外辅助配备有斜支撑、调节螺旋等。立柱式台模可分为以下三种：

1)钢管组合式台模。如图 5-28 所示，主要由组合钢模板和脚手架钢管组装而成。

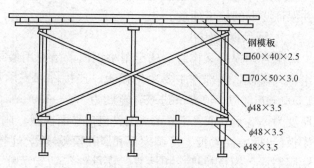

图 5-28　钢管组合式台模

2)构架式台模。如图 5-29 所示，其立柱由薄壁钢管组成构架形式。

3)门式架台模。如图 5-30 所示，支撑体系由门式脚手架组装而成。

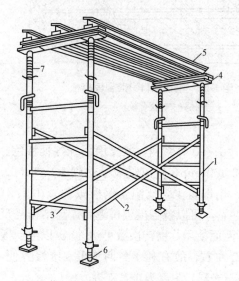

图 5-29　构架式台模

1—支架；2—横向剪刀撑；
3—纵向支撑；4—纵梁；5—横梁；
6—底部调节螺栓；7—伸缩插管

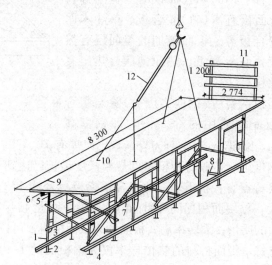

图 5-30　门式架台模

1—门式脚手架(下部安装连接件)；2—底托(插入门式架)；
3—交叉拉杆；4—通长角钢；5—顶托；6—主梁；
7—人字支撑；8—水平拉杆；9—面板；
10—吊环；11—护身栏；12—电动环链

(2)桁架式台模。桁架式台模由桁架、龙骨、面板、支腿和操作平台组成。它是将台模的板面和龙骨放置于两榀或多榀上、下弦平行的桁架上，以桁架作为台模的竖向承重构件。桁架材料可以采用铝合金型材，也可以采用型钢制作。前者轻巧，但价格较贵，一次投资大；后者自重较大，但投资费用较低。

竹铝桁架式台模(图 5-31)以竹塑板作面板，用铝合金型材作构架，是一种工具式台模。

钢管组合桁架式台模，其桁架由脚手架钢管组装而成。

192

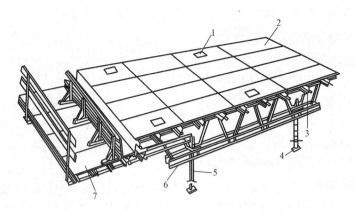

图 5-31 竹铝桁架式台模

1—吊点；2—面板；3—铝龙骨；4—底座；5—可调钢支腿；6—铝合金桁架；7—操作平台

(3)悬架式台模。 悬架式台模（图 5-32）的
特点是：不设立柱，即自身没有完整的支撑体
系，台模主要支承在钢筋混凝土结构（柱子或
墙体）所设置的支承架上。这样，模板的支设
可以不需要考虑楼面混凝土结构强度的因素。
台模的设计也可以不受建筑层高的约束。

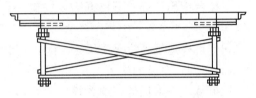

图 5-32 悬架式台模

2. 立柱式台模的施工工艺

(1)台模施工的准备工作：平整场地；弹出台模位置线；盖好预留的洞口；验收台模的
部件和零配件。面板使用木胶合板时，要准备好板面封边剂及模板脱模剂等。另外，台模
施工必需的量具，如钢圈尺、水平尺以及吊装所用的钢丝绳、安全卡环等和其他手工用具，
如扳手、锤子、螺丝刀等，均应事先准备好。

(2)钢管组合式台模的施工工艺。

1)组装。钢管组合式台模根据台模设计图纸的规格尺寸按以下步骤组装：

①装支架片：将立柱、主梁及水平支撑组装成支架片。一般顺序为先将主梁与立柱用
螺栓连接，再将水平支撑与立柱用扣件连接，最后再将斜撑与立柱用扣件连接。

②拼装骨架：将拼装好的两片支架片用水平支撑与支架立柱扣件相连，再用斜撑将支
架片用扣件相连。应当校正已经成型的骨架，并用紧固螺栓在主梁上安装次梁。

③拼装面板：按台模设计面板排列图，将面板直接铺设在次梁上，面板之间用 U 形卡
连接，面板与次梁用勾头螺栓连接。

2)吊装就位。

①在楼(地)面上弹出台模支设的边线，并在墨线相交处分别测出标高，标出标高的误
差值。

②台模应按预先编好的序号顺序就位。

③台模就位后，将面板调至设计标高，然后垫上垫块，并用木楔楔紧。当整个楼层标
高调整一致后，在用 U 形卡将相邻的台模连接。

④台模就位，经验收合格后，方可进行下道工序。

3)脱模。

①脱模前，先将台模之间的连接件拆除，然后将升降运输车推至台模水平支撑下部合适位置，拔出伸缩臂架，并用伸缩臂架上的钩头螺栓与台模水平支撑临时固定。

②退出支垫木楔。

③脱模时，应有专人统一指挥，使各道工序顺序、同步进行。

4)转移。

①台模由升降运输车用人力运至楼层出口处(图5-33)。

②在台模出口处，可根据需要安设外挑操作平台。

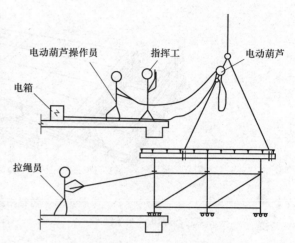

图 5-33　钢管组合式台模转移示意

③当台模运抵外挑操作平台上时，可利用起重机械将台模调至下一流水段就位。

(3)门架式台模的施工工艺。

1)组装。平整场地，铺垫板，放足线尺寸，安放底托。将门式架插入底托内，安装连接件和交叉拉杆。安装上部顶托，调平后安装大龙骨。安装下部角铁和上部连接件。在大龙骨上安装小龙骨，然后铺放木板，并将面板刨平，接着安装水平和斜拉杆，安装剪刀撑。最后加工吊装孔，安装吊环及护身栏。

2)吊装就位。

①台模吊装就位前，先在楼(地)面上准备好 4 个已调好高度的底托，换下台模上的 4 个底托。待台模在楼(地)面上落实后，再安放其他底托。

②一般一个开间(柱网)采用两吊台模，这样形成一个中缝和两个边缝。边缝考虑柱子的影响，可将面板设计成折叠式。较大的缝隙在缝上盖厚 5 mm、宽 150 mm 的钢板，钢板锚固在边龙骨下面。较小的缝隙可用麻绳堵严，再用砂浆抹平，以防止漏浆而影响脱模。

③台模应按照事先在楼层上弹出的位置线就位，并进行找平、调直、顶实等工序。

调整标高应同步进行。门架支腿垂直偏差应小于 8 mm。另外，边角缝隙、板面之间及孔洞四周要严密。

3)将加工好的圆形铁筒临时固定在板面上，作为安装水暖立管的预留洞口。

4)脱模和转移。

①拆除台模外侧护身栏和安全网。

②每架台模除留 4 个底托，松开并拆除其他底托。在 4 个底托处，安装 4 个台模。

③用升降装置勾住台模的下角铁，启动升降装置，使其上升顶住台模。

④松开底托，使台模脱离混凝土楼板底面，启动升降机构，使台模降落在地滚轮上。

⑤将台模向建筑物外推到能挂在外部(前部)一对吊点处，用吊钩挂好前吊点。

⑥在将台模继续推出的过程中，安装电动环链，直到挂好后部吊点，然后启动电动环链使台模平衡。

⑦台模完全推出建筑物后，调整台模平衡，将台模吊往下一个施工部位。

3. 铝市桁架式台模的施工工艺

(1)组装。

1)平整组装场地，支搭拼装台。拼装台由3个800 mm高的长凳组成，间距为2 m左右。

2)按图纸尺寸要求，将两根上弦、下弦槽铝用弦杆接头夹板和螺栓连接。

3)将上弦、下弦槽铝与方铝管腹杆用螺栓拼成单片桁架，安装钢支腿组件，安装吊装盒。

4)立起桁架并用方木作临时支撑。将两榀或三榀桁架用剪刀撑组装成稳定的台模骨架。安装梁模、操作平台的挑梁及护身栏(包括立杆)。

5)将方木镶入工字铝梁中，并用螺栓拧牢，然后将工字铝梁安放在桁架的上弦上。

6)安装边梁龙骨。铺好面板，在吊装盒处留活动盖板。面板用电钻打孔，用木螺栓(或钉子)与工字梁方木固定。

7)安装边梁底模和里侧模(外侧模在台模就位后组装)。

8)铺操作平台脚手板，绑护身栏(安全网在飞模就位后安装)。

(2)吊装就位。

1)在楼(地)面上放出台模位置线和支腿十字线，在墙体或柱子上弹出1 m(或50 cm)水平线。

2)在台模支腿处放好垫板。

3)台模吊装就位。当距楼面1 m左右时，拔出伸缩支腿的销钉，放下支腿套管，安好可调支座，然后飞模就位。

4)用可调支座调整板面标高，安装附加支撑。

5)安装四周的接缝模板及边梁、柱头或柱帽模板。

6)在模板面板上刷脱模剂。

(3)脱模和转移。

1)脱模时，应拆除边梁侧模、柱头或柱帽模板，拆除台模之间、台模与墙柱之间的模板和支撑，拆除安全网。

2)每榀桁架分别在桁架前方、前支腿下和桁架中间各放置一个滚轮。

3)在紧靠四个支腿部位，用升降机构托住桁架下弦并调节可调支腿，使升降机构承力。

4)将伸缩支腿收入桁架内，可调支座插入支座夹板缝隙内。

5)操纵升降机构，使面板脱离混凝土，并为台模挂好安全绳。

6)将台模人工推出，当台模的前两个吊点超出边梁后，锁紧滚轮，将塔式起重机钢丝绳和卡环把台模前面的两个吊装盒内的吊点卡牢，将装有平衡吊具电动环链的钢丝绳把台模后面的两个吊点卡牢。

7)松开滚轮，继续将台模推出，同时放松安全绳，操纵平衡吊具，调整环链长度，使台模保持水平状态。

8)台模完全推出建筑物后，拆除安全绳，提升台模，如图5-34所示。

4. 悬架式台模的施工工艺

(1)组装。悬架式台模既可在施工现场设专门拼装场地组装，也可在建筑物底层内进行组装，组装方法可参考以下程序：

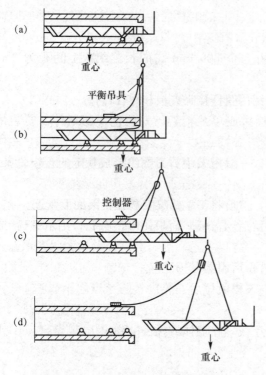

图 5-34　铝木桁架式台模转移示意

1）在结构柱子的纵、横向区域内分别用48 mm×3.5 mm钢管搭设两个组装架，高约1 m。为便于重复组装，在组装架两端横杆上安装四只铸铁扣件，作为组装台模桁架的标准。铸铁扣件的内壁净距即台模桁架下弦的外壁间距。

2）组装完毕应进行校正，使两端横杆顶部的标高处于同一水平，然后紧固所有的节点扣件，使组装架牢固、稳定。

3）将桁架用吊车起吊安放在组装架上，使桁架两端分别紧靠铸铁扣件。安放稳妥后，在桁架两端各用一根钢管将两榀桁架作临时扣接，然后校正桁架上、下弦垂直度，桁架中心间距，对角线等尺寸，无误后方可安装次梁。

4）在桁架两端先安放次梁，并与桁架紧固，然后放置其他次梁在桁架节点处或节点中间部位，并加以紧固。所有次梁挑出部分均应相等，防止因挑出的差异而影响翻转翼板正常工作。

5）全部次梁经校正无误后，在其上铺设面板，面板之间用U形卡卡紧。面板铺设完毕后，应进行质量检查。

6）翻转翼板由组合钢模板与角钢、铰链、伸缩套管等组合而成。翻转翼板应单块设置，以便翻转。铰链的角钢与面板用螺栓连接。在伸缩套管的底面焊上承力支块，当装好翼板后，将套管插入次梁的端部。

7）每座台模在其长向两端和中部分别设置剪刀撑。在台模底部设置两道水平剪刀撑，以防止台模变形。剪刀撑用48 mm×3.5 mm钢管以扣件与桁架腹杆连接。

8）组装阳台梁、板模板，并安装外挑操作平台。

（2）台模支设。

1）待柱墙模板拆除且强度达到要求后，方可支设台模。

2）支设台模前，先将钢牛腿与柱墙上的预埋螺栓连接，并在钢牛腿上安放一对硬木楔，使木楔的顶面符合标高要求。

3）吊装台模入位，经校正无误后，卸除吊钩。

4）支起翻转翼板，处理好梁板柱等处的节点和缝隙。

5）连接相邻台模，使其形成整体。

6）在面板涂刷脱模剂。

（3）脱模和转移。拆模时，先拆除柱子节点处的柱箍，推进伸缩内管，翻下反转翼板和拆除盖缝板，然后卸下台模之间的连接件，拆除连接阳台梁、板的U形卡，使阳台模板便于脱模。

在台模四个支撑柱子内侧，斜靠上梯架，梯架备有吊钩，将电动葫芦悬于吊钩下。待四个吊点将靠柱梯架与台模桁架连接后，用电动葫芦将台模同步微微受力，随即退出钢牛腿上的木楔及钢牛腿。

降模前，先在承接台模的楼面预先放置六只滚轮，然后用电动葫芦将台模降落在楼面的地滚轮上，随后将台模推出。待部分台模推至楼层口外约 1.2 m 时，将四根吊索与台模吊耳扣牢，然后使安装在吊车主钩下的两只捯链收紧。

起吊时，先使靠外的两根吊索受力，使台模处于外略高于内的状态，随着主吊钩上升，要使台模一直保持平衡状态外移。

六、隧道模施工

隧道模是在大模板施工的基础上，将现浇墙体的模板和现浇楼板的模板结合为一体的大型空间模板，由三面模板组成一节，形如隧道。

隧道模施工实现了墙体和楼板一次支模，一次绑钢筋，一次浇筑成型。虽然这种施工方法的结构整体性好，墙体和顶板平整，一般不需要抹灰，模板拆装速度快，生产效率较高，施工速度较快。但是，这种模板的体形大，灵活性小，一次投资较多，因此比较适用于大批量标准定型的高层、超高层板墙结构。采用隧道模工艺，需要配备起重能力较大的塔式起重机。另外，由于楼板和墙体需要同时拆模，而两者的拆模强度有不同要求，需要采取相应的措施。

隧道模按拆除推移方式，分为**横向推移**和**纵向推移**两种。横向推移用于横墙承重结构，外纵墙需待隧道模拆除推出后再施工；纵向推移用于纵墙承重结构，可用一套模板在一个楼层上连续施工，直至本层主体结构全部完成后，才将模板提升吊运到上一层。采用这种方法时，楼梯、电梯间一般为单独设置。

隧道模按照构造的不同，可分为**整体式**和**双拼式**两类，整体式隧道模也称全隧道模，断面呈"Π"形。双拼式隧道模由两榀断面呈"Γ"形的半隧道模（图 5-35）构成，中间加连接板。

用隧道模施工时，先在楼板面上浇筑导墙（实际上导墙是与楼板同时浇筑的），在导墙上根据标高进行弹线，隧道模沿导墙就位，绑扎墙内钢筋和安装门洞、管道，根据弹线调整模板的高度，以保证板面水平，随后楼面绑扎钢筋，安装堵头模板，浇筑墙面和楼面混凝土。混凝土浇筑完毕，待楼板混凝土强度达到设计强度 75% 以上，墙体混凝土达到 25% 以上时拆模。一般加温养护 12～36 h 后，可以达到拆模强度。混凝土达到拆模强度以后，双拼式隧道模通过松动两个千斤顶，在模板自重的作用下，隧道模下降到三个轮子碰到楼板面为止。然后，用专用牵引工具将隧道模拖出，进入挑出墙面的挑平台上，用塔式起重机吊运至需要的地段，再进行下一循环。脱模过程如图 5-36 所示。

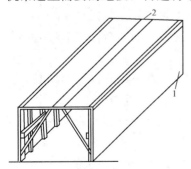

图 5-35　双拼式隧道模

1—半隧道模；2—插入板

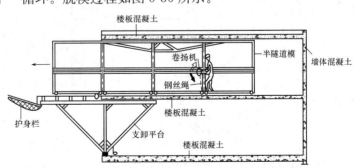

图 5-36　隧道模采用卷扬机和钢丝绳进行脱模示意

第三节　粗钢筋连接技术

现浇钢筋混凝土结构施工中的钢筋连接，除采用一般传统方法施工外，主要是竖向大直径钢筋的连接必须适应高层建筑发展的需要，不宜再采用**传统的搭接绑扎和手工电弧焊连接方法**。因为，前者不利于抗震，后者电焊量大、钢材耗用多、劳动强度大，且给混凝土浇筑带来困难。目前，已发展采用电渣压力焊、气压焊、机械连接等，这些连接方法效率高、省钢材、质量稳定。

一、钢筋电渣压力焊（接触电渣焊）

钢筋电渣压力焊是将两钢筋安放成竖向对接形式，利用焊接电流通过两钢筋端面间隙，在焊剂层下形成电弧过程和电渣过程，产生电弧热和电阻热，熔化钢筋，加压完成连接的一种焊接方法。这种方法具有操作方便、效率高、成本低、工作条件好等特点，适用于高层建筑现浇混凝土结构施工中直径为 14～40 mm 的热轧 HPB300 级钢筋的竖向或斜向（倾斜度在 4∶1 范围内）连接。但不得在竖向焊接之后再横置于梁、板等构件中，作水平钢筋之用。

1. 电渣压力焊的焊接原理

电渣压力焊的焊接原理如图 5-37 所示，其焊接工艺过程为：首先，在钢筋端面之间引燃电弧，电弧周围焊剂熔化形成空穴，随后在监视焊接电压的情况下，进行"电弧过程"的延时，利用电弧热量，一方面使电弧周围的焊剂不断熔化，以形成必要深度的渣池；另一方面，使钢筋端面逐渐烧平，为获得优良接头创造条件。接着，将上钢筋端部插入渣池中，电弧熄灭，进行"电渣过程"的延时，利用电阻热能使钢筋全断面熔化并形成有利于保证焊接质量的端面形状。最后，在断电的同时迅速挤压，排除全部熔液和熔化金属，完成整个焊接过程（图 5-38）。

电渣压力焊视频

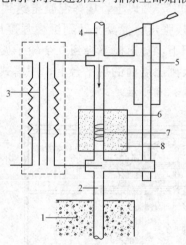

图 5-37　竖向钢筋电渣压力焊的焊接原理示意

1—混凝土；2—下钢筋；3—焊接电源；
4—上钢筋；5—焊接夹具；6—焊剂盒；
7—钢丝球；8—焊剂

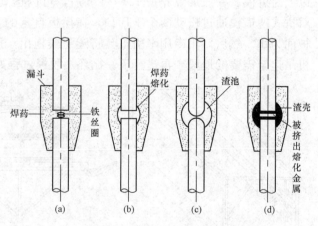

图 5-38　电渣压力焊的工艺过程

（a）电弧引燃过程；（b）造渣过程；（c）电渣过程；（d）挤压过程

2. 焊接设备和材料

目前的焊机种类较多，按整机组合方式，可分为**分体式焊机**和**同体式焊机**两类。**分体式焊机由焊接电源**(即电弧焊机)、**焊接夹具和控制箱三部分组成**。焊机的电气监控元件分为两部分：一部分装在焊接夹具上(称为监控器或监护仪表)；另一部分装在控制箱内。分体式焊机可利用现有的电弧焊机，节省一次性投资。同体式焊机则是将控制箱的电气元件组装在焊接电源内，成套使用。

焊机按操作方式，可分为**手动焊机**和**自动焊机**。自动焊机可降低焊工劳动强度，但电气线路较复杂。焊机的焊接电源可采用额定焊接电流 500 A 和 500 A 以上的弧焊电源(电弧焊机)，交流、直流均可。

焊接夹具由立柱，传动机构，上、下夹钳，焊剂(药)盒等组成，并安装有监控装置，包括控制开关、次级电压表、时间指示灯(显示器)。

夹具的主要作用是：夹住上、下钢筋，使钢筋定位同心；传导焊接电流；确保焊药盒直径与焊接钢筋的直径相适应，以便于装卸焊药。

焊剂宜采用高锰、高硅、低氟型 HJ431 焊剂，其作用是使熔渣形成渣池，形成良好的钢筋接头，并保护熔化金属和高温金属，避免氧化、氮化作用的发生。焊剂使用前，必须经 250 ℃ 的温度烘烤 2 h。落地的焊剂经过筛烘烤后可回收，与新焊剂各半掺和再使用。

3. 钢筋电渣压力焊工艺过程

钢筋电渣压力焊具有与电弧焊、电渣焊和压力焊相同的特点。其焊接过程可分为四个阶段：引弧过程→电弧过程→电渣过程→顶压过程。焊接时，先将钢筋端部约 120 mm 范围内的铁锈除尽。将夹具夹牢在下部钢筋上，并将上部钢筋夹直夹牢于活动电极中，上、下钢筋的轴线应尽量一致，其最大偏移不得超过 $0.1d$(d 为钢筋直径)，也不得大于 2 mm。上、下钢筋间放一钢丝小球或导电剂，再装上焊剂盒并装满焊剂，接通电路，用手柄引燃电弧(引弧)，然后稳定一段时间，使之形成渣池并使钢筋熔化。随着钢筋的熔化，用手柄使上部钢筋缓缓下送，稳弧时间的长短根据不同的电流、电压以及钢筋直径而定。当稳弧达到规定的时间后，在断电的同时用手柄进行加压顶锻，以排除夹渣和气泡，形成接头。待冷却一定时间后，拆除焊剂盒，回收焊剂，拆除夹具和清理焊渣。焊接通电时间一般以 16～23 s 为宜，钢筋熔化量为 20～30 mm。钢筋电渣压力焊一般有引弧、电弧、电渣和挤压四个过程，而引弧、挤压时间很短，电弧过程约占全部时间的 3/4，电渣过程约占全部时间的 1/4。焊机空载电压保持在 80 V 左右为宜，电弧电压一般宜控制在 40～45 V，电渣电压宜控制在 22～27 V，施焊时观察电压表，利用手柄调节电压。

二、钢筋气压焊

钢筋气压焊是采用一定比例的氧气和乙炔焰为热源，对需要连接的两钢筋端部接缝处进行加热，使其达到热塑状态，同时对钢筋施加 30～40 MPa 的轴向压力，使钢筋顶焊在一起。该焊接方法使钢筋在还原气体的保护下，发生塑性流变后相互紧密接触，促使端面金属晶体相互扩散渗透，再结晶，再排列，形成牢固的焊接接头。这种方法设备投资少、施工安全、节约钢材和电能，不仅适用于竖向钢筋的连接，也适用于各种方向布置的钢筋连接。其适用范围为直径为 14～40 mm 的 HPB300 和 HRB400 级钢筋(25 MnSiHRB400 级钢筋除外)；当焊接不同直径钢筋时，两钢筋直径差不得大于 7 mm。

钢筋气压焊是利用一定比例的氧气和乙炔燃烧的火焰作为热源，加热烘烤两钢筋的接缝处，使其达到热塑状态，同时施加 30~40 N/mm² 的压力，使钢筋顶锻在一起的焊接方法。

钢筋气压焊可分为敞开式和闭式两种。前者是使两根钢筋端面稍加离开，加热到熔化温度，并加压完成的一种方法，属熔化压力焊；后者是将两根钢筋端面紧密闭合，并加热到 1 200 ℃~1 250 ℃，加压完成的一种方法，属固态压力焊。目前，常用的方法为闭式气压焊。

这种焊接的机理是在还原性气体的保护下，钢筋发生塑性流变后相互紧密接触，促使端面金属晶体相互扩散渗透，再结晶、再排列，最后形成牢固的对焊接头。

1. 焊接设备

钢筋气压焊设备主要包括氧气和乙炔供气装置、加热器、加压器及钢筋卡具等。辅助设备有用于切割钢筋的砂轮锯、磨平钢筋端头的角向磨光机等。

供气装置包括氧气瓶、乙炔气瓶、回火防止器、减压器、胶皮管等。

加热器由混合气管和多嘴环管加热器（多嘴环管焊炬）组成。为使钢筋接头处能均匀加热，多嘴环管加热器设计成环状钳形，并要求多束火焰燃烧均匀，调整方便。

加压器由液压泵、液压表、液压油管和顶压油缸四部分组成。作为压力源，通过连接夹具对钢筋进行顶锻。液压泵有手动式、脚踏式和电动式三种。

钢筋卡具（或称钢筋夹具）由可动和固定卡子组成，用于卡紧、调整和压接钢筋。

2. 焊接工艺

钢筋端头必须切平。切割钢筋应用无齿锯，不能用切断机，以免端头成马蹄形，影响焊接质量；切割钢筋要预留 (0.6~1.0)d 接头压缩量，端头断面应与轴线成直角，不得弯曲。

施焊时，将两根待压接的钢筋固定在钢筋卡具上，并施加 5~10 N/mm² 初压力，然后将多嘴环管焊炬的火口对准钢筋接缝处加热，当加热钢筋端部温度至 1 150 ℃~3 000 ℃，表面呈炽白色时，边加热边加压，使压力达到 30~40 N/mm²，直至接缝处隆起直径为钢筋直径的 1.4~1.6 倍，变形长度为钢筋直径的 1.2~1.5 倍的鼓包，其形状为平滑的圆球形。待钢筋加热部分火红消失后，即可解除钢筋卡具。

三、钢筋机械连接

钢筋机械连接是通过连接件的机械咬合作用或钢筋端面的承压作用，将一根钢筋中的力传递至另一根钢筋的连接方法。这种方法具有施工简便、工艺性能良好、接头质量可靠、不受钢筋焊接性的制约、可全天候施工、节约钢材和能源等优点。其对不能明火作业的施工现场，以及一些对施工防火有特殊要求的建筑尤为适用。特别是一些可焊性差的进口钢材，采用机械连接更有必要。常用的机械连接接头类型有挤压套筒接头、锥螺纹套筒接头等。

1. 钢筋套筒挤压连接

钢筋套筒挤压连接，又称钢筋压力管接头法，俗称冷接头。即用钢套筒将两根待连接的钢筋套在一起，采用挤压机将套筒挤压变形，使它紧密地咬住变形钢筋，以此实现两根钢筋的连接。钢筋的轴向力主要通过变形的套筒与变形钢筋的紧固力传送。这种连接工艺

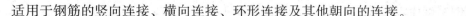

适用于钢筋的竖向连接、横向连接、环形连接及其他朝向的连接。

钢筋挤压连接技术主要有两种，即钢筋径向挤压法和钢筋轴向挤压法。

(1)钢筋径向挤压法(图 5-39)。钢筋径向挤压法适用于直径为 16～40 mm 的 HRB440 级带肋钢筋的连接，包括同径和异径(当套筒两端外径和壁厚相同时，被连接钢筋的直径相差不应大于 5 mm)钢筋。

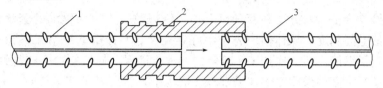

图 5-39　钢筋径向挤压连接

1—已挤压的钢筋；2—钢套筒；3—未挤压的钢筋

(2)钢筋轴向挤压法。钢筋轴向挤压法是采用挤压机和压模，对钢套筒和插入的两根对接钢筋沿轴线方向进行挤压，使套筒咬合到变形钢筋的肋间，结合成一体(图 5-40)。钢筋轴向挤压连接可用于相同直径钢筋的连接，也可用于相差一个等级直径(如 $\phi25～\phi28$、$\phi28～\phi32$)的钢筋的连接。

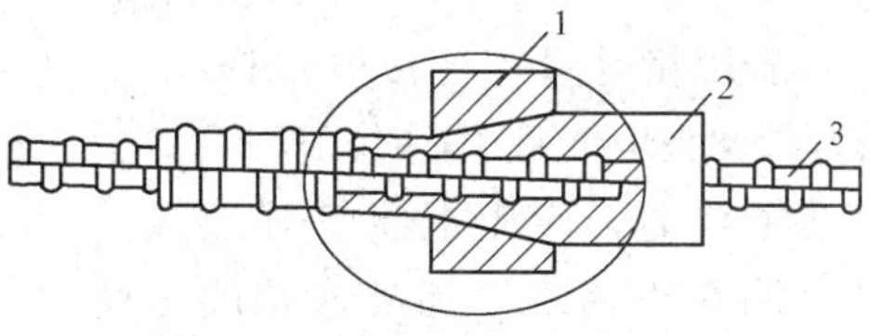

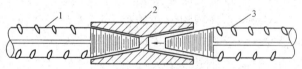

图 5-40　钢筋轴向挤压法连接

1—压模；2—钢套筒；3—钢筋

2. 锥螺纹钢筋套筒连接

锥螺纹钢筋套筒连接是利用锥形螺纹能承受轴向力和水平力以及密封性能较好的特点，依靠机械力将钢筋连接在一起。操作时，首先用专用套丝机将钢筋的待连接端加工成锥形外螺纹；然后，通过带锥形内螺纹的钢套筒连接将两根待接钢筋连接；最后，利用力矩扳手按规定的力矩值使钢筋和连接钢套筒拧紧在一起，如图 5-41 所示。

图 5-41　锥螺纹钢筋套筒连接

1—已连接的钢筋；2—锥螺纹连接套筒；3—未连接的钢筋

锥螺纹钢筋套筒连接具有接头可靠、操作简单、不用电源、全天候施工、对中性好、施工速度快等优点，可连接各种钢筋，不受钢筋种类、含碳量的限制。其接头的价格适中，成本低于冷挤压套筒接头，高于电渣压力焊和气压焊接头。

(1)钢筋锥螺纹的加工要求。

1)钢筋应先调直再下料。钢筋下料可用钢筋切断机或砂轮锯，但不得用气割下料。下料时，要求切口端面与钢筋轴线垂直，端头不得挠曲或出现马蹄形。

2)加工好的钢筋锥螺纹丝头的锥度、牙形、螺距等必须与连接套的锥度、牙形、螺距一致，并应进行质量检验。检验内容包括锥螺纹丝头牙形检验和锥螺纹丝头锥度与小端直径检验。

3)加工工艺为：下料→套丝→用牙形规和卡规(或环规)逐个检查钢筋套丝质量→质量合格的锥螺纹丝头用塑料保护帽盖封，待查和待用。

钢筋锥螺纹的完整牙数不得少于表 5-2 的规定值。

表 5-2　钢筋锥螺纹的完整牙数

钢筋直径/mm	16～18	20～22	25～28	32	36	40
完整牙数	5	7	8	10	11	12

4) 钢筋经检验合格后,方可在套丝机上加工锥螺纹。为确保钢筋的套丝质量,操作人员必须遵守持证上岗制度。操作前应先调整好定位尺,并按钢筋规格配置相对应的加工导向套。对于大直径钢筋,要分次加工到规定的尺寸,以保证螺纹的精度和避免损坏梳刀。

5) 钢筋套丝时,必须采用水溶性切削冷却润滑液,当气温低于 0 ℃时,应掺入 15%～20%亚硝酸钠,不得采用机油作冷却润滑液。

(2) 钢筋连接。连接钢筋前,先回收钢筋待连接端的保护帽和连接套上的密封盖,并检查钢筋规格是否与连接套规格相同,检查锥螺纹丝头是否完好无损、有无杂质。

连接钢筋时,应先把已拧好连接套的一端钢筋对正轴线拧到被连接的钢筋上,然后用力矩扳手按规定的力矩值把钢筋接头拧紧,不得超拧,以防止损坏接头丝扣。拧紧后的接头应画上油漆标记,以防有的钢筋接头漏拧。锥螺纹钢筋连接方法如图 5-42 所示。

拧紧时要拧到规定扭矩值,待测力扳手发出指示响声时,才认为达到了规定的扭矩值。锥螺纹接头拧紧力矩值见表 5-3,但不得加长扳手杆来拧紧。质量检验与施工安装使用的力矩扳手应分开使用,不得混用。

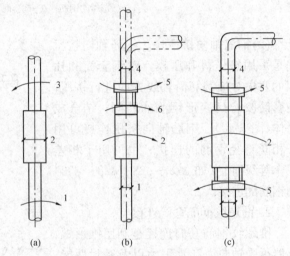

图 5-42　锥螺纹钢筋连接方法
(a) 同径或异径钢筋连接;(b) 单向可调接头连接;
(c) 双向可调接头连接
1、3、4—钢筋;2—连接套筒;5—可调连接器;6—锁母

表 5-3　锥螺纹接头拧紧力矩值

钢筋直径/mm	16	18	20	22	25～28	32	36～40
扭紧力矩/(N·m)	118	147	177	216	275	314	343

在构件受拉区段内,同一截面连接接头数量不宜超过钢筋总数的 50%;受压区不受限制。连接头的错开间距应大于 500 mm,保护层不得小于 15 mm,钢筋间净距应大于 50 mm。

在正式安装前,要取三个试件进行基本性能试验。当有一个试件不合格时,应取双倍试件进行试验;如仍有一个试件不合格,则该批加工的接头为不合格,严禁在工程中使用。

连接套应有出厂合格证及质保书。每批接头的基本试验应有试验报告。连接套与钢筋应配套一致。连接套应有钢印标记。

安装完毕后,质量检测员应用自用的专用测力扳手,对拧紧的扭矩值加以抽检。

第四节　围护结构施工

随着国民经济的不断发展，提高能源利用率越来越受到重视。房屋结构散热热损失中，围护结构的传热热损失占 70%～80%。高层建筑中的外墙围护结构，是确保建筑物的隔热、保温、装饰、密闭等功能的重要组成部分，而且由于高层房屋的体表面积大，故隔热保温、降低能耗就显得更为重要。在高层结构中，通常采用轻质隔墙作为围护结构，有助于减轻房屋自重、节约投资，并且对提高建筑的抗震性能也有帮助。

一、外墙围护和保温工程

要提高建筑外墙的保温隔热效果，就要提高墙体的热阻值（即减小外墙的传热系数）。外墙保温系统按保温层的位置分为外墙内保温系统和外墙外保温系统两大类。外墙外保温系统应用广泛，是一种新型、先进、节约能源的方法。**外墙外保温系统是由保温层、保护层与固定材料构成的非承重保温构造的总称。** 外墙外保温工程是将外墙外保温系统通过组合、组装、固定技术手段在外墙外表面上所形成的建筑物实体。

（一）外墙内保温施工

外墙内保温系统主要由基层、保温层和饰面层构成。 其构造如图 5-43 所示。外墙内保温是把保温材料设在外墙内侧的一种施工方法。其优点是：对面层无耐候性要求、施工不受外界气候影响、操作方便、造价低。其缺点是：对抗震柱、楼板、隔墙等周边部位不能保温，产生热桥，降低墙体隔热性能；占用建筑面积较多；在墙上固定物件困难，尤其在进行二次装修时损坏较多，影响保温效果；温差变化易引起内保温材料开裂等。外墙的内保温形式虽然有上述缺点，但仍然可以达到节能 30% 的效果，如果能对抗震柱、圈梁等易产生热桥的部位进行外侧保温，则内保温形式仍是一种行之有效的节能措施。

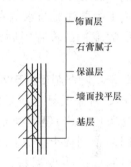

图 5-43　复合聚苯保温板外墙内保温基本构造

（图注：饰面层、石膏腻子、保温层、墙面找平层、基层）

1. 饰面石膏聚苯板外墙内保温施工

饰面石膏聚苯板是对聚苯板现场加工、安装，满贴一层玻纤布，用石膏饰面的构造做法。当屋面防水层及结构工程分别施工和验收完毕，外墙门、窗口安装完毕，水暖及装饰工程分别需用的管卡、炉钩和窗帘杆耳子等埋件埋设完毕，电气工程的暗管线、接线盒等埋设完毕，并完成暗管线的穿带线工作之后，可以开始外墙内保温的施工。

（1）**结构墙面清理：** 凡凸出墙面 20 mm 的砂浆、混凝土砌块，必须剔除并扫净墙面。

（2）**分档弹线：** 门、窗洞口两侧及其刀把板边各弹一竖筋线，然后依次以板宽间距向两侧分档弹竖筋线，不足一块板宽的留在阴角处。沿地面、顶棚、踢脚上口及门洞上口、窗洞口上下均弹出横筋线。

(3)冲筋: 在冲筋位置,用钢丝刷刷出不小于 60 mm 宽的洁净面并浇水润湿,刷一道水泥浆。检查墙面是否平整、垂直,找规矩贴饼冲筋,并在须设置埋件处也做出 200 mm×200 mm 的灰饼。冲筋材料为 1∶3 水泥砂浆,筋宽为 60 mm,厚度以空气层厚(20 mm)为准。

(4)用聚苯胶粘贴踢脚板: 在踢脚板内侧,上、下各按 200～300 mm 的间距布设黏结点,同时在踢脚板底面及其相邻已粘贴上墙的踢脚板侧面满刮胶粘剂,按弹线粘贴踢脚板。粘贴时用橡皮锤轻轻敲实,并将碰头缝挤出的胶粘剂随时清理干净。

(5)安装聚苯板: 按配合比调制聚苯胶胶粘剂,一次调制不宜过多,以 30 min 内用完为宜;按梅花形或矩形布设黏结点,间距为 250～300 mm,直径不小于 100 mm。板与冲筋的黏结面以及板的碰头缝必须满刮胶粘剂;抹完胶粘剂,立即将板立起安装;安装时应轻轻地、均匀地挤压,碰头缝挤出的胶粘剂应及时刮平清理。黏结过程中需注意检查板的垂直度、平整度。

(6)抹饰面石膏并内贴一层玻纤布(共分三次抹完): 将饰面石膏和细砂按 1∶1 的比例拌匀加水并调制到所需稠度,分两次抹,共厚 5 mm,随即横向贴一层玻纤布,擀平压光;过 20 min 后再抹一遍,厚度为 3 mm。饰面石膏面层不得空鼓、起皮和有裂缝,面层应平整、光滑,总厚度不小于 8 mm。玻纤布要去掉硬边,压贴密实,不能有皱褶、翘曲、外露现象,交接处搭接不小于 50 mm。

(7)抹门窗护角: 用 1∶3 水泥砂浆或聚合物砂浆抹护角,在其与饰面石膏面层交接处先加铺一层玻纤布条,以减少裂缝。

施工中要注意与水电专业的配合以及合理安排,不得因各种管线和设备的埋件破坏保温层的施工;若有因固定埋件出现的聚苯板的孔洞,应用小块聚苯板加胶粘剂填实补平。

2. GRC 内保温复合板外墙内保温施工

GRC 内保温复合板是以水泥、砂子、水(必要时可加入膨胀珍珠岩)经搅拌制成料浆,再用料浆包裹玻璃纤维网格布制成上、下层 GRC 面层,中间夹聚苯乙烯塑料板制成的内保温板。可用铺网抹浆法、喷射真空脱水法、立模浇注法生产。GRC 内保温复合板示意如图 5-44 所示。

GRC 内保温复合板外墙内保温施工应符合下列要求:

(1)在主体墙内侧水平方向抹 20 mm 厚、60 mm 宽的水泥砂浆冲筋带,留出 20 mm 厚的空气层,并作为保温板的找平层和黏结带,每面墙自下向上冲 3 或 4 道筋。

(2)在板侧、板上端和冲筋上满刮胶粘剂;一人将保

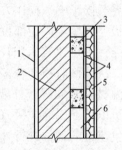

图 5-44 GRC 内保温复合板示意
1—抹灰层;2—主体墙(结构层);
3—冲筋;4—GRC 面层;
5—聚苯板;6—空气层

温板撬起,另一人揉压挤实,使板与冲筋贴紧,检查保温板的垂直度和平整度,然后用木楔临时固定保温板,溢出表面的胶粘剂要及时清理;板下部空隙内用 C10 细石混凝土填实,达到一定强度后,撤去木楔。撤木楔时应轻轻敲打,防止板缝裂开。

(3)整面墙的内保温板安装后,在两板接缝处的凹槽内刮一道胶粘剂,粘贴一层 50 mm 宽的玻纤网带,压实黏牢,再用胶粘剂刮平。

(4)在墙面转角处粘贴一层 200 mm 宽的玻纤网带。在板面处理平整后，刮两道石膏腻子，最后作饰面处理。

(二)外墙外保温施工

外墙外保温是指在垂直外墙的外表面上设置保温层。外保温做法与内保温做法相比，技术合理、有明显的优越性。使用同样规格、尺寸和性能的保温材料，外保温比内保温的保温效果好，是目前高层建筑外墙围护结构重点推广的施工技术。外墙外保温工程适用于严寒和寒冷地区、夏热冬冷地区新建居住建筑物或旧建筑物改造工程，是庞大的建筑物节能的一项重要技术措施，是一种先进的施工方法。

外墙外保温体系的优点表现在：

(1)可消除或减少热桥，由于外墙外保温体系的主体墙位于室内一侧，蓄热能力较强，故对室内保持热稳定有利，当外界气温波动较大时提高了室内的舒适感。

(2)可减少室外气候条件变化对主体的影响，使热应力减小，延长了主体的使用寿命。

(3)不降低建筑物的室内有效使用面积。

(4)有利于旧房的节能改造，保温施工对室内居民干扰较小。

外墙外保温体系的不足之处是：

(1)在室外安装保温板的施工难度比在室内安装保温板大。

(2)外饰面要有常年承受风吹、日晒、雨淋和反复冻融的能力，同时板缝要求注意防裂、防水。

(3)造价较高。

1. 聚苯板玻纤网格布聚合物砂浆外墙外保温施工

聚苯板玻纤网格布聚合物砂浆外墙外保温的构造由外到内分为饰面层、保护层、保温层、黏结层、结构层。饰面层可以为涂料、面砖或其他质量不超过 20 kg/m² 的饰面材料；保护层通常采用耐碱玻纤网格布增强，抹 5～7 mm 聚合物水泥砂浆；保温层采用聚苯乙烯泡沫塑料板；黏结层为了使结构层与保温层有更好的黏结，常使用界面处理剂；结构层为主体墙，可以为钢筋混凝土墙、砌块墙等。

外墙和外门、窗口施工及验收完毕，基面达到现行规范的要求后，可以开始外墙外保温施工。施工程序为：清理基层→弹线定位→涂刷界面剂→粘贴聚苯板→钻孔及安装固定件→抹底层砂浆→贴玻纤网格布→抹面层砂浆→处理膨胀缝→进行饰面施工。施工时，应注意以下几点：

(1)施工气候条件。环境温度不低于 5 ℃，风力不大于 5 级，雨天施工要采取措施，避免施工墙面淋雨。

(2)基底准备。结构墙体基面必须清理干净，墙面松动应清除，孔洞应用聚合物水泥砂浆填补密实，并检验墙面平整度和垂直度。底层墙外表面在墙体防潮线以下时，要做防潮处理，以防止地面水分通过毛细作用被吸到保温层中影响保温层的使用寿命。防潮处理采用涂刷氯丁型防水涂料的方法。

(3)弹线定位。在墙面弹出膨胀缝线及膨胀缝宽度线，墙面阴角应设置膨胀缝；经分格后的墙面板块面积不宜大于 15 m²，单向尺寸不宜大于 5 m。

(4)粘贴聚苯板。聚苯板宜用电热丝切割器切割。为保证聚苯乙烯板的尺寸稳定性，在板件切割后常温下静置 6 周以上或在高温(70 ℃)室内养护一周才能使用。

粘贴聚苯板时，胶粘剂涂在板的背面，一般可采用点框法，如图5-45所示。沿聚苯板的周围用不锈钢抹子涂抹配制的胶粘剂，胶泥带宽度为 20 mm，厚度为 15 mm。每点直径为 50 mm，厚度为 15 mm，中心距为 200 mm。在板上抹完胶粘剂后，应立即将板平贴在基层墙体上滑动就位，并随时用 2 m 长的靠尺进行整平操作。

聚苯板由建筑物的外墙勒脚部位开始，自上而下黏结。上、下板排列互相错缝，上、下排板之间竖向接缝应为垂直交错连接，以确保转角处板材安装的垂直度，如图5-46所示。窗口带造形的应在墙面聚苯板黏结后另外贴造形的聚苯板，以保证板不产生裂缝。

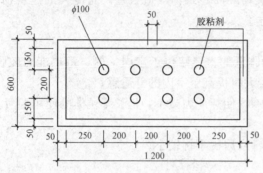

图 5-45　点框黏结示意

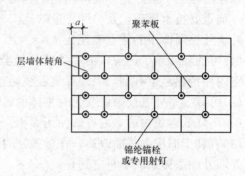

图 5-46　聚苯板排列及锚固点布置

注：a 应根据基房墙体材料和锚图的要求确定

黏结在墙上的聚苯板应用粗砂纸磨平，然后再将整个聚苯板打磨一遍。

注意，在粘贴聚苯板时，应将胶粘剂涂在板背面，涂胶粘剂面积不得小于板面积的 40%。聚苯板应按顺砌方式粘贴，竖缝应逐行错缝。聚苯板应粘贴牢固，不得有松动和空鼓。墙角处的聚苯板应交错互锁，如图5-47所示。

（5）安装固定件。在贴好的聚苯板上用冲击钻钻孔，孔洞深入墙基面 25～30 mm，数量为每平方米 2 或 3 个，但单块聚苯板多于 1 个。用胀钉套上塑料胀管塞入孔内胀紧，把聚苯板固定在墙体上。螺钉拧到与聚苯板面平齐。

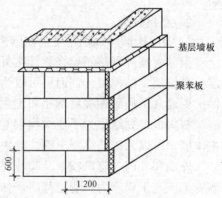

图 5-47　墙角处聚苯板排列示意

（6）贴网格布。将大面网格布沿水平方向绷平，用抹子由中间向上、下两边将网格布抹平，使其紧贴底层聚合物砂浆。网格布左、右搭接宽度不小于 100 mm，上、下搭接宽度不小于 80 mm，局部搭接处可用胶粘剂补充胶浆，不得使网格布皱褶、空鼓、翘边。在阳角处还需局部加铺宽度为 400 mm 的网格布一道。门、窗洞口四角如不靠膨胀缝，则沿 45°方向各加一层 400 mm×200 mm 的网格布进行加强。为防止首层墙面受冲击，在首层窗台以下墙面加贴一层玻纤布。装饰缝，门、窗四角，带窗套窗口网格布要翻包，如图5-48所示。阴、阳角等处应做好局部加强网施工，如图5-49所示。

（7）抹聚合物砂浆。在底层聚合物水泥砂浆凝结前，抹面层聚合物砂浆，抹灰厚度以盖住网格布 1～2 mm 为准。如在抹面层砂浆前底层砂浆已凝结，应先用界面剂涂刷一遍，再抹面层砂浆。面层聚合物水泥砂浆厚度要控制为 3~5 mm，过厚则易裂。

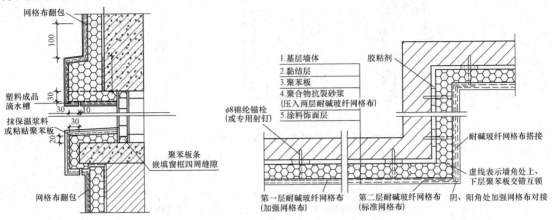

图 5-48   带窗套窗口保温构造   图 5-49   首层墙体构造及阴、阳角处理

(8)墙面连续高或宽超过 23 m 时，应设伸缩缝。粘贴聚苯板时，板缝应挤紧挤平，板与板之间的缝隙不得大于 2 mm(大于 2 mm 时可用板条将缝填塞)，板间高差不得大于 1.5 mm(大于 1.5 mm 时应打磨平整)。变形缝处应做好防水和保温构造处理，如图 5-50 所示。

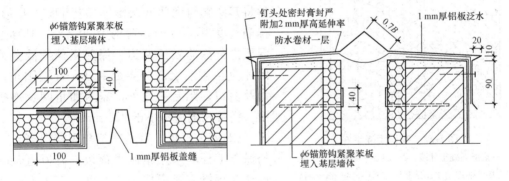

图 5-50   墙体变形缝保温平面、剖面构造

(9)基层上粘贴的聚苯板，板与板之间的缝隙不得大于 2 mm，对下料尺寸偏差或切割等原因造成的板间小缝，应用聚苯板裁成合适的小片塞入缝中。

2. 预制外保温板外墙外保温施工

GRC 外保温板是指由玻璃纤维增强水泥(GRC)面层与高效保温材料预制复合而成的外墙外保温板，有**单面板**与**双面板**两种构造形式。单面板是将保温材料嵌在 GRC 槽形板内，双面板是将保温材料置于两层 GRC 外保温板之间。GRC 外保温板目前所用的板形为小块板，板长为 550~900 mm，板宽为 450~600 mm，板厚为 40~50 mm，其中聚苯板的厚度为 30~40 mm，GRC 面层厚度为 10 mm。用 GRC 外保温板与主体墙复合组成的外保温复合墙体的构造有**紧密结合型**和**空气隔离型**两种，如图 5-51(a)、(b)所示。

钢丝网架板混凝土外墙外保温工程(以下简称"有网现浇系统")是以现浇混凝土为基层墙体，采用腹丝穿透性钢丝网架聚苯板作保温隔热材料，聚苯板单面钢丝网架板置于外墙外模板内侧，并以 ϕ6 锚筋钩紧钢丝网片作为辅助固定措施与钢筋混凝土现浇为一体。聚苯

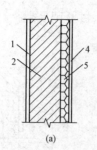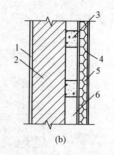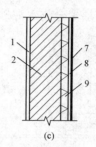

(a)   (b)   (c)

图 5-51　外墙外保温板施工构造示意

(a)GRC 外保温板复合墙体紧密结合型；(b)GRC 外保温板复合墙体空气隔离型；

(c)钢丝网架聚苯乙烯外保温板复合墙体

1—抹灰层；2—主体墙(结构层)；3—冲筋；4—GRC 面层；5—聚苯板；

6—空气层；7—单侧方格钢丝网；8—水泥砂浆；9—斜插短钢筋

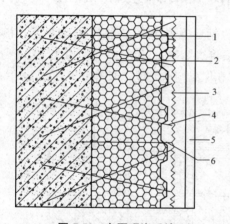

图 5-52　有网现浇系统

1—现浇混凝土外墙；2—EPS 单面钢丝网架板；

3—掺外加剂的水泥砂浆厚抹面层；4—钢丝网架；

5—饰面层；6—φ6 锚筋钩紧铜丝网片

板的抹面层为抗裂砂浆，属厚型抹灰面层。有网现浇系统如图 5-52 所示。

(1)安装外墙外保温板。保温板就位后，可将 L 形 φ6 锚筋按垫块位置穿过保温板，用火烧丝将其两侧与钢丝网及墙体绑扎牢固。L 形 φ6 锚筋长度为200 mm，弯钩为 30 mm，其穿过保温板部分涂防锈漆两道。保温板外侧低碳钢丝网片应在楼层层高分界处断开，外墙阳角、阴角及窗口、阳台底边外，需附加角网及连接平网，搭接长度应不小于 200 mm。

(2)安装模板。钢丝网架与现浇混凝土外墙外保温工程应采用钢制大模板，模板组合配制尺寸及数量应考虑保温板厚度。安装上一层模板时，利用下一层外墙螺栓孔挂三角平台架及金属防护栏。安装外墙钢制大模板前必须在现浇混凝土墙体根部或保温板外侧采取可靠的定位措施，以防模板挤靠保温板。

(3)浇筑混凝土。混凝土可以采用商品混凝土或现场搅拌混凝土。保温板顶面要采取遮挡措施，新、旧混凝土接槎处应均匀浇筑 3～50 m 同强度等级的细石混凝土，混凝土应分层浇筑，厚度控制在 500 mm 以内。

(4)拆除大模板。在常温条件下，墙体混凝土强度不低于 1.0 MPa 时方可拆除模板(冬期施工墙体混凝土强度不应低于 7.5 MPa)，混凝土的强度等级应以现场同条件养护的试块抗压强度为标准。先拆除外墙外侧模板再拆除外墙内侧模板，并及时修补混凝土墙面的缺陷。

3. 胶粉聚苯颗粒外墙外保温施工

胶粉聚苯颗粒外墙外保温系统，是采用胶粉聚苯颗粒保温浆料作为保温隔热材料，抹在基层墙体表面，保温浆料的防护层为嵌埋有耐碱玻璃纤维网格布增强的聚合物抗裂砂浆，属薄型抹灰面层，如图 5-53 和图 5-54 所示。

胶粉聚苯颗粒复合硅酸盐外墙外保温施工要点如下：

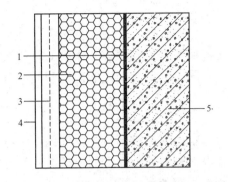
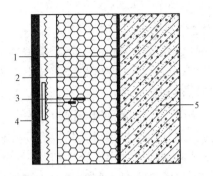

图 5-53　涂料饰面胶粉聚苯颗粒外保温构造
1—界面砂浆；2—胶粉聚苯颗粒保温层；
3—抗裂砂浆耐碱网格布＋弹性底涂料；
4—柔性耐水腻子涂料；5—基层墙体

图 5-54　面砖饰面胶粉聚苯颗粒外保温构造
1—界面砂浆；2—保温浆料；3—第一遍抗裂砂浆＋
热镀锌电焊网＋第二遍抗裂砂浆；4—粘结砂浆＋
面砖＋勾缝材料；5—基层墙体

（1）基层墙体表面应清理干净，无油渍、浮尘，大于 10 mm 的凸起部分应铲平。经过处理符合要求的基层墙体表面，均应涂刷界面砂浆，如为砖或砌块，可浇水淋湿。

（2）保温浆料每遍抹灰厚度不宜超过 25 mm，需分多遍抹灰时，施工的时间间隔应在 24 h 以上，抗裂砂浆防护层施工应在保温浆料干燥固化后进行。

（3）抗裂砂浆中铺设的耐碱玻璃纤维网格布，其搭接长度不小于 100 mm，采用加强网格布时，只对接，不搭接（包括阴、阳墙角部分）。网格布铺贴应平整、无褶皱。砂浆饱满度为 100％，严禁干搭接。饰面如为面砖，则应在保温层表面铺设一层与基层墙体拉牢的四角钢镀锌丝网，丝径为 1.2 mm，孔径为 20 mm×20 mm，网边搭接 40 mm，用双股 φ7@150 镀锌钢丝绑扎，再抹抗裂砂浆作为防护层，面砖用胶粘剂粘贴在防护层上。

（4）涂料饰面时，保温层分为一般型和加强型。加强型用于高度大于 30 m，而且保温层厚度大于 60 mm 的建筑物，加强型的做法是在保温层中距外表面 20 mm 处铺设一层六角镀锌钢丝网（丝径为 0.8 mm，孔径为 25 mm×25 mm），与基层墙体拉牢。

（5）胶粉聚苯颗粒保温浆料保温层设计厚度不宜超过 100 mm。必要时应设置抗裂分格缝。

（6）墙面变形缝可根据设计要求设置，施工应符合现行的国家和行业标准、规范、规程的要求。变形缝盖板可采用厚度为 1 mm 的铝板或厚度为 0.7 mm 的镀锌薄钢板。凡盖缝板外侧抹灰，均应在与抹灰层相接触的盖缝板部位钻孔，钻孔面积应占接触面积的 25％ 左右，增加抹灰层与基础的咬合作用。

（7）高层建筑如采用粘贴面砖，面砖质量应不大于 220 kg/m²，且面砖面积不大于 1 000 mm²/块。涂料饰面层涂抹前，应先在抗裂砂浆抹面层上涂刷高分子乳液弹性底涂层，再刮抗裂柔性耐水腻子。现场应取样检查胶粉聚苯颗粒保温浆料的干密度，但必须在保温层硬化并达到设计要求的厚度之后。其干密度不应大于 250 kg/m³，并且不应小于 180 kg/m³。现场检查保温层厚度，其值应符合设计要求，不得有负偏差。

（8）抹灰、抹保温浆料及涂料的环境温度应大于 5 ℃，严禁在雨中施工，遇雨或在雨期施工时应有可靠的保证措施，抹灰、抹保温浆料应避免阳光暴晒和在 5 级以上大风天气施工。

（9）分格线、滴水槽、门窗框、管道及槽盒上的残存砂浆，应及时清理干净。翻拆架子应防止破坏，已抹好的墙面，门、窗洞口、边、角、垛宜采取保护性措施，其他工种作业时不得污染或损坏墙面，严禁踩踏窗口。各构造层在凝结前应防止水冲、撞击、振动。

二、隔墙工程

高层建筑分室分户的非承重隔墙主要采用轻质板材和轻质砌块墙。这里的轻质板材是指那些用于墙体的、密度较混凝土制品小的、采用不同工艺预制而成的建筑制品，可以分为轻质面板和轻质条板两大类。

1. 蒸压加气混凝土板隔墙工程

蒸压加气混凝土板材，是以钙质和硅质材料为基本原料，以铝粉为发气剂，经蒸压养护等工艺制成的一种多孔轻质板材。蒸压加气混凝土板隔墙墙板厚度的选择，一般应考虑便于安装门窗，其最小厚度不应小于 75 mm；墙板的厚度小于 125 mm 时，其最大长度不应超过3.5 m；分户墙的厚度应根据隔声要求决定，原则上应选用双层墙板。

蒸压加气混凝土板隔墙工程施工应先按设计要求，在楼板（梁）底部和楼地面弹好墙板位置线，并架设靠放墙板的临时方木后，即可安装隔墙板。

安装墙板前，先将黏结面用钢丝刷刷去油垢并清除渣末。涂抹一层胶粘剂，厚度约为 3 mm，然后将板立于预定位置，用撬棍将板撬起，使板顶与上部结构底面粘紧；板的一侧与主体结构或已安装好的另一块墙板粘紧，并在板下用木楔楔紧，撤出撬棍，板即固定。每块板安装后，应用靠尺检查墙面的垂直和平整情况。

板与板间的拼缝，要满铺黏结砂浆（可以采用 108 胶水泥砂浆，注意 108 胶掺量要适当），拼接时要以挤出砂浆为宜，缝宽不得大于 5 mm。挤出的砂浆应及时清理干净。

墙板固定后，在板下填塞 1:2 水泥砂浆或细石混凝土。如采用经防腐处理后的木楔，则板下木楔可不撤除；如采用未经防腐处理的木楔，则待填塞的砂浆或细石混凝土凝固具有一定强度后，再将木楔撤除，然后用1:2 水泥砂浆或细石混凝土堵严木楔孔。

墙板的安装顺序应从门洞口处向两端依次进行；当无门洞口时，应从一端向另一端顺序安装。若在安装墙板后进行地面施工，需对墙板进行保护。对于双层墙板的分户墙，安装时应使两面墙板的拼缝相互错开。隔墙板原则上不得横向抠槽埋设电线管，竖向走线时，抠槽深度不宜大于 25 mm。

2. 石膏空心条板隔墙工程

石膏空心条板是以天然石膏或化学石膏为主要原料，掺入适量粉煤灰或水泥、适量的膨胀珍珠岩，加入少量增强纤维，加水拌和成料浆，通过浇筑成型、抽芯、干燥等工艺制成的轻质空心条板。石膏空心条板适用于住宅分室墙的一般隔墙、公共走道的防火墙、分户墙的隔声墙等。

安装石膏空心条板隔墙墙板时，应按设计弹出墙位线，并安好定位木架。安装前在板的顶面和侧面刷涂 108 胶水泥砂浆，先推紧侧面，再顶牢顶面。在顶牢顶面后，立即在板下两侧各1/3 处楔紧两组木楔，并用靠尺检查。确定板的安装偏差在允许范围内后，在板下填塞干硬性混凝土。板缝挤出的黏结材料应及时刮净。板缝的处理，可在接缝处先刷水湿润，然后用石膏腻子抹平。墙体连接处的板面或板侧刷791胶液一道，用 791 石膏胶泥黏结。

3. 钢丝网架夹芯板隔墙工程

钢丝网架夹芯板是用高强度冷拔钢丝焊接成三维空间网架，中间填以阻燃型聚苯乙烯泡沫塑料或岩棉等绝缘材料。施工时，先按设计要求在地面、顶面、侧面弹出墙的中心线和墙的厚度线，画出门、窗洞口的位置，若设计无要求，按 400 mm 间距画出连接件或锚筋的位置，再按设计要求配钢丝网架夹芯板及配套件。若设计无明确要求，且当隔墙宽度小于 4 m 时，可以整板上墙；当隔墙高度或长度超过 4 m 时，应按设计要求增设加劲柱。各种配套用的连接件、加固件、埋件要进行防锈处理，按放线位置安装钢丝网架夹芯板。板与板的拼缝处用箍码或 22 号镀锌钢丝扎牢。

当确认夹芯板、门窗框、各种预埋件、管道、接线盒的安装和固定工作完成后，可以开始抹灰。抹灰前将夹芯板适当支顶，在夹芯板上均匀喷一层面层处理剂，随即抹底灰，以加强水泥砂浆与夹芯板的黏结。底灰的厚度为 12 mm 左右，底灰要基本平整，并用带齿抹子均匀拉槽，以利于与中层砂浆的黏结。抹完底灰随即均匀喷一层防裂剂。48 h 以后撤去支顶，抹另一侧底灰，在两层底灰抹完 48 h 以后才能抹中层灰。

三、填充墙砌体工程

填充墙主要是高层建筑框架及框剪结构或钢结构中，用于维护或分隔区间的墙体，大多采用小型空心砌块、空心砖、轻集料小型砌块、加气混凝土砌块及其他工业废料掺水泥加工而成的砌块等，要求有一定的强度，并能起到轻质、隔声、隔热等效果。

填充墙砌体施工最好从顶层向下层砌筑，防止因结构变形量向下传递而造成早期下层先砌筑的墙体产生裂缝。特别是空心砌块，往往在工程主体完成 3～5 月后，通过墙面抹灰在跨中产生竖向裂缝，因而质量问题的滞后性给后期处理带来困难。

1. 空心砖砌体工程

(1)空心砖的砖孔如无具体设计要求，一般将砖孔置于水平位置；如有特殊要求，砖孔也可垂直放置。

(2)砖墙应采用全顺侧砌，上、下皮竖缝相互错开 1/2 砖长。灰缝厚度应为 8～12 mm，应横平竖直，砂浆饱满。

(3)空心砖墙不够整砖部分，宜用无齿锯加工制作非整砖块，不得用砍凿方式将砖打断。

(4)留置管线槽时，弹线定位后用凿子凿出或用开槽机开槽，不得用斩砖预留槽的方法。

(5)空心砖墙应同时砌起，不得留斜槎。砖墙底部至少砌三皮普通砖，门、窗洞口两侧也应用普通砖实砌一砖。

2. 加气混凝土小型砌块工程

(1)砌筑前应弹好墙身位置线及门口位置线，在楼板上弹墙体主边线。

(2)砌筑前按实际尺寸和砌块规格尺寸进行排列摆块，不够整块时可以锯裁成需要的规格，但不得小于砌块长度的 1/3。最下一层砌块的灰缝大于 20 mm 时，应用细石混凝土找平铺砌。

(3)砌筑前设立皮数杆，皮数杆应立于房屋四角及内、外墙交接处，间距以 10～15 m 为宜，砌块应按皮数杆拉线砌筑。

(4)砌体灰缝应保持横平竖直，竖向灰缝和水平灰缝均应铺填饱满的砂浆。竖向垂直灰缝首先在砌筑的砌块端头铺满砂浆，然后将上墙的砌块挤压至要求的尺寸。对于灰浆饱满度，水平灰缝的黏结面不得小于 90%，竖缝的黏结面不得小于 60%，严禁用水冲浆浇灌灰缝，也不得用石子垫灰缝。水平灰缝及竖向灰缝的厚度和宽度应控制在 80～120 mm。

(5)纵、横墙应整体咬槎砌筑，外墙转角处和纵墙交接处应严格控制分批、咬槎、交错搭砌。临时间断应留置在门、窗洞口处，或砌成阶梯形斜槎，斜槎长度小于高度的 2/3。如留斜槎有困难，也可留直槎，但必须设置拉结网片或其他措施，以保证有效连接。接槎时，应先清理基面，浇水湿润，然后铺浆接砌，并做到灰缝饱满。因施工需要留置的临时洞口处，每隔 500 mm 应设置 2φ6 拉结筋，拉结筋两端分别伸入先砌筑墙体及后堵洞砌体各 700 mm。

（6）凡穿过墙体的管道，应严格防止渗水、漏水。

（7）在门、窗洞口两侧，将预制好埋有木砖或铁件的砌块，按洞口高度在 2 m 以内每边砌筑三块，洞口高度大于 2 m 时砌四块。混凝土砌块四周的砂浆要饱满密实。

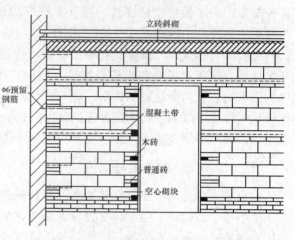

图 5-55　梁底采用实心辅助砌块立砖斜砌

（8）作为框架的填充墙，砌至最后一皮砖时，梁底可采用实心辅助砌块立砖斜砌，如图 5-55 所示。每砌完一层后，应校核检验墙体的轴线尺寸和标高，允许偏差可在楼面上予以纠正。砌筑一定面积的砌体以后，应随即用厚灰浆进行勾缝。一般情况下，每天砌筑高度不宜大于 1.8 m。

3. 轻骨料混凝土空心砌块砌筑工程

（1）轻骨料混凝土空心砌块的主要规格是 390 mm×190 mm×190 mm，采用全顺砌筑形式，墙厚等于砌块宽度。

（2）上、下皮竖缝相互错开 1/2 砖长，并不小于 120 mm。如不满足，应在水平灰缝中设置 2φ6 钢筋或者 φ4 钢筋网片。灰缝应为 8～12 mm，应横平竖直，砂浆饱满。

（3）对轻骨料混凝土空心砌块，宜提前 2 d 以上适当浇水湿润。严禁雨天施工，砌块表面有浮水时不得进行砌筑。

（4）墙体转角处及交接处应同时砌起，每天砌筑高度不得超过 1.8 m。

本章小结

由于钢筋混凝土结构可以就地取材，耗钢量少，造价低，防火和耐火性能好，因此，其是我国高层建筑的主要结构形式。随着大量高层建筑的兴建，在模板工程、钢筋连接技术、围护结构施工等方面，大量适用高层结构施工的技术都得到了长足的发展并已经大规模应用。本章主要介绍了高层建筑施工测量、高层建筑模板工程施工、粗钢筋连接技术及围护结构施工等。

思考与练习

一、单项选择题

1. 为了保证总的竖向施工误差不超限，层间垂直度测量偏差不应超过（　　）mm。

A. 2　　　　　　　B. 3　　　　　　　C. 4　　　　　　　D. 5

2. (　　)是在建筑物外部,利用经纬仪,根据建筑物轴线控制桩进行轴线的竖向投测。

　　A. 外控法　　　　　B. 内控法　　　　　C. 高程控制　　　　　D. 施工网格控制

3. 电梯井、管道井等尺寸较小的筒形构件用(　　),有较大优势。

　　A. 大角模　　　　　B. 小角模　　　　　C. 平模　　　　　D. 筒模施工

4. 浇筑混凝土要做到每天完成一个流水段的作业,模板每天周转一次,就要求混凝土浇筑后(　　)h左右达到拆模强度。

　　A. 10　　　　　B. 12　　　　　C. 24　　　　　D. 36

5. (　　)用于固定模板,保证模板所构成的几何形状及尺寸,承受模板传来的水平与垂直荷载,所以要具有足够的强度和刚度。

　　A. 提升架　　　　　B. 围圈　　　　　C. 吊脚手架　　　　　D. 千斤顶

6. (　　)是一种大型工具式模板,属横向模板体系,适用于高层建筑中的各种楼盖结构的施工。

　　A. 大模板　　　　　B. 液压滑动模板　　　　　C. 台模　　　　　D. 爬升模板

二、多项选择题

1. 在高层建筑施工中,竖向测量常采用(　　)进行投测。

　　A. 外控法　　　　　B. 向上投测法　　　　　C. 向下投测法　　　　　D. 内控法

2. 依据仪器的不同,内控法又可分(　　)和天底垂准测量。

　　A. 吊线坠法　　　　　B. 激光铅垂仪法　　　　　C. 天顶垂准测量　　　　　D. 遥感控制测量

3. 塔式起重机的型号主要依据(　　)来选择。

　　A. 建筑物的外形　　　B. 建筑物的高度　　　C. 最大模板　　　　　D. 构件的质量

4. 台模一般可分为(　　)几类。

　　A. 立柱式　　　　　B. 桁架式　　　　　C. 横梁式　　　　　D. 悬架式

5. 混凝土浇筑宜(　　),以免对模板造成过大的侧压力。预留孔洞、门窗口等两侧的混凝土,应对称、均衡浇筑,以免门窗模移位。

　　A. 用机械浇筑　　　　　　　　　　　B. 直接用料斗向模板倾倒

　　C. 用人工均匀倒入　　　　　　　　　D. 不得用料斗直接向模板倾倒

三、简答题

1. 简述天顶垂准测量的施测程序及操作方法。

2. 简述大模板构造的组成。

3. 简述大模板安装的施工要点。

4. 液压滑动模板由哪些部分组成?

5. 爬升模板由哪几部分组成?

6. 简述立柱式台模的施工工艺。

7. 简述钢筋电渣压力焊工艺过程。

8. 外保温体系的优点、缺点是什么?

9. 胶粉聚苯颗粒复合硅酸盐外墙外保温施工的要点有哪些?

第六章 装配式混凝土结构高层建筑施工

能力目标

具备装配式钢筋混凝土结构高层建筑施工的能力。

知识目标

（1）了解盒子结构及盒子结构体系；熟悉盒子构件的种类、制作；掌握盒子构件的运输和安装。

（2）了解高层建筑升板设备；熟悉开展施工前期工作、楼层板制作；掌握升板施工方法。

（3）了解装配式大板结构构件类型；熟悉大板构件的生产制作及运输、堆放；掌握大板结构施工工艺。

第一节 高层建筑预制盒子结构施工

一、盒子结构及盒子结构体系

盒子结构是把整个房间（一个房间或一个单元）作为一个构件，在工厂预制后运送到工地进行整体安装的一种房屋结构。每个盒子构件本身就是一个预制好的，带有采暖、上下水道及照明等所有管线的，装修完备的房间或单元。它是装配化程度最高的一种建筑形式，比大板建筑装配化程度更高、更为先进。其优点如下：

（1）装配化程度可以提高到85％以上，施工现场的工作只剩下平整场地、建筑基础和施工吊装，因此，生产效率大为提高。一般比传统建筑减少用工1/3以上。

（2）盒子结构是一种薄壁空间结构，材料用量比传统建筑大大减少。据统计，每平方米建筑用混凝土只有0.3 m²，比传统建筑节约水泥22％，节约钢材20％左右。

（3）由于节约了材料，建筑物自重也随之减轻，与传统建筑相比，建筑物自重可减轻50%。

目前，盒子结构已用于建造住宅、旅馆、医院、办公楼等建筑，并从低层发展多层和高层，到已可建造9、11、18、22和25层的住宅和旅馆等建筑，有一百多种体系和制作方法。国外对盒子结构的研究正趋向于使其质量更小、具有更大的灵活性和更高的适应性。但是，由于盒子结构建筑的大量作业转移到了工厂，因而预制工厂的投资较高，一般比大板厂高8%～10%，而且运输和吊装也需要一些配套的机械。

常用的盒子结构体系有以下几种：

（1）全盒子体系［图6-1(a)］。全盒子体系完全由承重盒子或承重盒子与一部分外墙板组成。其是将承重盒子错开布置，盒子之间的间距与盒子尺寸一致，另配一部分外墙板补齐。这种体系的装配化程度高，刚度好，室内装修基本上在预制厂内完成，但是在拼接处会出现双层楼板和双层墙，构造比较复杂。美国等一些国家常采用这种形式，美国的Shelly体系即属此类，已用此体系建造了18层的旅馆。

（2）板材盒子体系［图6-1(b)］。板材盒子体系是将设备复杂的小开间的厨房、卫生间、楼梯间等做成承重盒子，在两个承重盒子之间架设大跨度的楼板，另用隔墙板分隔房间。这种体系可用于住宅和公共建筑，虽然装配化程度较低，但能使建筑的布局灵活。

（3）骨架盒子体系［图6-1(c)］。骨架盒子体系由钢筋混凝土或钢骨架承重，盒子结构只承受自重，因此可用轻质材料制作，使运输和吊装更加容易，结构的质量大大减轻。该体系宜用于建造高层建筑。日本用来建造高层住宅的CUPS体系即属此类，它由钢框架承重，盒子镶嵌于构架中。

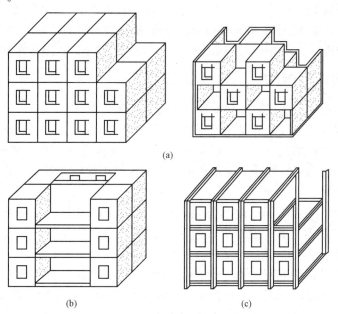

图6-1 盒子结构体系

(a)全盒子体系；(b)板材盒子体系；(c)骨架盒子体系

除上述三种主要体系外，还有一种中心支承盒子体系。它类似于悬挂结构，即先建造一个钢筋混凝土中央竖筒（其内可设置电梯竖井或设备用房等），再从中央竖筒挑出悬臂，用以悬挂盒子或利用盒子上附设的连系件固定在中央竖筒上。此体系也可用于建造高层建筑。

二、盒子构件的种类

(1)盒子构件按大小可分为单间盒子和单元盒子两类。单间盒子以一个基本房间为一个盒子，长度为进深方向，一般为4～6 m，宽度为开间方向，一般为2.4～3.6 m，高度为一层，自重约为100 kN；单元盒子以一个住宅单元为一个盒子，长度为2～3个进深，一般为9～12 m，宽度为1～2个开间，一般为3～6 m，高度也是一层。单间盒子便于运输吊装和推广。单元盒子质量大、体积大，较少采用。

(2)盒子构件按材料可分为钢、钢筋混凝土、铝、木、塑料等盒子。

(3)盒子构件按功能可分为设备盒子(如卫生间、厨房、楼梯间盒子)和普通居室盒子。卫生间、厨房涉及工种多，将它预制成盒子，可大大提高工效。卫生间盒子在世界各国得到普遍采用，大批量生产。

(4)盒子构件按制造工艺可分为装配式盒子和整体式盒子两类。

1)装配式盒子是在工厂制作墙板、顶板和底板，经装配后用焊接或螺栓组装成盒子。

2)整体式盒子是在工厂用模板或专门设备制成钢筋混凝土的四面体或五面体，然后再用焊接或销键把其余构件(底板、顶板或墙板)与其连接起来。整体式盒子节省钢材，缝隙的修饰工作量减少。整体式盒子分为罩形、杯形、卧杯形、隧道形等几种。其中，罩形和卧杯形应用较多。

罩形盒子是四面墙与顶板整浇的五面体，带肋的底板单独预制后再用电焊连接。罩形盒子可以是四角支承，也可以是墙周边支承，四角支承者应用较多；杯形盒子是四面墙与底板整浇的五面体，顶板单独预制，用预埋件连接；卧杯形盒子是三面墙、带肋的顶板和底板整浇的五面体，外墙板单独制作，再与盒子组装，底板和顶板处有围箍，把盒子的五个面连成一个空间结构；隧道形盒子为筒状的四面体，外墙板单独预制，再组装在整浇部分上。

三、盒子构件的制作

钢盒子构件多采用焊接式轻型钢框架，在专门的工厂制作。

装配式钢筋混凝土盒子，是先在工厂预制各种类型的大型板材(墙板、底板、顶板)，然后再组装成空间结构的盒子，它可以利用大板厂的设备进行生产。装配式钢筋混凝土盒子也可以在施工现场附近的场地上制作和组装。美国就用此法在奥克兰建造过一幢11层的房屋，据称效果较好。

不同种类的盒子采用不同的制作方法，根据混凝土浇筑方法可分为盒式法、层叠法、活动芯子法、真空盒式法等；根据生产组织方式可分为台架式、流水联动式和传送带式，传送带式是较先进、能大规模生产盒子的生产方式。

国外浇筑整体式钢筋混凝土盒子多用成型机，成型机一般有两种：一种是芯模固定、套模活动；另一种是套模固定、芯模活动。成型机的侧模、底模和芯模均有蒸汽腔，可以通过蒸汽进行养护。脱模后，再装配隔断和外墙板，然后送去装修。经过若干道装修工序后，即成为一个装修完毕的成品盒子构件。

四、盒子构件的运输和安装

正确选择运输设备和安装方法，对盒子结构的施工速度和造价有一定的影响。对于高层盒子结构的房屋，多用履带式起重机、汽车式起重机和塔式起重机进行安装。美国多用大吨位的汽车式起重机和履带式起重机进行安装，如用 38 t 的盒子组成的 21 层的旅馆，即用履带式起重机进行安装，该起重机在极限伸距时的起重量达 50 t。盒子构件多有吊环，用横吊梁或吊架进行吊装。我国北京丽都饭店的五层盒子结构用起重量为 40 t 的轮胎式起重机进行安装，吊具用钢管焊成的同盒子平面尺寸一样大的矩形吊架。

至于吊装顺序，可沿水平方向安装，即第一层安装完毕再安装第二层，一层层进行安装；也可沿垂直方向进行所谓"叠式安装"，即在一个节间内从底层一直安装至顶层，然后再安装另一个节间，依次进行。这种方法适用于施工场地狭窄而房屋又不十分高的安装情况。

盒子安装后，盒子间的拼缝用沥青、有机硅或其他防水材料进行封缝，一般是用特制的注射器或压缩空气将封缝材料嵌入板缝，以防雨水渗入。在顶层盒子安装后，往往要铺设玻璃毡保温层，再浇筑一薄层混凝土，然后再做防水层。

盒子结构房屋的施工速度较快，国外一幢 9 层的盒子结构房屋，仅用 3 个月就可完工。美国 21 层的圣安东尼奥饭店，中间 16 层由 496 个盒子组成，工期为 9 个月，平均每天安装 16 个盒子，最多的一天可安装 22 个盒子。安装一个钢筋混凝土盒子需 20～30 min。至于金属盒子或钢木盒子，最快时一个机械台班每天可以安装 50 个。

盒子结构在国外有不同程度的发展，我国对于盒子结构虽然进行了一些有益的探索，但尚未形成生产能力。

第二节　高层建筑升板法施工

升板法施工是介于混凝土现浇与构件预制装配之间的一种施工方法。这种施工方法是在施工现场就地重叠制作各层楼板及顶层板，然后利用安装在柱子上的提升机械，通过吊杆将已达到设计强度的顶层板及各层楼板，按照提升程序逐层提升到设计位置，并将板和柱连接，形成结构体系。升板法施工可以节约大量模板，减少高空作业，有利于安全施工，可以缩小施工用地，对周围干扰影响小，特别适合现场狭窄的工程。

高层建筑升板法施工，主要应考虑柱子接长问题。因受起重机械和施工条件的限制，一般不能采用预制钢筋混凝土柱和整根柱吊装就位的方法，通常采用现浇钢筋混凝土柱。施工时，可利用升板设备逐层制作，无须大型起重设备，也可以采用预制柱和现浇柱结合施工的方法，先预制一段钢筋混凝土柱，再采用现浇混凝土柱接高。

一、升板设备

升板法施工前，应正确选择升板设备。高层升板施工的关键设备是升板机，主要分电动和液压两大类。

1. 电动升板机

电动升板机是国内应用最多的升板机(图 6-2)。一般以 1 台 3 kW 电动机为动力，带动 2 台升板机，安全荷载约为 300 kN，单机负荷为 150 kN，提升速度约为 1.9 m/h。电动升板机构造较简单，使用管理方便，造价较低。

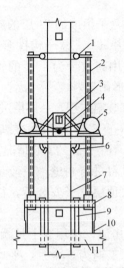

图 6-2 电动升板机构造

1—螺杆固定架；2—螺杆；3—承重销；
4—电动螺杆千斤顶；5—提升机组底盘；
6—导向轮；7—柱子；8—提升架；
9—吊杆；10—提升架支撑；11—楼板

电动升板机的工作原理为：当提升楼板时，升板机悬挂在上面一个承重销上。电动机驱动，通过链轮、蜗轮、蜗杆传动机构，使螺杆上升，从而带动吊杆和楼板上升，当楼板升过下面的销孔后，插上承重销，将楼板搁置其上，并将提升架下端的四个支撑放下顶住楼板。将悬挂升板机的承重销取下，再开动电动机反转，使螺母反转，此时螺杆被楼板顶住不能下降，只能迫使升板机沿螺杆上升，待机组升到螺杆顶部，超过上一个停歇孔时，停止电动机，装入承重销，将升板机挂上，如此反复，使楼板与升板机不断交替上升(图 6-3)。

2. 液压升板机

液压升板机具有较大的提升能力，目前，我国的液压升板机单机提升能力已达 $500 \sim 750$ kN，但设备一次投资大，对加工精度和使用保养管理要求高。**液压升板机一般由液压系统、电控系统、提升工作机构和自升式机架组成**(图 6-4)。

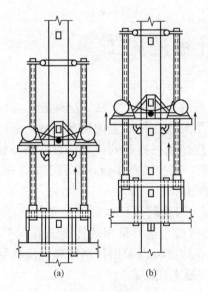

图 6-3 提升原理
(a)楼板提升；(b)提升机组自升

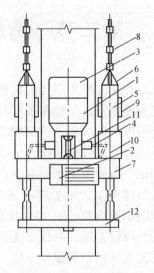

图 6-4 液压升板机构造

1—油箱；2—油泵；3—配油体；4—随动阀；
5—油缸；6—上棘爪；7—下棘爪；8—竹节杠；
9—液压锁；10—机架；11—停机销；12—自升式机架

二、开展施工前期工作

(1)进行基础施工。预制柱基础一般为钢筋混凝土杯形基础。施工中，必须严格控制轴线位置和杯底标高，因为轴线偏移会影响提升环位置的准确性，杯底标高的误差会导致楼板位置差异。

(2)浇筑预制柱。预制柱一般在现场浇筑。当采用叠层制作时，不宜超过 3 层。柱上要留设就位孔(当板升到设计标高时作为板的固定支承孔)和停歇孔(在升板过程中悬挂提升机和楼板中途停歇时作为临时支承)。就位孔的位置根据楼板设计标高确定，偏差不应超过 ±5 mm，孔的大小尺寸偏差不应超过 10 mm，孔的轴线偏差不应超过 5 mm。停歇孔的位置根据提升程度确定。如果就位孔与停歇孔位置重叠，则就位孔兼作停歇孔。柱子上、下两孔之间的净距一般不宜小于 300 mm。预留孔的尺寸应根据承重销来确定。承重销常用 I10、I12、I14 号工字钢，则孔的宽度为 100 mm，高度为 160～180 mm。

制作柱模时，为了不使预留孔遗漏，可在侧模上预先开孔，用钢卷尺检查位置无误后，在浇筑混凝土前相对插入两个木楔(图 6-5)。如果漏放木楔，混凝土会流出来。

柱上预埋件的位置也要正确。对于剪力块承重的埋设件，中线偏移不应超过 5 mm，标高偏差不应超过 ±3 mm。预埋铁件表面应平整，不允许有扭曲变形。承剪埋设件的楔口面应与柱面相平，不得凹进，凸出柱面不应超过 2 mm。

柱吊装前，应将各层楼板和屋面板的提升环依次叠放在基础杯口上，提升环上的提升孔与柱子上承重销孔方向要相互垂直(图 6-6)。预制柱可以根据其长度，采用两点或三点绑扎起吊。柱插入杯口后，要用两台经纬仪校正其垂直度并对中，校正完用钢楔临时固定，分两次浇筑细石混凝土，进行最后固定。

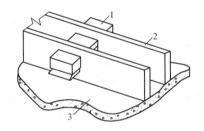
图 6-5 预制柱预留孔留设示意
1—木楔块；2—预制柱侧模板；3—预制柱底板

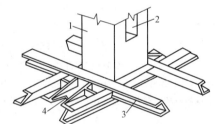
图 6-6 提升环与柱孔关系示意
1—预制柱；2—柱上预留孔；3—提升环；4—吊杆孔

三、楼层板制作

楼层板的制作分为胎模制作、提升环放置和板混凝土浇筑三个步骤。

1. 胎模制作

胎模就是为了楼板和顶层板制作而铺设的混凝土地坪。要做到地基密实，防止不均匀沉降。面层平整、光滑，提升环处标高偏差不应超过 ±2 mm。胎模设伸缩缝时，伸缩缝与楼板接触处应采取特殊隔离措施，防止楼板受温度的影响而开裂。

胎模表面以及板与板之间应设置隔离层。它不仅要防止板之间黏结，还应具有耐磨、防水等特点。

2. 提升环放置

提升环是配置在楼板上柱孔四周的构件。它既有抗剪能力又有抗弯能力，故又称剪力环，是升板结构的特有组成部分，也是主要受力构件。提升时，提升环引导楼板沿柱子提升，板的质量由提升环传给吊杆。使用时，提升环把楼板自重和承受的荷载传递给柱，并且，对因开孔而被削弱强度的楼板起到加强作用。**常用的提升环可分为有型钢提升环和无型钢提升环两种**(图 6-7)。

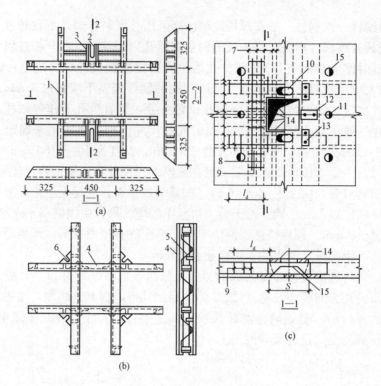

图 6-7　提升环构造示意

(a)槽钢提升环；(b)角钢桁架式提升环；(c)无型钢提升环

1—槽钢；2—提升孔；3—加劲板；4—角钢；5—圆钢；6—提升孔；7—板内原有受力钢筋；8—附加钢筋；
9—箍筋；10—提升杆通过孔；11—灌筑销钉孔；12—支承钢板；13—吊耳；14—预埋钢板；15—吊筋

3. 板混凝土浇筑

浇筑混凝土前，应对板柱间空隙和板（包括胎模）的预留孔进行填塞。每个提升单元的每块板应一次性浇筑完成，不留设施工缝。当下层板混凝土强度达到设计强度的 30% 时，方可浇筑上层板。

浇筑密肋板时，先在底模上弹线，安放好提升环，再砌制填充材料或采用塑料、金属等工具式模壳或混凝土芯模，然后绑扎钢筋及网片，最后浇筑混凝土。密肋板在柱帽区宜做成实心板。这样不但能增强抗剪抗弯能力，而且适合用无型钢提升环。格梁楼板的制作要点与密肋板相同。预应力平板的制作要求与预应力预制构件相同。

四、升板施工

升板施工阶段主要包括现浇柱的施工、提升单元的划分和提升程序的确定、板的提升、板的就位、板的最后固定等。

1. 现浇柱的施工

现浇柱可分为劲性配筋柱和柔性配筋柱两种。

（1）劲性配筋柱施工。劲性配筋柱施工有以下两种方法：

1）升滑法。升滑法是将升板和滑模两种工艺相结合。柱模板组装示意如图 6-8 所示，即在施工期间用劲性钢骨架代替钢筋混凝土柱作承重导架，在顶层板下组装柱子的滑模设备，以顶层板作为滑模的操作平台，在提升顶层板过程中浇筑柱子的混凝土。当顶层板提升到一定高度并停放后，就提升下面各层楼板。如此反复，逐步将各层板提升到各自的设计标高，同时，也完成了柱子的混凝土浇筑工作，最后浇筑柱帽，形成固定节点。

2)升提法。升提法是在升滑法的基础上吸取大模板施工的优点，发展形成的方法。施工时，在顶层板下组装柱子的提模模板(图6-9)。用升提法时每提升一次顶层板，重新组装一次模板，浇筑一次柱子混凝土。

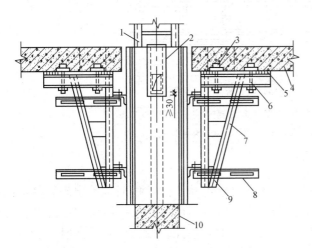

图6-8　升滑法施工时柱模板组装示意

1—劲性钢骨架；2—抽拔模板；3—预埋的螺帽钢板；
4—顶层板；5—垫木；6—螺栓；7—提升架；8—支撑；
9—压板；10—已浇筑的柱子

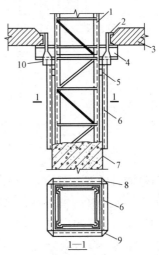

图6-9　升提法施工时柱模板组装示意

1—劲性钢筋骨架；2—提升环；3—顶层板；
4—承重销；5—垫块；6—模板；7—已浇筑
的柱子；8—螺栓；9—销子；10—吊板

(2)柔性配筋柱施工。柔性配筋柱施工有以下两种方法：

1)滑模法。柔性配筋柱滑模法施工时，在顶层板上组装浇筑柱子的滑模系统(图6-10)，先用滑模法浇筑一段柱子混凝土。当所浇柱子的混凝土强度不小于15 MPa时，再将升板机固定到柱子的停歇孔上，进行板的提升，依次交替，循序施工。

2)升模法。柔性配筋柱升模方法施工时，需在顶层板上搭设操作平台、安装柱模和井架(图6-11)。操作平台、柱模和井架都随顶层板的逐层提升而上升。每当顶层板提升一个层高后，需及时施工上层柱，并利用柱子浇筑后的养护期，提升下面各层楼板。只有当所浇筑柱子的混凝土强度不小于15 MPa时，其才可作为支承，用来悬挂提升设备，继续板的提升，依次交替，循序施工。

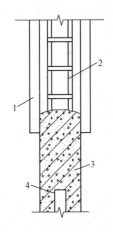

图6-10　柔性配筋柱滑模法施工浇筑柱子示意

1—滑模模板；2—柔性配筋柱(柱内钢筋骨架)；
3—已浇筑的柱子；4—预留孔

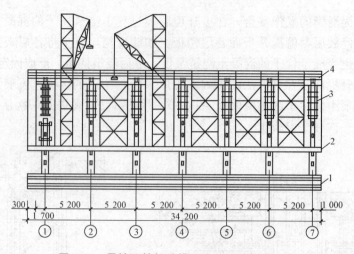

图 6-11　柔性配筋柱升模法施工浇筑柱子示意
1—叠浇板；2—顶层板；3—柱模板；4—操作平台

2. 划分提升单元和确定提升程序

升板工程施工中，一次提升的板面过大，提升差异不易消除，板面也易出现裂缝，同时还要考虑提升设备的数量、电力供应情况和经济效益。因此，要根据结构的平面布置和提升设备的数量，将板划分为若干块，每一板块为一提升单元。划分提升单元时，要使每个板块两个方向的尺寸大致相等，不宜划成狭长形；要避免出现阴角，因为提升阴角处易出现裂缝。为便于控制提升差异，提升单元以不超过 24 根柱子为宜。各单元间留设的后浇板带位置必须在跨中。

升板前必须编制提升程序图。

对于两吊点提升的板，在提升下层板时因吊杆接头无法通过已升起的上层板的提升孔，所以除考虑吊杆的总长度外，还必须根据各层提升顺序，正确排列组合各种长度吊杆，以防提升下层板时吊杆接头被上层板顶起。

采用四吊点升板时，板上提升孔在柱的四周，而在柱的两侧板上通过吊杆的孔洞可留大些，允许吊杆接头通过，因此，只要考虑在提升不同标高楼板时的吊杆总长度就可以了。

现以电动穿心式提升机为例，设螺杆长度为 3.2 m，一次可提升高度为 1.8 m，吊杆长度取 3.6 m、2.3 m、0.5 m 三种，某三层楼的升板提升程序及吊杆排列示意如图 6-12 所示。

提升程序说明如下：

(1)设备自升到第二停歇孔；

(2)屋面板升到第一停歇孔；

(3)设备自升到第四停歇孔；

(4)屋面板升到第二停歇孔；

(5)设备自升到第五停歇孔，接 3 600 mm 吊杆；

(6)三层楼板升到第一停歇孔；

(7)屋面板升到第四停歇孔；

(8)设备自升到三层就位孔；

(9)三层楼板提升到第二停歇孔；

(10)屋面板提升到第五停歇孔；

(11)设备自升到第七停歇孔，再接 3 600 mm 吊杆……

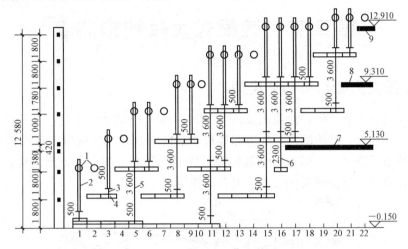

图 6-12　某三层楼的升板提升程序和吊杆排列示意

1—提升机；2—螺杆；3—500 mm 吊杆；4—待提升楼板；5—3 600 mm 吊杆；

6—2 300 mm 吊杆；7—已固定的二层楼板；8—固定的三层楼板；9—已固定的屋面板

3. 板的提升

板正式提升前应根据实际情况，按角、边、中柱的次序或由边向里逐排进行脱模。每次脱模提升高度不宜大于 5 mm，使板顺利脱开。

板脱模后，启动全部提升设备，提升到 30 mm 左右停止。调整各点的提升高度，使板保持水平，并将各观察提升点上升高度的标尺定为零点，同时检查各提升设备的工作情况。

提升时，板在相邻柱间的提升差异不应超过 10 mm，搁置差异不应超过 5 mm。承重销必须放平，两端外伸长度一致。在提升过程中，应经常检查提升设备的运转情况、磨损程度以及吊杆套筒的可靠性。观察竖向偏移情况。板搁置停歇的平面位移不应超过 30 mm。板不宜在中途悬挂停歇，遇特殊情况不能在规定的位置搁置停歇时，应采取必要措施进行固定。

在提升时，若需利用升板提运材料、设备，应经过验算，并在允许范围内堆放。

板在提升过程中，升板结构不允许作为其他设施的支承点或缆索的支点。

4. 板的就位

升板到位后，用承重销临时搁置，再作板柱节点固定。板的就位差异：一般提升不应超过 5 mm，平面位移不应超过 25 mm。板就位时，板底与承重销(或剪力块)间应平整严密。

5. 板的最后固定

对提升到设计标高的板，要进行最后固定。板在永久性固定前，应尽量消除搁置差异，以消除永久性的变形应力。

板的固定方法一般可采用后浇柱帽节点和无柱帽节点两类。其中，后浇柱帽节点能提高板柱连接的整体性，减少板的计算跨度，降低节点耗钢量，是目前升板结构中常用的节点形式。无柱帽节点可分为剪力块节点、承重销节点、齿槽式节点、预应力节点及暗销节点等几类。

第三节　装配式大板结构施工

一、装配式大板结构构件类型

装配式大板剪力墙结构，是我国发展较早的一种工业化建筑体系，这种结构体系的特点是：除基础工程外，结构的内、外墙和楼板全部采用整间大型板材进行预制装配(6-13)，楼梯、阳台和通风道等，也都采用预制装配。构配件全部由加工厂生产供应，或有一部分在施工现场预制，在施工现场进行吊装组合成建筑。

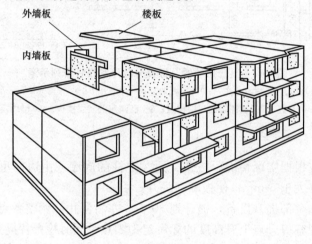

图 6-13　装配式大板建筑示意

大板结构的构件包括内墙板、外墙板、楼板、楼梯、隔断墙等。

1. 内墙板

内墙板包括内横墙和内纵墙，是建筑物的主要承重构件，均为整间大型墙板，厚度均为 180 mm，采用普通钢筋混凝土，其强度等级为 C20。

2. 外墙板

高层装配式大板建筑的外墙板为承重构件，其既能满足隔热、保温、防止雨水渗透等围护功能的要求，又可起到立面装饰的作用，因此构件比较复杂，一般采用由结构层、保温隔热层和面层组合而成的复合外墙板。

3. 楼板

大楼板常为整间大型实心板材，厚度为 110 mm。根据平面组合，其支承方式与配筋可分为双向预应力板、单向预应力板、单向非预应力板和带悬挑阳台的非预应力板。

4. 楼梯

楼梯分为楼梯段和休息平台板两大部分。休息平台板与墙板之间必须有可靠的连接，平台的横梁预留搁置长度不宜小于 100 mm。常用的做法是在墙上预留洞槽或挑出牛腿，以支撑楼梯平台。

5. 隔断墙

隔断墙主要用于分室的墙体，如壁橱隔断、厕所和厨房间隔断等，采用的材料一般有加气混凝土条板、石膏板以及厚度较小的(60 mm)的普通混凝土板等。

二、大板构件的生产制作及运输、堆放

(1)大板构件一般均在工厂预制，也可在施工现场集中生产。其成型工艺可采用台座法、工厂成组立模法和钢平模流水法。

(2)当设计上无特殊规定时，各类混凝土构件的起吊强度如下：楼板不低于设计强度的75%，墙板不低于设计强度的65%。采用台座和叠层制作的大板，脱模起吊前应先将大板松动，以减少台座对构件的吸附力和黏结力。起吊时应将吊钩对正，一次起吊，以防止滑动和颤动。

(3)运输。

1)大板经检查合格后，方可运输。

2)以立运为宜，车上应设有专用架，外墙板饰面层应朝外，且需有可靠的稳定措施。当采用工具式预应力筋吊具时，在不拆除预应力筋的情况下可采用平运。

3)运输大板时，车辆应慢速起动，车速应均匀；转弯错车时要减速，防止倾覆。

(4)堆放。构件堆放场地必须坚实稳固、排水良好，以防构件发生变形。

1)墙板的堆放有以下几点要求：

①可插放或靠放，支架应有足够的刚度，并需支垫稳固，防止倾倒或下沉。采用插放架时，宜将相邻插放架连成整体；采用靠放架时，应对称靠放，外饰面朝外，倾斜度保持在5°~10°，对构造防水台、防水空腔、滴水线及门窗洞口角线部位应注意保护。

②现场存放时，应按吊装顺序和型号分区配套堆放。堆垛应布置在起重机工作范围内。

③堆垛之间宜设置宽度为0.8~1.2 m的通道。

2)楼板和屋面板的堆放有以下几点要求：

①水平分层堆放时，应分型号码垛，每垛不宜超过6块，应根据各种板的受力情况正确选择支垫位置，最下边一层垫木应是通长的。层与层之间应垫平、垫实，各层垫木必须在一条垂直线上。

②靠放时要区分型号，沿受力方向对称靠放。

三、施工工艺

1. 施工准备

(1)检查构件的型号、数量及质量，并将所有预埋件及板外插筋、连接筋、侧向环等整理好，清除浮浆。

(2)按设计要求检查基础梁式底层圈梁上面的预留抗剪键槽及插筋，其位置偏移量不得大于20 mm。

2. 施工顺序

装配式大板结构的施工顺序是：抄平放线→墙板及楼板的安装→结构节点的施工(板缝支模、板缝混凝土浇筑)→节点保温、防水施工。

(1)抄平放线。

1)每栋房屋四角应设置标准轴线控制桩。用经纬仪根据座标定出的控制轴线不得少于两条(纵、横轴方向各一条)。楼层上的控制轴线必须用经纬仪由底层轴线直接向上引出。

2)每栋房屋设置标准水平点1~2个，在首层墙上确定控制水平线。每层水平标高均从控制水平线用钢直尺向上引测。

3)根据控制轴线和控制水平线依次放出墙板的纵、横轴线，墙板两侧边线，节点线，门洞口位置线，安装楼板的标高线，楼梯休息平台板位置线及标高线，异型构件位置线。

4)轴线放线的偏差不得超过2 mm。放线遇有连续偏差时，应考虑从建筑物中间一条轴线向两侧调整。

（2）墙板及楼板的安装。

1)安装墙板前就位处必须找平，并保证墙板坐浆密实均匀。当局部铺垫厚度大于30 mm时，宜采用细石混凝土找平。

2)每层墙板安装完毕后，应在墙板顶部抄平弹线，铺找平灰饼。

3)在找平灰饼间铺灰坐浆后方可吊装楼板。楼板就位后严禁撬动，调整高差时宜选用千斤顶调平器。

4)吊装墙板、楼板及屋面板时，起吊就位应垂直平稳，吊绳与水平面的夹角不宜小于60°。

5)墙板、楼板安装完成后，应立即进行水平缝的塞缝工作。塞缝应选用干硬性砂浆（掺入水泥用量为5%的防水粉）塞实、塞严。

6)墙板下部的水平缝键槽与楼板相应的凹槽及下层墙板对应的上键槽必须同时浇筑混凝土，以形成完整的水平缝销键（采用坍落度为4~6 cm的细石混凝土填充，且用微型插入式振捣棒或竹片振捣密实）。

（3）结构节点的施工。每层楼板安装完毕后，即可进行该层的节点施工。

1)节点钢筋的焊接。构件安装就位后，应对各个节点和板缝中预留的钢筋、钢筋套环再次检查核对，并进行调直、除锈。如有长度不符合设计要求的，应增加连接钢筋，以保证焊接长度。节点处全部钢筋的连接均采用焊接连接，焊缝长度>10d（d为钢筋直径）。外露焊件应进行防锈处理。焊接后应进行隐蔽工程验收。装配式大板的焊接节点如图6-14所示。

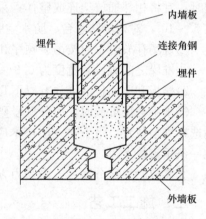

图6-14 装配式大板的焊接节点

2)支设节点现浇混凝土模板。模板宜采用工具式定型模板。模板支设时要凹入墙面1 cm，以便于装修阶段施工。竖缝工具式模板宜设计成两段或一段中间开洞的形式，以保证混凝土浇筑落距不大于2 cm。

3)浇筑节点混凝土。节点部位通常采用强度等级为C30的细石混凝土浇筑。由于节点断面窄小，需满足浇筑和捣实的双重工艺要求。

4)拆模。模板的拆除时间既要满足结构施工流水作业的要求，也应根据施工时的环境温度条件进行调整，以确保混凝土初凝后的拆模时间准确。

（4）节点保温做法如图6-15所示，节点防水做法如图6-16所示。外墙板缝保温应符合下列要求：外墙板接缝处预留的保温层应连续无损；竖缝浇筑混凝土前应按设计要求插入聚苯板或其他材质的保温条；外墙板上口水平缝处预留的保温条应连续铺放，不得中断。外墙板缝防水应符合下列要求：

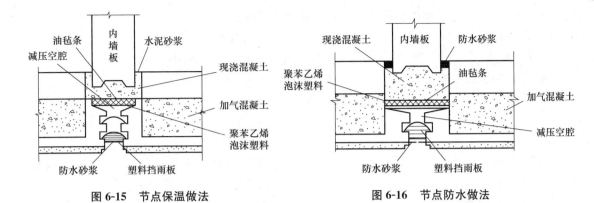

图 6-15　节点保温做法　　　　　　　　　图 6-16　节点防水做法

1)采用构造防水时应满足下列要求：进场的外墙板在堆放、吊装过程中，应注意保护其空腔侧壁、立槽、滴水槽及水平缝的防水台等部位不应有损坏；对有缺棱掉角及边缘处有裂纹的墙板应进行修补(应在吊装就位之前完成)，修补完毕后应在其表面涂制一道弹塑防水胶；竖向接缝混凝土浇筑后，其减压空腔应畅通，竖向接缝插放塑料防水条之前应先清理防水槽；外墙水平缝应先清理防水空腔，并在空腔底部铺放橡塑型材(或类似材料)，在其外侧勾抹砂浆；竖缝及水平缝的勾缝应着力均匀，勾缝时不得把嵌缝材料挤进空腔内；外墙十字缝接头处的上层塑料条应插到下层外墙板的排水坡上。

2)采用材料防水时应满足下列要求：墙板侧壁应清理干净，保持干燥，然后刷底油一道；预先应对嵌缝材料的性能、质量和配合比进行检验，嵌缝材料必须与板材牢固黏结，不应有漏嵌和虚粘的现象。

本章小结

在高层建筑主体结构施工中，采取预制构、配件，现场机械化装配的施工模式。预制装配式结构加快了施工速度，可以充分利用施工空间进行平行流水立体交叉作业，节省了现场施工模板的支设、拆卸工作。本章主要介绍了高层建筑预制盒子结构施工、高层建筑升板法施工、装配式大板结构施工。

思考与练习

一、单项选择题

1. (　　)是介于混凝土现浇与构件预制装配之间的一种施工方法。

A. 升板法施工　　　　　　　　　　B. 预制盒子结构施工

C. 装配式大结构施工　　　　　　　D. 组合模板结构施工

2. 升板法施工前，应正确选择升板设备。高层升板施工的关键设备是(　　)。

A. 升板机　　　　　　　　　　　　B. 连接吊杆

C. 提升环的放置　　　　　　　　　D. 板混凝土浇筑

3. (　　)就是为了楼板和顶层板制作而铺设的混凝土地坪。

    A. 升降平台　　　　　　　　　　　　B. 连接模板

    C. 胎膜　　　　　　　　　　　　　　D. 混凝土浇筑平台

4. 升板法施工中板提升时，板在相邻柱间的提升差异不应超过＿＿＿＿ mm，搁置差异不应超过＿＿＿＿ mm。下列选项中正确的是(　　)。

    A. 20，10　　　　　　　　　　　　B. 15，5

    C. 15，10　　　　　　　　　　　　D. 10，5

5. 内墙板是建筑物的主要承重构件，均为整间大型墙板，厚度均为＿＿＿＿ mm，采用普通钢筋混凝土，其强度等级为＿＿＿＿。下列选项中正确的是(　　)。

    A. 180，C25　　　　　　　　　　　B. 160，C20

    C. 180，C20　　　　　　　　　　　D. 160，C25

二、多项选择题

1. 常用的盒子结构体系有(　　)。

    A. 全盒子体系　　　B. 半盒子体系　　　C. 骨架盒子体系　　　D. 板材盒子体系

2. 盒子构件按大小分为(　　)。

    A. 单间盒子　　　　B. 单元盒子　　　　C. 装配式盒子　　　D. 整体式盒子

3. 对于高层盒子结构的房屋，多用(　　)进行安装。

    A. 履带式起重机　　B. 汽车式起重机　　C. 塔式起重机　　　D. 龙门式起重机

4. 楼层板的制作分为(　　)等几个步骤。

    A. 制作胎膜　　　　B. 提升换放置　　　C. 连接吊杆　　　　D. 板混凝土浇筑

三、简答题

1. 什么是盒子结构？其优点有哪些？

2. 盒子构件的制作有哪些要求？

3. 什么是升板法施工？升板法施工的优、缺点有哪些？

4. 高层建筑升板法开展施工前期工作有哪些？

5. 大板构件的生产制作及运输、堆放有哪些要求？

6. 装配式大板结构的施工顺序是什么？

第七章　钢结构高层建筑施工

能力目标

(1)能进行钢结构的加工制作，具备钢结构热处理的操作能力。

(2)掌握钢结构构件的安装技术，并能对高层钢框架及时进行校正。

(3)能进行钢结构防火、防腐施工。

(4)具有组织高层钢结构施工的能力，能编制高层建筑施工方案。

知识目标

(1)了解钢结构高层建筑的结构体系，熟悉钢结构工程的材料和构件。

(2)了解我国钢结构工程的特点，熟悉高层钢结构安装前的工作，掌握钢结构的制作和安装工艺。

(3)了解钢结构耐火极限等级，熟悉钢结构防火材料，掌握钢结构工程防火措施。

(4)了解钢结构腐蚀的化学过程与防腐蚀方法，掌握基本的防腐措施。

尽管在世界上的高层和超高层建筑中，钢结构占有主要地位。但是，钢结构也存在着耗钢量大、造价高的问题。不过，随着科学技术的进步，由于轻质高强材料的应用和结构体系的改进，钢结构高层建筑(100 层)的用钢量已由 20 世纪 30 年代的 206 kg/m² 下降到不超过 145 kg/m²。

第一节　高层钢结构概述

一、钢结构高层建筑的结构体系

到了 21 世纪，随着一些有利因素的不断发展，我们有理由相信，在高层和超高层建筑中采用钢结构仍然是一种发展趋势。这些有利因素包括：结构构件加工工艺不断改进，使结构制作更加简单和快速；钢材材料强度提高；轻质材料的应用，降低了屋面、楼面、墙和隔墙的自重；出现了截面性能良好的、由工厂制作且价廉的大型轧制型钢和空腹梁、组合断面构件等；高速电梯得到应用；设计和计算方法不断改进；构件连接方法不断完善；施工工艺不断改进，人们研制出高效能的塔式起重机、混凝土泵等高层施工用的机械设备。

　　按结构材料及其组合分类，高层钢结构可分为全钢结构、钢-混凝土混合结构、型钢混凝土结构和钢管混凝土结构四大类，后三种高层钢结构见表 7-1。

表 7-1　几种常见的高层钢结构

形　式	概　　　　念
钢-混凝土混合结构	钢-混凝土混合结构，是指在同一结构物中既有钢构件，又有钢筋混凝土构件。它们在结构物中分别承受水平荷载和重力荷载，最大限度地发挥不同结构材料的效能。钢-混凝土混合结构有：钢筋混凝土框架-筒体-钢框架结构、混凝土筒中筒-钢楼盖结构和钢框架-混凝土核心筒结构
型钢混凝土结构	型钢混凝土结构，在日本又称为 SRC 结构，即在型钢外包裹混凝土形成结构构件。这种结构与钢筋混凝土结构相比延性增大，使抗震性能提高，在有限截面中可配置大量钢材，以提高承载力，截面减小，超前施工的钢框架作为施工作业支架，可扩大施工流水层次，简化支模作业，甚至可不用模板。与钢结构比较，它的耐火性能优异，外包混凝土参与承受荷载，可加强刚度，使抗屈曲能力和减震阻尼性能提高
钢管混凝土结构	钢管混凝土结构，是介于钢结构和钢筋混凝土结构之间的一种复合结构。钢管和混凝土这两种结构材料在受力过程中相互制约：内填充混凝土可增强钢管壁的抗屈曲稳定性，而钢管对内填混凝土的紧箍约束作用，又使其处于三向受压状态，可提高其抗压强度即抗变形能力。这两种材料采取这种复合方式，使钢管混凝土柱的承载力比钢管和混凝土柱芯的各自承载力之总和提高约 40%

　　钢结构高层建筑的结构体系有框架结构、框架-支撑结构、错列桁架结构、半筒体结构、筒体结构等，如图 7-1 所示。

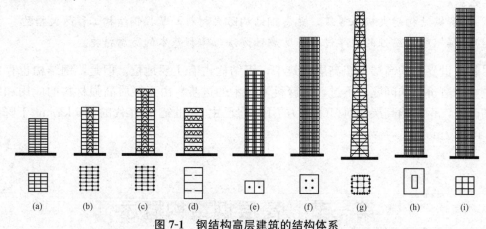

图 7-1　钢结构高层建筑的结构体系

(a)框架桁架；(b)框架-支撑；(c)框架-支撑-腰(帽)桁架；
(d)错列桁架；(e)开口筒；(f)框架筒；(g)桁架筒；(h)筒中筒；(i)筒束

二、高层钢结构用钢材

(一)钢的种类

　　高层钢结构用钢材有普通碳素钢、普通低合金钢和热处理低合金钢三大类。大量使用的仍以普通碳素钢为主。我国目前在建筑钢结构中应用最普遍的是 Q235 钢。

(1)基于高层钢结构的重要性，把冷弯试验、冲击韧性、屈服点、抗拉强度和伸长率并列为钢材力学性能的五项基本要求，这五项指标皆合格的钢材方可采用。

(2)对于抗震高层钢结构，钢材的强屈比应不低于1.2，对防烈度为8度以上设防的钢结构，应不低于1.5。

(3)有明显的屈服台阶，伸长率应不小于20%，应具有良好的延性和可焊性。对于钢柱，为防止厚板层状撕裂，对硫、磷含量需作进一步控制，应不大于0.04%。

国产钢材Q235和16Mn的屈服点分别为235 N/mm^{2}和345 N/mm^2，可用于抗震结构。其他钢种因伸长率不符合要求而未列入。

国外有些钢材的性能与我国钢材类似。类似我国Q235钢的有美国的A36、日本的SM41、德国的ST37以及苏联的CT3，类似我国16Mn钢的有美国的A440、日本的SS50和SS51、德国的ST52等。采用国外进口钢材时，一定要进行化学成分和机械性能的分析和试验。

(二)钢材品种

在现代高层钢结构中，广泛采用了经济合理的钢材截面。选材时应充分利用结构的截面特征值，发挥最大的承载能力。传统的工字钢、槽钢、角钢、扁钢有时仍有使用，但由于其截面力学性能欠佳，已逐渐被淘汰。目前，常用钢材有以下几种。

1. 热轧H型钢

欧美国家称热轧H型钢为宽翼缘工字钢，其在日本被称为H型钢。与普通工字钢不同，它沿两轴方向惯性矩比较接近，截面合理，翼缘板内外侧相互平行，连接施工方便。用这种型钢做高层钢结构的框架非常适合。它可直接做梁、柱，加工量很小，而且加工过程易于机械化和自动化。在承载力相同的条件下，H型钢结构比传统型钢组合截面节省钢材20%左右。

2. 焊接工字截面钢

在高层钢结构中，用三块板焊接而成的工字形截面是采用广泛的截面形式。它在设计上有更大的灵活性，可按照设计条件选择最经济的截面尺寸，使结构性能改善。美国文献认为，采用焊接工字截面节省下来的钢材价值要大于其额外的制造费用。

3. 热轧方钢管

热轧方钢管用热挤压法生产，价格比较高，但施工时二次加工容易，外形美观。

4. 离心圆钢管

离心圆钢管是离心浇铸法生产的钢管，其化学成分和机械性能与卷板自动焊接钢管相同，专用于钢管混凝土结构。

5. 热轧T型钢

热轧T型钢一般用热轧H型钢沿腹板中线割开而成，最适用于桁架上、下弦，比双角钢弦杆回转半径大，使桁架自重减小。它有时也作为支撑结构的斜撑杆件。

6. 热轧厚钢板

热轧厚钢板在高层钢结构中采用极广。我国标准规定，厚钢板厚度为4～60 mm，大于60 mm的为特厚钢板。

三、高层钢结构用构件

1. 柱子

高层钢结构钢柱的主要截面形式有箱形断面、H形断面和十字形断面，一般都是焊接截面，热轧型钢用得不多。就结构体系而言，筒中筒结构、钢-混凝土混合结构和型钢混凝土结构多采用H形柱，其他钢型多采用箱形柱；十字形柱则用于框架结构底部的型钢混凝土框架部分。

(1)H形截面。 柱子H形截面，可采用热轧H型钢，也可为焊接截面。柱用热轧H型钢通常为宽翼缘（如400 mm×100 mm），它在两个轴线方向上都有相当大的抗压曲强度。H形截面可以是三块板组焊的焊接截面，也可在热轧H型钢的最大弯矩区域内加焊翼缘板，或在两侧加焊侧板形成封闭的格构式截面（图7-2）。

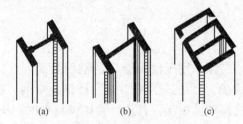

图 7-2　焊接工字截面和H型钢增强截面

(a)焊接工字截面；(b)H型钢加焊翼缘板；(c)H型钢和钢板组焊的封闭格构截面

(2)实心和空心截面（图7-3）。这类截面有实心方钢柱、焊接箱形柱、钢管柱和异形钢管柱几种类型。

1)实心方钢柱适用于荷载很大而又要求截面很小的场合。此种柱多为正方截面，四角拐圆。由于其截面很小，可获得最大楼层净面积。另外，这种柱耐火性能较好，可不做或只做很薄的防火层。

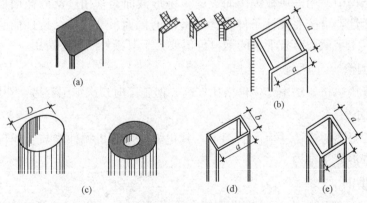

图 7-3　实心和空心截面钢柱

(a)实心方钢柱；(b)焊接箱形柱；(c)钢管柱；(d)、(e)异形钢管柱

2)焊接箱形柱为重形柱，可承受很大荷载，具有双向抗弯刚度，抗压曲强度大，截面较小。

3)钢管柱常用于非矩形柱网，便于柱梁连接。

4)异形管材(方钢管、长方钢管)有不同规格和壁厚。这类管材除具有有利的结构性能外，用作外露钢柱也形状美观。

(3)组合截面(图7-4)。这类截面形式较多，一般来说，其截面并不经济，但它非常适合用作内隔断交叉点钢柱。

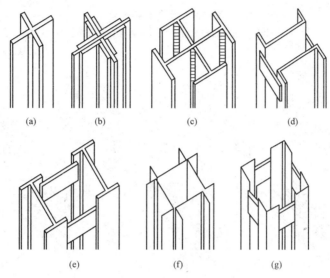

图7-4　柱子组合截面

(a)角钢组焊十字钢柱；(b)夹焊钢板的十字钢柱；(c)十字形柱；
(d)双槽钢柱；(e)双 H 型钢柱；(f)四槽钢柱；(g)四角钢柱

2. 梁和桁架

高层钢结构的梁的用钢量约占结构总用钢量的 65%，其中主梁占 35%～40%。因此梁的布置应力求合理，连接简单，规格少，以利于简化施工和节省钢材。采用最多的梁是工字截面，在受力小时也可采用槽钢，受力很大时则采用箱形截面，但其连接非常复杂。

截面高度相同时，轧制 H 型钢要比焊接工字截面便宜。对于重荷载或传递弯矩，则采用焊接箱形梁。当净空高度受到限制时，也可采用双槽钢和钢板组焊而成的截面，钢梁内部必须进行防锈处理。

把桁架用于高层钢结构楼盖水平构件，可做到大跨度、小净空，工程管线安装方便。平行弦桁架是用钢量最小的一种水平构件，但制造比较费工费时。楼盖钢桁架一般由平行的上、下弦杆和腹杆(斜撑和竖撑或只用斜撑)组成。弦杆和腹杆可采用角钢、槽钢、T 型钢、H 型钢、矩形和正方形截面钢管等钢材。

常用的梁和桁架结构类型有热轧 H 型钢梁、焊接工字钢梁、桁架几种，如图7-5～图7-7 所示。

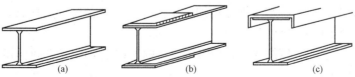

图7-5　热轧 H 型钢梁

(a)宽翼缘系列；(b)翼缘加焊钢板；(c)上翼缘用槽钢加强

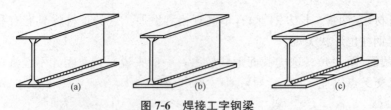

图7-6 焊接工字钢梁

(a)对称截面；(b)非对称截面；(c)变翼缘宽度和腹板厚度钢梁

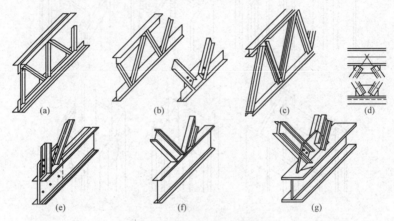

图7-7 几种楼盖水平桁架

(a)角钢桁架，借助节点板做螺栓或焊接连接；(b)T型钢桁架，腹杆为角钢或槽钢；

(c)H型钢、槽钢桁架，双角钢腹杆借助节点板作焊接连接；(d)桁架(c)的节点大样；

(e)双槽钢桁架；(f)H型钢桁架；(g)H型钢、槽钢混合桁架

第二节 高层钢结构的加工制作

一、放样与号料

1. 放样

放样是整个钢结构制作工艺中的第一道工序，也是至关重要的一道工序，所有的工件尺寸和形状都必须先放样然后进行加工，最后把各个零件装配成一个整体构件。只有放样尺寸精确，才能避免以后各道加工工序的累积误差，从而保证整个工程的质量。

(1)放样从熟悉图纸开始，首先要仔细看清技术要求，并逐个核对图纸之间的尺寸和相互关系，有疑问时应联系有关技术部门予以解决。

(2)放样作业人员应熟悉整个钢结构加工工艺，了解工艺流程及加工过程，以及加工过程中需要的机械设备性能及规格。

(3)放样台应平整，其四周应作出互相成90°的直线，再在其中间作出一根平行线及垂直线，以供校对样板之用。

(4)放样时以1∶1的比例在样板台上弹出大样。当大样尺寸过大时，可分段弹出。对一些三角形的构件，如果只对其节点有要求，则可以缩小比例弹出样子，但应注意其精度。

（5）放样所画的实笔线条的粗细不得超过 0.5 mm，粉线在弹线时的粗细不得超过 1 mm。

（6）用作计量长度依据的钢盘尺，特别注意应使用经授权的计量单位计量，且附有偏差卡片，使用时按偏差卡片的记录数值校对其误差数。钢结构的制作、安装、验收及土建施工用的量具，必须用同一标准进行鉴定，应有相同的精度等级。

（7）放样时，铣、刨的工件要考虑加工余量，加工边一般要留的加工余量为 5 mm。

（8）倾斜杆件互相连接的地方，应根据施工详图及展开图进行节点放样，并且需要放构件大样，如果没有倾斜杆件的连接，则可以不放大样，直接做样板。

（9）实样完成后应做一次检查，主要检查其中心距、跨度、宽度及高度等尺寸，如果发现差错应及时进行改正。对于复杂的构件，其线条很多而不能都画在样台上时，可用孔的中心线代替。

2. 样板、样杆

样板一般采用厚度为 0.3～0.5 mm 的薄钢板或薄塑料板制成，样杆一般用钢皮或扁铁制作，当长度较短时可用木尺杆。

样板、样杆上应注明加工符号、图号、零件号、数量及加工边、坡口部位、弯折线和弯折方向、孔径和滚圆半径等。

样板一般分为：号孔样板，是专用于号孔的样板；覆盖样板，按照放样图上或实物图形，用覆盖方法所放出的实样，用于连接构件；卡形样板，分为内卡形样板和外卡形样板，是用于撖曲或检查构件弯曲形状的样板；弧形样板，用于检查各种圆弧及圆的曲率的样板；撖成型样板，用于撖曲或检查弯曲件平面形状的样板；平面样板，用于在板料及型钢平面进行线下料的样板；号料样板，供号料或号料同时号孔的样板。

对不需要展开的平面形零件的号料样板有如下两种制作方法：

（1）画样法：即按零件图的尺寸直接在样板料上做出样板。

（2）过样法：这种方法又叫作移出法，分为不覆盖过样和覆盖过样两种方法。

1）不覆盖过样法是通过作垂线或平行线，将实样图中的零件形状过到样板料上；

2）覆盖过样法是把样板料覆盖在实样图上，再根据事前作出的延长线，画出样板。

为了保存实样图，一般采用覆盖过样法，而当不需要保存实样图时，可采用画样法制作样板。对单一的产品零件，可以直接在所需厚度的平板材料（或型材）上进行画线下料，不必在放样台上画出放样图和另行制出样板。对于较复杂、带有角度的结构零件，不能直接在板料型钢上号料时，可用覆盖过样的方法制出样板，利用样板进行画线号料，如图 7-8 所示。

覆盖过样法的步骤如下：

①按施工设计图样的结构连接尺寸画出实样。

②以实样上的型钢件和板材件的重心线或中心线为基准并适当延长，如图 7-8(a)所示。

③把所用样板材料覆盖在实样上面，用直尺或粉线以实样的延长线在样板面上画出重心线或中心线。

④再以样板上的重心线或中心线为准画出连接构件所需的尺寸，最后将样板的多余部分剪掉，做成过样样板，如图 7-8(b)所示。

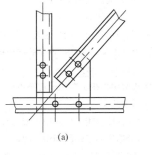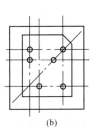

图 7-8 覆盖过样法示意
(a)结构实样；(b)过样样板

3. 号料

号料是以样板、样杆或图纸为根据，在原材料上做出实样，并打上各制造厂内部约定的加工记号。号料的一般工作内容包括：检查核对材料；在材料上画出切割、铣、刨、弯曲、钻孔等加工位置；打冲孔；标注出零件的编号。

为了合理使用和节约原材料，应最大限度地提高原材料的利用率，**一般常用的号料方法有集中号料法、套料法、统计计算法和余料统一号料法等，**见表 7-2。

表 7-2　常用的号料方法

序号	方法	内　容　说　明
1	集中号料法	由于钢材的规格多种多样，为减少原材料的浪费，提高生产效率，应把同厚度的钢板零件和相同规格的型钢零件集中在一起进行号料
2	套料法	在号料时，应认真安排板料零件的形状位置，把同厚度的各种不同形状的零件和同一形状的零件进行套料
3	统计计算法	统计计算法是在型钢下料时采用的一种方法。号料时应将所有同规格型钢零件的长度归纳在一起，先把较长的排出来，再算出余料的长度，然后把和余料长度相同或略短的零件排上，直至整根料被充分利用为止
4	余料统一号料法	将号料后厚度、规格与形状基本相同的剩下的余料集中在一起，把较小的零件放在余料上进行号料

二、切割

钢材的切割下料应根据钢材的截面形状、厚度及切割边缘的质量要求而采用不同的切割方法。钢材的切割可以通过冲剪、切削、气体切割、锯切、摩擦切割和高温热源来实现。目前，**常用的切割方法有机械切割、气割等。**

1. 机械切割

根据切割原理，机械切割分为三类，见表 7-3。

表 7-3　机械切割

序号	方法	内　容　说　明
1	利用上、下两剪刀的相对运动切割	该法所用机械应能剪切厚度小于 30 mm 的钢材，具有剪切速度快、效率高的优点，但切口略粗糙，下端有毛刺。剪板机、联合冲剪机等机械属于此类。 (1)剪刀必须锋利，剪刀的材料用碳工具钢和合金工具钢。 (2)剪刀间隙应根据板厚调整，除薄板应调制在 0.3 mm 以下之外，一般为 0.5～0.6 mm。 (3)材料剪切后的弯扭变形必须进行矫正。若发现断面粗糙或带有毛刺，必须修磨光洁。 (4)剪切过程中，坡口附近的金属因受剪力而发生挤压和弯曲，从而引起硬度提高、材料变脆的冷作硬化现象。因此，重要的结构构件和焊缝的接口位置，一定要用铣、刨或者砂轮磨削的方法将硬化表面加工清除
2	利用锯片的切削运动切割	该法所用机械主要用于切割角钢、圆钢和各类型钢，切割精度好，弓锯床、带锯床和圆盘锯床等机械属于此类。 (1)弓锯床仅用于切割中小型的型钢、圆钢、扁钢等。 (2)带锯床用于切断型钢、圆钢、方钢等，具有效率高、切断面质量较好的特点。 (3)圆盘锯床的锯片呈圆形，在圆盘的周围只有锯齿，锯切工件时，电动机带动圆锯片旋转便可进刀锯断各种型钢。其能够切割大型的 H 型钢，因此，在钢结构制造厂的加工过程中常被用来进行柱、梁等型钢构件的下料切割

序号	方法	内　容　说　明
3	锯割	该法所用机械有摩擦锯、砂轮锯等。 （1）摩擦锯能够锯割各类型钢，也可以用来切割管子和钢板等。其具有速度快、效率高的特点，切削速度可达到 120～140 m/s，进刀速度为 200～500 mm/min；但其切口不光滑、噪声大，仅适用于锯切精度要求较低的构件，或者下料时留有加工余量需进行精加工的构件。 （2）砂轮锯是利用砂轮片高速旋转时与工件摩擦生热并使工件熔化而完成切割。砂轮锯适用于锯切薄壁型钢，具有切口光滑、毛刺较薄且容易消除的特点，但噪声大、粉尘多。 锯割机械施工中注意型钢应预先经过校直；所选用的设备和锯片规格必须满足构件所要求的加工精度；单件锯割的构件，先画出号料线，然后对线锯割；加工精度要求较高的重要构件，应考虑留出适当的精加工余量，以供锯割后进行端面精铣

2. 气割

气割可以切割较大厚度范围的钢材，而且设备简单、费用经济、生产效率较高，并能实现空间各种位置的切割，所以在金属结构制造与维修中得到广泛的应用。尤其对于本身不便移动的巨大金属结构，应用气割更能显示其优越性。

供气割用的可燃气体种类很多，**常用的有乙炔气、丙烷气和液化石油气等**，但目前使用最多的还是乙炔气。这是因为乙炔气价廉、方便，而且火焰的燃烧温度也高。火焰切割也可使用混合气体。气割前，应去除钢材表面的油污、油脂，并在下面留出一定的空间，以利于熔渣的吹出。气割时，应匀速移动割炬，割件表面距离焰心尖端以 2～5 mm 为宜，距离太近会使切口边沿熔化，太远则热量不足，易使切割中断。气割时，还应调节好切割氧气射流（风线）的形状，使其保持轮廓清晰、风线长和射力高。气割时应该正确选择割嘴型号、氧气压力、气割速度和预热火焰的能率等工艺参数。

氧-乙炔气割是根据某种金属被加热到一定温度时在氧气流中能够剧烈燃烧氧化的原理，用割炬来进行切割的。金属材料只有满足下列条件，才能进行气割：

（1）金属材料的燃点必须低于其熔点。这是保证切割在燃烧过程中进行的基本条件。否则，切割时金属会先熔化产生熔割过程，使割口过宽，而且不整齐。

（2）燃烧生成的金属氧化物的熔点应低于金属本身的熔点，同时流动性要好。否则，就会在割口表面形成固态氧化物，阻碍氧气流与下层金属的接触，使切割过程不能正常进行。

（3）金属燃烧时应能放出大量的热，而且金属本身的导热性要低。这是为了保证下层金属有足够的预热温度，使切割过程能连续进行。

满足上述条件的金属材料有纯铁、低碳钢、中碳钢和普通低合金钢。而铸铁，高碳钢，高合金钢及铜、铝等有色金属及其合金，均难以进行氧-乙炔气割。

气割时必须防止回火。回火的实质是氧-乙炔混合气体从割嘴内流出的速度小于混合气体的燃烧速度。造成回火的原因有：

（1）皮管太长，接头太多或皮管被重物压住。

（2）割炬连接工作时间过长或割嘴过于靠近钢板，均会使割嘴温度升高、内部压力增加，影响气体流速，甚至使混合气体在割嘴内自燃。

（3）割嘴出口通道被熔渣或杂质阻塞，氧气倒流入乙炔管道。

（4）皮管或割炬内部管道被杂物堵塞，增加了流动阻力。

发生回火时，应及时采取措施，将乙炔皮管折拢并捏紧，同时紧急关闭气源，一般先关闭乙炔阀，再关闭氧气阀，使回火在割炬内迅速熄灭，稍待片刻，再开启氧气阀，以吹掉割炬内残余的燃气和微粒，然后再点火使用。

为了防止气割变形，在其各操作中应遵循下列程序：

（1）大型工件的切割，应先从短边开始。

（2）在钢板上切割不同尺寸的工件时，应先割小件，后割大件。

（3）在钢板上切割不同形状的工件时，应先割较复杂的，后割较简单的。

（4）对窄长条形板进行切割时，长度两端应留出 50 mm 不割，待割完长边后再割断，或者采用多割炬对称气割的方法。

三、制孔加工

在钢结构的制作中，**常用的加工方法有钻孔、冲孔、扩孔、铰孔等，** 施工时可根据不同的技术要求合理选用。

构件制作应优先采取钻孔。钻孔在钻床上进行，可以钻任何厚度的钢材。其原理是切削，所以孔壁损伤较小，质量较高。厚度在 5 mm 以下的所有普通结构钢及厚度小于12 mm 的次要结构允许冲孔，材料在冲切后仍保留有相当韧性，冲切孔上才可焊接施工，否则不得随后施焊。如果需要在所冲的孔上再钻大时，冲孔必须比指定的直径小 3 mm。冲孔采用转塔式多工位数控冲床可大大提高加工效率。

1. 钻孔加工

（1）画线钻孔。钻孔前先在构件上画出孔的中心和直径，在孔的圆周上（90°位置）打四只冲眼，以供钻孔后检查用。孔中心的冲眼应大而深，在钻孔时作为钻头定心用。画线工具一般用画针和钢直尺。

为提高钻孔效率，可将数块钢板重叠起来一齐钻孔，但一般重叠板厚度不应超过 50 mm，重叠板边必须用夹具夹紧或定位焊固定。厚板和重叠板钻孔时要检查平台的水平度，以防止孔的中心倾斜。

（2）钻模钻孔。当批量大、孔距精度要求较高时，应采用钻模钻孔。钻模有通用型、组合式和专用钻模。通用型钻模，可在当地模具出租站订租。组合式和专用钻模则由本单位设计制造。图 7-9 和图 7-10 所示为两种不同钻模的做法。

对无镗孔能力的单位，可先在钻模板上钻较大的孔眼，由钳工对钻套进行校对，符合公差要求后，拧紧螺钉，然后将模板大孔与钻套外圆间的间隙灌铅固定（图 7-11）。钻模板材料一般为 Q235 钢，钻套使用材料可为 T10A（热处理 55～60HRC）。

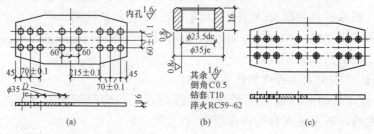

图 7-9　节点板钻模

（a）钻模板；（b）钻套；（c）放进钻套后的钻模板

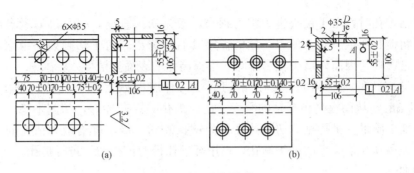

图 7-10　角钢钻模

(a)模架尺寸；(b)钻套和模架

1—模架；2—钻套

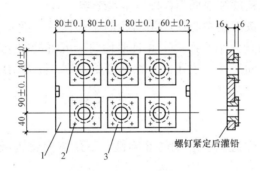

图 7-11　钻模

1—模板；2—螺钉；3—钻套

2. 冲孔加工

冲孔是在冲孔机(冲床)上进行的，一般只能在较薄的钢板或型钢上冲孔，孔径一般不应小于钢材的厚度，多用于不重要的节点板、垫板、加强板、角钢拉撑等小件的孔加工，其制孔效率较高。但由于孔的周围产生冷作硬化，孔壁质量差，孔口下塌，故在钢结构制作中已较少直接采用。

冲孔的操作要点如下：

(1)冲孔的直径应大于板厚，否则易损坏冲头。冲孔下模上平面的孔应比上模的冲头直径大 0.8～1.5 mm。

(2)构件冲孔时，应装好冲模，检查冲模之间的间隙是否均匀一致，并用与构件相同的材料试冲，经检查质量符合要求后，再正式冲孔。

(3)大批量冲孔时，应按批抽查孔的尺寸及孔的中心距，以便及时发现问题，及时纠正。

(4)环境温度低于－20 ℃时禁止冲孔。

3. 扩孔加工

扩孔是用麻花钻或扩孔钻将工件上原有的孔进行全部或局部扩大，主要用于构件的拼装和安装，如叠层连接板孔，常先把零件孔钻成比设计小 3 mm 的孔，待整体组装后再行扩孔，以保证孔眼一致、孔壁光滑；或用于钻直径在 30 mm 以上的孔，先钻成小孔，后扩成大孔，以减小钻端阻力，提高工效。

用麻花钻扩孔时，由于钻头进刀阻力很小，极易切入金属，引起进刀量自动增大，从而导致孔面粗糙并产生波纹，所以，用时需将其后角修小。由于切削刃外缘吃刀，避免了横刃造成不良影响，因而切屑少且易排除，可提高孔的表面光洁度。

扩孔钻是扩孔的理想刀具。扩孔钻切屑少，容屑槽做得较小而浅，增多刀齿（3 或 4 齿），加粗钻心，从而提高扩孔钻的刚度。这样扩孔时导向性好，切削平稳，可增大切削用量并改善加工质量。扩孔钻的切削速度可为钻孔的 0.5 倍，进给量为钻孔的 1.5～2 倍。扩孔前，可先用 0.9 倍孔径的钻头钻孔，再用等于孔径的扩孔钻头进行扩孔。

4. 铰孔加工

铰孔是用铰刀对已经过粗加工的孔进行精加工，可降低孔的表面粗糙度和提高精度。 铰孔时必须选择好铰削用量和冷却润滑液。铰削用量包括铰孔余量、切削速度（机铰时）和进给量，这些都对铰孔的精度和表面粗糙度有很大影响。

铰孔时工件要夹正，铰刀的中心线必须与孔的中心保持一致；手铰时用力要均匀，转速为 20～30 r/min，进刀量大小要适当，并且要均匀，可将铰削余量分为两三次铰完，铰削过程中要加适当的冷却润滑液，铰孔退刀时仍然要顺转。铰刀用后要擦干净，涂上机油，刀刃勿与硬物磕碰。

四、边缘加工

为了保证焊缝质量、焊透以及装配的准确性，不仅需要将钢板边缘刨成或铲成坡口，还需将边缘刨直或铣平。

常用的边缘加工方法主要有铲边、刨边、铣边、碳弧气刨和气割坡口等。

1. 铲边

对加工质量要求不高，并且工作量不大的边缘加工，可采用铲边。铲边有手工铲边和机械铲边（风动铲锤）两种，手工铲边的工具有手锤和手铲等，机械铲边的工具有风动铲锤和铲头等。风动铲锤是用压缩空气作动力的一种风动工具。它由进气管、扳机、推杆、阀柜和锤体等主要部分组成，使用时将输送压缩空气的橡皮管接在进气管上，按动扳机，即可进行铲削工作。

用手工铲边应将零件卡在老虎钳上，施工人员需戴平光眼镜和手套以防铁片弹出伤目和擦破手指，但拿小锤的手不宜戴手套。进行铲边时在铲到工件边缘尽头时，应轻敲凿子，以防凿子突然滑脱而擦伤手指。

一般手动铲边和机械铲边的构件，其铲线尺寸与施工图纸尺寸要求不得相差 1 mm。铲边后的棱角垂直误差不得超过弦长的 1/3 000，且不得大于 2 mm。

铲边时应注意以下事项：

(1)开动空气压缩机前，应放出储风罐内的油、水等混合物。

(2)铲前应检查空气压缩机设备上的螺栓、阀门是否完整，风管是否破裂漏风等。

(3)铲边时，铲头要注机油或冷却液，以防止铲头退火。

(4)铲边结束后应卸掉铲锤，并妥善保管，冬期施工后应盘好铲锤风带放入室内，以防止带内存水冻结。

(5)铲边时，对面不应有人或障碍物。

(6)高空铲边时，施工人员应系好安全带。

2. 刨边

刨边要在刨边机上进行。将需切削的板材固定在作业台上，由安装在移动刀架上的刨刀来切削板材的边缘。刀架上可以同时固定两把刨刀，以同方向进刀切削，也可在刀架往返行程时正反向切削。

刨边加工有刨直边和刨斜边两种。刨边加工的加工余量随钢材的厚度、钢板的切割方法的不同而不同，一般的刨边加工余量为 2～4 mm，下料时可参考表 7-4 预放刨削余量，并应用符号注明刨斜边或刨直边。

表 7-4 刨边加工余量

钢板性质	边缘加工形式	钢板厚度/mm	最小余量/mm
低碳钢	剪切机剪切	≤16	2
低碳钢	气割	>16	3
各种钢材	气割	各种厚度	4
优质低合金钢	气割	各种厚度	>3

被刨削的钢板放上机床后，可用刀架上的划线盘测定其刨削线，并予调整，然后用千斤顶压牢钢板。刨刀的中心线应略高于被刨钢板的中心线，这样可在刨削时，使刨刀的力向下压紧钢板而不使钢板颤动，以防止损坏刨刀和机床。刨直边的钢板可以将数块叠在一起进行，以提高生产效率。

刨边机的刨削长度一般为 3～15 m，当构件较薄时，可采用多块钢板同时刨边。如果构件长度大于刨削长度，可用移动构件的方法进行刨边。如果条形构件的侧弯曲较大，刨边前应先校直。必须将气割加工的构件边缘的残渣消除干净再刨边，从而减少切削量并提高刀具寿命。刨削时的进刀量和走刀速度可参考表 7-5。

表 7-5 刨削时的进刀量和走刀速度

钢板厚度/mm	进刀量/mm	走刀速度/(m·min⁻¹)	钢板厚度/mm	进刀量/mm	走刀速度/(m·min⁻¹)
1～2	2.5	15～25	13～18	1.5	10～15
3～12	2.0	15～25	19～30	1.2	10～15

3. 铣边

对于有些构件的端部，可采用铣边（端面加工）的方法代替刨边，铣边是为了保持构件的精度。如起重机梁、桥梁等接头部分，钢柱或塔架等金属抵撑部位，能使其力由承压面直接传至底板支座，以减少连接焊缝的焊脚尺寸，其加工质量优于刨边的加工质量。

此种铣边加工，一般是在端面铣床或铣边机上进行的。端面铣削也可在铣边机上进行。铣边机的结构与刨边机相似，但加工时用盘形铣刀代替刨边机走刀箱上的刀架和刨刀。其生产效率较高。刨边与铣边的加工质量标准比较见表 7-6。

表 7-6 刨边与铣边的加工质量标准比较

序号	加工方法	宽度、长度/mm	直线度	坡度/(°)	对角差（四边加工）/mm
1	刨边	±1.0	1/3 000，且不得大于 2.0 mm	±2.5	2
2	铣边	±1.0	0.30 mm	—	1

4. 碳弧气刨

碳弧气刨的切割原理是直流反接（工件接负极），通电后电弧将工件熔化，压缩空气将熔化金属吹掉，从而达到刨削或切削金属的目的。碳弧气刨专用碳棒用石墨制造，为提高导电能力外镀纯铜皮。碳棒的规格主要有 $\phi6$、$\phi7$、$\phi8$、$\phi10$ 及 □ 5 mm×15 mm 等。

碳弧气刨就是把碳棒作为电极，与被刨削的金属间产生电弧。此电弧具有 6 000 ℃左右高温，足以把金属加热到熔化状态，然后用压缩空气的气流把熔化的金属吹掉，达到刨削或切削金属的目的。

碳弧气刨的应用范围：用碳弧气刨挑焊根，比采用风凿生产率高，特别适用于仰位和立位的刨切，噪声比风凿小，并能降低劳动强度；采用碳弧气刨翻修有焊接缺陷的焊缝时，容易发现焊缝中各种细小的缺陷；碳弧气刨还可以用来开坡口，清除铸件上的毛边和浇冒口，以及铸件中的缺陷等，同时还可以切割金属如铸铁、不锈钢、铜、铝等。

当用碳弧气刨方法加工坡口或清焊根时，刨槽内的氧化层、淬硬层、顶碳或铜迹必须彻底打磨干净。但碳弧气刨在刨削过程中会产生一些烟雾，如施工现场通风条件差，对操作者的健康就会有影响，因此，施工现场必须具备良好的通风条件和通风措施。

5. 气割坡口

气割坡口包括手工气割和用半自动、自动气割机进行坡口切割。其操作方法和使用的工具与气割相同。所不同的是，气割坡口将割炬嘴偏斜成所需要的角度，对准要开坡口的地方运行割炬。由于此种方法简单易行、效率高，能满足开 V 形、X 形坡口的要求，所以已被广泛采用，但要注意切割后需清理干净氧化铁残渣。气割机切割坡口时割嘴的位置见表 7-7。

表 7-7　气割机切割坡口时割嘴的位置

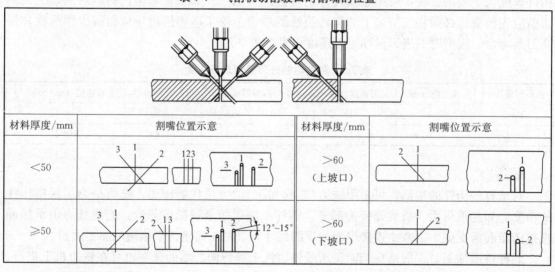

材料厚度/mm	割嘴位置示意	材料厚度/mm	割嘴位置示意
<50		>60（上坡口）	
≥50		>60（下坡口）	

五、组装加工

组装是将制备完成的零件或半成品，按要求运输、安装单元，并通过焊接或螺栓连接工序装配成部件或构件，然后将其连接成整体的过程。

选择构件组装方法时，应根据构件的结构特性和技术要求，结合制造厂的加工能力、机械设备等情况选择能有效控制组装精度、耗工少、效益高的方法进行。

(1)地样法。地样法也称画线法组装，是钢构件组装中最简便的装配方法。其是用1∶1的比例在装配平台上放出构件实样，然后根据零件在实样上的位置，分别组装起来成为构件。此装配方法适用于桁架、构架等小批量结构的组装。

(2)仿形复制装配法。此法是先用地样法组装成单面（单片）的结构，然后把定位点焊牢固，将其翻身，作为复制胎模，在其上面装配另一单面的结构，往返两次组装。此种装配方法适用于横断面对称的桁架结构。

(3)立装。立装是根据构件的特点及其零件的稳定位置选择自上而下或自下而上的装配。此种装配方法适用于放置平稳、高度不大的结构或者大直径的圆筒。

(4)卧装。卧装是将构件卧倒放置进行的装配。此种装配方法适用于断面不大但长度较大的细长构件。

(5)胎模装配法。胎模装配法是目前制作大批量构件组装中普遍采用的组装方法之一，具有装配质量高、工效高的特点，是将构件的零件用胎模定位在其装配位置上的组装方法。此种装配方法适用于制造构件批量大、精度高的产品。

胎模装配法主要用于表面形状比较复杂，又不便于定位和夹紧结构或大批量生产的焊接结构的装配与焊接。胎模装配法可以简化零件的定位工作，改善焊接操作位置，从而可以提高装配与焊接的生产效率和质量。

六、钢结构热处理

焊接构件时，由于焊缝的收缩产生很大的内应力，构件容易产生疲劳的时效变形，由于低碳钢和低合金钢的塑性好，可由应力重分配抵消部分疲劳影响，时效变形在一般构件中影响不大，因此不需进行很大处理，但是对于精度要求较高的机械骨架、齿轮箱体等，需进行退火处理。

退火操作要点如下：

(1)构件必须先矫正平直，方能进行退火。

(2)退火时构件必须垫平，一般应单层放置，多层放置时上、下垫块应在同一垂线上，并应尽量放在加劲板处。

(3)加热必须均匀，一般应用大型台车式炉为好。

随着厚板结构在钢结构中的采用，一些工程设计对厚板焊接件提出了焊缝区局部热处理的要求。焊缝区局部热处理可采用履带式红外线电加热器进行加热和保温，加热宽度一般为焊缝两侧各距焊缝240 mm以上范围。

焊缝区局部热处理，在300 ℃以下为自由升温，从300 ℃开始控制升温速度，升温速度不大于150 ℃/h，升至规定温度时进行保温，保温时间一般按每毫米板厚2～3 min进行计算，但不小于1 h。保温结束后，开始降温并控制降温速度，降温速度不大于150 ℃/h，直到降至300 ℃以下，可于空气中自然冷却。

七、钢构件预拼装

为了保证安装的顺利进行，应根据构件或结构的复杂程度、设计要求或合同协议的规定，在构件出厂前进行预拼装。构件在预拼装时，不仅要防止构件在拼装过程中产生的应力变形，还要考虑到构件在运输过程中将会受到的损害，必要时应采取一定的防范措施，把损害降到最低点。

预拼装有平装、定拼拼装及利用模具拼装三种方法，见表7-8。

表 7-8 预拼装方法

序号	方 法	内 容 说 明	适 用 范 围
1	平装法	其操作方便，不需稳定加固措施，不需搭设脚手架；焊缝焊接多数为平焊缝，焊接操作简易，不需技术很高的焊接工人，焊缝质量易于保证；校正及起拱方便、准确	适于拼装跨度较小、构件相对刚度较大的钢结构，如长度小于18 m的钢柱、跨度小于6 m的天窗架及跨度小于21 m的钢屋架的拼装
2	定拼拼装法	可一次拼装多榀；块体占地面积小；不需铺设或搭设专用拼装操作平台或枕木墩，节省材料和工时；省却翻身工序，质量易于保证，不需增设专供块体翻身、倒运、就位、堆放的起重设备，可缩短工期；块体拼装连接件或节点的拼接焊缝可两边对称施焊，可防止预制构件连接件或钢构件因节点焊接变形而使整个块体产生侧弯，但需搭设一定数量的稳定支架；块体校正、起拱较难；钢构件的连接节点及预制构件的连接件的焊接立缝较多，增加焊接操作的难度	适于跨度较大、侧向刚度较差的钢结构，如长度大于18 m的钢柱、跨度为9 m和12 m的窗架、大于24 m的钢屋架以及屋架上的天窗架
3	利用模具拼装法	模具是指符合工件几何形状或轮廓的模型（内模或外模）。用模具来拼装组焊钢结构，具有产品质量好、生产效率高等许多优点。桁架结构的装配模具往往是以两点连直线的方法制成，其结构简单，使用效果好	对成批的板材结构、型钢结构，应当考虑采用模具拼装法

第三节　高层钢结构安装

一、高层钢结构安装的特点

高层钢结构安装的独有施工特点如下：

（1）结构复杂使施工复杂化。高层钢结构安装的精度要求高，允许误差小，为保证这些精度就需要采取一些特殊措施。而当建筑物采用钢-混凝土组合结构时，钢筋混凝土结构为现场浇筑，允许误差较大，两者配合，往往产生矛盾。同时，钢结构高层建筑要进行防火和防腐处理，为减轻建筑物自重要采用一些新型的轻质材料和轻型结构，这也给施工增加了新的内容。因此，要求有严密的施工组织，否则会引起混乱和造成浪费。

（2）高空作业受天气的影响较大。高层钢结构的安装作业属高空作业，受风的影响很大，当风速达到某一限值时，起重安装工作就难以进行，会被迫停工。所以，在高空可进行工作的时间要比一般情况更短，在安排施工计划时必须考虑这一因素。

（3）高空作业工作效率低。随着建筑物高度的增大，工作效率也有所降低。这主要表现在两个方面：一是人的工作效率降低，主要是恶劣天气（风、雨、寒冷等）的影响，以及高处工作不安全感的心理影响;二是起重安装效率降低,起重高度增大后,一个工作循环的时间延长,单位时间内的吊次减少,工效随之降低。

(4)施工安全问题十分突出。由于高度大,材料、工具、人员一旦坠落,会造成重大安全事故。尤其是钢结构电焊量大,防火十分重要,必须引起高度重视。

二、高层钢结构安装前的准备工作

1. 安装机械的选择

高层钢结构的安装都用塔式起重机,这就要求塔式起重机的臂杆足够长以使其具有足够的覆盖面;要有足够的起重能力,满足不同部位构件的起吊要求;钢丝绳容量要满足起吊高度要求;起吊速度要有足够挡位,满足安装需要;多机作业时,相互要有足够的高差,以避免互相碰撞。

如用附着式塔式起重机,锚固点应选择钢结构中便于加固、有利于形成框架整体结构和有利于玻璃幕墙安装的部位,对锚固点应进行计算。

如用内爬式塔式起重机,爬升位置应满足塔身自由高度和每节柱单元安装高度的要求。塔式起重机所在位置的钢结构,在爬升前应焊接完毕,形成整体。

2. 安装流水段的划分

高层钢结构的安装需按照建筑物平面形状、结构形式、安装机械数量和位置等划分流水段。总原则是:平面流水段的划分应考虑钢结构安装过程中的整体稳定性和对称性,安装顺序一般由中央向四周扩展,以减少焊接误差。立面流水段的划分,一般以一节钢柱高度内所有构件作为一个流水段。

高层钢结构中,由于楼层使用要求不同和框架结构受力因素,其钢构件的布置和规则也相应不同。例如,底层用于公共设施,则楼层较高;受力关键部位则设置水平加强结构的楼层;管道布置集中区则增设技术楼层等。这些楼层的钢构件的布置都是不同的,但是多数楼层的使用要求是一样的,钢结构的布置也基本一致,称为钢结构框架的"标准节框架"。

一个立面安装流水段内的安装顺序如图 7-12 所示,钢结构标准单元施工顺序如图 7-13 所示。

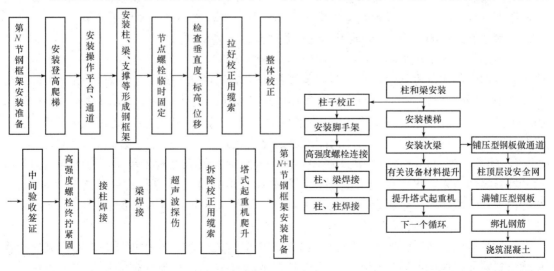

图 7-12　一个立面安装流水段内的安装顺序　　　　图 7-13　钢结构标准单元施工顺序

标准节框架安装方法具体见表 7-9。

表 7-9　标准节框架安装方法

方　法	内　容
节间综合安装法	此法是在标准节框架中，先选择一个节间作为标准间。安装 4 根钢柱后立即安装框架梁、次梁和支撑等，构成空间标准间，并进行校正和固定。然后以此标准间为基准，按规定方向进行安装，逐步扩大框架，每立 2 根钢柱，就安装 1 个节间，直至该施工层完成。国外多采用节间综合安装法，随吊随运，现场不设堆场，每天提出构件需求清单，当天安装完毕。这种安装方法对现场管理要求严格，运输交通必须确保畅通，在构件运输保证的条件下能获得最佳的效果
按构件分类大流水安装法	此法是在标准节框架中先安装钢柱，再安装框架梁，然后安装其他构件，按层进行，从下到上，最终完成框架。国内目前多数采用此法，原因是：影响钢件供应的因素多，不能按照综合安装法供应钢构件；在构件不能按计划供应的情况下尚可继续进行安装，有机动的余地；管理和生产工人容易适应

以上两种不同的安装方法各有利弊，只要构件供应能够保证，构件质量又合格，其生产工效的差异不大，就可根据实际情况进行选择。

在标准节框架的安装中，要进一步划分主要流水区和次要流水区。以框架可进行整体校正为划分原则，塔式起重机爬升部位为主要流水区，其余为次要流水区，安装施工工期的长短取决于主要流水区。一般主要流水区内构件由钢柱和框架梁组成，其间的次要构件可后安装，主要流水区构件一经安装完成，即开始框架整体校正。划分主要和次要流水区的目的是争取交叉施工，以缩短安装施工的总工期。

3. 钢构件的运输和堆放

（1）运输。钢构件从制作厂发运前，应进行必要的包装处理，特别是构件的加工面、轴孔和螺纹，均应涂以油脂和贴上油纸，或用塑料布包裹，螺孔应用木楔塞住。装运时要防止相互挤压变形，避免损伤加工面。

（2）中转。现场钢结构的安装是根据规定的安装流水顺序进行的。钢构件必须按照流水顺序的要求供货到现场，但是构件加工厂是按构件的种类分批生产供货的，与结构安装流水顺序不一致。因此，宜设置钢构件中转堆场调节。中转堆场的主要作用如下：

1）储存制造厂的钢构件（工地现场没有条件储存大量构件）。

2）根据安装施工流水顺序进行构件配套，组织供应。

3）对钢构件质量进行检查和修复，保证把合格的构件送到现场。中转堆场应尽量靠近工程现场，同市区公路相通，符合运输车辆的运输要求，要求电源、水源和排水管道畅通，场地平整。堆场的规模，应根据钢构件储存量、堆放措施、起重机行走路线、汽车道路、辅助材料堆场、构件配套用地、生活用地等情况确定。

（3）配套。配套是指按安装流水顺序，以一个结构安装流水段为单元，将所有钢构件分别从堆场整理出来，集中到配套场地，在数量和规格齐全之后进行构件预检和处理修复，然后根据安装顺序，分批将合格的构件由运输车辆供应到工地现场。配套中应特别注意附件（如连接板等小型构件）的配套。

（4）现场堆放。钢构件应按照安装流水顺序配套运入现场，利用现场的装卸机械尽量将其就位到安装机械的回转半径内。因运转造成的构件变形，在施工现场均要加以矫正。一般情况下，结构安装用地面积宜为结构工程占地面积的 1.0～1.5 倍。

4. 钢构件的预检

(1)出厂检验。钢构件在出厂前，制造厂应根据制作规范、规定及设计图的要求进行产品检验，填写质量报告和实际偏差值。钢构件交付结构安装单位后，结构安装单位在制造厂质量报告的基础上，根据构件性质分类，再进行复核或抽检。

(2)计量工具。预检钢构件的计量工具和标准应事先统一，质量标准也应统一。特别是对钢卷尺的标准要十分重视，有关单位(业主、土建、安装、制造厂)应各执统一标准的钢卷尺，制造厂按此尺制造钢构件，土建施工单位按此尺进行柱基定位施工，安装单位按此尺进行结构安装，业主按此尺进行结构验收。标准钢卷尺由业主提供，钢卷尺需同标准基线进行足尺比较，确定各地钢卷尺的误差值以及尺长方程式，应用时按标准条件实施。钢卷尺应用的标准条件为：拉力用弹簧秤称量，30 m钢卷尺拉力值用 98.06 N，50 m钢卷尺拉力值用 147.08 N；温度为 20 ℃；水平丈量时钢卷尺要保持水平，挠度要加托。使用时，实际读数按上述条件，根据当时气温按其误差值、尺长方程式进行换算。实际应用时，如全部按上述方法进行，计算量太大，所以一般是关键性构件(如柱、框架大梁)的长度复检和长度大于 8 m的构件计量按上法，其余构件均可以实际读数为依据。

(3)预检。结构安装单位对钢构件预检的项目，主要是与施工安装质量和工效直接有关的数据，如几何外形尺寸、螺孔大小和间距、预埋件位置、焊缝坡口、节点摩擦面、附件数量规格等。构件的内在制作质量应以制造厂的质量报告为准。预检数量一般是关键构件全部检查，其他构件抽检 10%～20%，应记录预检数据。

钢构件预检是项复杂而细致的工作，并需一定的条件。预检放在钢构件中转堆场配套时进行可省去因预检而进行构件翻堆所耗费的机械和人工，其不足之处是发现问题进行处理的时间比较紧迫。

构件预检宜由结构安装单位和制造厂联合派人参加，同时也应组织构件处理小组，对预检出的偏差及时给予修复，严禁不合格的构件运到工地现场，更不应该将不合格构件送到高空去处理。

现场施工安装应根据预检数据，采取相应措施，以保证安装顺利进行。

钢构件的质量对施工安装有直接关系，要充分认识钢构件预检的必要性，具体做法应根据工程的不同条件而定，如由结构安装单位派驻厂代表来掌握制作加工过程中的质量，将质量偏差清除在制作过程中是可取的办法。

5. 柱基的检查

第一节钢柱是直接安装在钢筋混凝土柱基底顶上的。钢结构的安装质量和工效同柱基的定位轴线、基准标高直接相关。安装单位对柱基的预检重点是定位轴线间距、柱基顶面标高和地脚螺栓预埋位置。

(1)定位轴线的检查。定位轴线从基础施工起就应重视，先要做好控制桩。待基础浇筑混凝土后，再根据控制桩将定位轴线引测到柱基钢筋混凝土底板面上，然后检查定位轴线是否同原定位轴线重合、封闭，每根定位轴线总尺寸误差值是否超过控制数，纵、横定位轴线是否垂直、平行。定位轴线的检查在弹过线的基础上进行。检查应由业主、土建、安装三方联合进行，对检查数据要统一认可签证。

(2)柱间距的检查。柱间距的检查是在定位轴线认可后进行的。采用标准尺实测柱距。柱距偏差值应严格控制在±3 mm范围内，绝不能超过±5 mm。若柱距偏差超过±5 mm，则必须调整定位轴线。原因是定位轴线的交点是柱基中心点，是钢柱安装的基准点，钢柱竖向间距以此为准。框架钢梁连接螺孔的孔洞直径一般比高强度螺栓直径大 1.5~2.0 mm，柱距过大或过小均将直接影响框架梁的安装连接和钢柱的垂直。

(3)单独柱基中心线的检查。检查单独柱基的中心线同定位轴线之间的误差，调整柱基中心线使其同定位轴线重合，然后以柱基中心线为依据，检查地脚螺栓的预埋位置。

(4)柱基地脚螺栓的检查。检查柱基地脚螺栓，其内容有：检查螺栓的螺纹长度是否能保证钢柱安装后螺母拧紧的需要；检查螺栓垂直度是否超差，超过规定必须矫正，矫正方法包括冷校法和火焰热校法；检查螺纹有否损坏，检查合格后在螺纹部分涂上油，盖好帽盖加以保护；检查螺栓间距，实测独立柱地脚螺栓组间距的偏差值，绘制平面图表明偏差数值和偏差方向；检查地脚螺栓相对应的钢柱安装孔，根据螺栓的检查结果进行调查，如有问题，应事先扩孔，以保证钢柱的顺利安装。

地脚螺栓预埋的质量标准：任何两只螺栓之间的距离允许偏差为 1 mm；相邻两组地脚螺栓中心线之间距离的允许偏差为 3 mm。实际上由于柱基中心线的调整修改，工程中有相当一部分地脚螺栓不能达到上述标准，但可通过地脚螺栓预埋方法的改进来实现这一指标。

目前高层钢结构工程柱基地脚螺栓的预埋方法有直埋法和套管法两种。

1)直埋法就是用套板控制地脚螺栓之间的距离。其优点是：立固定支架控制地脚螺栓群不变形，在柱基底板绑扎钢筋时将地脚螺柱埋入控制位置，同钢筋连成一体，整浇混凝土，可一次固定；其缺点是：难以再调整。采用此法实际上产生的偏差较大。

2)套管法就是先安套管（内径比地脚螺栓大 2~3 倍），在套管外制作套板，焊接套管并立固定架，将其埋入浇筑的混凝土中，待柱基底板上的定位轴线和柱中心线检查无误后，再在套管内插入螺栓，使其对准中心线，通过附件或焊接加以固定，最后在套管内注浆锚固螺栓(图 7-14)。注浆材料按一定级配制成。此法对保证地脚螺栓的定位质量有利，但施工费用较高。

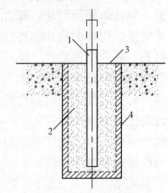

图 7-14　用套管法预埋地脚螺栓

1—套埋螺栓；2—无收缩砂浆；
3—混凝土基础面；4—套管

(5)基准标高的实测。在柱基中心表面和钢柱底面之间，考虑到施工因素，设计时都考虑留有一定的间隙作为钢柱安装时的标高调整，该间隙一般规定为 50 mm。基准标高点一般设置在柱基底板的适当位置，四周加以保护，作为整个高层钢结构工程施工阶段标高的依据。以基准标高点为依据，对钢柱柱基表面进行标高实测，将测得的标高偏差绘制为平面图，作为临时支承标高块调整的依据。

6. 标高块的设置及柱底灌浆

(1)标高块的设置。柱基表面采取设置临时支承标高块的方法来保证钢柱安装控制标高，要根据荷载大小和标高块材料强度确定标高块的支承面积。标高块一般用砂浆、钢垫板和无收缩砂浆制作。一般砂浆强度低，只用于装配钢筋混凝土柱杯形基础；钢垫块耗钢多、加工复杂；无收缩砂浆是高层钢结构标高块的常用材料，它有一定的强度，柱底灌浆也用无收缩砂浆，传力均匀。

临时支承标高块的埋设方法如图 7-15 所示。柱基边长小于 1 m 时，设一块；柱基边长为1~2 m时，设十字形块；柱基边长大于2 m时，设多块。标高块的形状为圆形、方形、长方形、十字形均可。为了保证表面平整，标高块表面可增设预埋钢板。标高块用无收缩砂浆时，其材料强度应不小于30 N/mm²。

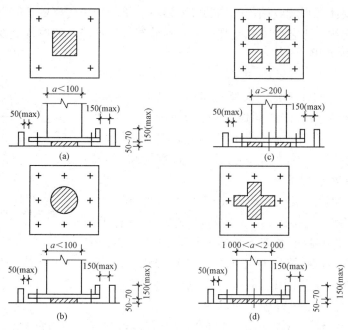

图7-15　临时支承标高块的埋设方法
(a)单独方形；(b)单独圆形；(c)四块；(d)十字形

(2)柱底灌浆。一般在第一节钢框架安装完成后即可开始紧固地脚螺栓并进行灌浆。灌浆前必须对柱基进行清理，立模板，用水冲洗基础表面，排除积水，螺孔处必须擦干，然后用自流平砂浆连续浇灌，一次完成。流出的砂浆应清除干净，加盖草包养护。砂浆必须做试块，到时试压，作为验收资料。

三、高层钢结构构件的连接

1. 焊接连接

现场焊接方法一般有手工焊接和半自动焊接两种。 焊接母材厚度不大于30 mm时采用手工焊接，大于30 mm时采用半自动焊接，此外，还需根据工程焊接量的大小和操作条件等来确定。手工焊接的最大优点是灵活方便、机动性大；缺点是对焊工技术素质要求高、劳动强度大、影响焊接质量的因素多。半自动焊接的优点是质量可靠、工效高；缺点是操作条件相应比手工焊接要求高，并且需要同手工焊接结合使用。

高层钢结构构件接头的施焊顺序，比构件的安装顺序更为重要。焊接顺序不合理，会使结构产生难以挽回的变形，甚至会因内应力而使焊缝拉裂。

(1)柱与柱的对接焊，应由两名焊工在两相对面等温、等速对称焊接。加引弧板时，先焊第一个两相对面，焊层不宜超过4层，然后切除引弧板，清理焊缝表面，再焊第二个两相对面，焊层可达8层，再换焊第一个两相对面，如此循环，直到焊满整个焊缝。

(2)梁、柱接头的焊缝，一般先焊H型钢的下翼缘板，再焊上翼缘板。梁的两端先焊一端，待其冷却至常温后再焊另一端。

只有在一个垂直流水段(一节柱段高度范围内)的全部构件吊装、校正和固定后，才能施焊。

(3)柱与柱、梁与柱的焊缝接头，应试验测出焊缝收缩值，反馈到钢结构制作单位，作为加工的参考。要注意焊缝收缩值随周围已安装柱、梁的约束程度的不同而变化。

焊接设备的选用、工艺要求以及焊缝质量检验等按现行施工验收规范执行。

2. 高强度螺栓连接

钢结构高强度螺栓连接，一般是指摩擦连接(图7-16)。它借助螺栓紧固产生的强大轴力夹紧连接板，靠板与板接触面之间产生的抗剪摩擦力传递同螺栓轴线方向垂直的应力。因此，螺栓只受拉不受剪。施工简便而迅速，易于掌握，可拆换，受力好，耐疲劳，较安全，已成为取代铆接和部分焊接的一种主要的现场连接手段。

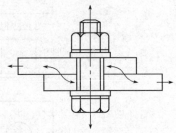

图7-16　高强度螺栓连接
(摩擦连接)

《钢结构用高强度大六角头螺栓》(GB/T 1228—2006)和《钢结构用扭剪型高强度螺栓连接副》(GB/T 3632—2008)中等标准规定，大六角头高强度螺栓的性能等级分为 8.8S 级和 10.9S 级，前者用 45 号钢或 35 号钢制作，后者用 20MnTiB、ML20MnTiB 或 35VB 钢制作。扭剪型螺栓只有 10.9 级，用 20MnTiB 钢制作。我国高强度螺栓性能等级的表示方法是，小数点前的"8"或"10"表示螺栓经热处理后的最低抗拉强度属于 800 N/mm²(实际为 830 N/mm²)或 1 000 N/mm²(实际为 1 010 N/mm²)这一级；小数点后的"8"或"9"表示螺栓经热处理后的屈强比，即屈服强度与抗拉强度的比值。

高强度螺栓的类型，除大六角头普通型外，广泛采用的是扭剪型高强度螺栓(图7-17)。扭剪型高强度螺栓是在普通大六角头高强度螺栓的基础上发展起来的。它们的区别仅是外形和施工方法不同，其力学性能和紧固后的连接性能完全相同。

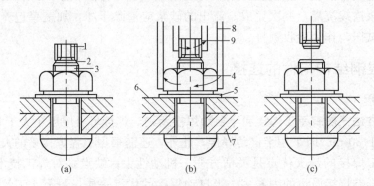

图7-17　扭剪型高强度螺栓及其施工
(a)施工前；(b)施工中；(c)施工后
1—十二角梅花形卡头；2—扭断沟槽；3—高强度螺栓；4—螺母；5—垫圈；
6—被连接钢板1；7—被连接钢板2；8—紧固扳手外套筒；9—内套筒

扭剪型高强度螺栓的螺头与铆钉头相似，螺尾多了一个梅花形卡头和一个能够控制紧固扭矩的环形切口。在螺栓副的组成上，它较普通高强度螺栓少一个垫圈，因为在螺头一边把垫圈与螺头的功能结合成一体。在施工方法上，只是紧固扭矩的控制方法不同。普通高强螺栓施加于螺母上的紧固扭矩靠扭矩扳手控制，而扭剪型高强度螺栓施加于螺母上的紧固扭矩，则是由螺栓本身环形切口的扭断力矩来控制的，即自标量型螺栓。

扭剪型高强度螺栓的紧固是用一种特殊的电动扳手(TC扳手)进行的。扳手有内、外两个套筒。紧固时，内套筒套在梅花卡头上，外套筒套在螺母上，紧固过程中产生的反力矩通过内套筒由梅花卡头承受。扳手内、外套筒间形成大小相等、方向相反的一对力偶。螺栓切口部分承受纯扭转。当施加于螺母上的扭矩增加到切口扭断力矩时，切口扭断，紧固完毕。

高强度螺栓的运输、装卸、保管过程中，要防止损坏螺纹，并应按包装箱上注明的批号、规格分类保管，在安装使用前严禁任意开箱。

高强度螺栓施工包括摩擦面处理、螺栓穿孔、螺栓紧固等工序。

(1)摩擦面处理。对高强度螺栓连接的摩擦面一般在钢构件制作时进行处理，处理方法是采用喷砂、酸洗后涂无机富锌漆或贴塑料纸加以保护。但是由于运输或长时间暴露在外，安装前应进行检查，如摩擦面有锈蚀、污物、油污、油漆等，需加以清除处理，使之达到要求。**常用的处理工具有铲刀、钢丝刷、砂轮机、除漆剂等，**可结合实际情况选用。施工中应十分重视对摩擦面的处理，摩擦面将直接影响节点的传力性能。

(2)螺栓穿孔。安装高强度螺栓时用尖头撬棒及冲钉对正上、下或前、后连接板的螺孔，将螺栓自由穿入。安装临时螺栓可用普通标准螺栓或冲钉，高强度螺栓不宜作为临时安装螺栓使用。临时螺栓穿入数量应由计算确定，并应符合下述规定：

1)不得少于安装孔总数的 1/3；

2)至少应穿两个临时螺栓；

3)如穿入部分冲钉，则其数量不得多于临时螺栓的 30%。

临时螺栓穿好后，在余下的螺孔中穿入高强度螺栓。在同一连接面上，高强度螺栓应按同一方向穿入，并应顺畅穿入孔内，不得强行敲打入孔。如不能自由穿入，该孔应用铰刀修整，修整后孔的最大直径应小于 1.2 倍螺栓直径。

(3)螺栓紧固。高强度螺栓一经安装，应立即进行初拧，初拧值一般取终拧值的 60%～80%，在一个螺栓群中进行初拧时应规定先后顺序。终拧紧固采用终拧电动扳手。根据操作要求，大六角头普通型高强度螺栓应采用扭矩扳手控制终拧扭矩；扭剪型高强度螺栓尾端螺杆的梅花卡头扭断，终拧即完成。

高强度螺栓的初拧、复拧、终拧应在同一天内完成。螺栓拧紧要按一定顺序进行，一般应由螺栓群中央开始，顺序向外拧紧。

(4)螺栓紧固后的检查。观察高强度螺栓末端梅花卡头是否扭下，连接板接触面之间是否有空隙，螺纹是否穿过螺母露出 3 扣螺纹，垫圈是否安装在螺母一侧，用测力扳手紧固的螺栓是否有标记，然后再在此基础上进行抽查。

四、钢结构的连接节点

连接节点是钢结构中极其重要的结构部位，它把梁、柱等构件连接成整体结构系统，使其获得空间刚度和稳定性，并通过它将一切荷载传递给基础。连接节点本身应有足够的强度、延性和可靠性，应能按照设计要求工作，制作和安装应当简单。

连接节点按其传力情况分为铰接、刚接和介于两者之间的半刚接。设计中主要采用前两者，半刚接采用较少。在实际工程中，真正的铰接和刚接是不容易做到的，只能接近铰接或刚接。**按连接的构件分，主要有钢柱柱脚与基础的连接、柱-柱连接、柱-梁连接、柱梁-支撑连接、梁-梁连接(梁与梁对接和主梁与次梁连接)、柱梁-支撑连接、梁-混凝土筒连接等。**

1. 钢柱柱脚与基础的连接

对于不传递弯矩的铰接柱，钢柱柱脚与基础的连接是用轻型地脚螺栓。如果柱子要传递轴力和弯矩给基础，则需有可靠的锚固措施，此时地脚螺栓则需用角钢、槽钢等锚固(图 7-18)。

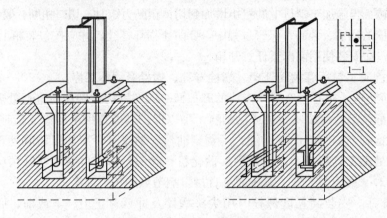

图 7-18　钢柱柱脚与基础的连接

2. 柱-柱连接

(1)平板临时固定焊接连接。当柱-柱连接为焊接连接时，需预先在柱端焊上安装耳板(图 7-19)，用作撤去吊钩后的临时固定。耳板用普通钢板做成，厚度应不小于 10 mm。节点焊缝焊到其 1/3 厚度时，用火焰把耳板割掉。对于 H 型钢柱，耳板应焊在翼缘两侧的边缘上，这样既有利于提高临时固定的稳定性，又有利于施焊。

(2)螺栓连接。在高层钢结构中，柱子通常是从下到上贯通的。柱-柱连接即把预制柱段(2～4 个楼层高度)在现场垂直地对接起来，可采取螺栓连接(图 7-20)，也可采用焊接连接。

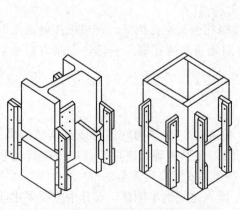

图 7-19　柱段用耳板临时固定焊接连接

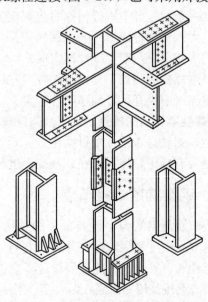

图 7-20　采用 H 型钢柱的全螺栓连接

（3）十字形柱与箱形柱的焊接连接，如图 7-21 所示。

3. 柱-梁连接

（1）柱-梁铰接节点。 柱与梁如果设计为铰接，一般只是将梁的腹板与柱子相连，或者将梁置于柱子的牛腿上（图 7-22）。这些连接只能传递剪力，不能传递弯矩。

（2）柱-梁刚接节点。 柱与梁如果设计为刚接，按刚节点的要求，节点受力后产生转动，但要求节点各杆件之间的夹角保持不变。实际上受力后刚节点必然有剪切变形，因此，各杆件之间的夹角就不可能保持不变。为了减少刚节点的剪切变形，一般都尽可能加大连接部分的截面尺寸。

图 7-23 所示为柱-梁刚接方式。其中图 7-23（a）所示的连接，是把梁同预先焊在柱上的梁头对接，梁头的翼缘和腹板在工厂预先焊在柱上；图 7-23（b）所示的连接，是通过焊在梁端部的对接板将梁上的弯矩传给柱子，对接板利用高强度螺栓与柱子连接；图 7-23（c）所示是焊接连接，安装时，先用螺栓将梁与焊在柱上的连接板连接，然后再施焊，将梁的上、下翼缘全焊到柱上，这种连接通常只用于厚壁型钢柱。

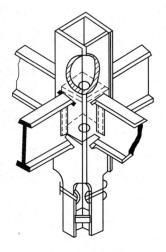

图 7-21　十字形柱与箱形柱的焊接连接

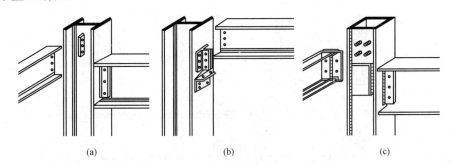

(a)　　　　　　　　(b)　　　　　　　　(c)

图 7-22　柱-梁铰接节点

(a)用焊在柱上的扁钢作连接板；(b)用一对垂直角钢及角钢支座连接；(c)用焊在梁上的对接板连接

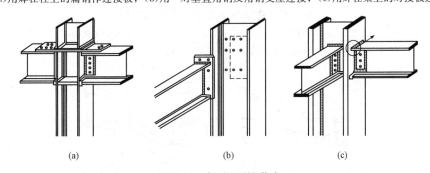

(a)　　　　　　　　(b)　　　　　　　　(c)

图 7-23　柱-梁刚接节点

(a)梁头螺栓连接；(b)连接板螺栓连接；(c)连接板焊接

4. 梁-梁连接

（1）主梁与主梁对接。 图 7-24 所示为主梁与主梁对接的三种节点形式。

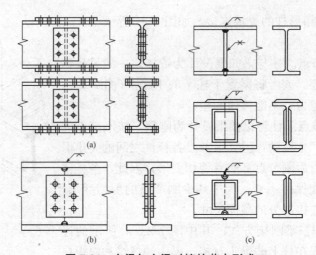

图 7-24　主梁与主梁对接的节点形式

(a)全螺栓连接；(b)螺栓-焊接混合连接；(c)全焊接连接

(2)主梁与次梁对接。图 7-25 所示为主梁与次梁对接的节点形式。图 7-26 所示为主梁与次梁连接的立体视图，其中图 7-26(a)、(b)所示连接只传递剪力，图 7-26(c)、(d)所示连接不仅传递剪力，还同时传递弯矩。

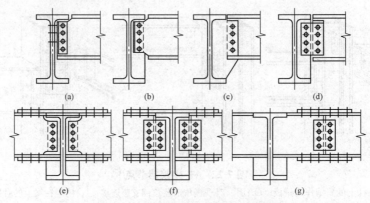

图 7-25　主梁与次梁对接的节点形式

(a)借助角钢连接件；(b)、(c)、(e)直接与肋板连接，不用连接板；
(d)、(f)直接与肋板连接，用连接板；(g)与次梁梁头连接

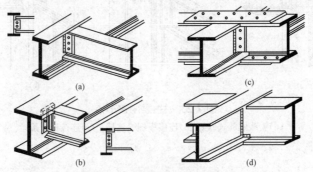

图 7-26　主梁与次梁对接的立体视图

(a)、(b)只传递剪力；(c)、(d)同时传递剪力和弯矩

5. 柱梁-支撑连接

(1)偏心连接。 当偏心连接时，支撑只与上、下钢梁连接，节点简单(图7-27)。

(2)中心连接。 当中心连接(即支撑轴线与柱梁轴线交点相交汇)时，则需在工厂把钢柱、梁头和支撑连接件预先组拼并焊接好，拼装中应严格控制精度，如图7-28所示。在受力中支撑不承受弯矩，只承受轴力，因此，现场拼装多采用螺栓连接而较少采用焊接。这样做，有利于结构几何尺寸的调整，施工也较方便。

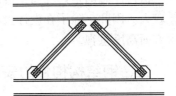

图7-27 人字形偏心
支撑(H型钢)连接

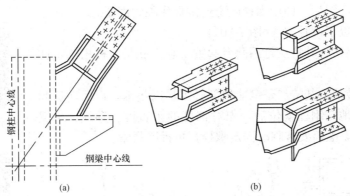

(a)

(b)

图7-28 中心支撑拼装及支撑连接件

(a)中心支撑拼装；(b)支撑连接件

6. 梁-混凝土筒连接

梁-混凝土筒连接，通常为铰接。预埋钢板可借助栓钉、弯钩钢筋、钢筋环、角钢等，埋设锚固于混凝土筒壁之中，钢板应与筒壁表面齐平，如图7-29所示。常采用的栓钉锚固件可用作受弯受剪连接件。

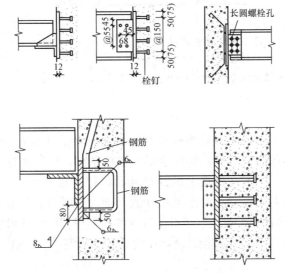

图7-29 几种预埋钢板的锚固方法

值得注意的是，在筒壁混凝土浇筑过程中，预埋钢板在三个方向上都会产生位移，误差较大。因此，除了在设计上充分考虑施工因素外，施工时应在模板技术、混凝土浇捣技术方面高度重视。

五、钢结构构件的安装工艺

1. 钢柱安装

第一节钢柱是安装在柱基临时标高支撑块上的，钢柱安装前应将登高扶梯和挂篮等临时固定好。钢柱起吊后对准中心轴线就位，固定地脚螺栓，校正垂直度。其他各节钢柱都安装在下节钢柱的柱顶(采用对接焊)，钢柱两侧装有临时固定用的连接板，上节钢柱对准下节钢柱柱顶中心线后，即用螺栓固定连接板作临时固定。

钢柱起吊有以下两种方法(图 7-30)：

(1)双机抬吊法，其特点是用两台起重机悬高起吊，柱根部不能着地摩擦；

(2)单机吊装法，其特点是钢柱根部必须垫以垫木，以回转法起吊，严禁柱根拖地。钢柱就位后，先对钢柱的垂直度、轴线、牛腿面标高进行初校，然后安装临时固定螺栓，再拆除吊索。

吊柱(旋转法)

吊柱(滑行法)

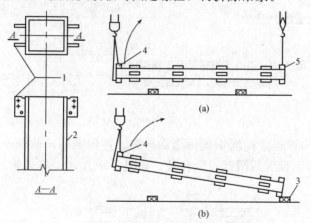

(a)

(b)

图 7-30　钢柱吊装工艺

(a)双机抬吊法；(b)单机吊装法

1—钢柱吊耳(接柱连接板)；2—钢柱；3—垫木；4—上吊点；5—下吊点

2. 框架钢梁安装

钢梁在吊装前，应于柱子牛腿处检查标高和柱子间距。主梁吊装前，应在梁上装好扶手杆和扶手绳，待主梁吊装就位后，将扶手绳与钢柱系牢，以保证施工人员的安全。

钢梁采用两点起吊，一般在钢梁上翼缘处开孔，作为吊点。吊点位置取决于钢梁的跨度。为加快吊装进度，对质量较小的次梁和其他小梁，常利用多头吊索一次吊装数根。

水平桁架的安装基本同框架梁，但吊点位置的选择应根据桁架的形状而定，需保证起吊后平直，以便于安装连接。安装连接螺栓时严禁在情况不明的情况下任意扩孔，连接板必须平整。

3. 墙板安装

装配式剪力墙板安装在钢柱和楼层框架梁之间，剪力墙板有钢制墙板和钢筋混凝土墙板两种。墙板有以下两种安装方法：

(1)先安装好框架，然后再装墙板。进行墙板安装时，选用索具吊到就位部位附近临时搁置，然后调换索具，在分离器两侧同时下放对称索具绑扎墙板，再起吊安装到位。此法安装效率不高，临时搁置需采取一定的措施(图 7-31)。

(2)先将上部框架梁组合，然后再安装。剪力墙板的四周与钢柱和框架梁用螺栓连接再用焊接固定，安装前在地面先将墙板与上部框架梁组合，然后一并安装，定位后再连接其他部位。该方法的组合安装效率高，是个较合理的安装方法(图 7-32)。

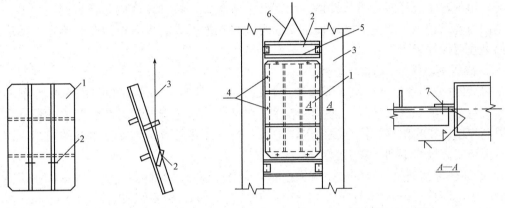

图 7-31　剪力墙板吊装方法之一

1—墙板；2—吊点；3—吊索

图 7-32　剪力墙板吊装方法之二

1—墙板；2—框架梁；3—钢柱；4—安装螺栓；
5—框架梁与墙板连接处(在地面先组合成一体)；
6—吊索；7—墙板安装时与钢柱连接部位

剪力支撑安装部位与剪力墙板吻合，安装时也应采用剪力墙板的安装方法，尽量组合后再进行安装。

4. 钢扶梯安装

钢扶梯一般以平台部分为界限分段制作，构件是空间体，与框架同时进行安装，然后再进行位置和标高的调整。钢扶梯在安装施工中常作为操作人员在楼层之间的工作通道。其安装工艺简便，但定位固定较复杂。

六、高层钢框架的校正

1. 框架校正的基本原理

(1)校正流程。框架整体校正是在主要流水区安装完成后进行的。一节标准框架的校正流程如图 7-33 所示。

(2)校正时的允许偏差。目前只能针对具体工程，由设计单位参照有关规定提出校正的质量标准和允许偏差，供高层钢结构安装实施。

(3)标准柱和基准点的选择。标准柱是能控制框架平面轮廓的少数柱子，

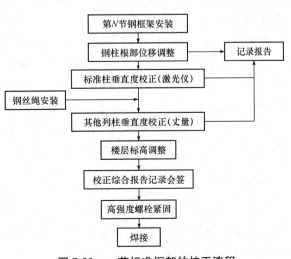

图 7-33　一节标准框架的校正流程

用它来控制框架结构安装的质量。一般选择平面转角柱为标准柱。如正方形框架取 4 根转角柱；长方形框架当长边与短边之比大于 2 时取 6 根柱；多边形框架取转角柱为标准柱。

基准点的选择以标准柱的柱基中心线为依据，从 X 轴和 Y 轴分别引出距离为 l 的补偿线，其交点作为标准柱的测量基准点。对基准点应加以保护，防止损坏，l 值的大小由工程情况确定。

进行框架校正时，采用激光经纬仪以基准点为依据对框架标准柱进行垂直度观测，对钢柱顶部进行垂直度校正，使其在允许范围内。

框架其他柱子的校正不用激光经纬仪，通常采用丈量测定法。具体做法是以标准柱为依据，用钢丝组成平面封闭状方格，用钢尺丈量距离，超过允许偏差者需调整偏差，在允许范围内者只记录不调整。框架校正完毕要调整数据列表，进行中间验收鉴定，然后才能开始高强度螺栓紧固工作。

2. 高层钢框架结构的校正方法

(1)轴线位移校正。任何一节框架钢柱的校正，均以下节钢柱顶部的实际柱中心线为准。安装钢柱的底部对准下节钢柱的中心线即可。控制柱节点时需注意四周外形，尽量平整以利焊接。实测位移，按有关规定作记录。校正位移时应特别注意钢柱的扭矩。钢柱扭转对框架安装极为不利，应引起重视。

(2)柱子标高调整。每安装一节钢柱后，应对柱顶作一次标高实测，根据实测标高的偏差值来确定调整与否(以设计±0.000 为统一基准标高)。当标高偏差值不大于 6 mm 时，只记录不调整，当标高偏差值超过 6 mm 时，需进行调整。调整标高时用低碳钢板垫到规定要求。钢柱标高调整应注意下列事项：

偏差过大(>20 mm)不宜一次调整时，可先调整一部分，待下一步再调整。因为一次调整过大，会影响支撑的安装和钢梁表面的标高；中间框架柱的标高宜稍高些，通过实际工程的观察证明，中间列柱的标高一般均低于边柱标高，这主要是因为钢框架安装工期长，结构自重不断增大，中间列柱承受的结构荷载较大，因此中间列柱的基础沉降值也大。

(3)垂直度校正。垂直度校正用一般的经纬仪难以满足要求，应采用激光经纬仪来测定标准柱的垂直度。测定方法是将激光经纬仪中心放在预定的基准点上，使激光经纬仪光束射到预先固定在钢柱上的靶标上，光束中心同靶标中心重合，表明钢柱垂直度无偏差。激光经纬仪须经常检验，以保证仪器本身的精度。光束中心与靶标中心不重合，表明有偏差。偏差超过允许值时应校正钢柱。

测量时，为了减小仪器误差的影响，可采用 4 点投射光束法来测定钢柱的垂直度，就是在激光经纬仪定位后，旋转经纬仪水平度盘，向靶标投射四次光束(按 0°、90°、180°、270°位置)，将靶标上四次光束的中心用对角线连接，其对角线交点即正确位置。以此为准检验钢柱是否垂直，决定钢柱是否需要校正。

(4)框架梁平面标高校正。用水平仪、标尺实测框架梁两端标高误差情况。超过规定时应做校正，方法是扩大端部安装连接孔。

七、楼面工程及墙面工程

高层钢结构中，楼面由钢梁和混凝土楼板组成。它有传递垂直荷载和水平荷载的结构功能。楼面应当轻质，并有足够的刚度，易于施工，为结构安装提供方便，尽可能快地为后继防火、装修和其他工程创造条件。

1. 楼板种类

高层钢结构中，楼板种类有压型钢板现浇楼板、钢筋混凝土叠合楼板、预制楼板和现浇楼板。

（1）压型钢板现浇楼板。压型钢板模板，是采用镀锌或经防腐处理的薄钢板，经冷轧成具有梯、波形截面的槽形钢板。压型钢板作为永久性模板，一般用于钢结构工程，按其结构功能分为组合式和非组合式两种。组合式压型钢板既起到模板的作用，又作为现浇楼板底面受拉配筋，不但在施工阶段承受施工荷载和现浇层自重，而且在使用阶段还承受使用荷载。非组合式压型钢板则只起模板功能，只承受施工荷载和现浇层自重，不承受使用阶段荷载。

压型钢板一般采用 0.75～1.6 mm 厚（不包括镀锌和饰面层）的 Q235 薄钢板冷轧制成。常见的几种压型钢板形状如图 7-34～图 7-37 所示。

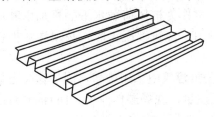

图 7-34 楔形肋压型钢板

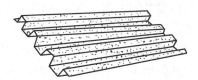

图 7-35 带压痕压型钢板

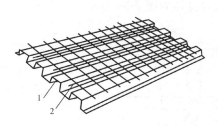

图 7-36 焊有横向钢筋的压型钢板
1—压型钢板；2—钢筋

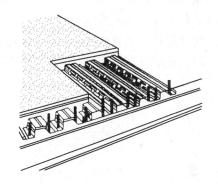

图 7-37 压型钢板复合楼板和复合钢梁系统

压型钢板作为一种永久性模板，其优点是除可以减少或完全免去支拆模作业、简化施工外，它的严密性好，不漏浆，可作主体结构安装施工的操作平台和下部楼层施工人员的安全防护板，有利于立体交叉作业，有利于照明管线的敷设和吊顶龙骨的固定。其缺点是湿作业工作量大，用作底面受拉配筋时，必须做防火层，造价较高。不过，从总的施工效果看，只有采用压型钢板模板，才能充分发挥钢结构工程快速施工的特点和效益。如果采用密度小、耐火性能好的轻集料混凝土，还可以有效地降低楼板厚度和压型钢板的厚度。

压型钢板铺设前要将油渍擦净，一面刷好防锈漆。压型钢板一般直接铺设于次钢梁上，相互搭接长度不小于10 cm，用点焊与钢梁上的翼缘焊牢，或设置锚固栓钉，现常采用剪力栓钉（又称柱状螺栓）（图 7-38）。由于设置数量多，一般采用专门的栓焊机在极短的时间内（0.8～1.2 s）通过大电流（1 800～2 000 A）把栓钉直接焊在钢柱、钢梁上作为剪力件。

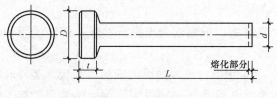

图 7-38 剪力栓钉

(2)钢筋混凝土叠合楼板。在厚度较小的预制钢筋混凝土薄板上浇一层混凝土形成整体实心楼板，称为叠合楼板。本章已对现浇混凝土模板技术进行了介绍。因为在施工工艺上它不如压型钢板和预制楼板简单，故这种楼板在高层钢结构中并不多见，但它是一种永久性模板，可省去支、拆模工序，节省模板材料，整体性比预制楼板好，而且有利于抗震。

在这类楼板结构中，下层预制薄板可为预应力或非预应力的，厚度为 40 mm 左右，含楼板的全部底部受拉配筋。它的上部剪力配筋伸出板面以外（如钢筋环），以解决预制薄板和现浇层之间的黏结抗剪强度问题。此外，端部的伸出钢筋可使薄板相互连接。如在现浇层中配置连续钢筋网，那么楼板即成为连续楼板，可作为抗风荷载水平隔板加以利用。为使楼板与钢梁共同工作，钢梁上同样应焊有剪力栓钉。浇筑混凝土时，必须注意把接缝填满并振实。

(3)预制楼板。预制楼板在钢结构高层旅馆、公寓建筑中采用较多，因为这类建筑的预埋管线比办公楼少。预制楼板一般具有很高的表面质量，现场湿作业少，而且隔声性能好，振动小。但是，它传递水平荷载的能力不及现浇整体楼板，大多不做吊顶。

采用预制楼板，要着重解决预制板之间的纵、横向接缝问题。为了不使板、梁相互作用的区域受到干扰，预制板端部接缝可设在两根钢梁之间的跨中。此时其纵向钢筋应伸入接缝中，相互连接并浇筑混凝土（下支模板）。对于高层钢结构，横向接缝一般与钢梁轴线重合。此时，板端应预留喇叭口形凹槽，以容纳抗剪栓钉，如图 7-39 所示。

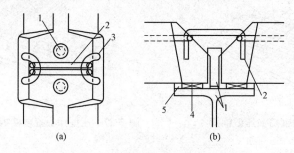

(a)   (b)

图 7-39 预制板和钢梁之间的连接构造

1—抗剪栓钉；2—φ12 钢筋卡子；3—端头外伸钢筋环；4—薄钢板垫片；5—泡沫塑料条

(4)现浇楼板。普通现浇楼板在高层钢结构中采用不多，因为支拆模非常费工，施工速度慢。但为降低工程造价，这种楼板仍不失为一种经济的做法。

由于高层钢结构现浇楼板对建筑物的刚度和稳定性具有重要影响，而且楼板还是抗扭的重要结构构件，因此，要求钢结构安装到第六层时，应将第一层楼板的混凝土浇完，使钢结构安装和楼板施工相距不超过 5 层。

2. 墙面工程

对高层钢框架体系，一般在钢框架内填充与钢框架有效连接的剪力墙板（也称框架-剪力墙结构）。这种剪力墙板可以是预制钢筋混凝土墙板、带钢支撑的预制钢筋混凝土墙板或钢板墙板，墙板与钢结构的连接用焊接或高强度螺栓固定，也可以是现浇的钢筋混凝土剪力墙。

为减轻自重，对非承重结构的隔墙、围护墙等，一般采用各种轻质材料，如加气混凝土、石膏板、矿渣棉、塑料、铝板、玻璃围幕等。

八、安全施工措施

钢结构高层和超高层建筑施工，安全问题十分突出，应该采取有力措施以保证安全施工。

（1）在柱、梁安装后未设置压型钢板的楼板，为便于人员行走和施工方便，需在钢梁上铺设适当数量的走道板。

（2）在钢结构吊装期间，为防止人员、物料和工具坠落或飞出造成安全事故，需铺设安全网。安全网分为平网和竖网两种（图 7-40）。

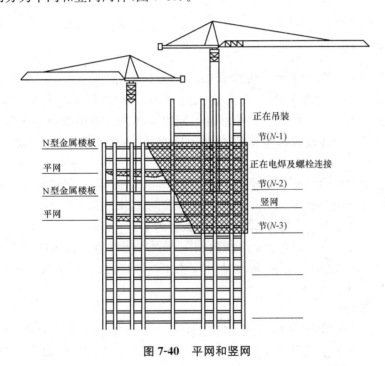

图 7-40　平网和竖网

1)平网设置在梁面以上 2 m 处，当楼层高度小于 4.5 m 时，平网可隔层设置。平网要在建筑平面范围内满铺。

2)竖网铺设在建筑物外围，防止人、物飞出造成安全事故。竖网铺设的高度一般为两节柱的高度。

（3）为便于接柱施工，并保证操作工人的安全，在接柱处要设操作平台，平台固定在下节柱的顶部。

（4）钢结构施工需要许多设备，如电焊机、空气压缩机、氧气瓶、乙炔瓶等，这些设备需随着结构安装而逐渐升高。为此，需在刚安装的钢梁上设置存放施工设备用的平台。固定平台钢梁的临时螺栓数要根据施工荷载计算确定，不能只投入少量的临时螺栓。

（5）为便于施工登高，吊装钢柱前要先将登高钢梯固定在钢柱上。为便于对柱梁节点进行紧固高强度螺栓和焊接的操作，需在柱梁节点下方安装吊篮脚手架。

（6）施工用的电动机械和设备均需接地，绝对不允许使用破损的电线和电缆，严防设备漏电。施工用电器设备和机械的电缆，需集中在一起，并随楼层的施工而逐节升高。每层楼面须分别设置配电箱，供每层楼面施工用电需要。

（7）高空施工时，当风速达 10 m/s 时，有些吊装工作要停止；当风速达到 15 m/s 时，一般应停止所有的施工工作。

（8）施工期间应该注意防火，配备必要的灭火设备和消防人员。

第四节　钢结构防火与防腐工程

一、防火工程

钢结构高层建筑要特别重视火灾的预防。钢材热传导快，比热小，虽是一种不燃材料，但极不耐火。当钢构件暴露于火灾高温之下时，其温度很快上升，当其温度达到 600 ℃时，钢的结构发生变化，其抗拉强度、屈服点和弹性模量都急剧下降（如屈服点可下降 60％）。另外，钢柱以及承重钢梁会由于挠度的急剧增大而失去稳定性，导致整个建筑物坍塌。

例如，在震惊世界的"9·11"事件中，美国纽约 110 层的世界贸易中心的两座大厦，被恐怖分子劫持的飞机撞击后仅 32 min，南楼就坍塌至底部。其中一个重要原因就是该楼的钢结构构件在大火高温下，丧失承载能力从而很快坍塌。

钢结构防火工程的目的，在于用防火材料阻断火灾热流传给钢构件的通路，延缓传热速率（延长钢构件温度达到临界温度的时间），使钢结构在某个特定时间内能够继续承受荷载。

1. 耐火极限等级

钢结构构件的耐火极限等级，是根据它在耐火试验中能继续承受荷载作用的最短时间来划分的。耐火时间大于或等于 30 min，则耐火极限等级为 F30，每一级都比前一级长 30 min，所以耐火时间等级分为 F30、F60、F90、F120、F150、F180 等。

钢结构构件的耐火极限等级，依建筑物的耐火等级和构件种类而定；而建筑物的耐火等级又是根据火灾荷载确定的。火灾荷载是指建筑物内如结构部件、装饰构件、家具和其他可燃材料等燃烧时产生的热量。单位面积的火灾荷载为

$$q = \frac{\sum Q_i}{A}$$

式中　Q_i——材料燃烧时产生的热量（MJ）；

　　　A——建筑面积（m²）。

与一般钢结构不同，高层钢结构的耐火极限又与建筑物的高度相关，因为建筑物越高，重力荷载也越大。**高层钢结构的耐火等级可分为 Ⅰ、Ⅱ 两级**。其构件的燃烧性能和耐火极限应不低于表 7-10 的规定。

表 7-10　建筑构件的燃烧性能和耐火极限

构 件 名 称		Ⅰ级	Ⅱ级
墙体	防火墙	非燃烧体 3 h	非燃烧体 3 h
	承重墙、楼梯间墙、电梯井及单元之间的墙	非燃烧体 2 h	非燃烧体 2 h
	非承重墙、疏散走道两侧的隔墙	非燃烧体 1 h	非燃烧体 1 h
	房间隔墙	非燃烧体 45 min	非燃烧体 45 min
柱子	从楼顶算起(不包括楼顶塔形小屋)15 m 高度范围内的柱	非燃烧体 2 h	非燃烧体 2 h
	从楼顶算起向下 15～55 m 高度范围内的柱	非燃烧体 2.5 h	非燃烧体 2 h
	从楼顶算起 55 m 以下高度范围内的柱	非燃烧体 3 h	非燃烧体 2.5 h
其他	梁	非燃烧体 2 h	非燃烧体 1.5 h
	楼板、疏散楼梯及屋顶承重构件	非燃烧体 1.5 h	非燃烧体 1.0 h
	抗剪支撑、钢板剪力墙	非燃烧体 2 h	非燃烧体 1.5 h
	吊顶(包括吊顶搁栅)	非燃烧体 15 min	非燃烧体 15 min

注：当房间可燃物超过 200 kg/m² 而又不设自动灭火设备时，则主要承重构件的耐火极限按本表的数据再提高 0.5 h。

2. 防火材料

钢结构的防火保护材料，应选择绝热性好、具有一定抗冲击振动能力、能牢固地附着在钢构件上，又不腐蚀钢材的防火涂料或不燃性板型材。选用的防火材料应具有国家检测机构提供的理化、力学和耐火极限试验检测报告。

防火材料的种类主要有：热绝缘材料、能量吸收(烧蚀)材料、膨胀涂料。

大多数最常用的防火材料实际上是前两类材料的混合物。采用最广的具有优良性能的热绝缘材料有矿物纤维和膨胀集料(如蛭石和珍珠岩)；最常用的热能吸收材料有石膏和硅酸盐水泥，它们遇热会释放出结晶水汽化吸热。

(1)混凝土。混凝土是采用最早和最广泛的防火材料，其导热系数较高，因而不是优良的绝热体，同其他防火涂层比较，它的防火能力主要依赖于它的化学结合水和游离水，其含量为 16%～20%。火灾中混凝土温度相对较低，这是因为它的表面和内部有水。当它的非暴露表面温度上升到 100 ℃时，即不再升高，一旦水分完全汽化掉，其温度就将再度上升。

混凝土可以延缓金属构件的升温，而且可承受与其相对面积和刚度成比例的一部分柱子荷载，有助于减小破坏。混凝土防火性能主要依靠的是厚度：当耐火时间小于 90 min 时，耐火时间同混凝土层的厚度呈曲线关系；当耐火时间大于 90 min 时，耐火时间则与厚度的平方成正比。

(2)石膏。石膏具有不寻常的耐火性质。当其暴露在高温下时，可释放出 20%的结晶水而被火灾产生的热量所汽化。所以，火灾中石膏一直保持相对的冷却状态，直至被完全煅烧脱水为止。石膏作为防火材料，既可做成板材，粘贴于钢构件表面，也可制成灰浆，涂抹或喷射到钢构件表面。

(3)矿物纤维。矿物纤维是最有效的轻质防火材料，它不燃烧，抗化学侵蚀，导热性低，隔声性能好。以前采用的矿物纤维有石棉、岩棉、矿渣棉和其他陶瓷纤维，当今采用的矿物纤维则不含石棉和晶体硅，原材料为岩石或矿渣，在 1 371 ℃下制成。

1)矿物纤维涂料。矿物纤维涂料由无机纤维、水泥类胶结料以及少量的掺合料配成。添加掺合料有助于混合料的浸湿、凝固和控制粉尘飞扬。掺合料中还掺有空气凝固剂、水化凝固剂和陶瓷凝固剂。根据需要，这几种凝固剂可按不同比例混合使用，或只使用某一种。

2)矿棉板。如岩棉板，它有不同的厚度和密度。密度越大，耐火性能越高。矿棉板的固定件有以下几种：用电阻焊焊在翼缘板内侧或外侧的销钉；用薄钢带固定于柱上的角铁形固定件等。

矿棉板防火层一般做成箱形，可把几层叠置在一起。当矿棉板绝缘层不能做得太厚时，可在最外面加高熔点绝缘层，但造价会上升。当矿棉板厚度为 62.5 mm 时，耐火极限为 2 h。

(4)氯氧化镁。氯氧化镁水泥用作地面材料已近 50 年，从 20 世纪 60 年代开始被用作防火材料。它与水的反应是这种材料防火性能的基础，其含水量可达 44%～54%，相当于石膏含水量(按质量计)的 2.5 倍以上。当其被加热到大约 300 ℃时，开始释放化学结合水。经标准耐火试验，当涂层厚度为 14 mm 时，耐火极限为 2 h。

(5)膨胀涂料。膨胀涂料是一种极有发展前景的防火材料，它极似油漆，直接喷涂于金属表面，黏结和硬化与油漆相同。涂料层上可直接喷涂装饰油漆，不透水，抗机械破坏性能好，耐火极限最大可达 2 h。

(6)绝缘型防火涂料。近年来，我国科研单位大力开发了很多热绝缘型防火涂料，如 TN-LG、JG-276、ST1-A、SB-1、ST1-B 等。其厚度在 30 mm 左右时，耐火极限均不低于 2 h。

3. 防火方法

钢结构构件的防火方法见表 7-11。

表 7-11　钢结构构件的防火方法

方　　法		内　　　　容
外包层法	湿作业	湿作业又分为浇筑法、抹灰法和喷射法三种： (1)浇筑法即在钢构件四周浇筑一定厚度的混凝土、轻质混凝土或加气混凝土等，以隔绝火焰或高温。为增强所浇筑的混凝土的整体性和防止其遇火剥落，可埋入细钢筋网或钢丝网。 (2)抹灰法即在钢构件四周包以钢丝网，外面再抹以蛭石水泥灰浆、珍珠岩水泥灰浆、石膏灰浆等，它们的厚度视耐火极限等级而定，一般约为 35 mm。 (3)喷射法即用喷枪将混有胶粘剂的石棉或蛭石等保护层喷涂在钢构件表面，形成防火的外包层。喷涂的表面较粗糙，还需另行处理
	干作业	干作业即用预制的混凝土板、加气混凝土板、蛭石混凝土板、石棉水泥板、陶瓷纤维板或者矿棉毡、陶瓷纤维毡等包围钢构件形成防火层。板材用化学胶粘剂粘贴。棉毡等柔软材料则用钢丝网固定在钢构件表面，钢丝网外面再包以铝箔、钢套等，以防在施工过程中下雨使棉毡受潮，同时也起隔离剂作用，减轻日后棉毡等的吸水
屏蔽法		屏蔽法即将不做防火外包层的钢结构构件包藏在耐火材料构成的墙或顶棚内，或用耐火材料将钢构件与火焰、高温隔绝开来。这常常是较经济的防火方法，国外有些钢结构高层建筑的外柱即采用这种方法防火。具体来说有两种方式：一种是在结构设计上，让外柱在外墙之外，距离外墙一定距离，同时也不靠近窗子，这样一旦发生火灾，火焰就达不到柱子，柱子也就没必要做防火保护。另一种是将防火板放在柱子后面做防火屏障，防火板每边凸出柱外一定的宽度(7～15 cm)，其宽度视耐火极限、型钢种类和大小而定，这样就能防止窗口喷出的火焰烧热柱子。如果外墙嵌在外柱之间，不直接靠近窗子的外柱，那么只在柱子里面用防火材料做屏蔽即可

続表

方　法	内　　　　　容
水冷却法	水冷却法即在呈空心截面的钢柱内充水进行冷却。如发生火灾，钢柱内的水被加热而产生循环，热水上升，冷水自设于顶部的水箱流下，以水的循环将火灾产生的热量带走，以保证钢结构不丧失承载能力。此法已在柱子中应用，也可扩大用于水平构件。为了防止钢结构生锈，可在水中掺入专门的防锈外加剂。冬期为了防冻，也可在水中加入防冻剂

钢结构高层建筑的防火是十分重要的，它关系到居住人员的生命财产安全和结构的稳定。高层钢结构防火措施的费用一般占钢结构造价的 18%～20%，占结构造价的 9%～10%，占整个建筑物造价的 5%～6%。

二、防腐工程

除不锈钢等特殊钢材之外，钢结构在使用过程中，由于受到环境介质的作用易被腐蚀破坏。因此钢结构都必须进行防腐处理，以防止氧化腐蚀和其他有害气体的侵蚀。钢结构高层建筑的防腐处理很重要，它可以延长结构的使用寿命和减少维修费用。

1. 钢结构腐蚀的化学过程与防腐蚀方法

钢结构腐蚀的程度和速度，与相对大气温度以及大气中侵蚀性物质的含量密切相关。研究表明，当相对大气湿度小于 70% 时，钢材的腐蚀并不严重；只有当相对大气湿度超过 70% 时，才会产生值得重视的腐蚀。在潮湿环境中，主要是氧化腐蚀，即氧气与钢材表面的铁发生化学作用而引起锈蚀。

防止氧化腐蚀的主要措施是把钢结构与大气隔绝。如在钢结构表面现浇一定厚度的混凝土覆面层或喷涂水泥砂浆层等，这样不但能防火，还能保护钢材免遭腐蚀。香港汇丰银行新厦，对于钢组合柱、桁架吊杆、大梁等，就用水泥砂浆喷涂进行防腐。砂浆的成分是水泥：砂：钢纤维为 1:8:0.05，并与一种专用的乳胶加水混合后用压缩空气经喷嘴喷涂在钢构件表面。防腐喷涂层的厚度不小于 12 mm，但也不大于 20 mm。一般分两次喷涂，每层厚度不小于 6 mm。第一层加钢纤维，第二层（面层）可以不加。喷涂后用聚氯乙烯薄膜覆盖，以防止水分蒸发，起养护作用，同时也防止防腐层被雨水冲坏。

另外，在钢结构表面增加一层保护性的金属镀层（如镀锌），也是一种有效的防腐方法。

2. 钢结构的涂装防护

用涂油漆的方法对钢结构进行防腐，是用得最多的一种防腐方法。**钢结构的涂装防护施工，包括钢材表面处理、涂层设计、涂层施工等。**

(1)钢材表面处理。进行钢材表面处理，先要确定钢材表面的原始状态、除锈质量等级、除锈方法和表面粗糙度等。

在除锈之前应先了解钢材表面原始状态，并确定其等级，以便决定处理措施和施工方案。钢结构表面防护涂层的有效寿命，在很大程度上取决于其表面的除锈质量。施工现场的临时除锈，至少要求除去疏松的氧化皮和涂层，使钢材表面在补充清理后呈现轻微的金属光泽。

除锈方法主要有喷射法、手工或机械法、酸洗法和火焰喷射法等。国外对钢结构除锈大多采用喷射法，包括离心喷射、压缩空气喷射、真空喷射和湿喷射等。在我国较大的金属结构厂，钢材除锈多用酸洗方法。在中、小型金属结构厂和施工现场，多采用手工或机械法除锈。有特殊要求的才用喷射法除锈。

采用不同的除锈方法，其涂层的防锈效果也不一样，因为每个除锈质量等级都有一定的表面粗糙度，而钢结构的表面粗糙度影响着涂层的附着力、涂料用量和防锈效果。如果表面粗糙度很大，仅涂一或两道底漆很难填平钢材表面的波峰。如果不在短时间内涂上面漆，表面的波峰很快就会被锈蚀掉。因此，表面粗糙度大的钢材在涂漆前应经机械打磨或喷射处理。

(2)涂层设计。涂层设计包括选择涂料品种、确定涂层结构和涂层厚度。

1)选择涂料品种，首先要了解涂层的使用条件。靠近工业区的钢结构，要求能耐工业大气腐蚀或化学介质腐蚀。但是一般的钢结构高层建筑，主要要求耐大气腐蚀和满足色彩上的要求，如建筑处于沿海地区，还要考虑海洋气候的腐蚀；其次要掌握各种涂料的组成、性能和用途。钢结构用的涂料，一般分**防锈底漆**和**面漆**两种。底漆中含有阻蚀剂，对金属起阻蚀作用。面漆用于底漆的罩面，起保护底漆的作用，同时显示色彩，起装饰作用。

我国常用的钢结构面漆有醇酸漆、过氯乙烯漆和丙烯酸漆。醇酸漆光泽亮、耐候性优良、施工性能好、附着力好，其不足之处是漆膜较软、耐火和耐碱性差、干燥较慢、不能打磨；过氯乙烯漆的耐候性和耐化学性好，耐水和耐油，其不足之处是附着力差、不能在 70 ℃以上使用、打磨抛光性差；丙烯酸漆的保色性好、耐候性优良、有一定耐化学性能、耐热性较好，其不足之处是耐溶剂性差。

2)面漆和底漆要配套使用。如油基底漆不能用含强溶剂的面漆罩面，以免出现咬底现象；过氯乙烯面漆只能用过氯乙烯底漆配套，而不宜用其他的漆种配套。各种油漆都有专用的稀释剂，不是专用的稀释剂不能乱用。

为了避免漏刷或漏喷，相邻两涂层不宜选用同一种颜色的涂料，也不宜选用色差过于明显或过于接近的颜色。

3)涂层结构。一般做法是：底漆→面漆。国外很多钢结构涂层的做法是：底漆→中涂漆→面漆。相比后一种涂层结构更为合理。底漆起阻蚀作用；中涂漆含着色颜料和体质颜料较多，漆膜无光，同底漆和面漆的附着力好；面漆起保护中涂漆的作用。这是一种较为完善的防护结构体系。

4)底漆与面漆的层数。总层数为 3 层时，底漆可为 1 层；当总层数为 4 层或 4 层以上时，底漆可分为 2 层。底漆层数不宜过多，因为底漆的抗渗性能差，涂层过厚时其表层上部不与金属接触，也起不到阻蚀作用，反而会降低整个涂层的抗渗性和抗老化性。

至于底漆的复合使用问题，试验证明，在配套性允许的条件下，选用不同品种的底漆构成的复合涂层，其防锈效果更好。

根据涂层的防锈机理，涂层之所以能防锈，在于涂层能使腐蚀介质与金属隔离。从这个意义来讲，涂层厚度对涂层的防锈效果有影响。实际使用中也证实了这一点，即涂层相对厚一些，防锈效果会更好。但涂层也不宜过厚，若涂层过厚，在施工和经济上都是不合理的，机械性能也有所降低。所以，人们要求用最小的涂层厚度来满足最低要求的防锈效果，这个厚度即所谓的临界厚度。钢结构涂层的临界厚度，应根据钢材表面处理、涂料品种、使用环境和施工方法等来确定。一般来说，防腐涂层总厚度最低为 $100\ \mu m$，施工时如果涂四道，涂层厚度仍然达不到 $100\ \mu m$，则可增加道数。

(3)涂层施工。涂层施工前，钢结构表面处理的质量必须达到要求的等级标准。在有影响施工因素的条件下(大风、雨、雪、灰尘等)应禁止施工。**施工温度一般规定为 5 ℃～35 ℃，**根据涂料产品使用说明书中的规定选用。一般规定施工时相对湿度不得超过85％。

涂料使用前应予以搅拌，使之均匀，然后调整施工黏度。施工方法不同，施工黏度也有所区别。

钢结构涂层的施工方法，常用的有涂刷法、压缩空气喷涂法、滚涂法和高压无气喷涂法。涂刷法施工简便、省料费工，对任何大小和形状的构件均可采用。压缩喷涂法工效高，但涂料消耗多。滚涂法适用于大面积的构件施工。此外，也可应用热喷涂法和静电喷涂法。

3. 金属镀层防腐

锌是保护性镀层中用得最多的金属。在钢结构高层建筑中也有很多构件是采用镀锌方法来进行防腐的。镀锌防腐多用于较小的构件。

镀锌可用热浸镀法或喷镀法。热浸镀法在镀槽中进行，可用来浸镀大构件，镀的锌层厚度为 $80\sim100\ \mu m$。喷镀法可用于车间或工地上，镀锌层厚度为 $80\sim150\ \mu m$。在喷镀之前应先将钢构件表面适当打毛。

钢结构防腐的费用占建筑总造价的 $0.1\%\sim0.2\%$。一个较好的防腐系统，在正常气候条件下的使用寿命可达 $10\sim15$ 年。在到达使用年限的末期时，只要重新油漆一遍即可。

本章小结

钢结构高层建筑施工从施工部署上看，仍然是一种预制装配施工体系，但由于材料不同，它有其独有的特点，如构件和安装施工的精度要求比混凝土结构高，节点连接的方式多采用焊接和高强度螺栓连接，楼面一般采用压型钢板现浇叠合楼板，墙面则采用轻质墙，钢结构的防火和防腐是必须高度重视的施工项目。本章主要从钢结构的加工制作、安装、防火与防腐三方面进行阐述，通过本章的学习，学生应能编制钢结构高层建筑施工方案，具有组织高层钢结构施工的能力。

思考与练习

一、单项选择题

1. 高层钢结构钢柱的主要截面形式有箱形断面、H形断面和十字形断面，一般都是焊接截面，（　　）用得不多。

    A. 热轧方钢管
    B. 离心圆钢管
    C. 热轧型钢
    D. 焊接工字截面

2. 对不需要展开的平面形零件的号料样板，当不需要保存实样图时，可采用（　　）制作样板。

    A. 画样法　　　　B. 移出法　　　　C. 过样法　　　　D. 覆盖过样法

3. 为提高钻孔效率，可将数块钢板重叠起来一齐钻孔，但一般重叠板厚度不应超过（　　）mm，重叠板边必须用夹具夹紧或用定位焊固定。

A. 30   B. 40   C. 50   D. 60

4. 现场焊接方法一般有手工焊接和半自动焊接两种。焊接母材厚度不大于（   ）mm 时采用手工焊，否则应采用半自动焊。

A. 30   B. 35   C. 40   D. 45

5. 用（   ）的方法对钢结构进行防腐，是用得最多的一种防腐方法。

A. 镀锌   B. 涂油漆

C. 现浇一定厚度的混凝土覆面层   D. 喷涂水泥砂浆层

二、多项选择题

1. 按结构材料及其组合分类，高层钢结构可分为（   ）。

A. 钢-混凝土混合结构   B. 全钢结构

C. 钢管混凝土结构   D. 型钢混凝土结构

2. 对不需要展开的平面形零件的号料样板有画样法和过样法两种制作方法。其中过样法又可分为（   ）。

A. 移出法   B. 移入法

C. 覆盖过样法   D. 不覆盖过样法

3. 为了合理使用和节约原材料，应最大限度地提高原材料的利用率，一般常用的号料方法有（   ）等。

A. 集中号料法   B. 套料法

C. 统计计算法   D. 余料统一号料法

4. 钢材的切割可以通过冲剪、切削、气体切割、锯切、摩擦切割和高温热源来实现。目前，常用的切割方法有（   ）。

A. 机械切割   B. 锯切   C. 摩擦切割   D. 气割

5. 高层钢结构安装需按照（   ）等划分流水段。

A. 建筑物平面形状   B. 结构形式

C. 安装机械数量   D. 位置

三、简答题

1. 常见的钢结构有哪些种类？它们各自的定义是什么？

2. 试述钢材的品种及其性能。

3. 简述高层钢结构钢柱的主要截面形式及其性质。

4. 什么是连接节点？其按连接构件的不同可分为哪几类？

5. 钢结构高层建筑结构安装的独有施工特点包括哪些内容？

6. 简述高层钢结构安装前的准备工作。

7. 试述钢结构构件的连接方式。

8. 试述高层钢框架结构的校正方法。

9. 钢结构高层和超高层建筑施工，安全问题十分突出，应该采取哪些有力措施保证安全施工？

10. 在高层钢结构中，常用哪些防火保护方法？比较各种方法的优点、缺点。

第八章 高层建筑防水工程施工

▶ 能力目标 ▶▶▶

(1)具有地下室工程防水施工的能力。
(2)具有外墙防水施工、厕浴间防水施工的能力。
(3)具有屋面防水施工、特殊建筑部位防水施工的能力。

▶ 知识目标 ▶▶▶

(1)了解高层建筑防水的特点,掌握地下室工程防水施工的方法和技术措施。
(2)了解外墙及厕浴间常用的几种防水构造,掌握外墙及厕浴间防水施工方法和质量控制措施。
(3)了解高层建筑的屋面防水等级,熟悉特殊建筑部位防水构造,掌握屋面防水施工方法和技术措施,掌握特殊建筑部位的防水施工方法和质量控制措施。

高层建筑防水比一般建筑工程防水要求更严格,它是建筑产品的一项重要使用功能,既关系到人们居住和使用的环境、卫生条件,也直接影响着建筑物的使用寿命。

建筑物的防水工程,按其工程部位可分为地下室、屋面、外墙面、室内厨房、厕浴间及楼层游泳池、屋顶花园等防水工程。

防水工程的质量在很大程度上取决于防水材料的技术性能,因此,防水材料必须具有一定的耐候性、抗渗透性、抗腐蚀性以及对温度变化和外力作用的适应性与整体性。施工中的基层处理、材料选用、各种细部构造(如落水口、出入口、卷材收头做法等)的处理及对防水层的保护措施,这些均对防水工程的质量有着极为重要的影响。另外,防水设计不周,构造做法欠妥,也是影响防水工程质量的重要因素。

第一节 地下室防水工程施工

各种房屋的地下室及不允许进水的地下构筑物,其墙与底面长期埋在潮湿的土中或浸在地下水中。为此，必须作防潮或防水处理。防潮处理比较简单，防水处理则比较复杂。在高层建筑或超高层建筑工程中，由于深基础的设置或建筑功能的需要，一般均设有一层或数层地下室，其对防水功能的要求则更高。

一、地下卷材防水层施工

1. 材料

在高层建筑的地下室及人防工程中，采用合成高分子卷材作全外包防水，能较好地适应钢筋混凝土结构沉降、开裂、变形的要求，并具有抵抗地下水化学侵蚀的能力。

防水卷材的品种规格和层数，应根据地下工程防水等级、地下水水位高低及水压力作用状况、结构构造形式和施工工艺等因素确定。卷材防水层的卷材品种可按表 8-1 选用。卷材防水层的厚度应符合表 8-2 的规定。

表 8-1　卷材防水层的卷材品种

类　　别	品种名称
高聚物改性沥青类 防水卷材	弹性体改性沥青防水卷材
	改性沥青聚乙烯胎防水卷材
	自粘聚合物改性沥青防水卷材
合成高分子类 防水卷材	三元乙丙橡胶防水卷材
	聚氯乙烯防水卷材
	聚乙烯丙纶复合防水卷材
	高分子自粘胶膜防水卷材

表 8-2　不同品种卷材的厚度要求

卷材品种	高聚物改性沥青类防水卷材			合成高分子类防水卷材			
	弹性体改性沥青防水卷材、改性沥青聚乙烯胎防水卷材	自粘聚合物改性沥青防水卷材		三元乙丙橡胶防水卷材	聚氯乙烯防水卷材	聚乙烯丙纶复合防水卷材	高分子自粘胶膜防水卷材
		聚酯毡胎体	无胎体				
单层厚度/mm	≥4	≥3	≥1.5	≥1.5	≥1.5	卷材：≥0.9 黏结料：≥1.3 芯材厚度≥0.6	≥1.2
双层总厚度/mm	≥(4+3)	≥(3+3)	≥(1.5+1.5)	≥(1.2+1.2)	≥(1.2+1.2)	卷材：≥(0.7+0.7) 黏结料：≥(1.3+1.3) 芯材厚度≥0.5	—

2. 施工工艺

(1)高层建筑采用箱形基础时，地下室一般多采用整体全外包防水做法。

1)外贴法。外贴法是将立面卷材防水层直接粘贴在需要防水的钢筋混凝土结构外表面上。采用外防外贴法铺贴卷材防水层时，应

卷材防水层施工外帖法

符合下列规定：

①应先铺平面，后铺立面，交接处应交叉搭接。

②临时性保护墙宜采用石灰砂浆砌筑，内表面宜做找平层。

③从底面折向立面的卷材与永久性保护墙的接触部位，应采用空铺法施工；卷材与临时性保护墙或围护结构模板的接触部位，应将卷材临时贴附在该墙上或模板上，并应将顶端临时固定。

④当不设保护墙时，从底面折向立面的卷材接槎部位应采取可靠的保护措施。

⑤混凝土结构完成，铺贴立面卷材时，应先将接槎部位的各层卷材揭开，并将其表面清理干净，如卷材有局部损伤，应及时进行修补；卷材接槎的搭接长度，高聚物改性沥青类卷材应为 150 mm，合成高分子类卷材应为 100 mm；当使用两层卷材时，卷材应错槎接缝，上层卷材应盖过下层卷材。

卷材防水层甩槎、接槎构造如图 8-1 所示。

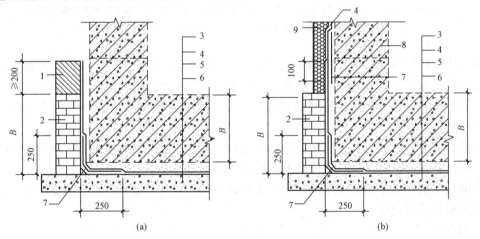

图 8-1 卷材防水层甩槎、接槎构造

(a)甩槎；(b)接槎

1—临时保护墙；2—永久保护墙；3—细石混凝土保护层；4—卷材防水层；
5—水泥砂浆找平层；6—混凝土垫层；7—卷材加强层；8—结构墙体；9—卷材保护层

2)内贴法(图 8-2)。内贴法是在施工条件受到限制，外贴法施工难以实施时，不得不采用的一种防水施工法，它的防水效果不如外贴法。其做法是先做好混凝土垫层及找平层，在垫层混凝土边沿上砌筑永久性保护墙，并在平、立面上同时抹砂浆找平层后，刷基层处理剂，完成卷材防水层粘贴，然后在立面防水层上抹一层 15～20 mm 厚的 1∶3 水泥砂浆，平面铺设一层 30～50 mm 厚的 1∶3 水泥砂浆或细石混凝土，作为防水卷材的保护层。最后进行地下室底板和墙体钢筋混凝土结构的施工。

卷材防水层施工内帖法

(2)卷材铺贴要求。地下防水层及结构施工时，地下水水位要设法降至底部最低标高下 300 mm，并防止地面水流入，否则应设法排除。卷材防水层施工时，气温不宜低于 5 ℃，最好在 10 ℃～25 ℃时进行。铺贴各类防水卷材应符合下列规定：

1)应铺设卷材加强层。

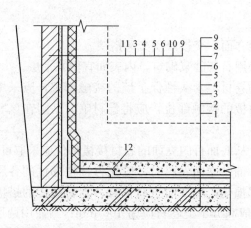

图 8-2　地下室工程内贴法卷材防水构造

1—素土夯实；2—素混凝土垫层；3—水泥砂浆找平层；4—基层处理剂；5—基层胶粘剂；

6—卷材防水层；7—沥青油毡保护隔离层；8—细石混凝土保护层；9—地下室钢筋混凝土结构；

10—5 mm 厚聚乙烯泡沫塑料保护层；11—永久性保护墙；12—填嵌密封膏

2)结构底板垫层混凝土部位的卷材可采用空铺法或点粘法施工，其黏结位置、点粘面积应按设计要求确定；侧墙采用外防外贴法的卷材及顶板部位的卷材应采用满粘法施工。

3)卷材与基面、卷材与卷材间的黏结应紧密、牢固；铺贴完成的卷材应平整顺直，搭接尺寸应准确，不得产生扭曲和皱褶。

4)卷材搭接处和接头部位应粘贴牢固，接缝口应封严或采用材性相容的密封材料封缝。

5)铺贴立面卷材防水层时，应采取防止卷材下滑的措施。

6)铺贴双层卷材时，上、下两层和相邻两幅卷材的接缝应错开 1/3～1/2 幅宽，且两层卷材不得相互垂直铺贴。

3. 质量要求

(1)所选用的合成高分子防水卷材的各项技术性能指标，应符合标准规定或设计要求，并应有现场取样进行复核验证的质量检测报告或其他有关材料的质量证明文件。

(2)卷材的搭接缝宽度和附加补强胶条的宽度，均应符合设计要求。一般搭接缝宽度不宜小于 100 mm，附加补强胶条的宽度不宜小于 120 mm。

(3)卷材的搭接缝以及与附加补强胶条的黏结必须牢固，封闭严密，不允许有皱折、孔洞、翘边、脱层、滑移或存在渗漏水隐患的其他外观缺陷。

(4)卷材与穿墙管之间应黏结牢固，卷材的末端收头部位必须封闭严密。

二、混凝土结构自防水施工

混凝土结构自防水是以工程结构本身的密实性和抗裂性来实现防水功能的一种防水做法，它使结构承重和防水合为一体。其具有材料来源丰富、造价低廉、工序简单、施工方便等特点。

防水混凝土是以自身壁厚及其憎水性和密实性来达到防水目的的。防水混凝土一般分为普通防水混凝土、集料级配防水混凝土、外加剂(密实剂、防水剂等)防水混凝土和特种水泥(大坝水泥、防水水泥、膨胀水泥等)防水混凝土。不同类型的防水混凝土具有不同的特点，应根据工程特征及使用要求进行选择。

随着防水混凝土技术的发展，高层建筑地下室目前广泛应用外加剂防水混凝土，值得推荐的是应用补偿收缩混凝土（膨胀水泥）做钢筋混凝土结构自防水。

（一）外加剂防水混凝土

外加剂防水混凝土是依靠掺入少量的有机物或无机物外加剂来改善混凝土的和易性，提高其密实性和抗渗性，以适应工程需要的防水混凝土。**按所掺外加剂种类的不同，外加剂防水混凝土可分为减水剂防水混凝土、氯化铁防水混凝土、加气剂防水混凝土、三乙醇胺防水混凝土等。**

1. 减水剂防水混凝土

减水剂对水泥具有强烈的分散作用，它借助极性吸附作用，大大降低了水泥颗粒间的吸引力，有效地阻碍和破坏了颗粒间的凝聚作用，并释放出凝聚体中的水，从而提高了混凝土的和易性。在满足施工和易性的条件下就可大大降低拌和用水量，使硬化后孔结构的分布情况得以改变，孔径及总孔隙率均显著减小，毛细孔更加细小、分散和均匀，混凝土的密实性、抗渗性得到提高。在大体积防水混凝土中，减水剂可使水泥水化热峰值推迟出现，这就减少或避免了在混凝土取得一定强度前因温度应力而开裂，从而提高了混凝土的防水效果。

减水剂防水混凝土的配制除应遵循普通防水混凝土的一般规定外，还应注意以下技术要求：

（1）应根据工程要求，施工工艺和温度及混凝土原材料的组成、特性等，正确选用减水剂品种。对所选用的减水剂，必须经过试验，求得减水剂适宜掺量。

（2）根据工程需要调节水胶比。当工程需要混凝土坍落度为 80～100 mm 时，可不减少或稍减少拌和用水量；当要求混凝土坍落度为 30～50 mm 时，可大大减少拌和用水量。

（3）由于减水剂能增大混凝土的流动性，故掺有减水剂的防水混凝土，其最大施工坍落度可不受 50 mm 的限制，但也不宜过大，以 50～100 mm 为宜。

（4）混凝土拌合物泌水率的大小对硬化后混凝土的抗渗性有很大影响。由于加入不同品种的减水剂后，均能获得降低泌水率的良好效果，一般有引气作用的减水剂（如 MF、木钙）效果更为显著，故可采用矿渣水泥配制防水混凝土。

2. 氯化铁防水混凝土

氯化铁防水混凝土是在混凝土拌合物中加入少量氯化铁防水剂拌制而成的、具有高抗渗性和密实度的混凝土。氯化铁防水混凝土依靠化学反应的产物氢氧化铁等胶体的密实填充作用、新生的氯化钙对水泥熟料矿物的激化作用，将易溶性物质转化为难溶性物质，再加上降低析水性等作用而增强混凝土的密实性和提高其抗渗性。

（1）氯化铁防水剂的准备。目前制备氯化铁防水剂常用的含铁原料为轧钢时脱落下来的氧化镀锌薄钢板。其制备方法是：先将一份质量的氧化镀锌薄钢板投入耐酸容器（常用陶瓷缸）中，然后注入两份质量的盐酸，用压缩空气或机械等方法不断搅拌，使其充分反应，反应进行 2 h 左右，向溶液中加入 0.2 份质量的氧化镀锌薄钢板，继续反应 4～5 h 后，反应液逐渐变成深棕色浓稠的酱油状氯化铁溶液。静置 3～4 h，吸出上部清液，再向清液中加入相当于清液质量 5% 的硫酸铝，经搅拌至完全溶解，并使其相对密度达到 1.4 以上，即成为氯化铁防水剂。

（2）氯化铁防水混凝土配制注意事项。

1）氯化铁防水剂的掺量以水泥质量的 3% 为宜，掺量过多对钢筋锈蚀及混凝土收缩有不良影响；如果采用氯化铁砂浆抹面，掺量可增至 3%～5%。

2）氯化铁防水剂必须符合质量标准，不得使用市场上出售的化学试剂氯化铁。

3）配料要准确。配制防水混凝土时，首先称取需用量的防水剂，并用 80% 以上的拌合水稀释，搅拌均匀后，再将该水溶液拌和砂浆或混凝土，最后加入剩余的水。严禁将防水剂直接倒入水泥砂浆或混凝土拌合物中，也不能在防水基层面上涂刷纯防水剂。

当采用机械搅拌时，必须先注入水泥及粗细集料，而后再注入氯化铁水溶液，以免搅拌机遭受腐蚀。搅拌时间需大于 2 min。

（3）氯化铁防水混凝土施工注意事项。

1）施工缝要用 10～15 mm 厚的防水砂浆胶结。防水砂浆的质量配合比为水泥∶砂∶氯化铁防水剂 1∶0.5∶0.03，水胶比为 0.55。

2）氯化铁防水混凝土必须认真进行养护。养护温度不宜过高或过低，以 25 ℃ 左右为宜。自然养护时，温度不得低于 10 ℃，浇筑 8 h 后即用湿草袋等覆盖，24 h 后浇水养护 14 d。

3. 加气剂防水混凝土

加气剂防水混凝土是在混凝土拌合物中掺入微量加气剂配制而成的防水混凝土。

（1）加气剂防水混凝土的主要特征。

1）加气剂防水混凝土中存在适宜的闭孔气泡组织，故可提高混凝土的抗渗性和耐久性。

2）加气剂防水混凝土抗渗性能较好，水不易渗入，从而提高了混凝土的抗冻胀破坏能力。一般抗冻性最高可为普通混凝土的 3～4 倍。

3）加气剂防水混凝土的早期强度增长较慢，7 d 后强度增长比较正常。但这种混凝土的抗压强度随含气量的增加而降低，一般含气量增加 1%，28 d 后强度下降 3%～5%，但加气剂改善了混凝土的和易性，在保持和易性不变的情况下可减少拌和用水量，从而可补偿部分强度损失。

因此，加气剂防水混凝土适用于抗渗、抗冻要求较高的防水混凝土工程，特别适用于恶劣的自然环境工程。目前常用的加气剂有松香酸钠和松香热聚物，此外还有烷基磺酸钠、烷基苯磺酸钠等，以前者采用较多。

（2）加气剂防水混凝土的配制。

1）加气剂掺量。加气剂防水混凝土的质量与含气量密切相关。从改善混凝土内部结构、提高抗渗性及保持应有的混凝土强度出发，加气剂防水混凝土含气量以 3%～6% 为宜。此时，松香酸钠掺量为 0.1%～0.3%，松香热聚物掺量约为 0.1%。

2）水胶比。控制水胶比在某一适宜范围内，混凝土可获得适宜的含气量和较高的抗渗性。实践证明，水胶比最大不得超过 0.65，以 0.5～0.6 为宜。

3）砂子细度。砂子细度对气泡的生成有不同程度的影响，宜采用中砂或细砂，特别是采用细度模数在 2.6 左右的砂子效果较好。

（3）加气剂防水混凝土的施工注意事项。

1）加气剂防水混凝土宜采用机械搅拌。搅拌时首先将砂、石、水泥倒入混凝土搅拌机。加气剂应预先加入混凝土拌合水中搅拌均匀后，再加入搅拌机内。加气剂不得直接加入搅拌机，以免气泡集中而影响混凝土质量。

2）在搅拌过程中，应按规定检查拌合物的和易性（坍落度）与含气量，严格将其控制在规定的范围内。

3）宜采用高频振动器振捣，以排除大气泡，保证混凝土的抗冻性。

4）宜在常温条件下养护，冬期施工必须特别注意温度的影响。养护温度越高，对提高防水混凝土的抗渗性越有利。

4. 三乙醇胺防水混凝土

三乙醇胺防水混凝土是在混凝土拌合物中随拌合水掺入适量的三乙醇胺而配制成的混凝土。

依靠三乙醇胺的催化作用，混凝土在早期生成较多的水化产物，部分游离水结合为结晶水，相应地减少了毛细管通路和孔隙，从而提高了混凝土的抗渗性，且具有早强作用。当三乙醇胺和氯化钠、亚硝酸钠等无机盐复合时，三乙醇胺不仅能促进水泥本身的水化，还能促进氯化钠、亚硝酸钠等无机盐与水泥的反应，生成氯铝酸盐等络合物，体积膨胀，能堵塞混凝土内部的孔隙，切断毛细管通路，增大混凝土的密实性。

三乙醇胺防水混凝土配制的注意事项如下：

(1)当设计抗渗压力为 $0.8\sim1.2$ N/mm^2 时，水泥用量以 300 kg/m^3 为宜。

(2)砂率必须随水泥用量的降低而相应提高，使混凝土有足够的砂浆量，以确保其抗渗性。当水泥用量为 $280\sim300$ kg/m^3 时，砂率以 40% 左右为宜。掺三乙醇胺早强防水剂后，灰砂比可以小于普通防水混凝土 $1:2.5$ 的限值。

(3)对石子级配无特殊要求，只要在一定水泥用量范围内并保证有足够的砂率，无论采用哪一种级配的石子，都可以使混凝土有良好的密实度和抗渗性。

(4)三乙醇胺早强防水剂对不同品种水泥的适应性较强，特别是能改善矿渣水泥的泌水性和黏滞性，明显地提高其抗渗性。因此，对要求低水化热的防水工程，使用矿渣水泥为好。

(5)三乙醇胺防水剂溶液随拌合水一起加入，比例约为 50 kg 水泥加 2 kg 防水剂溶液。

(二)补偿收缩混凝土

补偿收缩混凝土以膨胀水泥或在水泥中掺入膨胀剂制成，使混凝土产生适度膨胀，以补偿混凝土的收缩。

1. 主要特征

(1)具有较高的抗渗功能。补偿收缩混凝土是依靠膨胀水泥或水泥膨胀剂在水化反应过程中形成钙矾石为膨胀源，这种结晶是稳定的水化物，填充于毛细孔隙中，使大孔变小孔，总孔隙率大大降低，从而增加了混凝土的密实性，提高了补偿收缩混凝土的抗渗能力，其抗渗能力比同强度等级的普通混凝土提高 $2\sim3$ 倍。

(2)能抑制混凝土裂缝的出现。补偿收缩混凝土在硬化初期产生体积膨胀，在约束条件下，它通过水泥石与钢筋的黏结，使钢筋张拉，被张拉的钢筋对混凝土本身产生压应力(称为化学预应力或自应力)可抵消混凝土干缩和徐变产生的拉应力。也就是说补偿收缩混凝土的拉应变接近零，从而达到补偿收缩和抗裂防渗的双重效果。因此，补偿收缩混凝土是结构自防水技术的新发展。

(3)后期强度能稳定上升。由于补偿收缩混凝土的膨胀作用主要发生在混凝土硬化的早期，所以补偿收缩混凝土的后期强度能稳定上升。

具有膨胀特性的水泥及外掺剂主要有明矾石膨胀水泥、石膏矾土水泥及 UEA 微膨胀剂等。

2. 施工注意事项

(1)补偿收缩混凝土具有膨胀可逆性和良好的自密作用，必须特别注意加强早期潮湿养护。

养护时间太晚，则可能因强度增长较快而抑制了膨胀。在一般常温条件下，补偿收缩混凝土浇筑后8～12 h即应开始浇水养护，待模板拆除后则应大量浇水。养护时间一般不应小于14 d。

（2）补偿收缩混凝土对温度比较敏感，一般不宜在低于5 ℃和高于35 ℃的条件下进行施工。

（三）防水混凝土施工

防水混凝土工程质量的好坏不仅取决于混凝土材料质量本身及其配合比，而且施工过程中的搅拌、运输、浇筑、振捣及养护等工序都对混凝土的质量有着很大的影响。因此施工时，必须对上述各个环节严格控制。

（1）施工要点。防水混凝土施工除严格按现行《混凝土结构工程施工质量验收规范》(GB 50204—2015)的要求进行施工作业外，还应注意以下几项：

1）施工期间，应做好基坑的降、排水工作，使地下水水位低于施工底面30 cm以下，严防地下水或地表水流入基坑造成积水，影响混凝土的施工和正常硬化，导致防水混凝土的强度及抗渗性能降低。在主体混凝土结构施工前，必须做好基础垫层混凝土，使其起到辅助防水的作用。

2）模板应表面平整，拼缝严密，吸水性小，结构坚固。浇筑混凝土前，应将模板内部清理干净。模板固定一般不宜采用螺栓拉杆或钢丝对穿，以免在混凝土内部造成引水通路。

当固定模板必须采用螺栓穿过防水混凝土结构时，应采取有效的止水措施，如图8-3～图8-5所示。

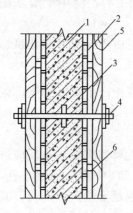

图8-3 螺栓加止水环
1—防水结构；2—模板；
3—止水环；4—螺栓；
5—大龙骨；6—小龙骨

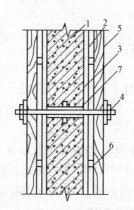

图8-4 预埋套管加止水环
1—防水结构；2—模板；3—止水环；
4—螺栓；5—大龙骨；6—小龙骨；
7—预埋套管(拆模后将螺栓拔出，
套管内用膨胀水泥砂浆封堵)

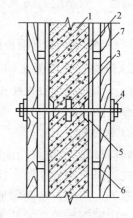

图8-5 螺栓加堵头
1—防水结构；2—模板；3—止水环；
4—螺栓；5—堵头(拆模后将螺栓沿平
凹坑底割去，再用膨胀水泥砂浆封堵)；
6—小龙骨；7—大龙骨

3）钢筋不得用钢丝或钢钉固定在模板上，必须采用与防水混凝土同强度等级的细石混凝土或砂浆块作垫块，并确保钢筋保护层的厚度不小于30 mm，不允许出现负误差。如结构内部设置的钢筋的确用钢丝绑扎时，绑扎丝均不得接触模板。

4）防水混凝土的配合比应通过试验选定。选定配合比时，应按设计要求的抗渗等级提高0.2 N/mm²。

5）防水混凝土应连续浇筑，尽量不留或少留施工缝，一次性连续浇筑完成。对于大体积的防水混凝土工程，可采取分区浇筑、使用发热量低的水泥或掺外加剂(如粉煤灰)等相应措施。

地下室顶板、底板混凝土应连续浇筑，不应留置施工缝。墙一般只允许留置水平施工缝，其位置不应留在剪力与弯矩最大处或底板与侧壁交接处，一般宜留在高出底板上表面不小于 200 mm 的墙身上。当墙体设有孔洞时，施工缝距孔洞边缘不宜小于 300 mm。

如必须留垂直施工缝，应尽量与变形缝结合，按变形缝进行防水处理，并应避开地下水和裂隙水较集中的地段。在施工缝中推广应用遇水膨胀橡胶止水条代替传统的凸缝、阶梯缝或金属止水片进行处理(图 8-6)，其止水效果更佳。

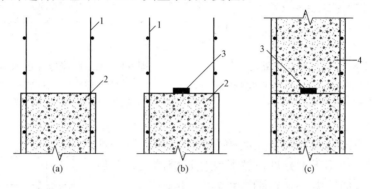

图 8-6　地下室防水混凝土施工缝的处理顺序

(a)上一道工序浇筑的混凝土施工缝平面；(b)在施工缝平面
处粘贴遇水膨胀橡胶止水条；(c)施工缝处前后浇筑的混凝土
1—钢筋；2—已浇筑混凝土；3—遇水膨胀橡胶止水条；4—后浇筑混凝土

6)防水混凝土不宜过早拆模，拆模时混凝土表面温度与周围气温之差不得超过 15 ℃～20 ℃，以防止混凝土表面出现裂缝。

7)防水混凝土浇筑后严禁打洞，所有预埋件、预留孔都应事先埋设准确。

8)防水混凝土工程的地下室结构部分，拆模后应及时回填土，以利于混凝土后期强度的增长并获得预期的抗渗性能。

回填土前，也可在结构混凝土外侧铺贴一道柔性防水附加层或抹一道刚性防水砂浆附加防水层。当为柔性防水附加层时，防水层的外侧应粘贴一层 5～6 mm 厚的聚乙烯泡沫塑料片材(花贴固定即可)作软保护层，然后分步回填三七灰土，分步夯实。同时做好基坑周围的散水坡，以免地面水入侵。一般散水坡宽度大于 800 mm，横向坡度大于 5%。

(2)局部构造处理。防水混凝土结构内的预埋铁件、穿墙管道以及结构的后浇缝部位均为防水薄弱环节，应采取有效的措施，仔细施工。

1)预埋铁件的防水做法。用加焊止水钢板(图 8-7)的方法或加套遇水膨胀橡胶止水环(图 8-8)的方法，既简便又可获得一定的防水效果。施工时，注意将铁件及止水钢板或遇水膨胀橡胶止水环周围的混凝土浇捣密实，保证质量。

2)穿墙管道的处理。在管道穿过防水混凝土结构时，预埋套管上应加套遇水膨胀橡胶止水环或加焊钢板止水环。如为钢板止水环，则应满焊严密，止水环的数量应符合设计规定。安装穿墙管时，先将管道穿过预埋管，并找准位置临时固定，然后将一端用封口钢板将套管焊牢，再将另一端套管与穿墙管之间的缝隙用防水密封材料嵌填严密，最后用封口钢板封堵严密。

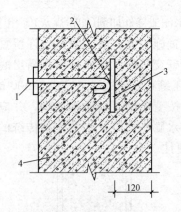

图 8-7　预埋件防水处理

1—预埋螺栓；2—焊缝；3—止水钢板；

4—防水混凝土结构

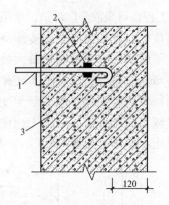

图 8-8　遇水膨胀橡胶止水环处理

1—预埋螺栓；2—遇水膨胀橡

胶止水环；3—防水混凝土

3)后浇缝。后浇缝主要用于大面积混凝土结构，是一种混凝土刚性接缝，适用于不允许设置柔性变形缝的工程及后期变形已趋于稳定的结构，施工时应注意以下几点：

①后浇缝留设的位置及宽度应符合设计要求，缝内的结构钢筋不能断开。

②后浇缝可留成平直缝、企口缝或阶梯缝(图 8-9)。

③后浇缝混凝土应在其两侧混凝土浇筑完毕，待主体结构达到标高或间隔六个星期后，再用补偿收缩混凝土进行浇筑。

④后浇缝必须选用补偿收缩混凝土浇筑，其强度等级应与两侧混凝土相同。

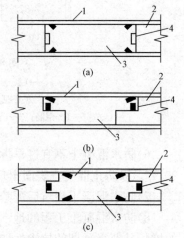

图 8-9　后浇缝形式

(a)平直缝；(b)阶梯缝；(c)企口缝

1—钢筋；2—先浇混凝土；

3—后浇混凝土；

4—遇水膨胀橡胶止水条

⑤后浇缝在浇筑补偿收缩混凝土前，应将接缝处的表面凿毛，清洗干净，保持湿润，并在中心位置粘贴遇水膨胀橡胶止水条。

⑥后浇缝在浇筑补偿收缩混凝土后，其湿润养护时间不应少于四个星期。

(3)质量检查。

1)防水混凝土的质量应在施工过程中按下列规定检查：

①必须对原材料进行检验，不合格的材料严禁在工程中应用。当原材料有变化时，应取样复验，并及时调整混凝土配合比。

②每班检查原材料称量多于两次。

③在拌制和浇筑地点，测定混凝土坍落度，每班应多于两次。

④测定加气剂防水混凝土含气量，每班多于一次。

2)连续浇筑混凝土量为 500 m³ 以下时，应留两组抗渗试块；每增加 250～500 m³ 混凝土时应增留两组。试块应在浇筑地点制作，其中一组在标准情况下养护，另一组应在与现场相同条件下养护。试块养护期应大于 28 d，不超过 90 d。使用的原材料、配合比或施工方法有变化时，均应另行留置试块。

三、刚性防水附加层施工

地下室工程以钢筋混凝土结构自防水为主，并不意味着其他附加防水层的做法不重要，因为大面积的防水混凝土难免会有缺陷。另外，防水混凝土虽然不透水，但透湿量还是相当大的，故对防水、防湿要求较高的地下室，还必须在混凝土的迎水面做刚性或柔性防水附加层。

刚性防水附加层是在钢筋混凝土表面抹压防水砂浆的做法。这种水泥砂浆防水主要依靠特定的施工工艺或在水泥砂浆中掺入某种防水剂，来提高它的密实性或改善它的抗裂性能，从而达到防水抗渗的目的。各种防水砂浆均可在潮湿基面上进行施工，操作简便，造价适中，且容易修补。但由于韧性较差、拉伸强度较低，其对基层伸缩或开裂变形的适应性差，容易随基层开裂而开裂。为了克服这一缺陷，近年来，人们利用高分子聚合物乳液拌制成聚合物改性水泥砂浆，来提高其抗渗和抗裂性能。目前使用较多的聚合物品种主要有阳离子氯丁胶乳、聚丙烯酸乳液、丁苯胶乳以及有机硅水溶液等，它们被应用于地下工程防渗、防潮及某些有特殊气密性要求的工程中，已取得较好的效果。

(一)水泥砂浆防水层的分类及适用范围

1. 分类

(1)刚性多层抹面水泥砂浆防水层。这种防水层利用不同配合比的水泥浆和水泥砂浆分层施工，相互交替抹压密实，充分切断各层次毛细孔网的渗水通道，使其构成一个多层防线的整体防水层。

(2)掺外加剂水泥砂浆防水层。

1)掺无机盐防水剂。在水泥砂浆中掺入占水泥质量 3%～5% 的防水剂，可以提高水泥砂浆的抗渗性能，其抗渗压力一般在 0.4 N/mm² 以下，故只适用于水压较小的工程或作为其他防水层的辅助措施。

2)掺聚合物。掺入各种橡胶或树脂乳液组成的水泥砂浆防水层，其抗渗性能优异，是一种刚柔结合的新型防水材料，可单独用于防水工程，并能获得较好的防水效果。

2. 适用范围

(1)水泥砂浆防水，适用于埋置深度不大、使用时不会因结构沉降、温度和湿度变化以及受振动等产生有害裂缝的地下防水工程。

(2)除聚合物水泥砂浆外，其他均不宜用在长期受冲击荷载和较大振动作用下的防水工程，也不适用于受腐蚀、高温(100 ℃以上)以及遭受反复冻融的砌体工程。

聚合物水泥砂浆防水层由于抗渗性能优异、与混凝土基层黏结牢固、抗冻融性能以及抗裂性能好，因此在地下防水工程中的应用前景广阔。

(二)聚合物水泥砂浆防水层

聚合物水泥防水砂浆由水泥、砂和一定量的橡胶乳液或树脂乳液以及稳定剂、消泡剂等化学助剂，经搅拌混合均匀配制而成。它具有良好的防水抗渗性、胶粘性、抗裂性、抗冲击性和耐磨性。在水泥砂浆中掺入各种合成高分子乳液，能有效地封闭水泥砂浆中的毛细孔隙，从而提高水泥砂浆的抗渗透性能，有效地降低材料的吸水率。

与水泥砂浆掺和使用的聚合物品种繁多，主要有天然和合成橡胶乳液、热塑性及热固性树脂乳液等，其中常用的聚合物有阳离子氯丁胶乳（简称 CR 胶乳）和聚丙烯酸乳液等。阳离子氯丁胶乳水泥砂浆不但可用于地下建筑物和构筑物，还可用于屋面、墙面做防水、防潮层和修补建筑物裂缝等。

1. 阳离子氯丁胶乳砂浆防水层

（1）砂浆配制。根据配方，先将阳离子氯丁胶乳混合液和一定量的水混合搅拌均匀。另外，按配方将水泥和砂子干拌均匀后，再将上述混合乳液加入，用人工或砂浆搅拌机搅拌均匀，即可进行防水层的施工。胶乳水泥砂浆人工拌和时，必须在灰槽或铁板上进行，不宜在水泥砂浆地面上进行，以免胶乳失水、成膜过快而失去稳定性。配制时要注意以下几点：

1）严格按照材料配方和工艺进行配制。

2）胶乳凝聚较快，因此，配制好的胶乳水泥砂浆应在 1 h 内用完。最好随用随配制，用多少配制多少。

3）胶乳水泥砂浆在配制过程中，容易出现越拌越干结的现象，此时不得任意加水，以免破坏胶乳的稳定性而影响防水功能。必要时可适当补加混合胶乳，经搅拌均匀后再进行涂抹施工。

（2）基层处理。

1）基层混凝土或砂浆必须坚固并具有一定强度，一般不应低于设计强度的 70%。

2）基层表面应洁净，无灰尘、无油污，施工前最好用水冲刷一遍。

3）基层表面的孔洞、裂缝或穿墙管的周边应凿成 V 形或环形沟槽，并用阳离子氯丁胶乳砂浆填塞抹平。

4）如有渗漏水的情况，应先采用压力灌注化学浆液堵漏或用快速堵漏材料进行堵漏处理后，再抹胶乳水泥砂浆防水层。

5）阳离子氯丁胶乳砂浆的早期收缩虽然较小，但在大面积施工时仍难避免因收缩而产生裂纹，因此在抹胶乳砂浆防水层时应进行适当分格，分格缝的纵横间距一般为 20～30 m，分格缝宽度宜为 15～20 mm，缝内应嵌填弹塑性的密封材料封闭。

（3）胶乳水泥砂浆的施工。

1）在处理好的基层表面上，由上而下均匀涂刷或喷涂胶乳水泥砂浆一遍，其厚度以 1 mm 左右为宜。它的作用是封堵细小孔洞和裂缝，并增强胶乳水泥砂浆防水层与基层表面的粘结能力。

2）在涂刷或喷涂胶乳水泥砂浆 15～30 min 后，即可将混合好的胶乳水泥砂浆抹在基层上，并要求顺着一个方向边压实边抹平。一般垂直面每次抹胶乳水泥砂浆的厚度为 5～8 mm，水平面为 10～15 mm，施工顺序原则上为先立墙后地面，阴、阳角处的防水层必须抹成圆弧或八字坡。因胶乳容易成膜，故在抹压胶乳砂浆时必须一次完成，切勿反复揉搓。

3）胶乳水泥砂浆施工完后，需进行检查，如发现砂浆表面有细小孔洞或裂缝，应用胶乳水泥砂浆涂刷一遍，以提高胶乳水泥砂浆表面的密实度。

4）在胶乳水泥砂浆防水层表面还需抹普通水泥砂浆做保护层，一般宜在胶乳水泥砂浆初凝（7 h）后终凝（9 h）前进行。

5）胶乳水泥砂浆防水层施工完成后，前 3 d 应保持潮湿养护，有保护层的养护时间为 7 d。在潮湿的地下室施工时，则不需要再采用其他养护措施，在自然状态下养护即可。在整个养护过程中，应避免振动和冲击，并防止风干和雨水冲刷。

2. 有机硅水泥砂浆防水层

有机硅防水剂的主要成分是甲基硅醇钠(钾)，当它的水溶液与水泥砂浆拌和后，可在水泥砂浆内部形成一种具有憎水功能的高分子有机硅物质，它能防止水在水泥砂浆中的毛细作用，使水泥砂浆失去浸润性，提高抗渗性，从而起到防水作用。

(1)砂浆配制。将有机硅防水剂和水按规定比例混合，搅拌均匀制成的溶液称为硅水。根据各层施工的需要，将水泥、砂和硅水按配合比混合搅拌均匀，即配制成有机硅防水砂浆。各层砂浆的水胶比应以满足施工要求为准。若水胶比过大，砂浆易产生离析；水胶比过小，则不易施工。因此，严格控制水胶比对确保砂浆防水层的施工质量十分重要。

(2)施工要点。

1)先将基层表面的污垢、浮土杂物等清除干净，进行凿毛，用水冲洗干净并排除积水。基层表面如有裂缝、缺棱掉角、凹凸不平等，应用聚合物水泥素浆或砂浆修补，待固化干燥后再进行防水层施工。

2)喷涂硅水。在基层表面喷涂一道硅水(配合比为有机硅防水剂∶水＝1∶7)，并在潮湿状态下进行刮抹结合层施工。

3)刮抹结合层。在喷涂硅水湿润的基层上刮抹 2～3 mm 厚的水泥浆膏，使基层与水泥浆膏牢固地黏合在一起。水泥浆膏需边配制边刮抹，待其达到初凝时，再进行下道工序的施工。

4)抹防水砂浆。应分别进行底层和面层二遍抹法，间隔时间不宜过短，以防开裂。底层厚度一般为 5～6 mm，待底层达到初凝时再进行面层施工。抹防水砂浆时，应首先把阴、阳角抹成小圆弧，然后进行底层和面层施工。抹面层时，要求抹平压实，收水后应进行两次压光，以提高防水层的抗渗性能。

5)养护。待防水层施工完后，应及时进行湿润养护，以免防水砂浆中的水分过早蒸发而引起干缩裂缝，养护时间不宜小于 14 d。

(3)施工注意事项。

1)雨天或基底表面有明水时不得施工。

2)有机硅防水剂为强碱性材料，稀释后的硅水仍呈碱性，使用时应避免防水剂与人体皮肤接触，并要特别注意对眼睛的保护。施工完成后应及时把施工机具清洗干净。

四、涂膜防水施工

地下防水工程采用涂膜防水技术具有明显的优越性。涂膜防水就是在结构表面基层上涂上一定厚度的防水涂料，防水涂料是以合成高分子材料或以高聚物改性沥青为主要原料，加入适量的化学助剂和填充剂等加工制成的在常温下呈无定型液态的防水材料。将防水涂料涂布在基层表面后，能形成一层连续、弹性、无缝、整体的涂膜防水层。涂膜防水层的总厚度小于 3 mm 的为薄质涂料，总厚度大于 3 mm 的为厚质涂料。

涂膜防水的优点是：质量轻，耐候性、耐水性、耐蚀性优良，适用性强，可冷作业，易于维修等；其缺点是：涂布厚度不易均匀、抵抗结构变形能力差、与潮湿基层黏结力差、抵抗动水压力能力差等。

目前防水涂料的种类较多，按涂料类型可分为溶剂型、水乳型、反应型和粉末型四大类；**按成膜物质可分为合成树脂类、合成橡胶类、聚合物-水泥复合材料类、高聚物改性石油沥青类等。**高层建筑地下室防水工程施工中常用的防水涂料应以化学反应固化型材料为主，如聚氨酯防水涂料、硅橡胶防水涂料等。

(一)聚氨酯涂膜防水施工

聚氨酯涂膜防水材料是双组分化学反应固化型的高弹性防水涂料，其中甲组分是以聚醚树脂和二异氰酸酯等原料，经过氢转移加成聚合反应制成的含有端异氰酸酯基的氨基甲酸酯预聚物；乙组分由交联剂(或称硫化剂)、促进剂(或称催化剂)、抗水剂(石油沥青等)、增韧剂、稀释剂等材料，经过脱水、混合、研磨、包装等工序加工制成。

1. 施工准备工作

(1)为了防止地下水或地表滞水的渗透，确保基层的含水率能满足施工要求，在基坑的混凝土垫层表面上，应抹 20 mm 左右厚度的无机铝盐防水砂浆[配合比为水泥：中砂：无机铝盐防水剂：水=1：3：0.1：(0.35~0.40)]，要求抹平压光，不应有空鼓、起砂、掉灰等缺陷。立墙外表面的混凝土如出现水泡、气孔、蜂窝、麻面等现象，应采用加入水泥量为15％的高分子聚合物乳液调制成的水泥腻子填充刮平。阴、阳角部位应抹成小圆弧。

(2)通有穿墙套管部位，套管两端应带法兰盘，并要安装牢固，收头圆滑。

(3)涂膜防水的基层表面应干净、干燥。

2. 防水构造

地下室聚氨酯涂膜防水构造如图 8-10 所示。

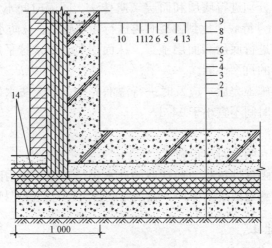

图 8-10 地下室聚氨酯涂膜防水构造

1—夯实素土；2—素混凝土垫层；3—防水砂浆找平层；4—聚氨酯底胶；
5—第一、二度聚氨酯涂膜；6—第三度聚氨酯涂膜；7—油毡保护隔离层；
8—细石混凝土保护层；9—钢筋混凝土底板；10—聚乙烯泡沫塑料软保护层；
11—第五度聚氨酯涂膜；12—第四度聚氨酯涂膜；13—钢筋混凝土立墙；14—聚酯纤维无纺布增强层

3. 工艺要点

(1)聚氨酯涂膜防水的施工顺序如下：清理基层→平面涂布底胶→平面防水层涂布施工→平面部位铺贴油毡隔离层→平面部位浇筑细石混凝土保护层→钢筋混凝土地下结构施工→修补混凝土立墙外表面→立墙外侧涂布底胶和防水层施工→立墙防水层外粘贴聚乙烯

泡沫塑料保护层→基坑回填。

（2）聚氨酯涂膜防水施工程序如下：

1）清理基层。施工前，应对底板基层表面进行彻底清扫，清除凸起物、砂浆疙瘩等异物，清洗油污、铁锈等。

2）涂布底胶。将聚氨酯甲、乙组分和有机溶剂按 1：1.5：2 的比例（质量比）配合搅拌均匀，再用长把滚刷蘸满并均匀涂布在基层表面，涂布量一般以 0.3 kg/m² 左右为宜。涂布底胶后应待其干燥固化 4 h 以上，才能进行下一道工序的施工。

3）配制聚氨酯涂膜防水涂料。其配制方法是：将聚氨酯甲、乙组分和有机溶剂按 1：1.5：0.3 的比例（质量比）配合，用电动搅拌器强力搅拌均匀备用。聚氨酯涂膜防水材料应随用随配，配制好的混合料最好在 2 h 内用完。

4）涂膜防水层施工。用长把滚刷蘸满已配制好的聚氨酯涂膜防水混合材料，均匀涂布在底胶已干涸的基层表面。涂布时要求厚薄均匀一致，对平面基层以涂刷 3～4 度为宜，每度涂布量为 0.6～0.8 kg/m²；对立面基层以涂刷 4～5 度为宜，每度涂布量为 0.5～0.6 kg/m²。防水涂膜的总厚度以不小于 1.5 mm 为合格。

涂完第一度涂膜后，一般需固化 5 h 以上，在基本不粘手时，再按上述方法涂布第二、三、四、五度涂膜。前、后两度的涂布方向应相互垂直。底板与立墙连接的阴、阳角，均宜铺设聚酯纤维无纺布进行附加增强处理。

5）平面部位铺贴油毡保护隔离层。当平面部位最后一度聚氨酯涂膜完全固化，经过检查验收合格后，即可虚铺一层石油沥青纸胎油毡做保护隔离层。

6）浇筑细石混凝土保护层。在铺设石油沥青纸胎油毡保护隔离层后，即可浇筑 40～50 mm 厚的细石混凝土做刚性保护层。

7）地下室钢筋混凝土结构施工。在完成细石混凝土保护层的施工和养护后，即可根据设计要求进行地下室钢筋混凝土结构施工。

8）立面粘贴聚乙烯泡沫塑料保护层。在完成地下室钢筋混凝土结构施工并在立墙外侧涂布防水层后，可在防水层外侧直接粘贴 5～6 mm 厚的聚乙烯泡沫塑料片材作软保护层。

（3）质量要求。

1）聚氨酯涂膜防水材料的技术性能应符合设计要求或标准规定，并应附有质量证明文件和现场取样进行检测的试验报告以及其他有关质量的证明文件。

2）聚氨酯涂膜防水层的厚度应均匀一致，其总厚度不应小于 2.0 mm，必要时可选点割开进行实际测量（割开部位可用聚氨酯混合材料修复）。

3）防水涂膜应形成一个连续、弹性、无缝、整体的防水层，不允许有开裂、翘边、滑移、脱落和末端收头封闭不严等缺陷。

4）聚氨酯涂膜防水层必须均匀固化，不应有明显的凹坑、气泡和渗漏水现象。

（二）硅橡胶涂膜防水施工

硅橡胶防水涂料是以硅橡胶乳液及其他乳液的复合物为主要基料，掺入无机填料及各种助剂配制而成的乳液型防水涂料，该涂料兼有涂膜防水和浸透性防水材料两者的优良性能，具有良好的防水性、渗透性、成膜性、弹性、黏结性和耐高/低温性。

硅橡胶防水涂料分为 1 号及 2 号，均为单组分，1 号用于底层及表层，2 号用于中间层做加强层。

1. 硅橡胶涂膜防水施工顺序及要求

(1)一般采用涂刷法，用长板刷、排笔等软毛刷进行。

(2)涂刷的方向和行程长短应一致，要依次上、下、左、右均匀涂刷，不得漏刷，涂刷层次一般为四道，第一、四道用1号材料，第二、三道用2号材料。

(3)首先在处理好的基层上均匀地涂刷一道1号防水涂料，待其渗透到基层并固化干燥后再涂刷第二道。

(4)第二、三道均涂刷2号防水涂料，每道涂料均应在前一道涂料干燥后再施工。

(5)当第四道涂料表面干固时，再抹水泥砂浆保护层。

(6)其他与聚氨酯涂膜防水施工相同。

2. 硅橡胶涂膜防水施工注意事项

(1)由于渗透性防水材料具有憎水性，因此，抹砂浆保护层时其稠度应小于一般砂浆，并注意压实、抹光，以保证砂浆与防水材料黏结良好。

(2)砂浆层的作用是保护防水材料。因此，应避免砂浆中混入小石子及尖锐的颗粒，以免在抹砂浆保护层时损伤涂层。

(3)施工温度宜在5 ℃以上。

(4)使用时涂料不得任意加水。

五、架空地板及离壁衬套墙内排水施工

在高层建筑中，如果地下室的标高低于最高地下水水位或使用上的需要(如车库冲洗车辆的污水、设备运转冷却水排入地面以下)以及对地下室干燥程度要求十分严格，可以在外包防水做法的前提下，利用基础底板反梁或在底板上砌筑砖地垄墙，在反梁或地垄墙上铺设架空的钢筋混凝土预制板，并可在钢筋混凝土结构外墙的内侧砌筑离壁衬套墙，以达到排水的目的。

架立地板及高壁衬套墙内排水施工的具体做法是：在底板的表面浇筑强度等级为C20的混凝土并形成0.5%的坡度(图8-11)，在适当部位设置深度大于500 mm的集水坑，使外部渗入地下室内部的水顺坡度流入集水坑中。再用自动水泵将集水坑中的积水排出建筑物的外部，从而保证架空板以上的地下室处于干燥状态，以满足地下室使用功能的要求。

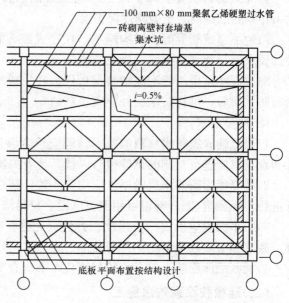

图 8-11　底板平面找坡示意

第二节　外墙及厕浴间防水施工

外墙防水主要是预制外墙板及有关部位的接缝防水施工。在高层框架结构、大模板"内浇外挂"结构和装配式大板结构工程中,其外墙一般多采用预制外墙板。对预制外墙板和有关部位(如阳台、雨罩、挑檐等)的接缝防水问题,以往多采用构造防水。近年来,随着建材工业的发展,防水工程已开始采用材料防水,以及构造和材料两者兼用的综合防水。

一、构造防水施工

构造防水又称空腔防水,即在外墙板的四周设置线型构造,加滴水槽、挡水台等,放置防寒挡风(雨)条,形成压力平衡空腔,利用垂直或水平减压空腔的作用切断板缝毛细管通路,根据水的重力作用,通过排水管将渗入板缝的雨水排除,以达到防水目的。这是早期预制外墙板板缝防水的做法。

1. 防水构造

常用的防水构造分为垂直缝、水平缝和十字缝三种。

(1)垂直缝。两块外墙板安装后,所形成的垂直缝如图 8-12 所示。在垂直缝内设滴水槽一道或两道。滴水槽内放置软塑料挡风(雨)条,在组合柱混凝土浇筑前,放置油毡聚苯板,用以防水和隔热、保温。塑料条与油毡聚苯板之间形成空腔。设一道滴水槽形成一道空腔的,称为单腔;设两道滴水槽形成两道空腔的,称为双腔。空腔腔壁要涂刷防水胶油,使进入腔内的雨水利用水的重力作用,顺利地沿着滴水槽流入十字缝处的排水管而排出。塑料条外侧的空腔要勾水泥砂浆填实。垂直缝宽度应为 3 mm。

(2)水平缝。上、下外墙板之间所形成的缝隙称为水平缝,缝高为 3 mm,一般做成企口形式。外墙板的上部设有挡水台和排水坡,下部设有披水,在披水内侧放置油毡卷,外侧勾水泥砂浆,这样,油毡卷以内即形成水平空腔(图 8-13)。顺墙面流下的雨水,一部分在风压下进入缝内,由于披水和挡水台的作用,仍顺排水坡和十字缝处的排水管排出。

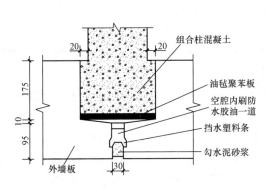

图 8-12　垂直缝防水构造

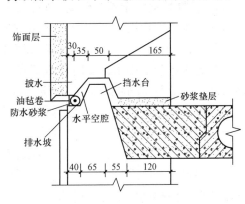

图 8-13　水平缝防水构造

(3)十字缝。十字缝位于垂直缝和水平缝相交处。在十字缝正中设置塑料排水管，使进入垂直缝和水平缝的雨水通过排水管排出，如图 8-14 所示。

由于防水构造比较复杂，构造防水的质量取决于防水构造的完整度和外墙板的安装质量，应确保其缝隙大小均匀一致。因此，在施工中如有碰坏应及时修理。另外，在安装外墙板时要防止披水高于挡水台，防止企口缝向里错位太大，将水平空腔挤严，水平空腔或垂直空腔内不得堵塞砂浆和混凝土等，以免形成毛细作用而影响防水效果。

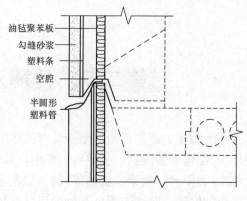

图 8-14　十字缝防水构造

2. 构造防水施工方法

(1)外墙板进场后必须进行外观检查，确保防水构造的完整。如有局部破损，应对其进行修补。修补方法是：先在破损部位刷一道高分子聚合物乳液，然后用高分子聚合物乳液分层抹实。配合比按质量比为水泥∶砂子∶108 胶＝1∶2∶0.2，加适量水拌和。每次抹砂浆不应太厚，否则将会出现下坠而造成裂缝，达不到修补目的。低温施工时可在砂浆中掺入水泥质量为 0.6%～0.7% 的玻璃纤维和 3% 的氯化钠，以减少开裂和防止冻结。

(2)吊装前，应将垂直缝中的灰浆清理干净，保持平整光滑，并在滴水槽和空腔侧壁满涂防水胶油一道。

(3)首层外墙板安装前，应按防水构造要求，沿外墙做好现浇混凝土挡水台，即在地下室顶板圈梁中预埋插铁，配纵向钢筋，支模板后浇筑混凝土(图 8-15)。待混凝土强度达到 5 N/mm² 以上时，再安装外墙板。

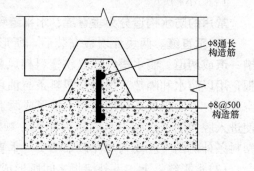

图 8-15　首层现浇混凝土挡水台做法

(4)外墙板安装前，应做好油毡聚苯板的裁制粘贴工作和塑料挡水条的裁制工作。泡沫聚苯板应按设计要求进行裁制，其长度可比层高长 50 mm；油毡条的裁制长度比楼层高度长 100 mm，宽度比泡沫聚苯板略宽一些，然后将泡沫聚苯板粘贴在油毡上。

塑料挡水条应选用 1.5～2 mm 厚的软塑料，其宽度比垂直缝宽 25 mm，可采用"量缝裁条"的办法，或事先裁制不等宽度的塑料挡水条，按缝宽选用。

十字缝采用分层排水方案时，应事先将塑料管裁成图 8-16 所示的形状，或用 24 号镀锌薄钢板做成图 8-17 所示形状的金属簸箕，以备使用。

(5)每层外墙板安装后，应立即插放油毡聚苯板和塑料挡水条，然后再进行现浇混凝土组合柱施工。

插放塑料挡水条前，应将空腔内的杂物清除干净。插放时，可采用直径为 13 mm 的电线管，一端焊上 Φ4 钢筋钩子，钩住塑料挡水条，沿垂直空腔壁自上而下插入，使塑料挡水条下端放在下层排水披上，上端搭在挡水台阶上，搭接要顺槎，以保证流水畅通，其搭接长度不小于 150 mm。

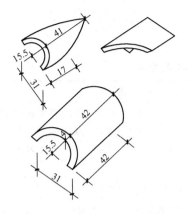

图 8-16 塑料排水管示意

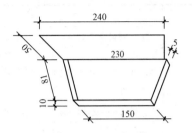

图 8-17 金属簸箕示意

油毡聚苯板的插放，要保证位置准确，上、下接槎严密，紧贴在空腔后壁上。浇筑和振捣混凝土组合柱时，要注意防止油毡聚苯板位移和破损。

上、下外墙板之间的连接键槽，在灌混凝土时要在外侧用油毡将缝隙堵严，防止混凝土挤入水平空腔内，如图 8-18 所示。

相邻外墙板挡水台和披水之间的缝隙要用砂浆填空，然后将下层塑料防水条搭放其上，如交接不严，可用油膏密封。在上、下两塑料条之间放置塑料排水管和排水簸箕，外端伸出墙面 1～1.5 cm，应主要注意其坡度，以保证排水畅通。

(6)外墙板垂直、水平缝的勾缝施工，可采用屋面移动悬挑车或吊篮。

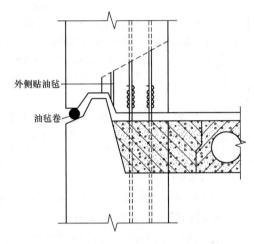

图 8-18 外墙板键槽防水示意

在勾缝前，应将缝隙清理干净，并将校正墙板用的木楔和铁楔从板底拔出，不得遗留或折断在缝内。勾水平缝防水砂浆前，先将油毡条嵌入缝内。防水砂浆的配合比为：水泥：砂子：防水粉＝1：2：0.02(质量比)。调制时先以干料拌和均匀后，再加水调制，以利防水。

为防止垂直缝砂浆脱落，勾缝时，一定要将砂浆挤进立槽内，但不得用力过猛，防止将塑料挡水条挤进减压空腔里。要严禁砂浆或其他杂物落入空腔里。水平缝外口防水砂浆需分 2 或 3 次勾严。板缝外口的防水砂浆要求勾得横平竖直、深浅一致，力求美观。为防止和减少水泥砂浆的开裂，勾缝用的砂浆应掺入水泥质量为 0.6%～0.7%的玻璃纤维。低温施工时，为防止冻结，应掺适量氯盐。

(7)为了提高板缝防水效果，宜在勾缝前先进行缠缝，且材料应作防水处理。

二、材料防水施工

材料防水即预制外墙板板缝及其他部位的接缝，采用各种弹性或弹塑性的防水密缝膏嵌填，以达到板缝严密堵塞雨水通路的方法。其工艺简单，操作方便。

1. 材料种类及性能

材料种类及性能见表8-3。

表 8-3　材料种类及性能

种　　类		性　　能
防水密封膏		防水密封膏依其价格和性能不同分为高、中、低三档。高档密封膏如硅酮、聚硫、聚氨酯类等适用于变形大、时间长、造价高的工程；中档密封膏如丙烯酸、氯丁橡胶、氯磺化聚乙烯类等；低档密封膏如干性油、塑料油膏等。因材料不同，其施工方法可分为嵌填法、涂刷法和压接法三种
背衬材料		主要有聚苯乙烯或聚乙烯泡沫塑料棒材（或管材）
基层处理剂（涂料）		基层涂料一般采用稀释的密封膏，其含固量在25%～30%为宜
接缝要求和基层处理	接缝要求	外墙板安装的缝隙宽度应符合设计规定，如设计无规定，一般不应超过30 mm。缝隙过宽则容易使密封膏下垂，且用量太大；过窄则无法嵌填。缝隙过深，则材料用量大；缝隙过浅，则不易黏结密封。一般要求缝的宽深比为2：1，接缝边缘宜采取斜坡面。缝隙过大、过小均应进行修补。修补方法如下： （1）缝隙过大：先在接缝部位刷一道高分子聚合物乳液，然后在两侧壁板上抹高分子聚合物乳液，每次厚度不得超过1 cm，直至修补合适为止。 （2）缝隙过小：需人工剔凿开缝，要求开缝平整、无毛槎
	基层处理	嵌填密封膏的基层必须坚实、平整、无粉尘。如有油污，应用丙酮等清洗剂清洗干净。要求基层要干燥，含水率不超过9%

2. 施工方法

（1）嵌填法与刷涂法施工。除丁基密封胶适用涂刷法外，多数密封膏适用嵌填法，即用挤压枪将筒装密封膏压入板缝中。

1）填塞背衬材料。将背衬材料按略大于缝宽（4～6 mm）的尺寸裁好，用小木条或开刀塞严，沿板缝上下贯通，不得有凹陷或凸出。通过填塞背衬材料借以确定合理的宽深比。处理后的板缝深度应在1.5 cm左右。

2）粘贴胶粘带防污条。防污条可采用自粘性胶粘带或用108胶粘贴牛皮纸条，沿板缝两例连续粘贴，在密封膏嵌填并修整后再予揭除。其目的是防止刷底层涂料及嵌、刷密封膏时污染墙面，并使密封膏接缝边沿整齐美观。

3）刷底层涂料。刷底层涂料的目的在于提高密封膏与基层的黏结力，并可防止混凝土或砂浆中碱性成分的渗出。

依据密封膏的不同，底层涂料的配制也不同，丙烯酸类可用清水将膏体稀释，氯磺化聚乙烯需用二甲苯将膏体稀释，丁基橡胶类需用120号汽油稀释，聚氨酯类则需用二甲苯稀释。涂刷底层涂料时要均匀盖底，不漏刷，不流坠，不得污染墙面。

4）嵌填（刷涂）密封膏。嵌填（刷涂）双组合的密封膏，按配合比经搅拌均匀后先装入塑料小筒内，要随用随配，防止固化。

嵌填时将密封膏筒装入挤压枪内，根据板缝的宽度，将筒口剪成斜口，扳动扳机，将膏体徐徐挤入板缝内填满。在条板缝嵌好后，立即用特制的圆抹子将密封膏表面压成弧形，并仔细检查所嵌部位，将其全部压实。

刷涂时，用棕刷涂缝隙。涂刷密封膏要超出缝隙宽度2～3 cm，涂刷厚度应在2 mm以上。

5)清理。密封膏嵌填、修补完毕后,要及时揭掉防污条。如墙面粘上密封膏,可用与膏体配套的溶剂将其清理干净。所用工具应及时清洗干净。

6)成品保护。密封膏嵌填完成后,经过 7～15 d 才能固化,在此期间要防止触碰及污染。

(2)压入法施工。压入法是将防水密封材料事先轧成片状,然后压入板缝之中。这种做法可以节约筒装密封膏的包装费,降低材料消耗。目前适合压入法的密封材料不多,只有 XM-43 丁基密封膏。

1)首先将配制好的底胶均匀涂刷于板缝中,自然干燥 0.5 h 后即可压入密封膏。

2)将轧片机调整至施工所需密封腻子厚度,将轧辊用水润湿,防止粘辊。将密封膏送入轧辊,即可轧出所需厚度的片材,然后裁成适当的宽度,放在塑料薄膜上备用。

3)将膏片贴在清理干净的墙板接缝中,用手持压辊在板缝两侧压实、贴牢。

4)最后在表面涂刷 691 涂料,用以保护密封腻子,增强防水效果,并增加美感。691 涂料要涂刷均匀,全部盖底。

三、厕浴间防水施工

建筑工程中的厕浴间一般都布置有穿过楼地面或墙体的各种管道,这些管道具有形状复杂、面积较小、变截面等特点。在这种情况下,如果继续沿用以石油沥青纸胎油毡或其他卷材类材料进行防水的传统做法,则因防水卷材在施工时的剪口和接缝多,很难黏结牢固和封闭严密,难以形成一个弹性与整体的防水层,比较容易发生渗漏等工程质量事故,影响厕浴间的装饰质量及使用功能。为了确保高层建筑中厕浴间的防水工程质量,现在多用涂膜防水或抹聚合物水泥砂浆防水取代各种卷材做厕浴间防水的传统做法,尤其是选用高弹性的聚氨酯涂膜、弹塑性的高聚物改性沥青涂膜或刚柔结合的聚合物水泥砂浆等新材料和新工艺,可以使厕浴间的地面和墙面形成一个连续、无缝、封闭严密的整体防水层,从而保证厕浴间的防水工程质量。

总之,从施工技术的角度看,高层建筑的厕浴间防水与一般多层建筑并无区别,只要结构设计合理,防水材料运用适当,严格按规程施工,确保工程质量并非难事。

四、其他部位接缝防水施工

1. 阳台、雨罩板部位防水

(1)平板阳台板上部平缝全长和下部平缝两端 30 mm 处以及两端垂直缝,均应嵌填防水油膏,相互交圈密封。槽形阳台板只在下侧两端嵌填防水油膏。

防水油膏应具有良好的防水性、黏结性以及耐老化,高温不流淌、低温柔韧等性能。基层应坚硬密实,表面不得有粉尘。嵌填防水油膏前,应先刷冷底子油一道,待冷底子油晾干后再嵌入防水油膏。如遇瞎缝,应剔凿出 20 mm×30 mm 的凹槽,然后刷冷底子油、嵌填防水油膏。嵌填时,可将防水油膏搓成 $\phi 20$ 的长条,用溜子压入缝内。防水油膏与基层一定要粘结牢固,不得有剥离、下垂、裂缝等现象,然后在防水油膏表面再涂刷冷底子油一道。为便于操作,可在手上、溜子上蘸少量鱼油,以防防水油膏与手及溜子黏结。

阳台板的泛水做法要正确,以确保使用期间排水畅通。

（2）雨罩板与墙板压接及其对接接缝部位，先用水泥砂浆嵌缝，并抹出防水砂浆帽。防水砂浆帽的外墙板垂直缝内要嵌入防水油膏，或将防水卷材沿外墙向上铺设 30 cm 高。

2. 屋面女儿墙防水

屋面女儿墙部位的现浇组合柱混凝土与预制女儿墙板之间容易产生裂缝，雨水会顺缝隙流入室内。因此，应尽量防止组合柱混凝土的收缩（宜采用干硬性混凝土或微膨胀混凝土）。混凝土浇筑在组合柱外侧，沿垂直缝嵌入防水油膏，外抹水泥砂浆加以保护。女儿墙外墙板垂直缝用防水油膏和水泥砂浆填实。另外，还应增设女儿墙压顶，压顶两侧需留出滴水槽，以防止雨水沿缝隙顺流而下。

质量检查与验收标准如下：

（1）质量检查。外墙防水在施工过程中和施工后，均应进行认真的质量检查，发现问题应及时解决。完工后应进行淋水试验。试验方法是：用长 1 m 的 $\phi25$ 的水管，表面钻若干 1 mm 的孔，接通水源后，放在外墙最上部位，沿每条垂直缝进行喷淋。喷淋时间：无风天气为 2 h，五、六级风时为 0.5 h。若发现渗漏，应查明原因和部位并进行修补。

（2）验收标准。

1）外墙接缝部位不得有渗漏现象。

2）缝隙宽窄一致，外观平整光滑。

3）防水材料与基层嵌填牢固，不开裂、不翘边、不流坠、不污染墙面。

4）采用嵌入法时宽厚比应一致，最小厚度不小于 10 mm；采用刷涂法时涂层厚度不小于 2 mm；采用压入法时密封腻子厚度不小于 3 mm。

第三节　屋面及特殊建筑部位防水施工

对高层建筑施工而言，屋面及特殊建筑部位防水施工与普通多层建筑基本相同。

一、屋面防水施工

高层建筑的屋面防水等级一般为二级，其防水耐用年限为 15 年，如果继续采用原有的传统石油沥青纸胎油毡防水，已远远不能适应屋面防水基层伸缩或开裂变形的需要，而应采用各种拉伸强度较高，抗撕裂强度较好，延伸率较大，耐高、低温性能优良，使用寿命较长的弹性或弹塑性的新型防水材料做屋面的防水层。屋面一般宜选用合成高分子防水卷材、高聚物改性沥青防水卷材和合成高分子防水涂料等进行两道防水设防，其中必须有一道卷材防水层。施工时应根据屋面结构特点和设计要求选用不同的防水材料或不同的施工方法，以获得较为理想的防水效果。

目前，常采用的屋面防水形式多为合成高分子卷材防水、聚氨酯涂膜防水组成的复合防水构造，或与刚性保护层组成的复合防水构造，其施工工艺与一般多层建筑的屋面防水施工工艺相同。

二、特殊建筑部位防水施工

在现代化的建筑工程中，往往在楼地面或屋面上设有游泳池、喷水池、四季厅、屋顶（或室内）花园等，从而增加了这些工程部位建筑防水施工的难度。在这些特殊建筑部位中，如果防水工程设计不合理、选材不当或施工作业不精心，则有发生水渗漏的可能。这些部位一旦发生水渗漏，不但不能发挥其使用功能，而且会损坏下一层房间的装饰装修材料和设备，甚至会破坏到不能使用的程度。为了确保这些特殊部位的防水工程质量，最好采用现浇的防水混凝土结构做垫层，同时选用高弹性无接缝的聚氨酯涂膜与三元乙丙橡胶卷材或其他合成高分子卷材相复合，进行刚柔并用、多道设防、综合防水的施工做法。

1. 防水构造

楼层地面或屋顶游泳池及喷水池的防水构造和池沿防水构造分别如图 8-19 和图 8-20 所示（花园等的防水构造也基本相同）。

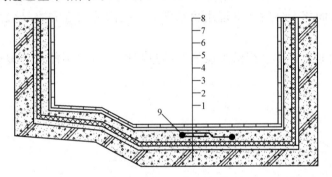

图 8-19　楼层地面或屋顶游泳池防水构造

1—现浇防水混凝土结构；2—水泥砂浆找平层；3—聚氨酯涂膜防水层；4—三元乙丙橡胶卷材防水层；

5—卷材附加补强层；6—细石混凝土保护层；7—瓷砖胶粘剂；8—瓷砖面层；9—嵌缝密封膏

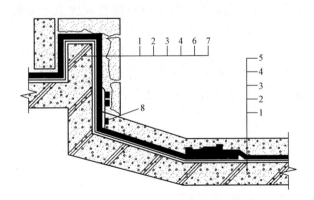

图 8-20　楼层地面或屋顶喷水池池沿防水构造

1—现浇防水混凝土结构；2—水泥砂浆找平层；3—聚氨酯涂膜防水层；4—三元乙丙橡胶卷材防水层；

5—细石混凝土保护层；6—水泥砂浆黏结层；7—花岗岩护壁饰面层；8—嵌缝密封膏

2. 施工要点

（1）对基层的要求及处理。楼层地面或屋顶游泳池、喷水池、花园等基层应为全现浇的整体防水混凝土结构，其表面要抹水泥砂浆找平层，要求抹平压光，不允许有空鼓、起砂、掉灰等缺陷存在，凡穿过楼层地面或立墙的管件(如进出水管、水底灯电线管、池壁爬梯、池内挂钩、制浪喷头、水下音响以及排水口等)，都必须安装牢固、收头圆滑。进行防水层施工前，基层表面应全面泛白无水印，并要将基层表面的尘土杂物彻底清扫干净。

(2)涂膜防水层的施工。涂膜防水层应选用无污染的石油沥青聚氨酯防水涂料施工，该品种的材料固化形成的涂膜防水层不但无毒无味，而且各项技术性能指标均优于煤焦型聚氨酯涂膜。

(3)三元乙丙橡胶卷材防水层的施工。在聚氨酯涂膜防水层施工完毕并完全固化后，把排水口和进、出水管等管道全部关闭，放水至游泳池或喷水池的正常使用水位，蓄水 24 h以上，经认真检查确无渗漏现象后，即可把水全部排放掉。待涂膜表面完全干燥，再按合成高分子卷材防水施工的工艺，进行三元乙丙橡胶卷材防水层的施工。

(4)细石混凝土保护层与瓷砖饰面层的施工。在涂膜与卷材复合防水层施工完毕，经质监部门认真检查验收合格后，即可按照设计要求或标准的规定，浇筑细石混凝土保护层，并抹平压光，待其固化干燥后，再选用耐水性好、抗渗能力强和黏结强度高的专用胶粘剂粘贴瓷砖饰面层。

需要特别注意的是，在进行保护层施工的过程中，绝对不能损坏复合防水层，以免留下渗漏的隐患。

本章小结

高层建筑防水比一般建筑工程的防水要求更严格，它既关系到人们居住和使用的环境、卫生条件，也直接影响着建筑物的使用寿命。高层建筑防水按其工程部位可分为地下室、屋面、外墙面、室内厨房、浴厕间及楼层游泳池、屋顶花园等防水工程。

防水工程的质量在很大程度上取决于防水材料的技术性能，因此，防水材料必须具有一定的耐候性、抗渗透性、抗腐蚀性以及对温度变化和外力作用的适应性与整体性。施工中的基层处理、材料选用、各种细部构造(如落水口、出入口、卷材收头做法等)的处理及对防水层的保护措施，均对防水工程的质量优劣有着极为重要的影响。另外，防水设计不周、构造做法欠妥，也是影响防水工程质量的重要因素。

思考与练习

一、单项选择题

1. 高层建筑采用箱形基础时，地下室一般多采用(   )。
   A. 整体内贴防水做法   B. 部分内贴防水做法
   C. 整体全外包防水做法   D. 部分全外包防水做法
2. 防水混凝土不宜过早拆模，拆模时混凝土表面温度与周围气温之差不得超过(   )，以防止混凝土表面出现裂缝。
   A. 10 ℃～15 ℃   B. 15 ℃～20 ℃   C. 20 ℃～25 ℃   D. 25 ℃～30 ℃

3. 铺贴双层卷材时，上、下两层和相邻两幅卷材的接缝应错开(　　)幅宽，且两层卷材不得相互垂直铺贴。

    A. 1/3～1/2　　　　　B. 1/2～2/3　　　　　C. 1/3～2/3　　　　　D. 2/3～3/4

4. 地下防水层及结构施工时，地下水位要设法降至底部最低标高下(　　)mm，并防止地面水流入，否则应设法排除。

    A. 200　　　　　　　B. 300　　　　　　　C. 350　　　　　　　D. 400

5. 在高层框架结构、大模板"内浇外挂"结构和装配式大板结构工程中，其外墙一般多采用(　　)。

    A. 现浇内墙板　　　B. 现浇外墙板　　　C. 预制内墙板　　　D. 预制外墙板

二、多项选择题

1. 防水卷材的品种规格和层数，应根据(　　)等因素确定。

    A. 地下工程防水等级　　　　　　　　B. 地下水位高低及水压力作用状况

    C. 结构构造形式　　　　　　　　　　D. 施工工艺

2. 高聚物改性沥青类防水卷材包括(　　)。

    A. 三元乙丙橡胶防水卷材　　　　　　B. 弹性体改性沥青防水卷材

    C. 改性沥青聚乙烯胎防水卷材　　　　D. 自粘聚合物改性沥青防水卷材

3. 常用的几种防水构造有(　　)。

    A. 垂直缝　　　　　B. 水平缝　　　　　C. 一字缝　　　　　D. 十字缝

4. 屋面女儿墙部位的现浇组合柱混凝土与预制女儿墙板之间容易产生裂缝，雨水会顺缝隙流入室内。因此，应尽量防止组合柱混凝土的收缩，宜采用(　　)。

    A. 干硬性混凝土　　　　　　　　　　B. 抗渗性混凝土

    C. 微膨胀性混凝土　　　　　　　　　D. 膨胀性混凝土

5. 为了确保高层建筑特殊部位的防水工程质量，最好采用现浇的防水混凝土结构做垫层，同时选用(　　)相复合，进行刚柔并用、多道设防、综合防水的施工做法。

    A. 高弹性无接缝的聚氨酯涂膜　　　　B. 三元乙丙橡胶卷材

    C. 其他合成高分子卷材　　　　　　　D. 以上都可以

三、简答题

1. 常用的合成高分子防水卷材有哪些？

2. 高层建筑地下室工程有哪些防水构造措施？

3. 地下防水层及结构施工有哪些要求？

4. 在防水混凝土的施工中应注意哪些问题？

5. 什么叫作补偿收缩混凝土？其主要有哪些特性？

6. 简述补偿收缩混凝土的施工注意事项。

7. 简述聚氨酯涂膜防水的施工工序。

8. 高层建筑的外墙防水有哪几类措施？它们各有何特点？

9. 高层建筑的屋面防水有何要求？

10. 高层建筑的特殊部位防水是指哪些部位？一般采用哪些防水措施？

参 考 文 献

[1] 祁佳睿，车文鹏，陈娟浓．高层建筑施工[M]．北京：清华大学出版社，2015.

[2] 程和平．高层建筑施工[M]．北京：机械工业出版社，2015.

[3] 吴俊臣．高层建筑施工[M]．北京：北京大学出版社，2015.

[4] 高兵，卞延彬．高层建筑施工[M]．北京：机械工业出版社，2013.

[5] 张厚先，陈德方．高层建筑施工[M]．北京：北京大学出版社，2006.

[6] 赵志缙，赵帆．高层建筑施工[M]．2版．北京：中国建筑工业出版社，2005.

[7] 刘俊岩．高层建筑施工[M]．2版．上海：同济大学出版社，2014.